O GENE EGOÍSTA

RICHARD DAWKINS

O gene egoísta

Tradução
Rejane Rubino

22ª reimpressão

Copyright © 1976 by Oxford University Press
Copyright desta edição © 1989 by Richard Dawkins

Grafia atualizada segundo o Acordo Ortográfico da Língua Portuguesa de 1990, que entrou em vigor no Brasil em 2009.

The selfish gene second edition was originally published in English in 1989. This translation is published by arrangement with Oxford University Press. [A segunda edição de *O gene egoísta* foi originalmente publicada em inglês em 1989. Esta tradução foi publicada mediante acordo com a Oxford University Press.]

Título original
The selfish gene

Capa
Fábio Uehara

Preparação
Cláudia Cantarin

Revisão técnica
Roberto Fanganiello

Índice remissivo
Luciano Marchiori

Revisão
Otacílio Nunes
Daniela Medeiros
Eduardo Russo

Dados Internacionais de Catalogação na Publicação (CIP)
Câmara Brasileira do Livro, SP, Brasil

Dawkins, Richard, 1941-
  O gene egoísta / Richard Dawkins ; tradução de Rejane Rubino. — 1ª ed. — São Paulo : Companhia das Letras, 2007.

  Título original : The Selfish Gene.
  Bibliografia
  ISBN 978-85-359-1129-9

  1. Evolução (Biologia) 2. Genética 3. Sociobiologia I. Título.

07-8718   CDD-576.5

Índice para catálogo sistemático:
1. Genética : Biologia   576.5

Todos os direitos desta edição reservados à
EDITORA SCHWARCZ S.A.
Rua Bandeira Paulista, 702, cj. 32
04532-002 — São Paulo — SP
Telefone: (11) 3707-3500
www.companhiadasletras.com.br
www.blogdacompanhia.com.br
facebook.com/companhiadasletras
instagram.com/companhiadasletras
twitter.com/cialetras

Sumário

Introdução à edição comemorativa 7
Prefácio à edição de 1989 21
Apresentação à edição de 1976 27
Prefácio à edição de 1976 31

1. Por que as pessoas existem? 37
2. Os replicadores 54
3. Espirais imortais 67
4. A máquina gênica 106
5. Agressão: a estabilidade e a máquina egoísta 138
6. O parentesco dos genes 172
7. Planejamento familiar 204
8. O conflito de gerações 226
9. A guerra dos sexos 252
10. Uma mão lava a outra? 291
11. Memes: os novos replicadores 325
12. Os bons rapazes terminam em primeiro 344
13. O longo alcance do gene 392

Notas 443
Bibliografia atualizada 519
Índice remissivo 531

Introdução à edição comemorativa

É com sobriedade que me dou conta de que vivi quase a metade da minha vida com *O gene egoísta* — para o bem ou para o mal. Durante anos, os meus editores têm me enviado em turnês para divulgar cada um dos meus sete livros que vieram depois. A cada um deles, as pessoas na plateia respondem com um entusiasmo recompensador, aplaudem polidamente, fazem perguntas inteligentes e então se colocam em fila para comprar e me pedir para autografar... *O gene egoísta*. Estou exagerando um pouco. Algumas delas realmente compram o livro novo e, quanto a isso, a minha esposa costuma me consolar com o argumento de que os leitores que acabam de descobrir um autor têm essa tendência natural a voltar ao primeiro livro dele: uma vez que tenham lido *O gene egoísta*, decerto percorrerão todo o caminho até o último e (para o seu afetuoso pai) predileto rebento.

Eu faria mais caso disso se pudesse afirmar que *O gene egoísta* se tornou seriamente obsoleto e ultrapassado. Infelizmente (de certo ponto de vista), não posso. Os pormenores mudaram e os exemplos empíricos conheceram um crescimento vertiginoso.

Mas, à exceção de um aspecto que discutirei logo mais, são poucas as passagens no livro em que eu retiraria o que disse ou me desculparia pelo que disse. Arthur Cain, professor de Zoologia em Liverpool recentemente falecido e um dos mestres que foram a minha fonte de inspiração em Oxford nos anos 1960, descreveu *O gene egoísta*, em 1976, como "o livro de um jovem". Ele estava citando deliberadamente uma resenha de *Language truth and logic* [A lógica e a verdade da linguagem], de A. J. Ayer. Senti-me lisonjeado com a comparação, embora soubesse que Ayer havia se retratado em relação a grande parte do seu primeiro livro, e não pudesse deixar de notar que o comentário penetrante de Cain implicava que eu deveria, no devido tempo, fazer o mesmo.

No tocante às mudanças que faria, começarei pelo título. Em 1975, com a ajuda do meu amigo Desmond Morris, mostrei o livro ainda incompleto a Tom Maschler, o decano dos editores de Londres, e o discutimos na sua sala na editora Jonathan Cape. Ele gostara do livro, mas não do título. "Egoísta", disse Maschler, era uma palavra "para baixo". Por que não chamá-lo de *O gene imortal*? Afinal, imortal é uma palavra "para cima", a imortalidade da informação genética era um tema central do livro e "gene imortal" tinha quase o mesmo tom intrigante que "gene egoísta" (nenhum de nós, parece-me, notou a ressonância com *The selfish giant* [O gigante egoísta], de Oscar Wilde). Hoje eu penso que Maschler talvez tivesse razão. Muitos críticos, conforme vim a descobrir, e em especial os críticos vociferantes com formação em Filosofia, preferem ler um livro apenas pelo título. Não há dúvida de que isso funciona bem para *A história do Coelho Benjamim* ou *Declínio e queda do Império Romano*, mas posso ver de imediato que *O gene egoísta*, sem o livro em si mesmo como uma imensa nota de rodapé, pode dar uma impressão distorcida do seu conteúdo. Hoje em dia, de todo modo, um editor americano teria insistido num subtítulo.

A melhor maneira de explicar o título é revelar a palavra que deve ser realçada. Se realçarmos "egoísta", o leitor pensará que se trata de um livro sobre o egoísmo, enquanto o mínimo que se pode dizer é que ele dedica mais atenção ao altruísmo. A palavra correta a ser destacada no título é "gene", e eu explicarei por quê. Existe um debate central no darwinismo em relação à unidade sobre a qual recai verdadeiramente a seleção: que tipo de entidade é essa que sobrevive, ou não sobrevive, em consequência da seleção natural? Tal unidade será, mais ou menos por definição, "egoísta", não obstante o altruísmo possa ser favorecido em outros níveis. Será que a seleção natural escolhe entre as espécies? Se esse for o caso, poderíamos esperar que os organismos individuais se comportassem de maneira altruística "pelo bem da espécie". Eles poderiam limitar as suas taxas de nascimento a fim de evitar a superpopulação ou refrear o seu comportamento de caça para preservar os estoques futuros daqueles animais que são suas presas. A ampla disseminação de interpretações equivocadas do darwinismo foi a centelha inicial que me induziu a escrever este livro.

Ou será que a seleção natural, como tenho insistido, escolhe entre os genes? Nesse caso, não deveríamos ficar surpresos ao encontrar organismos individuais se comportando de maneira altruísta "pelo bem dos genes", por exemplo, alimentando e protegendo os parentes que provavelmente partilham cópias dos mesmos genes. O altruísmo entre os parentes é apenas uma das formas pelas quais o egoísmo dos genes pode traduzir-se em altruísmo individual. Este livro explica como isso funciona, lado a lado com a reciprocidade, outro entre os principais geradores de altruísmo na teoria darwiniana. Como adepto tardio do "princípio da desvantagem" de Zahavi/Grafen (ver p. 490, nota 7), se um dia eu viesse a reescrever este livro, reservaria também algum espaço à ideia de Amotz Zahavi de que a doação altruísta poderia ser um sinal de dominância ao estilo "Potlatch":* veja como sou superior a você, pois posso me dar ao luxo de lhe fazer uma doação!

Repetirei, para desenvolvê-lo, o raciocínio por trás da palavra "egoísta", presente no título. A questão crucial é: na hierarquia da vida, qual é o nível em que a seleção natural atua e em que se mostrará inevitavelmente "egoísta"? A Espécie Egoísta? O Grupo Egoísta? O Organismo Egoísta? O Ecossistema Egoísta? Seria possível defender muitos desses pontos de vista, e a maioria deles tem sido abordada de modo pouco crítico por um ou outro autor, mas todos eles estão errados. Uma vez que a mensagem darwiniana será forçosamente encapsulada como *Alguma Coisa* Egoísta, essa "alguma coisa" será o gene, por motivos irrefutáveis que são discutidos neste livro. Quer o leitor acabe "comprando" ou não o argumento em si mesmo, esta é a explicação para o título deste livro.

Espero que isso dê conta dos mal-entendidos mais sérios. Entretanto, olhando a posteriori, percebo meus próprios lapsos exatamente neste ponto. Eles podem ser encontrados sobretudo no capítulo 1, substanciados pela sentença "Tratemos então de *ensinar* a generosidade e o altruísmo, porque nascemos egoístas". Não há nada de errado em ensinar a generosidade e o altruísmo, mas dizer que "nascemos egoístas" é uma afirmação falaciosa. Numa explicação parcial, foi apenas em 1978 que comecei a pensar claramente sobre a distinção entre "veículos" (em geral organismos) e os "replicadores" em seu interior (na prática, os genes:

---

* O termo *Potlacht*, que significa "dom", faz referência a cerimônias festivas realizadas em certas tribos indígenas dos Estados Unidos, em que um chefe ostensivamente oferece uma quantidade enorme de riquezas a um rival, para humilhá-lo ou desafiá-lo, impondo-lhe a obrigação de uma retribuição ainda maior. Desenrola-se, assim, uma competição entre os líderes para assegurarem uma hierarquia que é obtida pelo valor dos bens ofertados como presente. (N. T.)

toda essa questão é explicada no capítulo 13, acrescentado na segunda edição). Peço ao leitor que suprima mentalmente essa sentença enganadora e outras semelhantes, e a substitua por algo mais afinado com o restante do parágrafo.

Em face do perigo de erros como o mencionado, posso ver facilmente quanto o título é passível de ser mal interpretado, e essa é uma das razões por que *O gene imortal* teria sido uma escolha preferível. *O veículo altruísta* teria sido outra possibilidade. Talvez fosse um título enigmático demais, porém, em todo caso, a disputa aparente entre o gene e o organismo como unidades rivais da seleção natural (disputa que atormentou Ernst Mayr até o fim da sua vida) estaria resolvida. Existem dois tipos de unidade na seleção natural e eles não competem entre si. O gene é a unidade no sentido do replicador. O organismo é a unidade no sentido do veículo. Ambos são importantes. Nenhum deveria ser denegrido. Eles representam dois tipos completamente diferentes de unidade e, enquanto não tivermos reconhecido essa distinção, permaneceremos irremediavelmente confusos.

Outra alternativa a *O gene egoísta* teria sido *O gene cooperativo*. Ainda que esse título soe paradoxalmente oposto, uma parte central do livro argumenta em favor de uma forma de cooperação entre os genes egoístas. Isso não significa em absoluto que os grupos de genes prosperam à custa dos seus membros ou à custa de outros grupos. Significa, mais exatamente, que cada gene persegue a sua própria agenda de interesses egoístas contra o pano de fundo dos outros genes no pool gênico — o conjunto de candidatos para a mistura sexual no interior de uma espécie. Esses outros genes fazem parte do meio ambiente em que cada gene sobrevive, assim como o clima, os predadores e as presas, a vegetação que serve de alimento e as bactérias do solo fazem parte do meio ambiente. Do ponto de vista de um gene, aqueles que fazem o "pano de fundo" são os genes com os quais ele compartilha os corpos em sua jornada ao longo das gerações. Num prazo de tempo curto, isso significa os outros membros do genoma. Num prazo de tempo longo, os outros genes no pool gênico da espécie. A seleção natural, portanto, encarrega-se de fazer com que os genes mutuamente compatíveis — o que quase equivale a dizer "os genes que cooperam entre si" — sejam favorecidos na presença uns dos outros. Essa evolução do "gene cooperativo" não viola de modo algum o princípio fundamental do gene egoísta. O capítulo 5 desenvolve esta ideia, usando a analogia com a equipe de remadores, e o capítulo 13 a desdobra, levando-a um pouco mais longe.

Mas, uma vez que a seleção natural dos genes egoístas tende a favorecer a cooperação, é preciso reconhecer que existem alguns genes que não cooperam e que agem contra os interesses do resto do genoma. Alguns autores os denominaram "genes fora da lei", outros, "genes ultraegoístas", e, outros ainda, apenas "genes egoístas" — o que mostra que há um mal-entendido quanto à diferença sutil entre estes últimos e aqueles que cooperam em cartéis movidos por interesse próprio. Exemplos de genes ultraegoístas são os genes de distorção da segregação descritos nas páginas 394-7 e o "DNA parasita", proposto pela primeira vez nas páginas 103-5, e posteriormente desenvolvido por diversos autores sob a designação de "DNA egoísta". A descoberta de exemplos novos, e cada vez mais bizarros, de genes ultraegoístas tornou-se uma característica marcante dos anos que se seguiram à primeira edição deste livro.

O gene egoísta foi criticado por sua personificação antropomórfica e isso também requer uma explicação, se não um pedido de desculpa. Empreguei dois níveis de personificação: dos genes e dos organismos. A personificação dos primeiros não deveria ser realmente um problema, uma vez que nenhuma pessoa sã considera que as moléculas de DNA têm personalidade consciente e uma vez que nenhum leitor sensato imputaria essa ilusão a um autor. Tive o privilégio de ouvir o grande biólogo molecular Jacques Monod falando sobre a criatividade na ciência. Não me lembro exatamente das suas palavras, mas ele quis dizer que, ao tentar resolver um problema em química, costumava se perguntar o que ele próprio faria se fosse um elétron. Peter Atkins, no seu maravilhoso livro *Creation revisited* [Criação revisitada], emprega uma personificação semelhante ao considerar a refração de um raio de luz passando por um meio mais resistente que diminui a sua velocidade. O raio se comporta como se tentasse diminuir o tempo que leva para chegar a um ponto final. Atkins o imagina como um salva-vidas numa praia correndo contra o tempo para salvar um banhista em vias de se afogar. Ele deve seguir direto ao lugar onde está o banhista? Não, porque ele pode correr mais rápido do que nadar, por isso seria mais sensato aumentar a proporção de terra firme nesse percurso. Ele deve correr para um ponto na praia diretamente oposto ao seu alvo, reduzindo, desse modo, o tempo do seu nado? Isso seria mais eficiente, mas ainda não se trata da melhor entre todas as alternativas. O cálculo (se ele tivesse tempo de fazê-lo) revelaria ao salva-vidas um ângulo intermediário ótimo, permitindo a combinação ideal da corrida rápida seguida do nado inevitavelmente mais lento. Atkins conclui: "Este é exatamente o comportamento da luz ao atravessar um meio mais denso. Mas como a luz pode saber, ao que parece de antemão, qual é o caminho mais curto? E, de todo jeito, por que ela se importa com isso?". Ele desenvolve essas questões numa exposição fascinante, inspirada pela teoria dos quanta.

    Esse tipo de personificação não é apenas um instrumento didático fantástico. Ele também pode ajudar um cientista profissional a chegar à resposta correta, diante das traiçoeiras tentações de seguir por caminhos equivocados. É esse o caso em relação aos cálculos darwinianos de altruísmo e de egoísmo, de cooperação e de malvadez. É muito fácil chegar à conclusão errada. A personificação dos genes, se feita com o devido cuidado, quase sempre se mostra como o caminho mais rápido para salvar um pesquisador darwinista prestes a submergir em confusão. Preocupado em manter essa cautela, fui encorajado pela maestria exemplar de W. D. Hamilton, um dos quatro heróis declarados deste livro. Num artigo publicado em 1972 (o ano em que comecei a escrever *O gene egoísta*), Hamilton escreveu:

Um gene é favorecido pela seleção natural se o conjunto das suas cópias forma uma fração crescente no pool gênico total.

Vamos nos ocupar dos genes que supostamente afetam o comportamento social daqueles que os carregam, de maneira que tentaremos tornar o argumento mais vívido atribuindo a eles, provisoriamente, inteligência e uma certa liberdade de escolha. Imaginemos que um gene esteja contemplando o problema de aumentar o número das suas réplicas e imaginemos que ele possa escolher entre...

Esse é exatamente o espírito com que boa parte de *O gene egoísta* deve ser lida.

A personificação de um organismo pode mostrar-se mais problemática porque, como os organismos, ao contrário dos genes, têm cérebros, poderiam realmente ter motivos egoístas ou altruístas, mais ou menos no sentido subjetivo que seria possível reconhecer em nós mesmos. Um livro chamado *O leão egoísta* de fato conseguiria deixar o leitor confuso, de uma maneira que não ocorreria com *O gene egoísta*. Assim como uma pessoa pode se colocar no lugar de um raio de luz imaginário ao escolher de modo inteligente o caminho ótimo através de uma cascata de lentes e de prismas, ou de um gene imaginário ao optar por um percurso ótimo ao longo das gerações, pode-se também postular uma leoa calculando a estratégia comportamental ótima para a sobrevivência de longo prazo dos seus genes. O primeiro presente de Hamilton à biologia foram as fórmulas matemáticas precisas que um verdadeiro darwinista efetivamente teria de empregar ao tomar decisões calculadas para maximizar a sobrevivência de longo prazo dos seus genes. Neste livro, empreguei equivalentes verbais, informais, desses cálculos — nos dois níveis.

Na página 237, há uma mudança brusca de um nível para o outro:

> Já consideramos as condições sob as quais seria vantajoso para a mãe deixá-lo morrer. Poderíamos supor intuitivamente que o filhote subdesenvolvido seguiria lutando até o fim, mas a teoria não prevê isto necessariamente. Quando uma cria é tão fraca e pequena que a sua expectativa de vida se reduz a ponto de o benefício que extrai do investimento parental ser inferior à metade do benefício que esse mesmo investimento poderia, potencialmente, conferir aos outros filhotes, ela deveria aceitar, digna e voluntariamente, a sua morte. Este é o maior benefício que ela pode prestar aos seus genes.

Isso tudo consiste numa introspecção no nível individual. A suposição não é de que o filhote escolhe o que lhe dá prazer, ou o que lhe traz bem-estar. Pelo contrário, o que se pressupõe é que, num mundo darwiniano, é *como se* os indivíduos fizessem cálculos sobre o que seria melhor para seus genes. A continuação desse parágrafo em particular explicita essa ideia ao mudar rapidamente para a personificação no nível do gene:

> O que equivale a dizer que um gene que dê a instrução "Corpo, se você for muito menor que os seus irmãos de ninhada, desista

de lutar e morra" seria bem-sucedido no pool gênico, pois ele tem 50% de probabilidade de estar também no corpo de cada irmão ou irmã salvos, ao passo que suas chances de sobreviver no corpo de uma cria mal desenvolvida são, de todo modo, muito pequenas.

E então, o parágrafo retorna imediatamente para o filhote introspectivo: "Deve haver um ponto na vida de uma cria pouco desenvolvida a partir do qual não há mais retorno. Antes de atingi-lo, ela deveria continuar a lutar. Tão logo o atingisse, deveria desistir e, preferencialmente, deixar-se comer pelos seus irmãos ou pelos seus progenitores".

Eu realmente acredito que esses dois níveis de personificação não causam confusão, se forem lidos no contexto e integralmente. Os supostos cálculos "do gene" e "do indivíduo", quando formulados da maneira correta, conduzem com certeza à mesma conclusão: esse é, na verdade, o critério para julgar a sua correção. Assim, a personificação não é algo que eu eliminaria se fosse escrever o livro de novo.

Apagar um livro que escrevemos é uma coisa. Apagar a sua leitura é outra, bem diferente. O que fazer do seguinte veredicto de um leitor na Austrália?

> Fascinante, mas, por vezes, o meu desejo era apagar o que havia lido... De um lado, posso partilhar o deslumbramento com que Dawkins, claramente, vê o desenvolvimento desses processos tão complexos... Mas, ao mesmo tempo, acredito em grande medida que *O gene egoísta* foi responsável por uma série de crises de depressão que sofri por mais de uma década... Inseguro acerca da minha perspectiva espiritual sobre a vida, mas tentando encontrar algo mais profundo — esforçando-me para acreditar, mas não me mostrando totalmente capaz de fazê-lo —, descobri que o

livro deixou em pedaços as minhas frágeis ideias a esse respeito e impediu que elas tornassem a se juntar. Isso me levou a uma grave crise pessoal alguns anos atrás.

Já comentei antes algumas respostas parecidas que recebi dos leitores:

> Um editor estrangeiro do meu primeiro livro confessou não ter conseguido dormir durante três noites depois de lê-lo, tão perturbado ficou com a sua "mensagem", que a ele pareceu desoladora e fria. Outros me perguntaram como é que aguento me levantar todas as manhãs. Um professor de um país distante me escreveu uma carta de censura, pois uma aluna o tinha abordado em lágrimas depois de ler o mesmo livro, persuadida de que a vida era vazia e sem sentido. Ele a aconselhou a não mostrar o livro para nenhum de seus amigos, por medo de contaminá-los com o mesmo pessimismo niilista (*Desvendando o arco-íris*).

Não há pensamento mágico que seja capaz de desfazer uma verdade. Essa é a primeira coisa que tenho a dizer. Mas há uma segunda, quase tão importante quanto a primeira. Como afirmei em seguida,

> é presumível que não haja de fato nenhum desígnio no destino final do cosmos, mas algum de nós realmente deposita as esperanças de sua vida no destino final do cosmos? Claro que não, isto é, se não formos loucos. As nossas vidas são regidas por todo tipo de ambições e percepções humanas mais íntimas, mais calorosas. Acusar a ciência de roubar da vida o calor que a torna digna de ser vivida é um erro tão disparatado, tão diametralmente oposto a meus sentimentos e aos da maioria dos cientistas ativos que sou quase levado à desesperança que erroneamente suspeitam em mim.

A mesma tendência a atirar no mensageiro fica patente em outros críticos que fizeram objeções àquilo que consideram as implicações desagradáveis de *O gene egoísta*, implicações sociais, políticas e econômicas. Logo após a primeira vitória de Mrs. Thatcher nas eleições de 1979, meu amigo Steven Rose escreveu o seguinte comentário na revista *New Scientist*:

> Não estou sugerindo que a Saatchi e Saatchi tenha incumbido uma equipe de sociobiólogos para escrever os textos de Thatcher, nem tampouco que certos experts ilustres de Oxford e de Sussex estejam começando a exultar com essa expressão prática das verdades simples do egoísmo dos genes que eles vêm se esforçando para nos transmitir. A coincidência entre as teorias que entram na moda e os eventos políticos é bem mais complicada do que isso. Mas eu realmente acredito que, quando a história da guinada à direita do final da década de 1970 for escrita, abrangendo desde o movimento da lei e da ordem até o monetarismo e o (mais contraditório) ataque ao estatismo, a mudança nas teorias da moda, ou, pelo menos, a mudança nos modelos da teoria evolucionista, da seleção de grupo para a seleção de parentesco, será considerada parte da tendência que levou ao poder os thatcheristas e a sua concepção cristalizada, típica do século xx, de uma natureza humana competitiva e xenofóbica.

O "expert ilustre de Sussex" era o falecido John Maynard Smith, que Steven Rose admirava tanto quanto eu, e que, numa carta à revista *New Scientist*, respondeu, bem ao seu estilo: "O que se esperava que fizéssemos, afinal? Que falsificássemos as equações?". Uma das mensagens dominantes de *O gene egoísta* (reforçada pelo ensaio *O capelão do diabo*, no livro com o mesmo título) é que não deveríamos derivar os nossos valores do darwinismo, a menos que coloquemos na frente deles um sinal de "negativo". Os nossos cérebros evoluíram até o ponto em que somos capazes de nos rebelar contra os nossos genes egoístas. O fato de sermos capazes disso fica evidente com o uso que fazemos dos contraceptivos. O mesmo princípio pode e deve operar numa escala maior.

Ao contrário da segunda edição, de 1989, esta edição comemorativa não traz nenhum material novo, à exceção desta introdução e de alguns trechos de resenhas escolhidos por Latha Menon, minha defensora e editora por três vezes. Ninguém exceto Latha poderia ter ocupado o lugar de Michael Rodgers, estrategista K^* e editor extraordinário, cuja crença insuperável neste livro foi o foguete propulsor da trajetória da sua primeira edição.

Mas esta edição — e isto é uma grande alegria para mim — restitui o prefácio original de Robert Trivers. Mencionei o nome de Bill Hamilton como um dos quatro heróis intelectuais deste livro. Bob Trivers é um dos outros três. Suas ideias dominam grande parte dos capítulos 9, 10 e 12, e todo o capítulo 8. Seu prefácio não é somente uma introdução lindamente construída para este livro: de maneira absolutamente original, ele a escolheu para anunciar ao mundo uma ideia nova brilhante, a sua teoria da evolução do autoengano. Sou muito grato a ele por sua permissão para que o prefácio original engrandecesse esta edição comemorativa.

Richard Dawkins
Oxford, outubro de 2005

---

* Termo usado na teoria da seleção r-K, que sugere que a evolução pode selecionar diferentes características populacionais em circunstâncias distintas. Os "estrategistas K", em oposição aos "estrategistas r", são espécies para as quais atingir uma população de tamanho estável e equilibrado representa uma estratégia bem-sucedida. Nessas espécies, os indivíduos investem mais recursos em poucos descendentes, que são gerados em longos intervalos. (N. T.)

Prefácio à edição de 1989

Nos doze anos que transcorreram desde que *O gene egoísta* foi publicado, a sua mensagem central tornou-se ortodoxa nos livros de introdução à biologia. Isso é paradoxal, embora não no sentido mais óbvio. Não se trata de um daqueles livros que, tachados de revolucionários no momento de sua publicação, pouco a pouco conquistam um grande número de adeptos e acabam por se tornar tão ortodoxos que por fim nos perguntamos qual era a razão de tanto estardalhaço. Pelo contrário. Desde o início as críticas se mostraram francamente favoráveis, e o livro não foi, a princípio, considerado controverso. A sua reputação como pouco ortodoxo difundiu-se ao longo dos anos, até chegar a ser visto, hoje em dia, como uma obra extremamente radical. Mas, ao longo do mesmo período em que sua *reputação* como extremista cresceu, seu *conteúdo* propriamente dito começou a parecer cada vez menos extremo, até se transformar em moeda corrente.

A teoria do gene egoísta é a teoria de Darwin, enunciada de um modo diferente do escolhido por ele, mas cuja propriedade, como gosto de pensar, ele teria prontamente reconhecido e apreciado. Na verdade, trata-se de um desenvolvimento lógico do neodarwinismo ortodoxo, expresso, porém, sob a forma de uma nova imagem. Em vez de focalizar o organismo individual, ela apresenta uma perspectiva da natureza a partir do ponto de vista dos genes. Tem-se então uma maneira diferente de ver, e não uma teoria nova. Nas páginas iniciais de *The extended phenotype* [O fenótipo estendido], recorri à metáfora do cubo de Necker para evidenciar essa ideia.

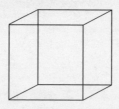

Esta figura não passa de um desenho bidimensional de tinta no papel, mas nós o percebemos como a imagem tridimensional de um cubo transparente. Se a olharmos durante alguns segundos, veremos que suas faces mudam de orientação. Se continuarmos a olhar fixamente para a imagem, o cubo voltará à orientação original. Os dois cubos são igualmente compatíveis com a informação bidimensional recebida pela retina, de tal forma que o cérebro se alterna alegremente entre eles. Um não é mais correto do que o outro. O que quero dizer ao utilizar esta metáfora é que existem duas maneiras de encarar a seleção natural: sob o ângulo dos genes e sob o ângulo do indivíduo. Quando compreendidas do modo adequado, elas se tornam equivalentes: duas perspectivas de uma mesma verdade. Podemos alternar entre uma e outra e, ainda assim, estaremos nos referindo ao mesmo neodarwinismo.

Hoje em dia penso que a metáfora que escolhi era cautelosa demais. Muitas vezes a contribuição mais importante que um cientista pode fazer não é propor uma nova teoria ou revelar um novo fato, mas descobrir um novo modo de olhar para as teorias ou os fatos antigos. O modelo do cubo de Necker é enganador, pois sugere que as duas maneiras de ver são igualmente boas. Não há dúvida de que a metáfora dá uma ideia parcialmente correta: os "ângulos", ao contrário das teorias, não podem ser submetidos ao julgamento experimental; em relação a eles, não podemos lançar mão dos nossos critérios bem conhecidos de verificação e de falseamento de hipóteses. No entanto, no melhor dos casos, uma mudança de visão pode produzir algo que é mais grandioso do que uma teoria. Ela pode conduzir a uma atmosfera de pensamento totalmente nova, na qual podem nascer muitas teorias palpitantes e verificáveis e onde fatos antes inimagináveis podem vir a se descortinar. A metáfora do cubo de Necker passa totalmente ao largo desse aspecto. Embora capte a ideia de uma alternância no modo de visão, não faz justiça ao valor que tal alternância pode alcançar. Não estamos falando aqui de uma simples alternância para uma visão equivalente, mas sim, em casos extremos, de uma transfiguração.

Apresso-me a esclarecer que não incluo a minha própria e modesta contribuição nesta categoria. Todavia, é por razões desse tipo que prefiro não fazer uma distinção clara entre a ciência e sua "popularização". A apresentação de ideias antes veiculadas só na literatura especializada é uma arte difícil. Requer, além de torções perspicazes nas palavras, metáforas reveladoras. Se formos suficientemente inovadores no uso da linguagem e no emprego das metáforas, seremos capazes de produzir uma nova maneira de ver. E uma nova maneira de ver, tal como acabei de argumentar, pode representar uma contribuição original à ciência. O próprio Einstein estava bem longe de ser um popularizador mediano e sempre suspeitei de que suas metáforas fulgurantes faziam bem mais do que tão só nos ajudar a compreendê-lo. Não eram elas que alimentavam seu gênio criativo?

O darwinismo visto pela perspectiva dos genes encontra-se implícito nos escritos de R. A. Fischer e de outros grandes pioneiros do neodarwinismo do início da década de 1930, contudo só veio a tornar-se explícito de fato nos trabalhos de W. D. Hamilton e G. C. Williams nos anos 1960. Para mim, as ideias por eles descortinadas eram visionárias, porém sempre achei que foram expressas muito laconicamente, em vez de divulgadas a plenos pulmões. Convenci-me de que o desenvolvimento de uma nova versão, amplificada, das suas ideias poderia fazer com que todos os fatos a respeito da vida fizessem sentido, tanto no coração como no cérebro. Minha ideia era escrever um livro para enaltecer a evolução do ponto de vista dos genes, e ele concentraria seus exemplos no comportamento social, para ajudar a curar a "febre" inconsciente de seleção de grupo que então prevalecia no darwinismo popular. Comecei a escrevê-lo em 1972, num momento em que os cortes de eletricidade, resultantes de conflitos na indústria, provocaram uma interrupção nas minhas pesquisas laboratoriais. Infelizmente (para mim, pelo menos) os blecautes duraram apenas dois meros capítulos, e eu arquivei o projeto até entrar em licença sabática em 1975. Nesse meio-tempo, a teoria havia se ampliado, sobretudo pelas mãos de John Maynard Smith e Robert Trivers. Vejo agora que esse foi um daqueles períodos misteriosos em que as novas ideias simplesmente pairam no ar. Escrevi *O gene egoísta* possuído por uma empolgação febril.

Quando a Oxford University Press me propôs uma segunda edição, insistiram que não seria apropriado levar a cabo uma revisão convencional, extensiva, página a página. Existem livros que, desde a sua concepção, estão obviamente destinados a ter muitas edições, e *O gene egoísta* não é um deles. A primeira edição se revestiu de uma qualidade juvenil conferida pela época em que foi escrita. Havia um sopro de revolução lá fora, vestígios da aurora bem-aventurada de Wordsworth. Seria uma pena modificar um filho concebido naqueles tempos, engordando-o com fatos novos ou enrugando-o com complicações e precauções. Decidiu-se então manter o texto original, de fio a pavio, com os pronomes sexistas e tudo o mais. As notas no final deveriam dar conta das correções, das réplicas e do desenvolvimento de certos pontos. E haveria capítulos inteiramente novos, a respeito de temas cujo frescor, àquela altura, levaria adiante o clima da aurora revolucionária. O resultado disso foram os capítulos 12 e 13. A inspiração para ambos os capítulos veio dos dois livros publicados nesse campo que mais me entusiasmaram durante aquele intervalo: *The evolution of cooperation* [A evolução da cooperação], de Robert Axelrod, porque parece nos oferecer algum tipo de esperança em relação ao futuro, e o meu próprio *The extended phenotype*, porque a escrita desse livro foi muito marcante para mim e porque — sem nenhuma garantia — eu penso que jamais escreverei um livro melhor do que esse.

O título "Os bons rapazes terminam em primeiro" foi emprestado do programa de televisão *Horizon*, que apresentei na BBC em 1985. Tratava-se de um documentário de cinquenta minutos, produzido por Jeremy Taylor, acerca das abordagens da teoria dos jogos sobre a evolução da cooperação. A realização desse filme e também de outro, *The blind watchmaker* [O relojoeiro cego], pelo mesmo produtor, fizeram com que eu conferisse um novo respeito a sua profissão. Nos seus melhores momentos, os produtores de *Horizon* (alguns dos seus programas podem ser vistos nos Estados Unidos, com frequência rebatizados com o nome de *Nova*) se transformam em especialistas profundamente versados no tema que focam. O capítulo 12 deve bem mais do que apenas o título à minha experiência de trabalhar com Jeremy Taylor e a equipe do *Horizon*, e sou-lhes muito grato por isso.

Recentemente, tomei conhecimento de um fato desagradável: existem cientistas importantes que têm o costume de colocar seus nomes em publicações nas quais não desempenharam papel algum. Ao que parece, há cientistas veteranos que reivindicam a coautoria de artigos em que sua contribuição se resumiu ao espaço de bancada, às bolsas de estudo concedidas e à revisão do manuscrito. Pelo que sei, existem reputações científicas que podem ter sido inteiramente construídas com base no trabalho de estagiários e de colegas! Não sei o que pode ser feito para combater tamanha desonestidade. Talvez os editores das revistas científicas devam exigir uma declaração assinada com as contribuições de cada autor. Mas essa é uma questão incidental, que levanto aqui apenas para fazer uma antítese. Helena Cronin dedicou-se tanto a melhorar cada sentença — cada palavra — dos novos capítulos que, não fosse por sua recusa inflexível, ela deveria ser considerada coautora de todas as partes novas deste livro. Sou profundamente grato a ela, e lamento que o meu reconhecimento tenha de limitar-se a isto. Agradeço também a Mark Ridley, Marian Dawkins e Alan Grafen pelas sugestões e críticas construtivas de algumas seções. E, ainda, a Thomas Webster, a Hilary McGlynn e às demais pessoas da Oxford University Press por terem tolerado com bom humor meus caprichos e minhas protelações.

Richard Dawkins
1989

Apresentação à edição de 1976

O chimpanzé e o homem compartilham cerca de 99,5% da sua história evolutiva. No entanto, para a maioria dos pensadores humanos o chimpanzé consiste em uma excentricidade malformada e irrelevante, enquanto à sua própria espécie é atribuída uma superioridade que a aproxima do Todo-Poderoso. Para um evolucionista, esta é uma perspectiva inaceitável. Não existe nenhum fundamento objetivo que justifique considerar que uma espécie está acima de outra. O chimpanzé e o homem, a lagartixa e o fungo, todos nós evoluímos durante cerca de 3 bilhões de anos por um processo conhecido como seleção natural. Em cada uma das espécies, alguns indivíduos deixam atrás de si um número maior de descendentes sobreviventes do que outros, de tal forma que os traços hereditários (os genes) daqueles que alcançaram maior êxito reprodutivo se tornam mais numerosos na geração seguinte. A seleção natural é isto: a reprodução diferencial, não aleatória, dos genes. Foi a seleção natural que nos formou e é a seleção natural que temos de entender se quisermos compreender nossa própria identidade.

Embora seja central para o estudo do comportamento social (em especial quando associada à genética mendeliana), a teoria da evolução de Darwin tem sido largamente negligenciada. Nas ciências sociais, vemos o florescimento de toda uma indústria dedicada à construção de uma visão pré-darwiniana e pré-mendeliana do mundo social e psicológico. Mesmo no interior da biologia, a desconsideração com a teoria darwiniana e o seu uso ilegítimo são espantosos. Quaisquer que sejam as razões para esse estranho desenvolvimento, há indícios de que está chegando ao fim. O grandioso trabalho de Darwin e Mendel tem sido desenvolvido pelas mãos de um número crescente de pesquisadores, entre os quais se destacam R. A. Fischer, W. D. Hamilton, G. C. Williams e J. Maynard Smith. Agora, e pela primeira vez, esse importante corpo da teoria social baseada na seleção natural é apresentado de uma forma simples e acessível por Richard Dawkins.

Um a um, Dawkins analisa os principais temas dos trabalhos recentes em teoria social: os conceitos de comportamento altruísta e egoísta, a definição genética do interesse próprio, a evolução do comportamento agressivo, a teoria do parentesco (incluindo as relações entre pais e filhos e a evolução dos insetos sociais), a teoria da proporção entre os sexos, o altruísmo recíproco, a dissimulação e a seleção natural das diferenças sexuais. Com a confiança que advém do seu domínio da teoria subjacente, Dawkins apresenta as pesquisas recentes com um estilo e uma clareza admiráveis. Possuidor de um extenso conhecimento da biologia, ele transmite ao leitor um pouquinho do gosto da sua literatura rica e fascinante. Quando discorda de trabalhos publicados (como faz ao criticar um argumento errôneo empregado por mim), acerta quase invariavelmente o alvo. Dawkins também se esforça para esclarecer a lógica dos seus argumentos, de modo que o leitor possa ele mesmo aplicá-la e, assim, estender os argumentos (inclusive, virando-os contra o próprio Dawkins). Os argumentos em si estendem-se em muitas direções. Por exemplo, se (tal como Dawkins argumenta) a mentira é fundamental na comunicação animal, então a capacidade de detectá-la deve ser fortemente selecionada. Isso conduziria, por sua vez, à seleção de uma certa capacidade de autoengano, isto é, de tornar inconscientes alguns fatos e motivações, com vistas a não trair — por meio de sinais sutis de autoconsciência — a dissimulação colocada em prática. Assim, o ponto de vista convencional de que a seleção natural favorece os sistemas nervosos que produzem imagens cada vez mais precisas do universo é provavelmente uma visão muito ingênua da evolução mental.

O desenvolvimento recente da teoria social foi substancial o bastante para gerar um pequeno alvoroço de atividade contrarrevolucionária. Tem sido alegado, por exemplo, que, na realidade, tal desenvolvimento integra uma conspiração cíclica que pretende impedir o progresso social, fazendo com que este pareça geneticamente impossível. Ideias lamentáveis como essa têm sido reunidas para produzir a impressão de que a teoria social darwiniana é reacionária nas suas implicações políticas. Porém, isso está muito distante da verdade. A igualdade genética dos sexos é, pela primeira vez, claramente estabelecida por Fisher e Hamilton. A teoria e os dados quantitativos relativos aos insetos sociais demonstram que não existe nenhuma tendência hereditária para a dominação dos filhos pelos pais (ou vice-versa). E os conceitos de investimento parental e de escolha do parceiro sexual pela fêmea fornecem uma base objetiva e imparcial que nos permite olhar para as diferenças sexuais, um avanço considerável em relação aos esforços populares para radicar os poderes e os direitos das mulheres no pântano inútil da identidade biológica. Em resumo, a teoria social darwiniana nos possibilita vislumbrar a simetria e a lógica subjacentes às relações sociais. Quando tiverem sido mais completamente entendidas por nós mesmos, elas com certeza revitalizarão a nossa compreensão política e fornecerão o suporte intelectual para uma ciência e uma medicina da psicologia, ao mesmo tempo que nos proporcionarão uma compreensão mais aprofundada das muitas raízes do nosso sofrimento.

Robert L. Trivers
Harvard University
Julho de 1976

Prefácio à edição de 1976

Este livro deve ser lido quase como um livro de ficção científica. Ele foi escrito para despertar a imaginação. Mas não se trata de ficção científica: trata-se de ciência. Lugar-comum ou não, a expressão "mais estranho do que a ficção" exprime exatamente como eu me sinto em relação à verdade. Nós somos máquinas de sobrevivência — robôs cegamente programados para preservar as moléculas egoístas conhecidas como "genes". Esta é uma verdade que ainda me deixa atônito. Embora eu saiba disso há muitos anos, não consigo me habituar por completo a essa ideia. Espero ser bem-sucedido em fazer com que outras pessoas também se sintam surpresas.

Três leitores imaginários espreitaram sobre o meu ombro enquanto eu escrevia este livro e é a eles que o dedico. Em primeiro lugar, ao leitor comum, o leigo. Foi por ele que evitei, sempre que possível, recorrer à linguagem técnica, e nas ocasiões em que me vi obrigado a fazer uso de termos específicos, tratei de fornecer a sua definição. Agora eu me pergunto por que não temos o costume de censurar a maior parte do nosso jargão nas revistas especializadas. Supus que o leigo não tinha um conhecimento específico, sem pressupor contudo que ele fosse estúpido. Qualquer pessoa pode popularizar a ciência simplificando-a em demasia. Esforcei-me arduamente para popularizar algumas ideias sutis e complicadas numa linguagem não matemática, mas sem abrir mão da sua essência. Não sei se fui feliz nessa empreitada, e tampouco estou certo de ter dado conta de outra das minhas ambições: tentar tornar o livro tão divertido e envolvente quanto o assunto merece. Para mim, a biologia deveria ser tão empolgante quanto uma história de mistério, pois é exatamente isso que ela é. Não me atrevo a esperar ter logrado transmitir mais do que uma minúscula parcela do entusiasmo que o assunto tem a oferecer.

O meu segundo leitor imaginário foi o especialista. E ele funcionou como um crítico impiedoso, reagindo com ruidosos suspiros a algumas das minhas analogias e figuras de linguagem. Suas expressões favoritas foram "à exceção de", "mas, por outro lado" e "ugh". Ouvi-o com toda atenção e cheguei mesmo a reescrever completamente um capítulo em consideração a ele, entretanto, no final das contas, tive de contar a história à minha própria maneira. O especialista não ficará de todo satisfeito com a forma como expus as ideias. Ainda assim, a minha maior aspiração é que mesmo ele possa encontrar algo de novo aqui: talvez um outro modo de encarar ideias antigas, ou até mesmo uma inspiração para ideias novas de sua própria autoria. Caso isso seja demasiado pretensioso, será que posso esperar ao menos que o livro seja capaz de entretê-lo numa viagem de trem?

O terceiro leitor que tive em mente foi o estudante, a meio caminho entre o leigo e o especialista. Se ele ainda não tiver optado pelo assunto em que gostaria de tornar-se especialista, espero encorajá-lo a conceder ao meu próprio campo, a zoologia, uma segunda olhadela. Existe uma razão maior para estudar zoologia além de sua possível "utilidade" e do costumeiro gosto pelos animais. Ei-la: nós, os animais, somos as máquinas mais complicadas e mais perfeitamente elaboradas em todo o universo conhecido. Se expusermos a questão por esse prisma, fica difícil entender como alguém poderia desejar estudar outra coisa! Para o estudante que já se decidiu pela Zoologia, espero que o meu livro tenha algum valor educativo. Ele estará às voltas com os mesmos textos originais e com os mesmos livros técnicos nos quais se baseia esta discussão. Caso considere as fontes originais difíceis de digerir, talvez a minha interpretação não matemática possa ajudá-lo, como introdução e complemento.

Há perigos óbvios em tentar atrair simultaneamente os três tipos diferentes de leitor. Só posso dizer que estou bem consciente desses perigos, e que, a despeito deles, considerei que valeria a pena tentar.

Sou um etólogo, e este é um livro sobre o comportamento animal. A minha dívida com a tradição etológica na qual fui formado será óbvia. Niko Tinbergen, em particular, não pode imaginar a importância de sua influência sobre mim durante os doze anos em que trabalhei sob sua orientação em Oxford. A expressão "máquina de sobrevivência", embora não seja de fato uma criação sua, poderia muito bem ter sido. Mas, em tempos recentes, a etologia tem sido revitalizada por uma invasão de ideias novas oriundas de fontes que não são convencionalmente consideradas etológicas. Este livro baseia-se, em larga medida, nessas novas ideias. Seus autores são mencionados nos momentos apropriados do texto. As figuras dominantes são G. C. Williams, J. Maynard Smith, W. D. Hamilton e R. L. Trivers.

Diversas pessoas sugeriram nomes para o livro, e eu os utilizei, e agradeço por isso, como títulos para alguns capítulos: "Espirais imortais", sugerido por John Krebs, "A máquina gênica", sugerido por Desmond Morris, e "O parentesco dos genes", sugerido independentemente por Tim Clutton-Brock e por Jean Dawkins, com um pedido de desculpa a Stephen Potter. Os leitores imaginários podem servir de meta para as nossas esperanças e anseios bem-intencionados, mas são de menor utilidade prática do que os leitores e críticos de carne e osso. Sou muito dado a revisões e Marian Dawkins foi submetida a incontáveis rascunhos e versões modificadas de cada página deste livro. O seu conhecimento considerável da literatura biológica e a sua compreensão das questões teóricas, aliados a seu encorajamento e apoio moral incessantes, foram de importância essencial. Também John Krebs leu o rascunho do livro inteiro. Ele conhece o assunto melhor do que eu e foi de uma generosidade sem limites em seus conselhos e sugestões. Glenys Thomson e Walter Bodmer criticaram gentil mas firmemente o tratamento que dei aos tópicos de Genética. Temo que minha revisão final ainda não os satisfaça por completo, porém espero que a considerem ao menos um pouco melhorada. Sou muito grato a eles pelo tempo e pela paciência que me dedicaram. John Dawkins exercitou sua atenção infalível para as construções ambíguas e deu excelentes sugestões de como reescrevê-las. Não poderia ter desejado a ajuda de um "leigo inteligente" mais apropriada do que a de Maxwell Stamp. A perspicácia com que ele detectou uma falha geral importante no estilo do primeiro rascunho contribuiu muito para a versão final. Outras pessoas que colaboraram com críticas construtivas de determinados capítulos, ou que deram suas opiniões como especialistas, foram John Maynard Smith, Desmond Morris, Tom Maschler, Nick Blurton Jones, Sarah Kettlewell, Nick Humphrey, Tim Clutton-Brock, Louise Johnson, Christopher Graham, Geoff Parker e Robert Trivers. Pat Searle e Stephanie Verhoeven não apenas datilografaram o manuscrito com habilidade, como também me encorajaram ao fazê-lo, parece-me, com prazer. Por fim, quero agradecer a Michael Rodgers da Oxford University Press, que, além de fazer críticas proveitosas ao manuscrito, ultrapassou em muito seus deveres como editor ao encarregar-se de todos os aspectos envolvidos na produção deste livro.

Richard Dawkins

1. Por que as pessoas existem?

A vida inteligente de um planeta atinge a maioridade no momento em que compreende pela primeira vez a razão de sua própria existência. Se criaturas superiores vindas do espaço um dia visitarem a Terra, a primeira pergunta que farão, de modo a avaliar o nível da nossa civilização, será: "Eles já descobriram a evolução?". Os seres vivos já existiam na Terra há mais de 3 bilhões de anos, sem ter a menor ideia do porquê, antes que finalmente a verdade ocorresse a um deles. O seu nome era Charles Darwin. Para ser justo, é preciso dizer que laivos da verdade já haviam ocorrido a outros antes dele, mas foi Darwin quem, pela primeira vez, construiu uma explicação coerente e convincente da razão por que existimos. Devemos a ele a possibilidade de dar uma resposta racional à criança curiosa cuja pergunta serve de título a este capítulo. Não precisamos mais recorrer à superstição quando confrontados com questões profundas como as seguintes: "Há um sentido para a vida?"; "Para que existimos?"; "O que é o homem?". Depois de formular a última dessas perguntas, o eminente zoólogo G. G. Simpson declarou: "Aquilo que quero esclarecer agora é que todas as tentativas de responder a esta pergunta feitas antes de 1859 são totalmente desprovidas de valor e que estaremos em melhor posição se simplesmente as ignorarmos por completo".[1]

Hoje, a teoria da evolução está tão sujeita à dúvida quanto a teoria de que a Terra gira em torno do Sol, mas as implicações mais profundas da revolução de Darwin ainda não foram amplamente compreendidas. Nas universidades, apenas uma minoria se dedica ao estudo da zoologia, e mesmo aqueles que escolhem essa área de estudos quase sempre o fazem sem avaliar o seu profundo significado filosófico. A filosofia e outras disciplinas conhecidas como "humanidades" continuam a ser ensinadas quase como se Darwin nunca tivesse existido. Não há dúvida de que isso se modificará com o tempo. Seja como for, este livro não pretende representar uma defesa geral do darwinismo. Na verdade, ele se propõe a explorar as consequências da teoria da evolução em relação a um problema específico. O meu propósito é examinar a biologia do egoísmo e do altruísmo.

Para além de seu interesse acadêmico, a importância humana desta questão é óbvia. Ela toca de perto todos os aspectos da nossa vida social, o nosso amor e o nosso ódio, a luta e a cooperação, o dar e o roubar, a nossa ganância e a nossa generosidade. As mesmas pretensões poderiam ser atribuídas a obras como *On aggression* [Sobre a agressividade], de Lorenz, *The social contract* [O contrato social], de Ardrey, e *Love and hate* [Amor e ódio], de Eibl-Eibesfeldt. O problema com esses livros é que seus autores erraram, total e completamente. E erraram porque não entenderam como a evolução opera. Eles supuseram que o importante na evolução é o bem da *espécie* (ou do grupo), em vez do bem do *indivíduo* (ou do gene). É irônico que Ashley Montagu tenha acusado Lorenz de ser um "descendente direto dos pensadores da 'natureza rubra em seus dentes e garras' do século XIX...". Até onde entendo a visão de Lorenz acerca da evolução, ele concordaria inteiramente com Montagu ao rejeitar as implicações da famosa frase de Tennyson. Ao contrário de ambos, eu penso que a ideia de "uma natureza rubra em seus dentes e garras" traduz admiravelmente bem a compreensão moderna da seleção natural.

Antes de iniciar a minha argumentação, quero explicar brevemente o tipo de argumentação de que se trata aqui, e também o tipo de que não se trata. Se nos dissessem que um homem viveu uma vida longa e próspera no mundo dos gângsteres de Chicago, nos sentiríamos autorizados a fazer certas especulações sobre que tipo de homem ele era. Seria de esperar que tivesse algumas qualidades, tais como valentia, rapidez no gatilho e habilidade de atrair amigos leais. Embora tais deduções não sejam infalíveis, podemos inferir algumas coisas sobre o caráter de um homem se tivermos conhecimento das condições em que ele sobreviveu e prosperou. O argumento deste livro é que nós, e todos os outros animais, somos máquinas criadas pelos nossos genes. Como os bem-sucedidos gângsteres de Chicago, nossos genes sobreviveram — em alguns casos, por milhões de anos — num mundo altamente competitivo. Isso nos permite esperar deles algumas qualidades. Sustentarei a ideia de que uma qualidade predominante que se pode esperar de um gene bem-sucedido é o egoísmo implacável. Em geral o egoísmo do gene originará um comportamento individual egoísta. No entanto, tal como veremos, existem circunstâncias especiais em que um gene pode atingir mais efetivamente seus próprios objetivos egoístas cultivando uma forma limitada de altruísmo, que se manifesta no nível do comportamento individual. "Especiais" e "limitada" são palavras importantes na última frase. Por mais que desejemos acreditar no contrário, o amor universal e o bem-estar da espécie como um todo são conceitos que simplesmente não fazem sentido do ponto de vista evolutivo.

Isso me leva ao primeiro esclarecimento que tenciono fazer sobre aquilo que este livro *não é*. Não vou advogar uma moral baseada na evolução.[2] Vou falar de como as coisas evoluíram. Não pretendo dizer de que maneira nós, os seres humanos, deveríamos nos comportar moralmente. Insisto neste ponto porque estou ciente do risco de ser mal interpretado por aquelas pessoas (numerosas, infelizmente) que não são capazes de diferenciar a declaração da crença num dado estado de coisas de uma defesa de como as coisas devam ser. Pessoalmente, acredito que uma sociedade baseada apenas na lei do egoísmo impiedoso dos genes seria uma sociedade execrável. Mas, infelizmente, por mais que se considere uma coisa execrável, ela não deixa, por isso, de ser verdade. Este livro se propõe, acima de tudo, a cativar o interesse do leitor. Mas, se alguém quiser extrair dele uma moral, que ele seja lido sobretudo como um aviso. Um aviso de que, se o leitor desejar, como eu, construir uma sociedade em que os indivíduos cooperem generosa e desinteressadamente para o bem-estar comum, ele não deve esperar grande ajuda por parte da natureza biológica. Tratemos então de *ensinar* a generosidade e o altruísmo, porque nascemos egoístas. Tratemos de compreender o que pretendem os nossos próprios genes egoístas, pois só assim teremos alguma chance de perturbar os seus desígnios, algo que nenhuma outra espécie jamais aspirou fazer.

Como corolário dessas observações sobre o ensinar, devo dizer que é um erro — e, a propósito, bastante comum — supor que os traços herdados geneticamente são, por definição, fixos e inalteráveis. Os nossos genes podem nos instruir a sermos egoístas, mas não somos necessariamente forçados a obedecê-los a vida toda. Pode apenas ser mais difícil para nós aprender o altruísmo do que seria se estivéssemos geneticamente programados para sermos altruístas. Entre os animais, o homem é dominado de uma maneira muito singular pela cultura, por influências aprendidas e transmitidas de geração em geração. Alguns diriam que a importância da cultura é tão grande que os genes, egoístas ou não, são virtualmente irrelevantes para a compreensão da natureza humana. Outros discordariam. Tudo depende de onde nos situamos no debate sobre a "natureza versus cultura"* como determinantes dos atributos humanos. Eis o segundo esclarecimento sobre o que este livro não é: ele não é uma defesa de uma posição ou outra na controvérsia "natureza versus cultura". Naturalmente, tenho uma opinião a respeito, contudo não pretendo exprimi-la, exceto na medida em que ela está implícita na visão de cultura que apresentarei no capítulo 11.** Se os genes de fato se mostrarem totalmente irrelevantes na determinação do comportamento humano moderno, e se formos com efeito os únicos entre os animais com os quais isso acontece, será, no mínimo, interessante nos indagarmos sobre a regra em relação à qual nos tornamos tão recentemente a única exceção. E, se a nossa espécie não for assim tão excepcional como gostaríamos de acreditar, será ainda mais importante nos indagarmos sobre essa regra.

 A terceira coisa que este livro não é: um relatório descritivo do comportamento do homem ou de qualquer outra espécie animal em particular. Os pormenores factuais serão usados apenas como exemplos ilustrativos. Não direi algo como: "Se observarmos o comportamento dos babuínos, verificaremos que ele é egoísta; portanto, há uma boa probabilidade de que o comportamento humano seja egoísta também". A lógica do meu argumento sobre o "gângster de Chicago" é inteiramente diferente. Ela funciona como segue. Os humanos e os babuínos evoluíram por meio da seleção natural. Se examinarmos o modo como a seleção natural opera, ele parece sugerir que qualquer coisa que

---

* No original, "nature versus nurture". (N. T.)
** No original, o autor fala em "capítulo final", porém, como ele acrescentou outros dois a esta edição, trata-se na verdade do capítulo 11. (N. R. T.)

tenha evoluído por meio da seleção natural deve ser egoísta. Portanto, é de esperar que, ao observarmos o comportamento dos babuínos, dos seres humanos e de todas as outras criaturas vivas, descobriremos que se trata de um comportamento egoísta. Se a nossa expectativa não se confirmar, se verificarmos que o comportamento humano é verdadeiramente altruísta, então estaremos diante de um fato intrigante, de algo que requer uma explicação.

Antes de prosseguir, precisamos de uma definição. Uma entidade, como um babuíno, por exemplo, será considerada altruísta se ela se comportar de forma a aumentar o bem-estar de outra entidade semelhante, com prejuízo de si mesma. O comportamento egoísta é aquele que tem exatamente o efeito oposto. O "bem-estar" é definido como "probabilidade de sobrevivência", ainda que o efeito sobre as expectativas reais de vida e de morte seja tão pequeno a ponto de *parecer* desprezível. Uma das consequências mais surpreendentes da teoria darwiniana é que mesmo as influências diminutas, aparentemente triviais, podem ter sobre as probabilidades de sobrevivência um impacto decisivo na evolução. Isso se deve à enorme quantidade de tempo disponível para que tais influências revelem seus efeitos.

É importante perceber que as definições acima apresentadas, tanto de altruísmo como de egoísmo, são *comportamentais*, e não subjetivas. Não me ocuparei aqui da psicologia das motivações. Não vou discutir se as pessoas que se comportam de maneira altruísta "na realidade" o fazem por motivos egoístas secretos ou subconscientes. Pode ser que seja assim e pode ser que não seja, e talvez nunca cheguemos a saber ao certo; de todo modo, não é disso que este livro trata. A minha definição visa somente a discernir se o *efeito* de uma ação consiste em diminuir ou aumentar as perspectivas de sobrevivência do presumível altruísta e as perspectivas de sobrevivência do presumível beneficiário.

É muito complicado demonstrar os efeitos do comportamento quando se trata das perspectivas de sobrevivência no longo prazo. Na prática, quando aplicamos a definição ao comportamento real, temos de qualificá-lo com o termo "aparentemente". Uma ação aparentemente altruísta é aquela que, superficialmente, parece tender a tornar a morte do altruísta mais provável (por pouco que seja) e a favorecer a sobrevivência do beneficiário. O exame mais detalhado revela, muitas vezes, que atos de altruísmo aparente são, na realidade, atos de egoísmo disfarçados. Uma vez mais, não pretendo dizer com isso que os motivos subjacentes sejam secretamente egoístas, e sim que os efeitos reais da ação sobre as perspectivas de sobrevivência são o oposto daquilo que havíamos pensado a princípio.

Fornecerei alguns exemplos de comportamentos aparentemente egoístas e de comportamentos aparentemente altruístas. Tendo em vista a dificuldade de evitar certos vícios de pensamento subjetivo quando lidamos com a nossa própria espécie, darei preferência a exemplos relativos a outros animais. Primeiro, alguns exemplos variados de comportamentos egoístas em animais individuais.

Os guinchos constroem seus ninhos em grandes colônias, e os mantêm separados uns dos outros por poucos palmos de distância. Ao nascer, os filhotes são pequenos e indefesos e, portanto, fáceis de engolir. É bastante comum que uma fêmea espere a sua vizinha virar as costas, possivelmente para pescar, e então se lance sobre um dos seus filhotes para engoli-lo inteiro. Deste modo, ela obtém uma refeição farta e nutritiva sem ter tido o trabalho de apanhar um peixe, e sem deixar o próprio ninho desprotegido.

Mais conhecido é o canibalismo macabro das fêmeas do louva-a-deus. Os louva-a-deus são grandes insetos carnívoros. Normalmente, alimentam-se de insetos menores, como as moscas, mas atacam praticamente tudo o que se move. Na época do acasalamento, o macho se arrasta com cautela na direção da fêmea, monta sobre ela e copula. Se tiver a oportunidade, a fêmea o come, começando por lhe arrancar a cabeça, quando o macho estiver se aproximando, logo que ele tiver montado nela, ou ainda depois que tiverem se separado. Para nós, pareceria mais sensato que ela esperasse a cópula se completar antes de começar a devorá-lo. Porém, a perda da cabeça não parece privar o restante do corpo do seu cadenciado movimento sexual. Na realidade, uma vez que a cabeça do inseto é a sede de alguns centros nervosos inibitórios, é possível que a fêmea melhore o desempenho sexual do macho ao lhe devorar a cabeça.[3] Se assim for, isso seria um ganho secundário. O benefício primário é a boa refeição que ela obtém.

A palavra "egoísta" pode parecer demasiado branda para se aplicar a casos tão extremos como o canibalismo, muito embora estes se ajustem muito bem à nossa definição. Talvez possamos sentir uma empatia mais direta com o conhecido comportamento covarde dos pinguins-imperadores na Antártida. Observou-se que eles permaneciam de pé à beira d'água, hesitantes antes de mergulhar, em virtude do perigo de serem devorados pelas focas. Bastava que um deles mergulhasse para que os demais soubessem se ali havia ou não uma foca. Mas, naturalmente, nenhum queria servir de cobaia, de modo que todos ficavam esperando e, às vezes, chegavam mesmo a tentar empurrar-se uns aos outros para dentro d'água.

Mais habitualmente, o comportamento egoísta pode consistir apenas na recusa em partilhar um recurso valioso, tal como o alimento, o território ou os parceiros sexuais. Vejamos agora alguns exemplos de comportamentos aparentemente altruístas.

A picada das abelhas-operárias é um comportamento defensivo muito eficiente contra os ladrões de mel. Mas as abelhas que picam são lutadores camicase. No ato da picada, os órgãos vitais são normalmente arrancados do seu corpo, e o inseto morre pouco depois. Pode ser que a sua missão suicida tenha posto a salvo o estoque vital de alimento da colônia, no entanto ela própria já não estará presente para tirar proveito disso. De acordo com nossa definição, este é um comportamento altruísta. O leitor deve lembrar-se de que não estamos nos referindo a motivações conscientes, as quais podem ou não estar presentes, tanto aqui como nos exemplos de comportamento egoísta, porém isso é irrelevante para a nossa definição.

Dar a própria vida pelos amigos é decerto um gesto altruísta, do mesmo modo como correr riscos pelo bem deles. Muitos passarinhos, ao ver aproximar-se um predador voador, tal como um falcão, disparam gritos de "alarme" característicos, diante dos quais o bando inteiro toma as medidas de evasão apropriadas. Existe evidência indireta de que o pássaro que emite o grito se coloca em maior perigo, uma vez que atrai para si a atenção do predador. Trata-se apenas de um pequeno risco adicional, mas, ainda assim, pelo menos à primeira vista, ele parece qualificar-se como um ato altruísta, de acordo com a nossa definição.

Os atos de altruísmo animal mais comuns e mais reconhecíveis são realizados pelos pais, especialmente as mães, em relação aos seus filhotes. Eles podem incubá-los, em ninhos ou no interior dos próprios corpos, alimentá-los, com enormes custos para si mesmos, e correr grandes riscos para protegê-los dos predadores. Para citar um só exemplo, muitas aves que fazem ninhos no chão executam a chamada "manobra de distração" quando um predador, como uma raposa, por exemplo, se aproxima. A ave, que pode ser o pai ou a mãe, caminha coxeando para fora do ninho, deixando pender uma asa como se ela estivesse quebrada. O predador, ao perceber a presa fácil, é atraído para longe do ninho em que os filhotes se encontram. Por fim, a ave abandona a sua simulação e se lança no ar, exatamente a tempo de escapar dos dentes da raposa. É muito provável que consiga assim salvar a vida dos seus filhotes, mas o faz expondo-se, ela própria, a um risco.

Não é minha intenção defender uma posição por intermédio dessas histórias. Exemplos escolhidos nunca constituem evidência séria para qualquer generalização válida. As histórias acima nada mais são do que ilustrações daquilo que entendo por comportamento altruísta e por comportamento egoísta, no nível dos indivíduos. Este livro irá mostrar como ambos podem ser explicados pela lei fundamental que estou chamando de *egoísmo do gene*. Mas, antes, é necessário que eu comente uma explicação particularmente errônea do altruísmo, uma vez que ela é bastante conhecida e até mesmo amplamente ensinada nas escolas.

Tal explicação baseia-se na falsa noção, já mencionada, de que os seres vivos evoluem para fazer coisas "pelo bem da espécie" ou "pelo bem do grupo". É fácil ver como essa ideia se originou, na biologia. Grande parte da vida de um animal é dedicada à reprodução, e quase todos os atos de autossacrifício altruísta observados na natureza são realizados pelos pais em relação aos seus descendentes. A "perpetuação da espécie" é um eufemismo comum de reprodução e é, sem dúvida, uma *consequência* dela. Não é preciso mais do que uma ligeira distorção da lógica para deduzirmos que a "função" da reprodução é "servir" à perpetuação da espécie. A partir daí, é suficiente uma pequena escorregadela para que se conclua que os animais, em geral, se comportarão de forma a favorecer a perpetuação da espécie. O altruísmo em relação aos demais membros da espécie parece converter-se, assim, numa consequência natural.

Esta linha de pensamento pode ser formulada em vagos termos darwinianos. A evolução opera por meio da seleção natural e seleção natural significa a sobrevivência diferencial dos "mais aptos". Mas estamos falando dos indivíduos mais aptos, das raças mais aptas, das espécies mais aptas ou do quê? Para certos propósitos, isso não é de muita importância, contudo, quando se trata de altruísmo, a diferenciação é crucial. Se são as espécies que competem naquilo que Darwin chamou de luta pela existência, o indivíduo deveria ser considerado um peão no jogo, a ser sacrificado quando o interesse maior da espécie como um todo assim exigir. Para dizer de uma forma ligeiramente mais respeitável, um grupo, tal como uma espécie ou uma população dentro de uma espécie, cujos membros individuais estão prontos a se sacrificar pelo bem-estar do grupo, corre menos risco de extinção do que um grupo rival cujos membros colocam os próprios interesses egoístas em primeiro lugar. Assim, o mundo torna-se povoado principalmente por grupos constituídos por indivíduos capazes de autossacrifício. Essa é a teoria da "seleção de grupo", tida como verdadeira durante muito tempo por biólogos pouco familiarizados com os pormenores da teoria da evolução. Apresentada num famoso livro de V. C. Wynne-Edwards, ela foi popularizada por Robert Ardrey em *The social contract*. A alternativa ortodoxa costuma ser chamada de "seleção individual", embora, pessoalmente, eu prefira falar em "seleção do gene".

A resposta imediata do adepto da "seleção individual" ao argumento apresentado poderia ser mais ou menos como segue. Mesmo no grupo de altruístas haverá, quase certamente, uma minoria dissidente que se recusará a fazer qualquer sacrifício. Se existir um único rebelde egoísta, pronto a explorar o altruísmo dos restantes, ele terá, por definição, mais probabilidade do que os outros de sobreviver e de procriar. Cada um dos seus filhos tenderá a herdar seus traços egoístas. Após várias gerações dessa seleção natural, o "grupo de altruístas" será dominado pelos indivíduos egoístas e desse grupo se tornará indistinguível. Mesmo admitindo o acaso improvável da existência inicial de grupos altruístas puros, sem nenhum indivíduo rebelde, é muito difícil antever o que seria capaz de impedir a migração de indivíduos egoístas, provenientes de grupos egoístas vizinhos e, por casamento cruzado, a contaminação da pureza dos grupos altruístas.

O adepto da seleção individual admitiria que os grupos realmente desapareçam e que a sua extinção, ou não, pode ser influenciada pelo comportamento dos indivíduos no grupo. Ele poderia até mesmo admitir que, *se* os indivíduos de *somente* um grupo tivessem o dom da previsão, veriam que o melhor para eles, no longo prazo, seria refrear a sua avidez egoísta, de modo a evitar a destruição de todo o grupo. Quantas vezes, nos últimos anos, isso foi dito aos trabalhadores britânicos? Entretanto, a extinção do grupo é um processo lento, comparado à velocidade feroz da competição individual. Mesmo quando o grupo caminha lenta e inexoravelmente para o declínio, os indivíduos egoístas prosperam, no curto prazo, às expensas dos altruístas. Os cidadãos da Grã-Bretanha podem ou não ter o dom da previsão, mas a evolução é cega no que diz respeito ao futuro.

Embora a teoria da seleção de grupo conte com poucos adeptos hoje em dia entre os biólogos profissionais que compreendem a evolução, ela continua a exercer forte apelo intuitivo. Gerações e gerações de estudantes de zoologia se surpreendem, quando deixam o ensino secundário, ao descobrir que não é esse o ponto de vista ortodoxo. Não se podem culpá-los por isso, uma vez que no *Nuffield Biology teacher's guide*, escrito para os professores que lecionam Biologia em nível avançado nas escolas, encontramos o seguinte: "Nos animais superiores, o comportamento pode assumir a forma do suicídio individual para assegurar a sobrevivência da espécie". O autor anônimo desse manual ignora, satisfeito, o fato de que sua afirmação é controversa. A esse respeito, ele faz companhia a cientistas que ganharam o prêmio Nobel. Konrad Lorenz, no livro *On aggression*, discorre sobre a função de "preservação da espécie" exercida pelo comportamento agressivo, que teria entre suas finalidades assegurar que apenas aos indivíduos mais aptos seja permitido procriar. Este é um exemplo notável de argumentação circular. Mas o que quero enfatizar aqui é que a ideia da seleção de grupo está tão profundamente enraizada que tanto Lorenz como o autor do *Nuffield guide* não se deram conta de que suas afirmações eram incompatíveis com a teoria darwiniana ortodoxa.

Recentemente ouvi um exemplo delicioso do mesmo tipo, num programa de televisão da BBC, excelente, aliás, sobre as aranhas australianas. A "especialista" do programa observou que a grande maioria dos filhotes de aranha terminava como presas de outras espécies, e prosseguiu: "Talvez este seja o verdadeiro propósito da sua existência, visto que apenas uns poucos filhotes necessitam sobreviver para que a espécie seja preservada"!

Robert Ardrey, em *The social contract*, usou a teoria da seleção de grupo para explicar toda a ordem social. O homem é claramente visto por ele como uma espécie que se desviou do caminho da retidão animal. Mas Ardrey, pelo menos, fez a lição de casa. A sua decisão de discordar da teoria ortodoxa foi consciente e, por isso, ele merece crédito.

Uma das razões para o grande apelo exercido pela teoria da seleção de grupo talvez seja o fato de ela se afinar completamente com os ideais morais e políticos partilhados pela maioria de nós. Como indivíduos, não raro podemos nos comportar de maneira egoísta, mas, nos nossos momentos mais idealistas, reverenciamos e admiramos aqueles que colocam o bem-estar dos outros em primeiro lugar. No entanto, nos mostramos um pouco confusos no tocante à extensão que queremos atribuir à palavra "outros". Muitas vezes, o altruísmo no interior de um grupo se faz acompanhar do egoísmo entre os grupos. Essa é a base do sindicalismo. Num outro nível, a nação é a principal beneficiária do nosso autossacrifício altruísta, e espera-se que os jovens deem suas vidas como indivíduos para a glória suprema do seu país. Mais ainda, os mesmos jovens são encorajados a matar outros indivíduos a respeito dos quais nada sabem, exceto que pertencem a uma nação diferente. (Curiosamente, os apelos em tempos de paz para que os indivíduos façam um pequeno sacrifício, à medida que aumentam seu padrão de vida, parecem ser menos eficientes que os apelos, durante os tempos de guerra, para que sacrifiquem as próprias vidas.)

Em tempos recentes temos presenciado uma reação contra o racismo e o patriotismo e uma tendência a adotar a espécie humana no seu conjunto como o objeto dos nossos sentimentos de solidariedade. Esse alargamento humanista do alvo do nosso altruísmo possui um corolário interessante, que, uma vez mais, parece reforçar a ideia da evolução "pelo bem da espécie". Os politicamente liberais, que são, em geral, os porta-vozes mais convencidos da ética da espécie, demonstram hoje o maior desdém por aqueles que foram um pouco mais longe no alargamento do seu altruísmo, de maneira a incluir as outras espécies. Se eu disser que estou mais interessado em impedir o massacre das grandes baleias do que em melhorar as condições de moradia da população, certamente deixarei alguns amigos chocados.

A ideia de que os membros da nossa própria espécie merecem uma consideração moral especial em comparação com os membros das demais espécies é antiga e profundamente arraigada. Matar pessoas fora de uma guerra é algo que se considera o pior dos crimes vulgarmente cometidos. A única coisa proibida com mais força pela nossa cultura é comer pessoas (mesmo que já estejam mortas). E, no entanto, gostamos de comer membros das outras espécies. Muitos de nós recuamos constrangidos diante da execução de um ser humano, não obstante se trate do mais terrível criminoso, ao passo que defendemos despreocupados a exterminação sem julgamento de pragas relativamente pouco nocivas. A bem da verdade, matamos membros de outras espécies inofensivas como forma de recreação e divertimento. Um feto da nossa espécie, desprovido de mais sentimentos humanos do que uma ameba, goza de um respeito e de uma proteção legais que excedem em ampla medida aqueles concedidos a um chimpanzé adulto. E, contudo, o chimpanzé sente e pensa e — de acordo com os achados experimentais recentes — é até mesmo capaz de aprender alguma forma de linguagem humana. O feto pertence à nossa espécie e, por essa razão, conta instantaneamente com privilégios e direitos especiais. Será que a ética do "especiecismo", para usar o termo de Richard Ryder, se sustenta em bases lógicas mais sólidas do que a ética do racismo? Eu não sei. O que sei é que ela não encontra nenhuma fundamentação na biologia evolutiva.

À confusão, na ética humana, acerca do nível em que o altruísmo é desejável — a família, a nação, a raça, a espécie ou o conjunto dos seres vivos — corresponde uma confusão paralela na biologia a respeito do nível em que o altruísmo deve ser esperado, de acordo com a teoria da evolução. Mesmo os adeptos da seleção de grupo não ficariam surpresos por encontrar membros de grupos rivais comportando-se de maneira sórdida uns com os outros: assim, tal como os sindicalistas ou os soldados, eles estariam favorecendo o próprio grupo na luta por recursos limitados. Nesse caso, vale a pena indagar como é que o adepto da seleção de grupo decide *qual* nível é o importante. Se a seleção opera entre grupos de uma mesma espécie, e entre espécies, por que não operaria também entre grupos mais vastos? As espécies se agrupam em gêneros, os gêneros em ordens, e as ordens em classes. Leões e antílopes são ambos membros da classe *Mammalia*, assim como nós. Não deveríamos esperar, então, que os leões se abstivessem de matar os antílopes, "pelo bem dos mamíferos"?

Certamente eles deveriam, em lugar disso, caçar as aves ou os répteis, a fim de evitar a extinção da classe. Mas, então, o que dizer da necessidade de perpetuar todo o filo dos vertebrados?

É fácil argumentar por *reductio ad absurdum* e apontar os problemas da teoria da seleção de grupo, porém a existência aparente do altruísmo individual necessita, ainda assim, de uma explicação. Ardrey chega a dizer que a seleção de grupo é a única explicação possível para comportamentos como o *stotting** das gazelas-de-thomson. Esse tipo de salto vigoroso e proeminente diante do predador é análogo ao grito de alarme emitido pelos pássaros, por meio do qual eles parecem avisar os companheiros do perigo, ao mesmo tempo que chamam a atenção do predador para o animal que salta. É nossa responsabilidade encontrar uma explicação para o *stotting* e para todos os fenômenos semelhantes, e tentarei fazê-lo em capítulos posteriores.

Mas, antes disso, tenho de defender a minha convicção de que a melhor maneira de encarar a evolução é considerar que a seleção se dá no mais baixo de todos os níveis. Nesta crença, encontro-me fortemente influenciado pelo grande livro de G. C. Williams, *Adaptation and natural selection* [Adaptação e seleção natural]. A ideia central de que farei uso foi prenunciada por A. Weismann na virada do século xx — momento anterior ao nosso conhecimento dos genes —, na sua teoria da "continuidade do plasma germinativo". Argumentarei que a unidade fundamental da seleção, e, portanto, do interesse próprio, não é a espécie, nem o grupo e, tampouco, num sentido estrito, o indivíduo, e sim o gene, a unidade da hereditariedade.[4] Para alguns biólogos, isso poderá soar, de início, como uma visão extrema. Espero, contudo, que, ao compreenderem o sentido em que faço esta afirmação,

---

* Saltos ostensivos, verticais e rígidos, característicos dessa espécie animal, que podem funcionar como aviso para os demais membros do grupo. (N. T.)

eles concordem que se trata substancialmente de uma visão ortodoxa, ainda que expressa de forma pouco familiar. O argumento leva tempo para ser desenvolvido e teremos de começar pelo princípio, pela própria origem da vida.

2. Os replicadores

No princípio era a simplicidade. Já é suficientemente difícil explicar até mesmo como um universo simples começou. Vou partir do princípio de que estamos todos de acordo que seria ainda mais difícil explicar o aparecimento súbito, com todos os seus atributos, de uma ordem complexa — a vida, ou um ser capaz de criá-la. A teoria da evolução por meio da seleção natural proposta por Darwin é satisfatória porque nos mostra uma forma pela qual a simplicidade poderia ter se transformado em complexidade, como os átomos desordenados poderiam ter se agrupado em estruturas cada vez mais complexas até que acabassem produzindo pessoas. Darwin nos fornece uma solução, a única solução plausível sugerida até hoje, para a profunda questão da nossa existência. Tentarei explicar essa grande teoria em termos mais gerais do que se costuma fazer, começando pelo momento anterior ao início da própria evolução.

A "sobrevivência do mais apto" de Darwin é, na realidade, um caso especial de uma lei mais geral, a lei da *sobrevivência do estável*. O universo é povoado por coisas estáveis. Uma coisa estável é uma aglomeração de átomos que seja suficientemente comum ou permanente para merecer um nome. Pode tratar-se de uma aglomeração única de átomos, como o Matterhorn [monte Cervino], que dura o tempo suficiente para valer a pena dar-lhe um nome. Ou pode ser uma *classe* de entidades, como as gotas de chuva, que se formam numa quantidade suficientemente alta para merecer uma denominação coletiva, ainda que cada uma delas tenha vida curta. As coisas que vemos ao nosso redor, e que julgamos que requerem uma explicação — as pedras, as galáxias, as ondas do mar —, são todas arranjos mais ou menos estáveis de átomos. As bolhas de sabão tendem a ser esféricas porque essa é uma configuração estável para as películas finas cheias de gás. Numa nave espacial, a água também é estável na forma de corpúsculos esféricos, mas na Terra, onde está sujeita à ação da gravidade, a superfície estável da água em repouso é plana e horizontal. Os cristais de sal de cozinha tendem a ser cúbicos porque essa é uma maneira estável de reunir íons de sódio e de cloreto. No sol, os átomos mais simples de todos, os átomos de hidrogênio, fundem-se para formar átomos de hélio porque, nas condições que ali predominam, a configuração do hélio é mais estável. Outros átomos, ainda mais complexos, estão se formando continuamente nas estrelas espalhadas por todo o universo desde o big bang, que, de acordo com a teoria prevalecente, deu origem ao universo. É daí que vêm, originalmente, os elementos do nosso mundo.

Algumas vezes, quando se encontram, os átomos se ligam uns aos outros por meio de reações químicas para formar as moléculas, que podem ser mais ou menos estáveis. Essas moléculas podem ser muito grandes. Um cristal como o diamante pode ser considerado uma única molécula — neste caso, uma molécula proverbialmente estável —, porém, ao mesmo tempo, uma molécula muito simples, já que a sua estrutura atômica interna é repetida indefinidamente. Nos organismos vivos modernos existem outras moléculas grandes que são altamente complexas, e a sua complexidade se evidencia em diversos níveis. A hemoglobina do nosso sangue é uma típica molécula de proteína. Ela é constituída por cadeias de moléculas menores, os aminoácidos, cada uma contendo algumas dúzias de átomos arranjados numa estrutura precisa. Na molécula da hemoglobina existem 574 moléculas de aminoácidos, as quais se organizam em quatro cadeias que se torcem umas sobre as outras para compor uma estrutura globular tridimensional de complexidade estonteante. O modelo da hemoglobina assemelha-se a um denso espinheiro. No entanto, ao contrário de um espinheiro de verdade, não se trata, na hemoglobina, de uma estrutura aproximada e casual, e sim de uma estrutura invariante e bem definida, repetida de maneira idêntica mais de 6 mil quintilhões de vezes no corpo humano normal, sem um único ramo ou voltinha fora do lugar. A forma precisa de uma molécula de proteína como a hemoglobina é estável no sentido em que duas cadeias constituídas pela mesma sequência de aminoácidos tenderão, como duas molas, a adquirir a mesma configuração espiral tridimensional. Os "espinheiros" de hemoglobina se formam no nosso corpo, na sua configuração preferida, a uma velocidade aproximada de 400 trilhões por segundo, enquanto outros tantos são destruídos à mesma velocidade.

A hemoglobina é uma molécula recente, usada para ilustrar o princípio de que os átomos tendem a se arranjar em configurações estáveis. A questão relevante aqui é que, antes do surgimento da vida na Terra, uma forma rudimentar de evolução das moléculas poderia ter ocorrido através dos processos físicos e químicos comuns. Não há necessidade de pensarmos em desígnio, propósito ou direcionalidade. Se um grupo de átomos, na presença de energia, se organizar numa configuração estável, tenderá a manter-se nesse estado. A primeira seleção natural se deu simplesmente pela seleção das formas estáveis e a rejeição das instáveis. Não há mistério algum. Por definição, tinha de acontecer assim.

É claro que não se pode concluir disso que seja possível explicar a existência de entidades tão complexas como o homem lançando mão, apenas e exatamente, dos mesmos princípios. De nada adianta pegar o número exato de átomos, misturá-los todos e neles aplicar alguma forma de energia externa até que se arranjem na configuração correta e então, zás, eis que surge Adão! Podemos produzir, dessa maneira, uma molécula constituída de umas poucas dúzias de átomos, mas um homem consiste em bem mais de 1 octilhão de átomos. Para tentar fazer um homem, teríamos de trabalhar na nossa coqueteleira bioquímica durante um período de tempo tão longo que a idade inteira do universo pareceria um piscar de olhos e, mesmo assim, não iríamos conseguir. É aí que a teoria de Darwin, na sua forma mais geral, surge em nosso auxílio. Ela assume o controle justamente no ponto em que a história da lenta formação das moléculas sai de cena.

A descrição da origem da vida que apresentarei é necessariamente especulativa; por definição, não havia ninguém lá para observar o que aconteceu. Existem algumas teorias rivais, mas todas apresentam certos traços em comum. A descrição simplificada que darei não ficará, provavelmente, muito longe da verdade.[1]

Não sabemos que matérias-primas químicas eram abundantes na Terra antes do aparecimento da vida, contudo entre as mais plausíveis encontram-se a água, o dióxido de carbono, o metano e a amônia: todos compostos simples que, sabemos, estão presentes em pelo menos alguns dos outros planetas do nosso sistema solar. Os químicos têm tentado imitar as condições químicas da Terra em seus primórdios. Eles colocam essas substâncias simples num frasco, aplicando-lhes uma fonte de energia como a luz ultravioleta ou descargas elétricas — uma simulação artificial dos relâmpagos primordiais. Depois de algumas semanas fazendo isso, algo interessante é descoberto no interior do frasco: um caldo ralo amarronzado com um grande número de moléculas mais complexas do que as originalmente colocadas ali. Em particular, têm sido encontrados aminoácidos — os blocos de construção de que são feitas as proteínas, uma das duas grandes classes de moléculas biológicas. Antes de essas experiências terem sido realizadas, a ocorrência natural de aminoácidos seria interpretada como um sinal da presença de vida. Se tivesse sido detectada, por exemplo, em Marte, a vida naquele planeta teria parecido uma quase certeza. Hoje, entretanto, a existência espontânea de aminoácidos implica apenas a presença de alguns gases simples na atmosfera e de alguns vulcões, luz solar ou tempestades. Mais recentemente, as simulações laboratoriais das condições químicas da Terra antes do surgimento da vida já produziram substâncias orgânicas chamadas purinas e pirimidinas. Estas são os blocos de construção da molécula genética, o próprio DNA.

Processos análogos aos mencionados acima devem ter dado origem à "sopa primordial" que biólogos e químicos acreditam ter constituído os mares de 3 a 4 bilhões de anos atrás. As substâncias orgânicas concentravam-se em certos lugares, talvez na espuma que secava nas margens ou em pequenas gotículas em suspensão. Sob a influência posterior de energia, como a luz ultravioleta emanada pelo Sol, elas se combinavam em moléculas maiores. Hoje em dia, moléculas orgânicas grandes não durariam tempo suficiente para serem notadas: seriam rapidamente absorvidas e desintegradas pelas bactérias ou por outros seres vivos. Mas as bactérias e todos nós só aparecemos mais tarde, de tal maneira que, naqueles tempos, as grandes moléculas orgânicas podiam flutuar à deriva, sem serem molestadas, em meio ao caldo que se tornava cada vez mais denso.

Em algum momento formou-se, por acidente, uma molécula particularmente notável. Vamos chamá-la de o *Replicador*. Não é preciso que ela tenha sido a maior ou a mais complexa molécula existente, porém ela tinha uma propriedade extraordinária: a capacidade de criar cópias de si mesma. Este pode parecer um tipo de acidente cuja ocorrência é muito pouco provável. E foi, de fato. Foi uma ocorrência extremamente improvável. Durante a vida de um homem, acontecimentos assim tão improváveis podem ser considerados, em termos práticos, impossíveis. É por isso que nunca ganharemos o primeiro prêmio na loteria. Entretanto, nas nossas estimativas humanas sobre o que é ou não provável, não estamos habituados a lidar com centenas de milhões de anos. Se apostássemos na loteria todas as semanas durante 100 milhões de anos, é muito provável que ganhássemos o primeiro prêmio em diversas ocasiões.

Na realidade, uma molécula que seja capaz de produzir cópias de si mesma não é algo tão difícil de imaginar quanto parece à primeira vista, e só era preciso que ela aparecesse uma única vez. Pense no replicador como uma matriz ou um modelo padrão. Imagine-o como uma molécula grande, constituída por uma cadeia complexa de vários tipos de blocos moleculares. Esses pequenos blocos de construção encontravam-se abundantemente disponíveis no caldo em que flutuava o replicador. Agora suponha que cada bloco apresenta afinidade com outros blocos do mesmo tipo. Então, sempre que um bloco, vindo do caldo, se encontrar com uma parte do replicador com a qual tenha afinidade, tenderá a aderir-se a ele. Os blocos que se ligam desse modo se arranjarão, automaticamente, numa sequência idêntica à do próprio replicador. É fácil, portanto, imaginá-los se juntando para constituir uma cadeia estável semelhante ao replicador original. Esse processo poderia prosseguir como um empilhamento progressivo, camada sobre camada. É assim que se formam os cristais. Por outro lado, as duas cadeias poderiam se separar e, nesse caso, passaríamos a ter dois replicadores, e cada um deles continuaria a produzir outras cópias de si mesmo.

Uma possibilidade mais complexa é de que cada bloco tenha afinidade, não com os outros blocos do mesmo tipo, mas, reciprocamente, com outro tipo em particular. Então, o replicador atuaria como um modelo não para uma cópia idêntica a ele, e sim para uma espécie de "negativo", que, por sua vez, originaria uma nova cópia negativa, que corresponderia ao positivo original. Para os nossos propósitos, não tem grande importância saber se o processo de replicação original era positivo-negativo ou positivo-positivo, embora seja interessante notar que os equivalentes modernos do primeiro replicador, as moléculas de DNA, usam um processo de replicação positivo-negativo. O que realmente importa é que, de súbito, uma nova forma de "estabilidade" apareceu no mundo. Antes disso, provavelmente, não havia nenhum tipo particular de molécula complexa que fosse muito abundante na sopa, já que cada um deles dependia de que os blocos moleculares se dispusessem, acidentalmente, em tipos específicos de configuração. Mas, quando surgiu, o replicador deve ter logo espalhado suas cópias pelo mar, até que os blocos menores se tornassem um recurso escasso e as outras grandes moléculas começassem a se formar cada vez mais raramente.

Ao que parece, chegamos assim a uma numerosa população de réplicas idênticas. Agora, porém, temos de mencionar uma propriedade importante de qualquer processo de replicação: ele não é perfeito. Ocorrem erros nesse processo. Espero que não haja erros de impressão neste livro, mas, se fizermos um exame cuidadoso, é bem possível que encontremos um ou dois. É provável que eles não distorçam seriamente o sentido das frases, porque serão erros de "primeira geração". Mas, imagine os tempos anteriores à imprensa, quando livros como os Evangelhos eram copiados à mão. Todos os escribas, por mais cuidadosos que fossem, cometiam um erro ou outro, e alguns não conseguiam resistir à tentação de fazer pequenas "melhorias" no texto. Se todos produzissem suas cópias a partir de uma única matriz original, não haveria deturpações significativas de sentido. No entanto, se as cópias fossem feitas a partir de outras cópias, que, por sua vez, tivessem sido feitas a partir de cópias também, os erros começariam a se acumular e se tornariam mais sérios. Tendemos a considerar ruins as cópias imprecisas e, no caso dos documentos humanos, é difícil pensar em exemplos nos quais os erros possam ser vistos como benefícios. Quanto aos eruditos da Septuaginta,* o mínimo que se pode dizer é que eles deram início a algo de profunda importância quando traduziram, incorretamente, a expressão "jovem mulher", em hebraico, pela palavra "virgem" em grego, originando a profecia "Eis que uma virgem conceberá e dará à luz um filho...".[2] De todo modo, como veremos, a produção de uma cópia imprecisa do replicador biológico pode, num sentido real, originar um melhoramento, e foi essencial para a evolução progressiva da vida que alguns erros tivessem ocorrido. Não sabemos com que grau de exatidão as moléculas replicadoras originais produziam suas cópias. Seus descendentes modernos, as moléculas de DNA, são extraordinariamente fiéis, se comparados com alguns processos de cópia humana do mais alto grau de fidelidade, mas, mesmo eles, de quando em quando, cometem erros, e são esses enganos, em

---

* Designação pela qual é conhecida a mais antiga tradução em grego do texto hebreu do Antigo Testamento, que teria sido realizada por setenta tradutores, donde seu nome ("versão dos setenta"). (N. T.)

última análise, que tornam possível a evolução. Provavelmente os replicadores originais eram bem mais imprecisos, todavia o que importa é que podemos ter certeza de que os erros ocorriam e eram cumulativos.

À medida que se formavam e se propagavam cópias imperfeitas, a sopa primordial foi se enchendo, não de uma população de réplicas idênticas, e sim de diversas variedades de moléculas replicadoras, todas elas "descendentes" do mesmo ancestral. Seriam algumas variedades mais abundantes do que outras? É quase certo que sim. Algumas variedades seriam inerentemente mais estáveis do que outras. Certas moléculas, depois de formadas, teriam menos tendência do que outras a se decompor mais uma vez. Tais tipos se tornavam relativamente mais numerosos na sopa, não somente como consequência lógica e direta da sua "longevidade", mas também porque teriam muito tempo disponível para produzir cópias de si mesmas. Desse modo, os replicadores de alta longevidade tenderiam a ser mais numerosos e, mantendo-se constante a influência de outros fatores, passaria a haver uma "tendência evolutiva" em direção a uma maior longevidade na população de moléculas.

Provavelmente, porém, os demais fatores não se mantiveram constantes. Assim, outra propriedade inerente a uma variedade de replicadores que deve ter assumido uma importância ainda maior na sua disseminação pela população foi a velocidade de replicação ou "fecundidade". Se as moléculas replicadoras do tipo *A* fazem cópias de si mesmas, em média, uma vez por semana, ao passo que as moléculas do tipo *B* fazem cópias de si mesmas a cada hora, não é difícil prever que, em pouco tempo, as moléculas do tipo *A* serão superadas em número, ainda que "vivam" durante muito mais tempo do que as do tipo *B*. É provável que tenha havido, portanto, uma "tendência evolutiva" rumo ao aumento da "fecundidade" das moléculas na sopa primitiva. Uma terceira característica das moléculas replicadoras que teria sido favorecida pela seleção é a precisão da replicação. Se moléculas do tipo X e do tipo Y tiverem exatamente a mesma longevidade e se replicarem à mesma velocidade, mas houver, em média, a produção de um erro a cada dez replicações de X e a produção de um só erro a cada cem replicações de Y, é óbvio que as moléculas do tipo Y se tornarão muito mais numerosas. O contingente de moléculas X na população perderá não só os próprios "filhos" mutantes, como também seus descendentes, reais ou potenciais.

Se o leitor já contar com algum conhecimento sobre a evolução, é possível que lhe pareça haver algo de paradoxal na afirmação que acabo de fazer. Será possível conciliar a ideia de que os erros de replicação são um pré-requisito essencial para que a evolução ocorra com a afirmação de que a seleção natural favorece a produção de cópias de alta fidelidade? Eis a resposta: embora a evolução possa parecer, em algum sentido vago, uma "coisa boa", especialmente levando em conta que nós somos um produto dela, na realidade não existe nada que "queira" evoluir. A evolução acontece, quer se queira, quer não, a despeito de todos os esforços dos replicadores (e, hoje em dia, dos genes). Jacques Monod discutiu a questão com muita clareza na sua conferência Herbert Spencer, depois de comentar ironicamente: "Outro aspecto curioso sobre a teoria da evolução é que todos pensam que a entendem!".

Voltando ao caldo primordial, ele deve, portanto, ter sido povoado por algumas variedades de moléculas estáveis; estáveis no sentido de as moléculas individuais durarem muito tempo, ou se replicarem a uma grande velocidade, ou ainda se replicarem com alto grau de precisão. As tendências evolutivas que favoreceram as três formas de estabilidade ocorreram no seguinte sentido: se tivéssemos colhido amostras do caldo em dois momentos diferentes, a última delas conteria maior proporção das variedades com elevada longevidade/fecundidade/fidelidade de cópia. É esse, sobretudo, o significado de evolução para um biólogo, quando ele se refere a seres vivos, e o mecanismo também é o mesmo — a seleção natural.

Deveríamos então considerar que as moléculas replicadoras originais estavam "vivas"? Que importa isso? Eu poderia dizer agora ao leitor que "Darwin foi o homem mais notável que já existiu", e o leitor talvez me respondesse, "Não, Newton é que foi o mais notável", mas quero crer que não prolongaríamos excessivamente essa discussão. O importante é que nenhuma conclusão fundamental seria influenciada pelo desfecho da nossa discussão, qualquer que fosse ele. As realizações e os fatos da vida de Newton e de Darwin permanecem, na essência, inalterados, independentemente de os descrevermos como "notáveis". Do mesmo modo, a história das moléculas replicadoras terá ocorrido aproximadamente da maneira como a relatei aqui, não importa se decidimos considerá-las moléculas "vivas" ou não. Uma boa dose de sofrimento humano se deve ao fato de que muitos de nós não conseguimos perceber que as palavras não são mais que ferramentas para o nosso uso, e que a mera presença no dicionário de uma palavra como "viva" não significa que ela tenha necessariamente de corresponder a algo bem definido no mundo real. Quer chamemos aos primeiros replicadores de "vivos" ou não, eles foram os ancestrais da vida. Foram eles os nossos pais fundadores.

O próximo elo importante na nossa argumentação, um elo que o próprio Darwin sempre fez questão de sublinhar (embora estivesse falando sobre animais e plantas, e não sobre moléculas), é a *competição*. A sopa primordial não tinha capacidade de prover o sustento de um número infinito de moléculas replicadoras.

Primeiro, porque as dimensões da Terra são finitas, mas outros fatores limitadores devem ter sido igualmente importantes. Na nossa descrição do replicador atuando como um modelo ou uma matriz, supusemos que ele se encontrava mergulhado numa sopa em que os blocos de construção, ou as moléculas pequenas, necessárias à produção de cópias, se encontravam abundantemente disponíveis. Mas, quando os replicadores se tornaram numerosos, os blocos de construção devem ter sido utilizados numa velocidade tão grande que acabaram por se tornar um recurso escasso e precioso. Diferentes variedades ou linhagens de replicadores devem ter competido por eles. Já analisamos os fatores que teriam levado ao aumento numérico de algumas dessas linhagens ou tipos. Podemos agora concluir que as variedades menos favorecidas teriam com efeito se tornado *menos* numerosas por causa da competição, e que, finalmente, muitas delas devem ter se extinguido. As variedades de replicadores travaram uma luta pela existência. Elas não sabiam que estavam lutando, e nem se preocupavam com isso. A luta foi conduzida sem nenhum ressentimento. Na realidade, sem sentimentos de qualquer tipo. Entretanto, se tratava de uma luta, no sentido de que qualquer cópia imprecisa que resultasse num nível mais alto de estabilidade, ou numa nova forma de reduzir a estabilidade das suas rivais, era automaticamente preservada e multiplicada. O processo de melhoramento era cumulativo. As formas de aumentar a própria estabilidade e de diminuir a estabilidade das rivais tornaram-se mais elaboradas e mais eficientes. Alguns replicadores podem até mesmo ter "descoberto" como decompor quimicamente as moléculas das variedades rivais, usando os blocos construtores assim liberados para produzir as próprias cópias. Dessa maneira, esses "protocarnívoros" ao mesmo tempo obtinham alimento e removiam os rivais competidores. Outros replicadores talvez tenham descoberto jeitos de se proteger, quer quimicamente, quer erguendo uma barreira física de proteína à sua volta. Talvez as primeiras células vivas tenham surgido assim. Os replicadores começaram não apenas a existir, mas também a construir invólucros para si mesmos, veículos capazes de preservar sua existência. Os replicadores que sobreviveram foram aqueles que construíram *máquinas de sobrevivência* no interior das quais pudessem viver. De início, é provável que tais máquinas não passassem de um revestimento de proteção. No entanto, ganhar a vida ficou gradativamente mais difícil à medida que surgiam novos rivais com máquinas de sobrevivência melhores e mais eficientes. Essas máquinas se tornaram maiores e mais elaboradas, num processo cumulativo e progressivo.

Haveria um ponto final para o aperfeiçoamento gradual das técnicas e dos artifícios usados pelos replicadores para assegurarem sua própria continuação no mundo? Eles contavam com muito, muito tempo para esses aperfeiçoamentos. Que estranhas máquinas de autopreservação trariam consigo os milênios seguintes? Qual seria o destino dos primeiros replicadores 4 bilhões de anos depois? Eles não se extinguiram, pois são mestres antigos na arte de sobreviver. Mas não espere encontrá-los no mar, flutuando à deriva; há muito que desistiram dessa liberdade altiva. Hoje em dia, eles se agrupam em colônias imensas, seguros no interior de gigantescos e desajeitados robôs,[3] guardados do mundo exterior, e com ele se comunicam por caminhos indiretos e tortuosos, manipulando-o por controle remoto. Eles estão dentro do leitor e de mim. Eles nos criaram, o nosso corpo e a nossa mente, e a preservação deles é a razão última da nossa existência. Percorreram um longo caminho, esses replicadores. Agora, respondem pelo nome de genes, e nós somos suas máquinas de sobrevivência.

3. Espirais imortais

Nós somos máquinas de sobrevivência, mas esse "nós" não se restringe somente às pessoas. Aplica-se a todos os animais, plantas, bactérias e vírus. É muito difícil determinar o número total de máquinas de sobrevivência na Terra, e até mesmo o número total das espécies é algo que desconhecemos. Tomando-se apenas os insetos, estima-se que o número de espécies vivas gire em torno de 3 milhões, e o número de insetos individuais pode atingir mil quatrilhões.

Os diferentes tipos de máquina de sobrevivência apresentam grande variação na sua aparência exterior e também nos seus órgãos internos. Um polvo não se parece nada com um camundongo, e ambos são muito diferentes de um carvalho. No entanto, na sua estrutura química fundamental, eles são bastante semelhantes. Mais especificamente, os replicadores que eles carregam, os genes, são basicamente o mesmo tipo de molécula em todos nós — das bactérias aos elefantes. Somos todos máquinas de sobrevivência para o mesmo tipo de replicador — as moléculas chamadas de DNA —, porém existem muitas formas diferentes de sobreviver neste mundo e os replicadores construíram uma grande variedade de máquinas para explorar. Um macaco é uma máquina que preserva os genes em cima das árvores e um peixe é uma máquina que preserva os genes debaixo d'água. Existe até um pequeno verme que preserva os genes nas bolachas que servem de suporte aos copos de chope. O DNA trabalha de maneiras misteriosas.

Para simplificar, dei a entender que os genes atuais, formados por DNA, são praticamente iguais aos primeiros replicadores que se encontravam na sopa primordial. Isso não importa muito na nossa discussão, mas talvez não seja realmente verdade. Os replicadores originais podem ter sido um tipo de molécula aparentada ao DNA, contudo também podem ter sido inteiramente diferentes. Neste último caso, poderíamos dizer que suas máquinas de sobrevivência teriam sido "capturadas" pelo DNA num estágio posterior. Se assim foi, os replicadores originais foram destruídos por completo, pois nenhum traço deles permanece nas máquinas de sobrevivência modernas. Seguindo essa linha de raciocínio, A. G. Cairns-Smith fez a intrigante sugestão de que os nossos ancestrais, os primeiros replicadores, podem não ter sido as moléculas orgânicas, e sim os cristais inorgânicos — minerais, pequenos pedaços de argila. Usurpador ou não, hoje em dia o DNA está indiscutivelmente no comando, a menos que, como sugiro hipoteticamente no capítulo 11, uma nova tomada de poder esteja em curso.

Uma molécula de DNA é uma longa cadeia de blocos de construção, pequenas moléculas chamadas de nucleotídeos. Assim como as moléculas das proteínas são cadeias de aminoácidos, as moléculas de DNA são cadeias de nucleotídeos. Uma molécula de DNA é pequena demais para ser vista a olho nu, mas o seu formato exato foi engenhosamente determinado por processos indiretos. Ela consiste num par de cadeias de nucleotídeos, uma torcida sobre a outra numa espiral elegante: a "dupla hélice" ou a "espiral imortal". Existem apenas quatro tipos de nucleotídeos diferentes, cujos nomes podem ser abreviados para A, T, C e G. Eles são os mesmos em todos os animais e plantas. O que varia é a ordem em que se alinham em sequência. Um bloco de construção G de um homem é, em todos os detalhes, idêntico a um bloco de construção G de um caramujo. Entretanto, a *sequência* dos blocos em um homem não só é diferente daquela de um caramujo, como também é diferente — embora em menor grau — da sequência presente em todos os outros homens (exceto no caso especial de gêmeos idênticos).

O nosso DNA vive no interior do nosso corpo. Ele não está concentrado num lugar particular, mas distribuído pelas células. Existe aproximadamente 1 quatrilhão de células num corpo humano médio e, com algumas poucas exceções que podemos deixar de lado, cada uma delas contém uma cópia do DNA daquele corpo. Esse DNA pode ser considerado um conjunto de instruções sobre como construir um corpo, escrito no alfabeto A, T, C e G dos nucleotídeos. É como se em cada cômodo de um prédio gigantesco houvesse uma estante de livros contendo o projeto arquitetônico para o edifício todo. A "estante de livro" numa célula é chamada de núcleo. No homem, o projeto arquitetônico é composto por 46 volumes — o número é diferente em outras espécies. Os "volumes" são chamados de cromossomos. Visíveis ao microscópio, têm a aparência de fios compridos, ao longo dos quais os genes se dispõem, numa sequência precisa. Não é fácil, e talvez nem faça muito sentido, estabelecer com precisão onde termina um gene e onde começa o seguinte. Felizmente, como este capítulo mostrará, isso não é de grande importância para os nossos propósitos.

Farei uso da metáfora do plano do arquiteto, misturando livremente a linguagem da metáfora com a linguagem da situação real. O termo "volume" será usado alternadamente com cromossomo. Por enquanto, usarei "página" como sinônimo de gene, embora a divisão entre os genes seja bem menos nítida do que a divisão entre as páginas de um livro. Essa metáfora nos levará bastante longe. Quando, por fim, ela se mostrar insuficiente, introduzirei outras. A propósito, é claro que não existe "arquiteto" nenhum. As instruções do DNA foram compiladas pela seleção natural.

As moléculas de DNA realizam duas coisas importantes. Em primeiro lugar, elas se replicam, ou seja, produzem cópias de si mesmas. Trata-se de um processo que acontece ininterruptamente desde o começo da vida, de tal maneira que, hoje, as moléculas de DNA são de fato muito eficientes nisso. Quando adultos, somos constituídos por cerca de 1 quatrilhão de células, contudo, quando fomos concebidos, éramos uma única célula dotada de uma cópia-mestra do plano do arquiteto. Essa célula dividiu-se em duas, e cada uma recebeu a sua cópia do plano. Divisões sucessivas elevaram o número de células para 4, 8, 16, 32, e assim por diante, até alcançar a casa dos trilhões. A cada divisão, os planos do DNA foram copiados fielmente, ou com pouquíssimos erros.

Uma coisa é falar na duplicação do DNA, mas, se o DNA é mesmo um conjunto de planos para construir um corpo, como é que tais planos são colocados em prática? Como é que se traduzem em estruturas no corpo? Essa questão me leva à segunda coisa importante feita pelo DNA: ele supervisiona de maneira indireta a fabricação de um tipo diferente de molécula — a proteína. A hemoglobina, que mencionei no capítulo anterior, é apenas um exemplo da enorme gama de moléculas de proteína. A mensagem codificada do DNA, escrita no alfabeto de quatro letras dos nucleotídeos, é traduzida, de forma mecânica e simples, em outro alfabeto. Tem-se então o alfabeto dos aminoácidos, que especifica como serão as moléculas de proteína.

Produzir proteínas pode parecer algo muito distante da tarefa de formar um corpo, mas, na realidade, é o primeiro passo nessa direção. As proteínas não somente constituem boa parte da estrutura física do corpo, como também exercem um controle sensível sobre todos os processos químicos no interior da célula, ativando-os ou desativando-os seletivamente, em momentos precisos e em lugares exatos. Como é que isso por fim conduz ao desenvolvimento de um bebê, é uma história que os embriologistas levarão décadas, talvez séculos, para desvendar. Mas é assim que as coisas se passam. Os genes controlam indiretamente a produção dos corpos e a influência é estritamente de mão única: as características adquiridas não são herdadas. Não importa o grau de conhecimento e de sabedoria que um indivíduo venha a adquirir durante a vida — nem uma gota disso será transmitida aos seus filhos por meios genéticos. Cada nova geração começa da estaca zero. O corpo é a maneira de os genes se preservarem inalterados.

A importância evolutiva do fato de os genes controlarem o desenvolvimento embrionário reside no seguinte: isso significa que os genes são responsáveis, pelo menos em parte, pela própria sobrevivência no futuro, já que esta depende da eficiência dos corpos que eles habitam e ajudaram a construir. Houve um tempo em que a seleção natural consistia na sobrevivência diferencial dos replicadores que flutuavam livremente na sopa primordial. No presente, a seleção natural favorece os replicadores que se mostram competentes na construção de máquinas de sobrevivência, ou seja, os genes que se revelam habilidosos na arte de controlar o desenvolvimento embrionário. Nisso, os replicadores não são mais guiados pela consciência ou pelos propósitos do que já foram alguma vez. Os velhos processos de seleção automática entre moléculas rivais, de acordo com sua longevidade, fecundidade e fidelidade de cópia, continuam a operar tão cega e inescapavelmente como em épocas remotas. Os genes não contam com nenhuma capacidade de previsão. Não fazem planos de antemão. Eles simplesmente *existem*, alguns mais numerosos do que outros — e isso é tudo. No entanto, as qualidades que determinam a longevidade e a fecundidade de um gene já não são tão simples quanto foram no passado. De modo algum.

Em anos recentes — os últimos 600 milhões de anos ou algo próximo disso —, os replicadores alcançaram triunfos tecnológicos notáveis em relação às suas máquinas de sobrevivência, tais como o músculo, o coração e o olho (que evoluíram independentemente, por diversas vezes). Mas, antes disso, eles modificaram de maneira radical certas características fundamentais do seu modo de vida como replicadores, o que necessita ser compreendido para que possamos prosseguir com a nossa discussão.

O primeiro ponto a ser entendido em relação a um replicador moderno é que ele é altamente gregário. Uma máquina de sobrevivência é um veículo que contém não um gene apenas, mas muitos milhares deles. A fabricação de um corpo é um empreendimento cooperativo de uma complexidade tão grande que é quase impossível distinguir a contribuição de um gene da contribuição de um outro.[1] Um gene em particular terá muitos efeitos diferentes em partes completamente diferentes do corpo. Uma determinada parte do corpo será influenciada por um amplo número de genes e o efeito de qualquer um deles dependerá da sua interação com muitos outros. Alguns comportam-se como genes-mestres, controlando as operações de um grupo de outros genes. Por analogia, cada página do plano do arquiteto faz referência a muitas partes diferentes do edifício, e cada página faz sentido somente a partir das suas referências cruzadas com uma série de outras.

A intrincada interdependência dos genes poderá levar o leitor a perguntar-se sobre a razão de se usar a palavra "gene", afinal. Por que não usar um substantivo coletivo como "complexo de genes"? De fato, para muitos propósitos, seria realmente uma boa ideia. Mas, se olharmos para as coisas de outro modo, também faz sentido pensar no complexo de genes como algo que se divide em replicadores, ou genes, discretos. Isso se deve ao fenômeno do sexo. A reprodução sexual tem como efeito misturar e embaralhar os genes — o que significa que qualquer corpo individual é apenas um veículo temporário para uma combinação efêmera de genes. A *combinação* de genes que constitui um indivíduo pode ser efêmera, porém os genes em si são potencialmente muito duradouros. Seus caminhos se cruzam e voltam a se cruzar constantemente ao longo de gerações. Um gene pode ser considerado uma unidade que sobrevive através de um grande número de corpos individuais sucessivos. Eis o argumento central que será desenvolvido ao longo deste capítulo. Trata-se de um argumento que alguns dos meus mais respeitados colegas se recusam obstinadamente a aceitar, por isso espero que me perdoem por insistir tanto em detalhá-lo! Em primeiro lugar, devo me deter brevemente nos fatos relativos ao sexo.

Afirmei que os planos para construir um corpo humano se encontram descritos em minúcias em 46 volumes. Na realidade, essa foi uma simplificação excessiva. A verdade é mais bizarra. Os 46 cromossomos consistem em 23 *pares* de cromossomos. Poderíamos dizer que, arquivados no núcleo de cada célula, existem dois conjuntos alternativos dos 23 volumes do plano. Vamos chamá-los de Volume 1a e 1b, Volume 2a e 2b etc., até Volume 23a e 23b. Os números que utilizo para identificar os volumes, e, mais tarde, as páginas, são inteiramente arbitrários.

Cada um dos nossos cromossomos foi recebido intacto de um dos nossos pais, em cujo testículo ou ovário ele estava reunido. Os Volumes 1a, 2a, 3a... vieram, digamos, do nosso pai, e os Volumes 1b, 2b, 3b..., da nossa mãe. Embora na prática seja muito difícil, teoricamente poderíamos, com o auxílio de um microscópio, olhar para os 46 cromossomos existentes em qualquer célula e identificar os 23 que vieram do pai e os 23 que vieram da mãe.

Os dois cromossomos emparelhados não passam a vida toda em contato físico um com o outro, nem mesmo próximos um do outro. Em que sentido, então, eles constituem um "par"? No sentido em que cada volume originalmente provindo do pai pode ser considerado, página por página, como uma alternativa direta ao volume correspondente originalmente proveniente da mãe. Por exemplo, a Página 6 do Volume 13a e a página 6 do Volume 13b poderiam ser ambas "sobre" a cor dos olhos; talvez uma diga "azul", enquanto a outra diz "castanho".

Algumas vezes, as duas páginas alternativas são idênticas, mas há casos, como no nosso exemplo da cor dos olhos, em que são diferentes. Ora, se elas dão "recomendações" contraditórias, o que faz o corpo? A resposta varia. Às vezes, uma indicação prevalece sobre a outra. No exemplo da cor dos olhos que demos acima, a pessoa teria, na realidade, olhos castanhos: as instruções para fazer olhos azuis seriam ignoradas na construção do corpo, ainda que isso não impedisse a sua transmissão para as gerações seguintes. Um gene que é ignorado dessa maneira é chamado de *recessivo*. O oposto de um gene recessivo é um gene *dominante*. O gene para olhos castanhos é dominante sobre o gene para olhos azuis. Uma pessoa tem olhos azuis somente quando ambas as cópias da página relevante forem unânimes em recomendar olhos azuis. Com mais frequência, quando dois genes alternativos não são idênticos, o resultado é alguma espécie de compromisso — o corpo é construído de acordo com um esquema intermediário, ou mesmo completamente diferente.

Quando dois genes, como o gene para os olhos azuis e o gene para os olhos castanhos, concorrem pelo mesmo lócus num cromossomo, são chamados de *alelos*. Para nossos propósitos, a palavra "alelo" é um sinônimo de "rival". Imaginem-se os volumes do plano arquitetônico como fichários, cujas páginas podem ser destacadas e trocadas por outras. Cada Volume 13 deverá ter, obrigatoriamente, uma Página 6, mas há várias Páginas 6 possíveis que podem ocupar o lugar entre a Página 5 e a Página 7. Uma versão possível diz "olhos azuis", outra versão possível diz "olhos castanhos"; pode haver ainda outras versões na população em geral que determinem outras cores, como o verde. Talvez exista meia dúzia de alelos alternativos na posição da Página 6 no 13º cromossomo espalhados pelo conjunto da população. Uma pessoa qualquer tem apenas dois cromossomos correspondentes ao Volume 13. Por isso, poderá ter, no máximo, dois alelos no lócus da Página 6. Ela poderá ter duas cópias do mesmo alelo, como no caso de uma pessoa de olhos azuis, ou poderá ter quaisquer dois alelos escolhidos dentre a meia dúzia de alternativas disponíveis no total da população.

É claro que não podemos, literalmente, sair escolhendo os nossos genes no conjunto de genes disponíveis para a população como um todo. Os genes ficam confinados no interior das máquinas de sobrevivência. Nós recebemos os nossos genes no momento da concepção, e não há nada que possamos fazer a respeito. No entanto, há um sentido em que os genes da população em geral podem, no longo prazo, ser considerados um *pool gênico**
— expressão que é, na verdade, um termo técnico usado pelos

---

* O pool gênico vem a ser o conjunto completo de alelos que podem ser encontrados no material genético de indivíduos de uma determinada espécie ou população. (N. T.)

geneticistas. O pool gênico é uma abstração conveniente, uma vez que o sexo mistura efetivamente os genes, embora o faça de forma cuidadosamente organizada. Para ser mais exato, ocorre alguma coisa semelhante ao arrancar e trocar de páginas e de maços de páginas do fichário, como veremos em breve.

  Descrevi a divisão normal da célula em duas novas células-filhas, recebendo, cada uma, a cópia completa de todos os 46 cromossomos. Essa divisão celular normal é chamada de *mitose*. Mas existe outro tipo de divisão celular, denominada *meiose*. Ela ocorre somente na produção das células sexuais, os espermatozoides e os óvulos, os quais são as únicas células que contêm apenas 23 cromossomos, e não os 46. Trata-se, é claro, da metade exata de 46 — o que será conveniente no momento da fertilização sexual, quando elas se fundirem para produzir um novo indivíduo! A meiose é um tipo especial de divisão celular que ocorre unicamente nos testículos e nos ovários e em que uma célula com o conjunto duplo de 46 cromossomos se divide para formar as células sexuais com o conjunto simples de 23 (usando sempre o número de cromossomos humanos como ilustração).

  Um espermatozoide, com seus 23 cromossomos, é formado a partir da divisão meiótica de uma das células comuns de 46 cromossomos existentes no testículo. Quais são os 23 cromossomos colocados num dado espermatozoide? Evidentemente, é importante que um espermatozoide não receba um conjunto qualquer de 23 cromossomos: ele não pode ficar com duas cópias do Volume 13 e sem nenhuma do Volume 17. Contudo, seria teoricamente possível que um indivíduo dotasse um dos seus espermatozoides de cromossomos provenientes apenas da mãe, por exemplo, isto é, com os Volumes 1b, 2b, 3b..., 23b. Nesse acontecimento improvável, uma criança concebida por esse espermatozoide herdaria metade dos seus genes da avó paterna e nenhum do avô paterno. Mas esse tipo de distribuição grosseira, abarcando a totalidade dos cromossomos, não acontece na realidade. O que acontece é bem mais complexo. Lembremos que os volumes (cromossomos) devem ser entendidos como fichários. Durante a produção dos espermatozoides, páginas avulsas, ou, mais frequentemente, maços de páginas, são arrancados e trocados por maços de páginas correspondentes do volume alternativo. Assim, um espermatozoide poderia compor o seu Volume 1 retirando as primeiras 65 páginas do Volume 1a e as páginas restantes do fim do Volume 1b. Os outros 22 volumes do espermatozoide seriam compostos da mesma maneira. Por isso, cada espermatozoide produzido por um indivíduo é único, não obstante todos os seus espermatozoides tenham formado os 23 cromossomos a partir dos pedaços do mesmo conjunto de 46 cromossomos. Os óvulos são produzidos de forma semelhante nos ovários, e também são inteiramente únicos.

A mecânica dessa mistura na vida real é razoavelmente bem compreendida. Durante a produção de um espermatozoide (ou óvulo), pedaços de cada cromossomo paterno destacam-se fisicamente e trocam de lugar com os pedaços correspondentes do cromossomo materno. (Vale lembrar que estamos falando dos cromossomos originalmente provindos dos pais do indivíduo produtor do espermatozoide, isto é, dos avós paternos da criança afinal concebida pelo espermatozoide.) O processo de permuta de pedaços do cromossomo é chamado de *crossing-over*, um fenômeno de grande importância para o argumento deste livro. Se o leitor observasse ao microscópio os cromossomos de um dos seus espermatozoides (ou óvulos, caso se tratasse de uma leitora), seria uma perda de tempo tentar identificar os cromossomos originalmente provenientes do pai e da mãe. (Isso constitui um contraste marcante com aquilo que se passa no caso das outras células do corpo; ver página 74.) Qualquer cromossomo de um espermatozoide seria como uma colcha de retalhos, um mosaico de genes maternos e paternos.

É aqui que a metáfora do gene como uma página começa a não funcionar. Num fichário, uma página inteira pode ser inserida, removida ou trocada, mas não uma fração de uma página. Porém, o complexo de genes é apenas uma longa cadeia de letras de nucleotídeos, não dividida em páginas destacadas de nenhuma maneira óbvia. Na verdade, existem símbolos especiais para FIM DA MENSAGEM DE CADEIA PROTEICA e para COMEÇO DA MENSAGEM DE CADEIA PROTEICA escritos no mesmo alfabeto de quatro letras em que estão redigidas as próprias mensagens de cadeia proteica. Entre esses dois sinais de pontuação estão as instruções codificadas para produzir uma proteína. Se quisermos, podemos definir o gene como uma sequência de letras de nucleotídeos localizadas entre um símbolo de COMEÇO e um símbolo de FIM, e que codifica uma cadeia proteica. A palavra *cístron* tem sido utilizada para uma unidade assim definida; há também quem emprega os dois termos, "gene" e "cístron", como sinônimos. Mas o *crossing-over* não respeita os limites entre os cístrons. As divisões podem ocorrer tanto no interior dos cístrons como entre eles. É como se o plano arquitetônico estivesse escrito não em páginas discretas, mas em 46 rolos de fita de papel. Os cístrons não têm um comprimento fixo. A única maneira de determinar onde um acaba e outro começa seria ler os símbolos na fita, procurando pelas marcações de FIM DA MENSAGEM e COMEÇO DA MENSAGEM. O *crossing-over* poderia ser representado pelo corte e pela troca de porções correspondentes das fitas paterna e materna, independentemente do que esteja escrito nelas.

No título deste livro, a palavra "gene" significa não um cístron, e sim algo mais sutil. A minha definição não agradará a todos, no entanto não existe uma definição de gene que seja universalmente aceita. Mesmo que existisse, não há nada de sagrado nas definições. Podemos definir uma palavra como julgamos melhor para os nossos propósitos, desde que o façamos com clareza e sem ambiguidade. A definição que quero utilizar é de G. C. Williams.[2] Um gene é definido como qualquer porção de material cromossômico que, potencialmente, dura um número suficiente de gerações para servir como unidade de seleção natural. Nos termos do capítulo anterior, um gene é um replicador que produz cópias de alta fidelidade. A fidelidade na produção de cópias é outra maneira de dizer "longevidade na forma das cópias", e eu abreviarei tal expressão para longevidade simplesmente. Essa definição exige que a justifiquemos.

De acordo com qualquer definição, um gene tem de ser uma porção de um cromossomo. A questão está em saber qual o seu tamanho — qual porção da fita de papel? Imagine uma sequência qualquer de letras adjacentes numa fita. Chamaremos a sequência de *unidade genética*. Pode ser uma sequência de apenas dez letras contida num cístron ou pode ser uma sequência de oito cístrons. Pode ainda começar e terminar no meio de um cístron. Ela se sobreporá a outras unidades genéticas. Incluirá unidades menores e fará parte de unidades maiores. Não importa qual seja a extensão da sequência; para o propósito do presente argumento, isso é o que designaremos como "unidade genética". Trata-se apenas de uma extensão do cromossomo, fisicamente indiferenciada do restante dele.

Chegamos agora ao ponto que nos interessa. Quanto mais curta for uma unidade genética, mais tempo — em gerações — é provável que ela dure. Em particular, é menos provável que ela seja dividida por um *crossing-over*. Suponha que um cromossomo inteiro tem, em média, a probabilidade de sofrer um *crossing-over* toda vez que um espermatozoide ou um óvulo são formados por divisão meiótica e que esse *crossing-over* pode ocorrer em qualquer ponto ao longo de seu comprimento. Se considerarmos uma unidade genética muito grande, digamos, com metade do comprimento do cromossomo, existe uma probabilidade de 50% de a unidade ser dividida a cada meiose. Se a unidade genética que estamos considerando tiver somente 1% do comprimento do cromossomo, podemos presumir que a probabilidade de ela ser dividida durante uma divisão meiótica se reduz a apenas 1%. É de esperar, portanto, que a unidade sobreviva ao longo de muitas gerações de descendentes de um indivíduo. Um único cístron representa, provavelmente, muito menos do que 1% do comprimento de um cromossomo. Até mesmo um grupo de vários cístrons vizinhos pode esperar durar muitas gerações antes de ser dividido por um *crossing-over*.

A expectativa de vida média de uma unidade genética pode ser convenientemente expressa em gerações, que, por sua vez, podem ser traduzidas em anos. Se tomarmos um cromossomo inteiro como a nossa suposta unidade genética, a história da sua vida durará uma única geração. Suponha o leitor que se trate de seu cromossomo 8a, herdado do seu pai. Criado no interior de um dos testículos do seu pai pouco tempo antes de o leitor ser concebido, ele nunca havia existido antes, em toda a história do mundo. Ele foi criado pelo processo de embaralhamento meiótico, forjado pela reunião de pedaços de cromossomos do seu avô paterno e da sua avó paterna. Foi colocado dentro de um espermatozoide específico e era único. O espermatozoide era um entre vários milhões, uma gigantesca esquadra de embarcações minúsculas que, juntas, navegaram para dentro da sua mãe. Esse espermatozoide específico (a menos que o leitor seja um gêmeo não idêntico) foi o único de toda a frota de embarcações a encontrar abrigo num dos óvulos da sua mãe — e é por isso que você existe. A unidade genética que estamos considerando, o seu cromossomo número 8a, começou a produzir cópias de si mesmo, junto com todo o resto do seu material genético. Agora ele existe, de forma duplicada, por todo o seu corpo. Mas quando o leitor, por sua vez, tiver filhos, o seu cromossomo número 8a será destruído no momento em que fabricar óvulos (ou espermatozoides). Pedaços dele serão permutados com outros do seu cromossomo número 8b materno. Em toda e qualquer célula sexual, um novo cromossomo número 8 será criado, talvez "melhor" que o anterior, talvez "pior", mas, salvo por uma coincidência bastante improvável, definitivamente diferente e definitivamente único. A duração da vida de um cromossomo é de uma geração.

E quanto à duração da vida de uma unidade genética menor, digamos, um centésimo do comprimento do seu cromossomo 8a? Também essa unidade veio do pai do leitor, embora seja muito provável que não tenha sido originalmente formada nele. Seguindo o raciocínio anterior, existe uma probabilidade de 99% de ele tê-la recebido intacta de um de seus pais. Vamos supor que tenha sido da mãe dele, a avó paterna do leitor. Mais uma vez, existe uma probabilidade de 99% de que ela a tenha herdado intacta de um dos seus pais. No final das contas, se traçarmos a ascendência de uma pequena unidade genética pelo número suficiente de gerações, chegaremos ao seu criador original. Em algum momento ela deve ter sido criada, pela primeira vez, no interior de um testículo ou de um ovário de um dos antepassados do leitor.

Deixe-me repetir o sentido bastante especial com que estou usando a palavra "criar". As subunidades menores que constituem a unidade genética que estamos considerando podem muito bem ter existido desde muito antes. A nossa unidade genética foi criada num determinado momento, apenas no sentido de que o *arranjo* particular das subunidades que a integram não existia antes. O momento da sua criação pode ter ocorrido bastante recentemente, digamos, num dos avós do leitor. Mas, se considerarmos uma unidade genética muito pequena, ela poderá ter sido formada num antepassado muito mais longínquo, talvez num ancestral pré-humano semelhante a um macaco. Além disso, uma unidade genética pequena poderá perdurar por um período igualmente longo, transmitindo-se, intacta, por uma longa linhagem dos descendentes do leitor.

Lembre-se também de que os descendentes de um indivíduo não constituem uma linha simples, mas uma linha ramificada. Qualquer que tenha sido o antepassado do leitor que "criou" uma pequena extensão particular do seu cromossomo 8a, é muito provável que ele ou ela tenha muitos outros descendentes. Uma das suas unidades genéticas poderá estar igualmente presente no seu primo de segundo grau. Poderá estar presente em mim, ou no primeiro-ministro, ou no seu cachorro, pois todos nós temos ancestrais comuns, se recuarmos o suficiente no tempo. A mesma unidade pequena também poderá ter sido formada diversas vezes, independentemente, por acaso: se a unidade for pequena, essa coincidência não é demasiado improvável. No entanto, é improvável que até mesmo um parente próximo do leitor compartilhe com ele um cromossomo inteiro. Quanto menor for uma unidade genética, maior é a probabilidade de que outro indivíduo a compartilhe — maior a probabilidade de que ela esteja representada muitas vezes em todo o mundo, sob a forma de cópias.

A reunião acidental, através do *crossing-over*, de subunidades previamente existentes é o modo usual como uma nova unidade genética é criada. Outra forma — de grande importância do ponto de vista evolutivo, apesar de rara — é a chamada *mutação pontual*. Uma mutação pontual é um erro que corresponde à impressão de uma única letra incorreta, ou seja, uma letra no lugar de outra, num livro. É um acontecimento pouco frequente, mas é evidente que, quanto mais longa for uma unidade genética, maior a probabilidade de ser alterada por uma mutação em algum ponto ao longo de seu comprimento.

Outro tipo raro de erro ou mutação, com importantes consequências no longo prazo, é a chamada *inversão*. Um pedaço do cromossomo destaca-se em ambas as extremidades, vira-se ao contrário e se une novamente, agora na posição invertida. Nos termos da nossa analogia anterior, isso exigiria uma renumeração das páginas. Às vezes, as porções do cromossomo não se invertem, mas ligam-se a uma parte completamente diferente do cromossomo, ou mesmo a um cromossomo diferente. Isso corresponde à transferência de um maço de páginas de um volume para outro. A importância de erros como esse está em que, apesar de em geral ser desastroso, ele pode, ocasionalmente, originar uma *ligação* de porções do material genético que por acaso funcionam bem juntas. Pode ser que dois cístrons que têm um efeito benéfico somente quando estão ambos presentes — complementando-se ou reforçando-se de alguma forma — se aproximem um do outro por meio da inversão. A seleção natural poderá tender a favorecer a nova "unidade genética" formada dessa maneira, e ela se disseminará na população futura. É possível que os complexos de genes tenham sido, ao longo dos anos, extensivamente rearranjados ou "editados".

Um dos exemplos mais notáveis diz respeito ao fenômeno conhecido como *mimetismo*. Algumas borboletas têm sabor repulsivo. Geralmente, elas têm um colorido vibrante bem característico, e os pássaros aprendem a evitá-las por meio desses sinais de "advertência". Contudo, outras espécies de borboleta, que não têm sabor desagradável, aproveitam-se disso. Elas *mimetizam* as que têm sabor ruim. Nascem parecidas com elas na cor e na forma (mas não no sabor). Não raro, elas enganam os naturalistas, e também as aves. Uma ave que alguma vez tenha experimentado uma borboleta genuinamente intragável tende a evitar todas as borboletas que com ela se assemelhem — o que inclui as borboletas miméticas, e, desse modo, os genes para o mimetismo são favorecidos pela seleção natural. É assim que o mimetismo evolui.

Há muitas espécies diferentes de borboletas de sabor desagradável e nem todas se parecem. Uma borboleta imitadora não pode se parecer com todas elas: é preciso se restringir a uma espécie desagradável em particular. Em geral, uma espécie particular de borboletas miméticas é especialista em mimetizar uma espécie desagradável particular. Mas existem espécies de imitadoras que fazem algo muito estranho. Alguns indivíduos dessa espécie mimetizam uma espécie de sabor ruim, ao passo que outros indivíduos mimetizam outra. Qualquer borboleta que tivesse uma aparência intermediária ou que tentasse mimetizar as duas espécies seria logo devorada. No entanto, essas borboletas intermediárias não nascem. Da mesma forma que um indivíduo é definitivamente macho ou fêmea, ele também mimetiza ou uma espécie de sabor repulsivo ou a outra. Uma borboleta pode mimetizar a espécie A, enquanto o seu irmão mimetiza a espécie B.

Aparentemente, um único gene determina se um indivíduo mimetiza a espécie A ou a espécie B. Mas como pode um único gene determinar todos os variados aspectos do mimetismo — a cor, a forma, o padrão das manchas e o ritmo do voo? A resposta é que um gene, entendido no sentido de um cístron, provavelmente não pode fazê-lo. Porém, mediante a "edição" inconsciente e automática produzida pelas inversões e por outros rearranjos acidentais do material genético, um amplo conjunto de genes antes separados constitui-se num grupo fortemente ligado entre si, num cromossomo. O conjunto todo comporta-se como se fosse um único gene — aliás, pela nossa definição, ele agora *é* um único gene —, e ele tem um "alelo" que é, na realidade, um conjunto diferente. Um grupo contém os cístrons envolvidos na mimetização da espécie A, e o outro, os cístrons envolvidos na mimetização da espécie B. É tão raro que cada um dos grupos seja dividido por *crossing-over* que uma borboleta intermediária nunca é observada na natureza. Ocasionalmente, contudo, elas aparecem, se forem criadas em abundância no laboratório.

    Estou empregando a palavra "gene" no sentido de uma unidade genética suficientemente pequena para durar um grande número de gerações e ser distribuída sob a forma de muitas cópias. Não se trata de uma definição rígida, do tipo "tudo ou nada", e sim uma do tipo que comporta gradações, como as definições de "grande" ou "velho". Quanto maior a probabilidade de uma dada extensão do cromossomo ser dividida por *crossing--over*, ou alterada por mutações de vários tipos, menos ela se qualificará a ser chamada de gene, no sentido que estou atribuindo ao termo. Um cístron, em princípio, preenche os critérios dessa definição, mas o mesmo acontece com unidades maiores. Uma dúzia de cístrons pode estar tão unida num cromossomo que, para os nossos propósitos, constitui uma única unidade genética de vida longa. O conjunto de genes que determina a capacidade mimética da borboleta é um bom exemplo. Quando os cístrons saem de um corpo para entrar no seguinte, subindo a bordo de um espermatozoide ou de um óvulo para viajar até a geração seguinte, é provável que encontrem, na pequena embarcação, os vizinhos da jornada anterior, velhos companheiros com quem já viajaram na longa odisseia desde os corpos dos antepassados distantes. Os cístrons vizinhos no mesmo cromossomo formam uma trupe muito unida de companheiros de viagem, que raramente deixam de embarcar no mesmo navio quando chega o momento da meiose.

    A rigor, este livro deveria chamar-se não *O cístron egoísta* ou *O cromossomo egoísta*, e sim *O fragmento grande de cromossomo ligeiramente egoísta e o fragmento pequeno ainda mais egoísta*. Levando em conta que esse título seria, no mínimo, pouco atraente e difícil de lembrar, e que um gene pode ser definido como um pequeno fragmento de cromossomo que, potencialmente, dura muitas gerações, chamei o livro de *O gene egoísta*.

Retornamos, assim, ao ponto que havíamos atingido ao final do capítulo 1. Àquela altura, vimos que o egoísmo deve ser esperado de toda entidade que mereça o título de "unidade básica da seleção natural". Vimos que alguns consideram que a unidade da seleção natural é a espécie, que para outros é a população ou o grupo dentro de uma espécie, e que há outros ainda para os quais essa unidade é o indivíduo. Declarei que preferia pensar no gene como a unidade fundamental da seleção natural e, portanto, como a unidade fundamental do interesse próprio. O que fiz agora foi *definir* o gene de tal maneira que eu não posso, na verdade, deixar de ter razão!

A seleção natural, na sua forma mais geral, significa a sobrevivência diferencial de entidades. Algumas entidades vivem e outras morrem, mas, para que a morte seletiva tenha algum impacto sobre o mundo, uma condição adicional tem de ser satisfeita. Cada entidade tem de existir na forma de um grande número de cópias e ao menos algumas dessas entidades devem ser *potencialmente* capazes de sobreviver — como cópias — durante um período significativo de tempo evolutivo. As unidades genéticas pequenas gozam de tais propriedades: os indivíduos, os grupos e as espécies não. O grande feito de Gregor Mendel foi mostrar que as unidades hereditárias podem ser tratadas, na prática, como partículas indivisíveis e independentes. Hoje em dia sabemos que se trata de uma simplificação excessiva. Até mesmo um cístron pode ser ocasionalmente dividido e, por outro lado, dois genes num mesmo cromossomo não são de todo independentes. O que fiz foi definir o gene como uma unidade que *se aproxima* muito do ideal de partícula indivisível. Um gene não é indivisível, mas quase nunca é dividido. Um gene está definitivamente presente no ou ausente do corpo de um dado indivíduo. Um gene viaja intacto do avô até o neto, passando diretamente através da geração intermediária, sem se fundir com outros genes. Se os genes estivessem continuamente se misturando uns com os outros, a seleção natural, tal como a entendemos hoje, seria impossível. A propósito, isso foi comprovado ainda na época em que Darwin estava vivo, e foi motivo de preocupação para ele, uma vez que, àquela altura, a hereditariedade era considerada um processo de mistura. A descoberta de Mendel já havia sido publicada e poderia ter vindo em seu auxílio, mas, lamentavelmente, Darwin nunca chegou a tomar conhecimento dela. Ao que parece, ninguém a leu até vários anos depois da morte de Darwin e de Mendel. Mendel talvez não tenha se dado conta do significado de sua descoberta, caso contrário, poderia, possivelmente, ter escrito a Darwin a esse respeito.

Outro aspecto da natureza particulada do gene é que ele não envelhece. A sua probabilidade de morrer ao atingir 1 milhão de anos de idade não é maior do que a que existia quando ele chegou a uma centena. O gene salta de um corpo para outro, geração após geração, manipulando-os à sua maneira e para seus próprios fins, e abandonando essa sucessão de corpos mortais antes de eles soçobrarem na senilidade e na morte.

Os genes são imortais, ou melhor, são definidos como entidades genéticas que chegam perto de merecer esse título. Nós, as máquinas de sobrevivência individuais existentes no mundo, podemos esperar viver ainda algumas décadas. Os genes, porém, têm uma expectativa de vida que deve ser medida não em décadas, e sim em milhares ou milhões de anos.

Nas espécies de reprodução sexuada, o indivíduo é uma unidade genética grande demais e transitória demais para poder ser qualificado como uma unidade significativa de seleção natural.[3] O grupo de indivíduos é uma unidade ainda maior. Do ponto de vista genético, os indivíduos e os grupos se assemelham às nuvens no céu ou às tempestades de areia no deserto. São agregados ou federações temporários. Não são estáveis ao longo do tempo evolutivo. As populações podem durar bastante tempo, entretanto, como continuamente se misturam umas com as outras, vão perdendo a identidade. Estão também sujeitas a modificações evolutivas de origem interna. Uma população não é uma entidade suficientemente discreta para ser uma unidade de seleção natural, não é uma entidade suficientemente estável e unitária para ser "selecionada" em detrimento de outra população.

Um corpo individual parece ser suficientemente distinto enquanto dura, mas de quanto tempo estamos falando? Cada indivíduo é único. Não pode haver evolução se a seleção tiver ao seu dispor somente uma cópia de cada entidade! A reprodução sexuada não é replicação. Da mesma forma que uma população é contaminada por outras populações, também a posteridade de um indivíduo é contaminada pela do seu parceiro sexual. Os filhos do leitor são apenas metade dele; seus netos, apenas um quarto. Ao final de algumas gerações, o máximo que ele pode esperar é ter um grande número de descendentes, cada um dos quais portando somente uma porção minúscula — alguns genes — do leitor, mesmo que alguns deles também carreguem seu sobrenome.

Os indivíduos não são coisas estáveis. Eles são efêmeros. Os cromossomos também caem no esquecimento, como as mãos num jogo de cartas pouco depois de serem distribuídas. Mas as cartas, em si, sobrevivem ao embaralhamento. As cartas são os genes. Os genes não são destruídos pelo *crossing-over*. Eles apenas trocam de parceiros e seguem em frente. É claro que eles seguem em frente. É essa a sua vocação. Eles são os replicadores e nós, suas máquinas de sobrevivência. Quando tivermos cumprido a nossa missão, seremos descartados. Os genes, porém, são cidadãos do tempo geológico: os genes são para sempre.

Como os diamantes, os genes são eternos, mas não exatamente da mesma forma. No caso dos diamantes, cada cristal individual é que dura para sempre, como um padrão inalterado de átomos. As moléculas de DNA não têm esse tipo de permanência. A vida física de uma molécula qualquer de DNA é bastante curta — talvez uma questão de meses, e com certeza não mais que a duração da vida de um indivíduo. Contudo, a molécula de DNA pode, teoricamente, seguir vivendo sob a forma de *cópias* de si mesma por uma centena de milhões de anos. Além disso, tal como se dava com os replicadores ancestrais na sopa primordial, as cópias de um determinado gene podem estar distribuídas pelo mundo todo. A diferença é que as versões modernas se encontram todas cuidadosamente acondicionadas no interior dos corpos, suas máquinas de sobrevivência.

O que faço aqui é acentuar a quase imortalidade potencial de um gene, na forma de cópias de si mesmo, como a propriedade que o define. Definir um gene como um único cístron serve para alguns propósitos, porém, para os propósitos da teoria evolucionista, essa definição necessita ser ampliada. O grau de ampliação depende da finalidade da definição. Nós queremos encontrar a unidade prática de seleção natural. Para fazê-lo, começamos por identificar as propriedades que uma unidade de seleção natural deve ter para ser bem-sucedida. De acordo com o capítulo anterior, essas propriedades são a longevidade, a fecundidade e a fidelidade de cópia. Por conseguinte, definimos "gene" como a maior entidade que, pelo menos potencialmente, dispõe de tais propriedades. O gene é um replicador de longa duração, existindo sob a forma de muitas cópias de si mesmo. Ele não tem uma vida infinitamente longa. Mesmo um diamante não é literalmente eterno, e até um cístron pode ser dividido em dois por *crossing-over*. O gene é definido como um fragmento de cromossomo pequeno o bastante para durar, potencialmente, o tempo *suficiente* para funcionar como uma unidade significativa de seleção natural.

Quanto é, exatamente, o "tempo suficiente"? Não existe uma resposta consistente e imediata para essa pergunta. Isso dependerá de quão severa for a "pressão" da seleção natural. Ou seja, dependerá da maior ou menor probabilidade de que uma unidade genética "ruim" morra, em comparação com o seu alelo "bom". Tem-se aqui uma questão de pormenor quantitativo e que varia de um caso para outro. Em geral, a maior unidade de seleção natural, na prática — o gene —, estará situada em algum ponto ao longo da escala entre o cístron e o cromossomo.

É sua imortalidade potencial que faz do gene um bom candidato à unidade básica da seleção natural. Mas é chegada a hora de dar a devida ênfase à palavra "potencial". Um gene *pode* viver durante 1 milhão de anos, no entanto muitos genes novos não passam sequer da primeira geração. Os poucos genes novos que são bem-sucedidos, o são, em parte, porque têm sorte, mas sobretudo porque têm o que é preciso ter, e isso quer dizer a capacidade de produzir boas máquinas de sobrevivência. Esses genes exercem efeitos sobre o desenvolvimento embrionário de cada um dos corpos em que sucessivamente se encontram, a eles conferindo uma probabilidade ligeiramente maior de sobreviver e de se reproduzir do que aquela que os corpos teriam sob a influência do gene rival ou alelo. Por exemplo, um gene "bom" poderia assegurar a sua sobrevivência pela tendência a dotar com pernas compridas os corpos em que ele sucessivamente se encontrasse, ajudando-os a escapar de predadores. Este é um exemplo particular, e não universal. Pernas compridas, afinal de contas, nem sempre representam uma vantagem. Para uma toupeira constituiriam um empecilho. Em vez de nos afundarmos em detalhes, podemos pensar em qualidades *universais* que esperaríamos encontrar em todos os genes bons (isto é, de vida longa)? E, inversamente, quais serão as propriedades que assinalam de imediato que um gene é "ruim", ou seja, de vida curta? Pode ser que existam diversas propriedades universais desse tipo, porém há uma que é particularmente relevante no que diz respeito a este livro: no nível do gene, o altruísmo deve ser mau e o egoísmo, bom. Eis uma decorrência inexorável das nossas definições de altruísmo e egoísmo. Os genes competem diretamente pela sobrevivência com os seus alelos no pool gênico, pois esses alelos são seus rivais na conquista do mesmo lócus no cromossomo das gerações futuras. Todo gene que se comporte de forma a aumentar as próprias chances de sobrevivência no pool de genes, à custa de seus alelos, tenderá, por definição, a sobreviver. O gene é a unidade básica do egoísmo.

A mensagem principal deste capítulo encontra-se agora apresentada. Mas optei por amenizar algumas questões mais complexas e passei por cima de certas premissas. A primeira dessas questões já foi mencionada de passagem. Por mais independentes e livres que sejam na sua viagem ao longo das gerações, os genes *não são*, na realidade, agentes livres e independentes no seu controle do desenvolvimento embrionário. Eles interagem e colaboram de maneiras inextricavelmente complexas uns com os outros e também com o ambiente que os cerca. Expressões como "gene para pernas compridas" ou "gene para o comportamento altruísta" são figuras de linguagem convenientes, contudo é importante compreender seu significado. Não existe nenhum gene que, por si só, construa uma perna, seja ela curta, seja comprida. A construção de uma perna é um empreendimento cooperativo envolvendo muitos genes. As influências do ambiente externo são, também elas, indispensáveis: afinal, as pernas são feitas de alimento! Todavia, pode muito bem haver um único gene que, *mantendo-se constantes os demais fatores*, tenda a fazer pernas mais compridas do que elas seriam se estivessem sob a influência do seu alelo.

Como uma analogia, pense na influência de um fertilizante, por exemplo, o nitrato, no crescimento do trigo. Todo mundo sabe que os pés de trigo crescem mais na presença de nitrato do que na sua ausência. Mas ninguém seria tolo o bastante para afirmar que, por si só, o nitrato pode produzir um pé de trigo. A semente, o solo, o sol, a água e vários minerais são todos obviamente necessários. Porém, se todos esses outros fatores forem mantidos constantes, ou caso se permita que variem dentro de certos limites, a adição de nitrato fará com que as plantas de trigo cresçam mais. O mesmo se passa com os genes individuais no desenvolvimento de um embrião. O desenvolvimento embrionário é controlado por uma intrincada rede de relações tão complexas que será melhor deixá-la fora de nossas considerações. Não existe nenhum fator, genético ou ambiental, que possa ser considerado a única "causa" de qualquer parte de um bebê. Todas as partes de um bebê se relacionam com um número quase infinito de causas antecedentes. Mas uma *diferença* entre um dado bebê e outro, como uma diferença no comprimento da perna, por exemplo, poderá ser facilmente atribuída a uma ou a algumas diferenças simples nos seus antecedentes, sejam estes o ambiente ou os genes. Na luta competitiva pela sobrevivência, são as *diferenças* que importam. E são diferenças controladas geneticamente que importam na evolução.

No que se refere a um determinado gene, os alelos são seus rivais mortais, ao passo que os outros genes são simplesmente parte do seu meio ambiente, comparáveis à temperatura, ao alimento, aos seus predadores e aos seus companheiros. O efeito de um gene depende do seu ambiente, e isso inclui os demais genes. Por vezes, um gene produz um efeito na presença de um gene específico e um efeito completamente diferente na presença de outro conjunto de genes. O conjunto completo dos genes de um corpo constitui uma espécie de clima ou pano de fundo genético, modificando e influenciando os efeitos de qualquer gene em particular.

Agora, porém, parece que chegamos a um paradoxo. Se a construção de um bebê é um empreendimento cooperativo assim tão intrincado, e se cada gene necessita de vários milhares de outros genes para completar a sua tarefa, como poderemos conciliar isso com a minha imagem dos genes indivisíveis, pulando como cabritos imortais de um corpo para outro ao longo das eras? Como conciliar isso com a ideia de que os genes, como os agentes da vida, são livres, desimpedidos e interesseiros? Será que era tudo bobagem? De modo algum. Pode ser que eu tenha me deixado levar um pouco longe demais nessas passagens rebuscadas, mas não estava dizendo nada de absurdo, e não existe, na verdade, paradoxo algum. Podemos buscar uma explicação por meio de outra analogia.

Um remador sozinho não pode vencer a regata Oxford-Cambridge. Ele precisa de oito colegas. Cada um deles é um especialista que ocupa sempre a mesma posição no barco — ele é o proa, ou o voga, ou o timoneiro etc. Remar é um empreendimento cooperativo. No entanto, alguns homens são melhores nisso do que outros. Suponha que um treinador tem de escolher a sua tripulação ideal a partir de um pool de candidatos, alguns especializados na posição de proa, outros na posição de timoneiro, e assim por diante. Vamos supor também que ele realiza a sua seleção como segue. Cada dia o treinador reúne três novas tripulações experimentais, misturando ao acaso os candidatos a cada posição, fazendo as três equipes competirem entre si. Depois de algumas semanas, começará a ficar claro para ele que o barco vencedor tende, com frequência, a conter os mesmos indivíduos, os quais serão considerados bons remadores. Os outros indivíduos parecem se encontrar sempre nas equipes mais lentas e serão, por fim, rejeitados. Entretanto, mesmo um remador excepcionalmente bom poderá, algumas vezes, ser membro de uma equipe lenta, quer em razão da inferioridade dos demais membros da equipe, quer devido à má sorte — por exemplo, um forte vento contrário. É apenas *em média* que os melhores homens tendem a estar no barco vencedor.

Os remadores são os genes. Os concorrentes a cada posição no barco são os alelos potencialmente capazes de ocupar o mesmo lócus no cromossomo. Remar com rapidez corresponde a construir um corpo que seja bem-sucedido na luta pela sobrevivência. O vento é o meio ambiente externo. O pool de candidatos alternativos é o pool de genes. Quando se trata da sobrevivência de um corpo qualquer, todos os genes estão no mesmo barco. Muitos genes bons andam em má companhia, compartilhando um corpo com um gene letal, que mata o corpo durante a sua infância. Quando isso acontece, o gene bom é destruído com o resto. Contudo, isso é apenas um corpo, e réplicas do mesmo gene bom continuam a viver, espalhadas em outros corpos que não possuem o gene letal. Muitas cópias do gene bom são eliminadas porque acontece de elas partilharem um corpo com genes ruins, e muitas perecem por causa de outras formas de má sorte, por exemplo, quando o corpo que habitam é atingido por um raio. Mas a sorte, boa ou ruim, é por definição uma obra do acaso e um gene que *sempre* se encontra do lado dos perdedores não é um gene azarado — é um gene ruim.

Uma das qualidades de um bom remador é a sua capacidade de trabalhar em equipe, a sua habilidade de adaptar-se e cooperar com os demais membros da tripulação. Isso pode mostrar-se tão importante quanto ter músculos fortes. Como vimos no caso das borboletas, a seleção natural pode inconscientemente "editar" um complexo de genes por meio de inversões e de outros movimentos grosseiros de fragmentos cromossômicos, fazendo com que os genes que cooperam bem juntos formem grupos de ligação. Mas aqueles que não são fisicamente ligados entre si podem ser selecionados em função da sua compatibilidade mútua. Um gene que coopera bem com a maioria dos outros genes que provavelmente irá encontrar em corpos sucessivos, isto é, os genes do restante do pool gênico, tenderá a estar em vantagem.

Por exemplo, alguns atributos são desejáveis num corpo carnívoro eficiente, entre eles os dentes cortantes e afiados e o tipo de intestino apropriado para digerir carne. Um herbívoro eficiente, em contrapartida, necessita de dentes planos para triturar o alimento e de um intestino muito mais longo, com um tipo diferente de química digestiva. No pool gênico de um herbívoro, qualquer gene novo que conferisse aos seus possuidores dentes afiados para comer carne não teria muito sucesso. Isso não ocorre porque comer carne seja universalmente uma má ideia, e sim porque não se pode comer carne com eficiência a menos que se tenham o tipo adequado de intestino e todos os outros atributos do modo de vida carnívoro. Os genes para os dentes cortantes e afiados dos carnívoros não são, em si mesmos, ruins. Eles só são assim considerados quando presentes num pool gênico dominado por genes para as qualidades apropriadas aos herbívoros.

Esta é uma ideia sutil e complexa. Ela é complexa porque o "meio ambiente" de um gene consiste, em grande parte, em outros genes, cada um dos quais, por sua vez, selecionado em face de sua habilidade para cooperar com o *seu* meio ambiente, constituído por todos os outros genes. Existe, na realidade, uma analogia adequada para lidar com esse problema sutil, mas ela não provém da nossa experiência cotidiana. Trata-se da analogia com a "teoria dos jogos" humana, que será introduzida no capítulo 5, em conexão com as disputas agressivas entre animais individuais. Portanto, adiarei a continuação desta discussão para o final daquele capítulo, retornando, por ora, à mensagem principal que desejo transmitir a esta altura, ou seja, retornando à ideia de que a unidade básica da seleção natural deve ser considerada não com relação à espécie, nem à população e tampouco ao indivíduo, mas a uma pequena unidade do material genético que é conveniente chamar de gene. O fundamento principal do argumento, conforme já apresentado, era o pressuposto de que os genes são potencialmente imortais, ao passo que os corpos e todas as outras unidades superiores aos genes são temporários. Esse pressuposto assenta-se em dois fatos: a reprodução sexuada e o *crossing-over* e a mortalidade do indivíduo, todos incontestavelmente verdadeiros. Mas isso não nos exime de continuar nos perguntando por que eles são verdadeiros. Por que realizamos nós, e a grande maioria das máquinas de sobrevivência, a reprodução sexuada? Por que o *crossing-over* ocorre nos nossos cromossomos? E por que nós não vivemos eternamente?

A pergunta sobre a razão por que morremos de velhice é complexa, e a sua discussão pormenorizada ultrapassa largamente o escopo deste livro. Além das razões particulares, algumas explicações mais gerais têm sido propostas. Por exemplo, a teoria de que a senilidade representa uma acumulação de erros de cópia nocivos e de outros tipos de alterações genéticas que ocorrem durante a vida de um indivíduo. Outra teoria, elaborada por Sir Peter Medawar, constitui um bom exemplo do pensamento evolutivo em termos de seleção genética.[4] Medawar rejeita, em primeiro lugar, os argumentos tradicionais, tais como: "Os indivíduos velhos morrem num ato de altruísmo para com o resto da espécie porque, se permanecessem vivos quando estivessem demasiado decrépitos para se reproduzir, entulhariam o mundo inutilmente". Como indica Medawar, trata-se de um argumento circular, que assume, de saída, aquilo que pretende provar — que os animais velhos são decrépitos demais para se reproduzirem. É também uma tentativa ingênua de fornecer uma explicação por seleção de grupo ou de espécie, embora essa parte da explicação pudesse ser reformulada de maneira mais respeitável. A teoria do próprio Medawar tem, por sua vez, uma lógica admirável. Para compreendê-la, precisamos levar em conta o que segue.

Já nos perguntamos quais seriam os atributos mais gerais de um gene "bom" e decidimos que o "egoísmo" era um deles. Mas outra qualidade geral que os genes bem-sucedidos terão é a tendência para postergar a morte das suas máquinas de sobrevivência, pelo menos até depois da reprodução. Não há dúvida de que alguns dos nossos primos e tios-avós morreram durante a infância, porém o mesmo não ocorreu com nenhum dos nossos antepassados. Os antepassados, pura e simplesmente, não morrem jovens!

Um gene que leve os seus possuidores à morte é chamado de "gene letal". Um gene semiletal é aquele que provoca um efeito debilitante que aumenta a probabilidade de o seu possuidor morrer por outras causas. Qualquer gene exerce o seu efeito máximo nos corpos em algum período particular da vida, e os genes letais e semiletais não são exceções. A maior parte dos genes exerce a sua influência durante a vida fetal, outros durante a infância, outros durante a juventude, outros na meia-idade e outros ainda na velhice. (Note-se que uma lagarta e a borboleta em que ela se transforma têm exatamente o mesmo conjunto de genes.) Os genes letais, obviamente, tenderão a ser removidos do pool de genes. No entanto, é igualmente óbvio que um gene letal de ação tardia será mais estável no pool de genes do que um gene letal de ação precoce. Um gene que seja letal num corpo mais velho poderá, ainda assim, obter êxito no pool gênico, desde que seu efeito letal não se manifeste até que o corpo tenha tido tempo para deixar pelo menos alguns descendentes. Por exemplo, um gene que provocasse o desenvolvimento de um câncer nos corpos já velhos poderia ser transmitido a inúmeros descendentes porque os indivíduos se reproduziriam antes de contrair a doença. Por outro lado, um gene que provocasse o desenvolvimento de um câncer nos corpos jovens não seria transmitido a muitos descendentes, e um gene que provocasse o câncer em crianças não seria transmitido a nenhum. De acordo com essa teoria, então, o declínio senil é tão somente um subproduto da acumulação, no pool gênico, de genes letais e semiletais de ação tardia, que conseguiram escapar da peneira da seleção natural simplesmente porque são de ação tardia.

O aspecto em que o próprio Medawar insiste é o de que a seleção irá favorecer os genes que tiverem o efeito de adiar a ação de outros genes que sejam letais e também aqueles que tiverem o efeito de precipitar a ação dos genes bons. Pode ser que grande parte da evolução consista em mudanças, geneticamente controladas, em relação à altura em que tem início a atividade do gene.

É importante notar que esta teoria não requer nenhuma suposição prévia sobre a ocorrência da reprodução somente em certas idades. Partindo-se do pressuposto de que todos os indivíduos têm a mesma probabilidade de ter um filho em qualquer idade, a teoria de Medawar rapidamente preveria a acumulação de genes deletérios de ação tardia no pool gênico e a tendência para uma diminuição da reprodução nas idades avançadas se seguiria como consequência do primeiro fenômeno.

A propósito, uma das qualidades desta teoria é que ela nos conduz a algumas especulações bastante interessantes. Por exemplo, uma de suas consequências consiste em que, se desejássemos prolongar a duração da vida humana, haveria, em termos gerais, dois caminhos pelos quais poderíamos fazê-lo. Em primeiro lugar, poderíamos proibir a reprodução antes de certa idade, digamos, antes dos quarenta anos. Depois de alguns séculos, o limite mínimo de idade seria elevado para cinquenta anos, e assim sucessivamente. É presumível que, dessa maneira, a longevidade humana pudesse ser estendida até chegar a séculos. Mas não consigo imaginar que alguém quisesse, seriamente, instituir uma tal política.

Em segundo lugar, poderíamos tentar "enganar" os genes, levando-os a pensar que o corpo em que se encontram é mais jovem do que na realidade é. Na prática, isso significaria identificar as alterações no meio químico interno de um corpo que ocorrem durante o envelhecimento. Qualquer uma delas poderia funcionar como o "sinal" para "ligar" os genes letais de ação tardia. Mediante a simulação das propriedades químicas superficiais de um corpo jovem, tornar-se-ia possível evitar a entrada em ação desses genes. O interessante é que os sinais químicos da velhice não são, de modo algum, nocivos em si mesmos. Vamos supor por exemplo que uma substância V seja mais concentrada nos corpos dos indivíduos idosos do que nos corpos dos indivíduos jovens. A substância V, em si mesma, poderia ser completamente inofensiva, talvez apenas uma substância existente nos alimentos que se acumulasse no corpo com o passar do tempo. Automaticamente, entretanto, um gene que por acaso exercesse um efeito nocivo na presença da substância V, mas que, na sua ausência, tivesse um efeito benéfico, seria com certeza selecionado no pool de genes, e *seria* efetivamente um gene "para" morrer de velhice. A cura residiria unicamente na remoção da substância V do corpo.

O que há de revolucionário nesta ideia é que a própria substância V se trata apenas de um "rótulo" para a velhice. Todo médico que observasse que altas concentrações de V tenderiam a levar à morte provavelmente pensaria nessa substância como uma espécie de veneno e quebraria a cabeça tentando encontrar uma relação causal direta entre V e uma disfunção corporal. Mas no caso do nosso exemplo hipotético, ele estaria perdendo tempo!

Poderia igualmente existir uma substância J, um "rótulo" para a juventude, no sentido de que ela se concentraria mais nos corpos jovens do que nos velhos. Uma vez mais, poderiam ser selecionados genes cujos efeitos seriam benéficos na presença de J, mas que seriam nocivos na sua ausência. Mesmo sem conhecimento algum do que vêm a ser as substâncias V ou J — pode ser que existam muitas deste tipo —, podemos fazer a previsão geral de que, quanto mais pudermos simular ou mimetizar as propriedades de um corpo jovem num corpo velho, por mais superficiais que essas propriedades possam parecer, mais tempo esse corpo velho deverá viver.

É preciso sublinhar que o que estamos fazendo aqui são meras especulações baseadas na teoria de Medawar. O fato de, em certo sentido, essa teoria ser logicamente verdadeira não implica que ela seja a explicação correta para qualquer exemplo concreto de deterioração senil. Para os nossos propósitos, o que importa é que a visão da evolução por seleção de genes não tem dificuldade alguma em explicar a tendência dos indivíduos para morrerem quando chegam à velhice. A premissa da mortalidade individual, que estava no centro do nosso argumento neste capítulo, é justificável dentro dos moldes da teoria.

A outra premissa que deixei de lado, a da existência da reprodução sexuada e de *crossing-over*, é mais difícil de justificar. O *crossing-over* não precisa ocorrer necessariamente. Ele não ocorre no macho das moscas-das-frutas. Existe um gene que tem o efeito de suprimi-lo nas fêmeas também. Se criássemos uma população de moscas em que esse gene fosse universal, o *cromossomo* em um "pool de cromossomos" se tornaria a unidade básica indivisível da seleção natural. Com efeito, se seguíssemos a nossa definição até a sua conclusão lógica, um cromossomo inteiro teria de ser considerado um "gene".

Por outro lado, existem alternativas à reprodução sexuada. Os pulgões do sexo feminino podem gerar descendentes fêmeas, sem pai, cada qual contendo todos os genes maternos. (A propósito, entre os pulgões, um embrião no "útero" da mãe pode carregar um embrião ainda menor no próprio útero. Desse modo, uma fêmea de pulgão pode dar à luz uma filha e uma neta simultaneamente, e ambas são suas irmãs gêmeas idênticas.) Muitas plantas propagam-se vegetativamente, emitindo rebentos. Neste caso, talvez fosse preferível falar em *crescimento* no lugar de reprodução. Mas, se refletirmos a respeito, a distinção entre o crescimento e a reprodução assexuada revela-se bem pequena, visto que as duas ocorrem por meio de uma simples divisão mitótica da célula. Às vezes, as plantas produzidas por reprodução vegetativa se destacam de sua "mãe". Em outros casos, por exemplo, no olmo, os brotos permanecem ligados à planta-"mãe". Na verdade, um bosque inteiro de olmos poderia ser considerado um único indivíduo.

Portanto, a pergunta é: se as fêmeas dos pulgões e os olmos não o fazem, por que o resto de nós tem de se esforçar tanto para misturar os nossos genes com os genes de outro indivíduo antes de fazer um bebê? De fato, parece uma maneira um tanto estranha de proceder. Por que o sexo, essa bizarra perversão da replicação direta, teve de surgir um dia? Qual é a vantagem do sexo, afinal?[5]

Essa é uma pergunta extremamente difícil de responder, para um evolucionista. A maioria das tentativas sérias de fazê-lo envolve um raciocínio matemático sofisticado. Vou me esquivar de respondê-la, a não ser para dizer uma coisa: ao menos uma parte da dificuldade dos teóricos em explicar a evolução do sexo advém do fato de eles estarem habituados a pensar no indivíduo como aquele que tenta maximizar o número dos seus genes que sobreviverão. Nesses termos, o sexo parece paradoxal, porque é uma forma "pouco eficiente" de o indivíduo propagar seus genes: cada criança tem apenas 50% dos genes do indivíduo, pois os outros 50% são fornecidos pelo seu parceiro sexual. Se, ao contrário, fosse possível, tal como acontece com a fêmea do pulgão, fazer "brotar" filhos que fossem réplicas exatas de si mesmo, 100% dos genes seriam passados para a geração seguinte através do corpo de cada um deles. Esse aparente paradoxo já levou alguns teóricos a aderir à seleção de grupo, uma vez que é relativamente fácil pensar nas vantagens do sexo no nível do grupo. Como W. F. Bodmer formulou de maneira bem sucinta, o sexo "facilita a acumulação num único indivíduo de mutações vantajosas que tenham surgido separadamente em indivíduos diferentes".

Mas o paradoxo começa a parecer menos paradoxal se seguirmos o argumento deste livro e tratarmos o indivíduo como uma máquina de sobrevivência construída por uma confederação efêmera de genes de vida longa. A "eficiência" do ponto de vista do indivíduo passa então a ser considerada irrelevante. A sexualidade versus assexualidade será encarada como um atributo sob controle de um único gene, assim como olhos azuis versus olhos castanhos. Um gene "para" a sexualidade manipula todos os outros genes para seus próprios objetivos egoístas. Isso também ocorre com um gene para o *crossing-over*. Existem até mesmo genes — chamados "mutadores" — que manipulam a frequência dos erros de cópia nos demais genes. Por definição, um erro de cópia é desvantajoso para o gene que é mal copiado. Contudo, se o erro for vantajoso para o gene "mutador" egoísta que o induz, este poderá disseminar-se pelo pool de genes. Igualmente, se o *crossing-over* beneficiar o gene que o determina, isso constituirá uma explicação suficiente para a existência do *crossing--over*. E se a reprodução sexuada, em oposição à reprodução assexuada, beneficiar um gene para a reprodução sexuada, isso constituirá uma explicação suficiente para a existência da reprodução sexuada. É comparativamente irrelevante se ela beneficia ou não o conjunto dos genes do indivíduo no seu todo. Do ponto de vista do gene egoísta, o sexo não é, afinal de contas, tão bizarro.

Aqui, nos aproximamos perigosamente de uma argumentação circular, dado que a existência da sexualidade é uma condição prévia para toda a cadeia de raciocínios que nos leva a considerar o gene a unidade de seleção. Acredito que seja possível escapar dessa circularidade, no entanto este livro não é o lugar apropriado para desenvolver a questão. O sexo existe. Isso, pelo menos, é verdade. É uma consequência do sexo e do *crossing--over* que as pequenas unidades genéticas, ou genes, possam ser encaradas como o que há de mais próximo de um agente fundamental e independente da evolução.

O sexo não é o único paradoxo aparente que se torna menos enigmático no momento em que aprendemos a pensar em termos do gene egoísta. Por exemplo, a quantidade do DNA nos organismos é aparentemente maior do que a que seria estritamente necessária para construí-los: uma grande parcela do DNA nunca se traduz em proteína. Do ponto de vista do organismo individual, isso soa paradoxal. Se o "propósito" do DNA consiste em supervisionar a construção dos corpos, é surpreendente encontrarmos uma numerosa quantidade do DNA que não faz nada disso. Os biólogos quebram a cabeça tentando descobrir que tarefa útil o DNA aparentemente excedente realiza. Só que, do ponto de vista dos próprios genes egoístas, não existe paradoxo algum. O verdadeiro "propósito" do DNA é, nem mais nem menos, sobreviver. O modo mais simples de formular uma explicação para o DNA excedente é supor que se trata de um parasita, ou, na melhor das hipóteses, de um passageiro inofensivo, mas também inútil, que pegou uma carona nas máquinas de sobrevivência criadas pelo outro DNA.[6]

Algumas pessoas levantam objeções àquilo que acreditam ser uma visão da evolução excessivamente centrada no gene. Afinal, argumentam elas, são os indivíduos como um todo, com todos os seus genes, que de fato vivem ou morrem. Espero ter dito o suficiente neste capítulo para mostrar que, na realidade, não existe aqui nenhuma discordância. Do mesmo modo como são os barcos inteiros que vencem ou perdem as regatas, são os indivíduos que vivem ou morrem, e a manifestação *imediata* da seleção natural é quase sempre no nível individual. Entretanto, no longo prazo as consequências da morte e do sucesso reprodutivo individuais, não aleatórios, se manifestam sob a forma de alterações na frequência dos genes no pool gênico. Com algumas reservas, o pool de genes desempenha o mesmo papel em relação aos replicadores modernos que a sopa primordial em relação aos replicadores originais. O sexo e o *crossing-over* têm o efeito de preservar a fluidez do equivalente moderno da sopa. Graças a eles, o pool gênico se mantém bem misturado, e os genes, parcialmente embaralhados. A evolução é o processo pelo qual alguns genes se tornam mais numerosos e outros menos numerosos no pool de genes. É bom adquirirmos o hábito, cada vez que tentarmos explicar a evolução de alguma característica, como o comportamento altruísta, de simplesmente nos perguntar: "Que efeito terá esta característica nas frequências dos genes no pool gênico?". Não raro, a linguagem dos genes torna-se um pouco tediosa, e em nome da concisão e da expressividade, faremos uso de metáforas. Mas manteremos sempre um espírito crítico no que se refere a elas, para assegurar que possam ser traduzidas novamente na linguagem dos genes, toda vez que isso se mostrar necessário.

No tocante ao gene, o pool gênico é apenas o novo tipo de sopa em que ele subsiste. A única coisa que mudou é que, hoje em dia, ele subsiste trabalhando em cooperação com sucessivos grupos de companheiros extraídos do pool de genes na construção de máquinas de sobrevivência mortais, uma após a outra. É para as próprias máquinas de sobrevivência, no sentido em que se pode dizer que os genes controlam o comportamento delas, que voltaremos nossa atenção no próximo capítulo.

4. A máquina gênica

As máquinas de sobrevivência começaram como receptáculos passivos para os genes, fornecendo-lhes pouco mais do que paredes que os protegessem da guerra química dos seus rivais e da devastação por bombardeamento molecular acidental. Nos primeiros tempos, elas "se alimentavam" das moléculas orgânicas livremente disponíveis na sopa. A boa vida chegou ao fim quando o alimento orgânico na sopa, que tinha se formado lentamente sob a influência energética de séculos de luz solar, se esgotou. Um dos ramos principais das máquinas de sobrevivência, que atualmente chamamos de "vegetal", começou a fazer uso direto da luz solar para construir moléculas complexas a partir de moléculas simples, restabelecendo numa velocidade muito maior os processos sintéticos da sopa original. Outro ramo, conhecido como "animal", "descobriu" como explorar o trabalho químico das plantas, alimentando-se delas ou alimentando-se de outros animais. Esses dois ramos principais desenvolveram truques cada vez mais engenhosos para aumentar a eficiência das suas máquinas de sobrevivência nas suas várias formas de vida, e novas formas de vida emergiram continuamente. Ramificações e sub-ramificações das primeiras formas surgiram através da evolução, cada uma se distinguindo pela maneira particular de ganhar a vida: no mar, na terra, no ar, debaixo da terra, em cima das árvores, no interior de outros corpos vivos. Essa sub-ramificação deu origem à imensa diversidade de animais e plantas que hoje tanto nos impressiona.

Tanto os animais como as plantas evoluíram para corpos multicelulares, com a distribuição, a cada célula, das cópias completas de todos os genes. Não sabemos quando, por que ou quantas vezes isso aconteceu independentemente. Algumas pessoas empregam a metáfora da colônia, descrevendo um corpo como uma colônia de células. Prefiro pensar no corpo como uma colônia de *genes*, e pensar na célula como uma unidade de trabalho conveniente para as indústrias químicas dos genes.

Mas, embora sejam colônias de genes, os corpos, em seu comportamento, adquiriram inegavelmente uma individualidade própria. Um animal move-se como um todo coordenado, como uma unidade. Subjetivamente, eu me sinto como uma unidade, e não como uma colônia. Isso era esperado. A seleção favoreceu os genes que cooperam entre si. Na competição feroz pelos recursos escassos, na luta implacável para comer outras máquinas de sobrevivência e evitar ser comido por elas, deve ter havido uma recompensa pela coordenação central, em detrimento da anarquia, no interior do corpo comunal. Hoje em dia, a mútua e intrincada coevolução dos genes atingiu um ponto tal que a natureza comunal de uma máquina de sobrevivência individual é praticamente irreconhecível. Com efeito, muitos biólogos não a reconhecem, e discordarão de mim.

Felizmente para aquilo que os jornalistas chamariam de "credibilidade" do restante deste livro, a discordância é, em grande medida, acadêmica. Pela mesma razão por que não é conveniente falar de quanta e de partículas elementares quando se discute o funcionamento de um carro, também é muitas vezes tedioso e desnecessário constantemente trazer à discussão os genes quando falamos sobre o comportamento das máquinas de sobrevivência. Na prática, é quase sempre conveniente, como uma aproximação, considerar o corpo individual um agente que "tenta" aumentar o número dos seus genes nas gerações futuras. Usarei a linguagem da conveniência. A menos que o contrário seja indicado, "comportamento altruísta" e "comportamento egoísta" significarão o comportamento de um animal em relação a outro.

Este capítulo é sobre o *comportamento* — o artifício do movimento rápido que tem sido largamente explorado pelo ramo animal das máquinas de sobrevivência. Os animais tornaram-se veículos dinâmicos e ousados dos genes: verdadeiras máquinas genéticas. Uma característica do comportamento, no sentido que os biólogos dão ao termo, é que ele é rápido. As plantas se movem, só que muito devagar. Quando as vemos num filme com a velocidade acelerada, as plantas em crescimento assemelham-se a animais ativos. Contudo, a maior parte do movimento da planta é, na verdade, crescimento irreversível. Os animais, por outro lado, desenvolveram maneiras de se movimentar centenas de milhares de vezes mais rápidas. Além disso, os movimentos que fazem são reversíveis e podem ser repetidos indefinidamente.

O dispositivo desenvolvido pelos animais para que conseguissem realizar movimentos rápidos foi o músculo. Os músculos são máquinas que, como a máquina a vapor e o motor de combustão interna, utilizam a energia armazenada no combustível químico para gerar movimento mecânico. A diferença é que a força mecânica imediata de um músculo é gerada sob a forma de tensão, e não sob a forma de pressão gasosa, como acontece com os motores a vapor e de combustão interna. Os músculos são como os motores, no sentido de que quase sempre exercem sua força sobre cabos e alavancas com dobradiças. No nosso caso, as alavancas são conhecidas por ossos, os cabos por tendões, e as dobradiças por articulações. Sabemos muito sobre os mecanismos moleculares exatos que fazem os músculos funcionar, mas a questão que considero verdadeiramente interessante é saber como as contrações musculares se *ordenam no tempo*.

O leitor já observou alguma vez uma máquina artificial possuidora de algum grau de complexidade, uma máquina de costura ou de tricô, um tear, uma máquina de engarrafamento automático ou uma enfardadeira de feno? A força motriz vem de alguma fonte, de um motor elétrico, por exemplo, ou de um trator. Porém, o que há de mais enigmático é a intrincada coordenação temporal das operações. As válvulas se abrem e se fecham na ordem apropriada, os dedos de aço atam um nó com destreza em torno de um fardo de feno, e então, no momento preciso, uma lâmina se projeta e corta o barbante. Em muitas máquinas artificiais, essa coordenação temporal é obtida mediante o emprego de uma brilhante invenção, que é o came.* Essa peça transforma um movimento rotativo simples num complexo padrão rítmico de operações por meio de uma roda excêntrica ou de formato especial. O princípio da caixa de música é semelhante. Outras máquinas, como o órgão a vapor e a pianola, usam rolos de papel ou cartões perfurados segundo um certo padrão. A tendência atual é de substituir esses cronômetros mecânicos simples por outros, eletrônicos. Os computadores digitais são exemplos de dispositivos eletrônicos grandes e versáteis que podem ser usados para gerar padrões de movimentos sincronizados de maneira comple-

---

* Trata-se de uma peça de forma parcialmente circular ou com outro contorno adequado que, em mecanismos como os relógios mecânicos, por exemplo, gira ou oscila em movimento circular, transmitindo à outra peça — chamada de *seguidor* —, que nela se apoia ou a ela se liga, um movimento bem determinado de vaivém. (N. T.)

xa. O componente básico de uma máquina eletrônica moderna como o computador é o semicondutor, do qual o transistor é uma forma conhecida.

As máquinas de sobrevivência parecem ter passado inteiramente ao largo do came e do cartão perfurado. O sistema que elas utilizam para coordenar temporalmente seus movimentos tem mais semelhança com um computador eletrônico, embora deste se diferencie no que se refere ao seu funcionamento básico. Na verdade, a unidade fundamental dos computadores biológicos, a célula nervosa ou neurônio, não se parece em nada com o transistor em seu funcionamento interno. O código no qual os neurônios se comunicam uns com os outros tem alguma semelhança com os códigos de pulsos dos computadores digitais, mas o neurônio individual é uma unidade de processamento de dados muito mais sofisticada do que o transistor. No lugar de apenas três conexões com outros componentes, um único neurônio pode ter dezenas de milhares. O neurônio é mais lento do que o transistor, entretanto foi muito mais longe em termos de miniaturização, tendência que dominou a indústria eletrônica ao longo das últimas duas décadas. A prova disso é que existem cerca de 10 bilhões de neurônios no cérebro humano: dentro de um crânio, não caberiam mais do que apenas algumas centenas de transistores.

As plantas não precisam do neurônio, pois ganham a vida sem se movimentar por aí, mas ele é encontrado na grande maioria dos grupos animais. Talvez ele tenha sido "descoberto" cedo, nos primeiros tempos da evolução animal, e herdado por todos os grupos, ou, ainda, pode ter sido descoberto diversas vezes, independentemente.

Os neurônios são basicamente células com um núcleo e cromossomos, como todas as outras células. Mas suas membranas celulares prolongam-se em projeções longas e finas, semelhantes a fios. Em geral, um neurônio tem um "fio" particularmente longo chamado "axônio". Embora a espessura de um axônio seja microscópica, seu comprimento pode alcançar bem mais de um metro: há axônios que atingem o comprimento do pescoço de uma girafa. Eles costumam se organizar em feixes, formando os cabos grossos de muitos fios que chamamos de "nervos". Estes, por sua vez, ligam uma parte do corpo à outra levando mensagens, de maneira semelhante aos cabos telefônicos. Outros neurônios têm axônios curtos e ficam confinados nas densas concentrações de tecidos nervosos denominadas "gânglios", ou, quando são muito grandes, "cérebros". Podemos considerar que os cérebros cumprem funções análogas às dos computadores.[1] Um e outro são análogos no sentido em que ambos os tipos de máquina geram padrões complexos de output, depois de analisar padrões complexos de input e depois de fazer referência à informação armazenada.

Os cérebros contribuem, na prática, para o sucesso das máquinas de sobrevivência sobretudo mediante o controle e a coordenação das contrações musculares. Para isso, necessitam de cabos que cheguem até os músculos, que são os chamados "nervos motores". Mas, para que a preservação dos genes se dê com eficiência, a coordenação das contrações musculares deve estabelecer uma relação com a organização temporal dos eventos no mundo externo. É importante contrair os músculos da mandíbula somente quando esta contiver algo que valha a pena morder, e contrair os músculos da perna num ritmo de corrida apenas quando houver alguma coisa da qual ou para a qual valha a pena correr. Por essa razão, a seleção natural favoreceu os animais que se equiparam com órgãos sensoriais, dispositivos que traduzem os padrões dos eventos físicos no mundo externo para o código em pulso dos neurônios. O cérebro é conectado aos órgãos dos sentidos — olhos, orelhas, papilas gustativas etc. —

por meio de cabos chamados "nervos sensoriais". O funcionamento dos sistemas sensoriais é particularmente interessante, pois eles podem realizar façanhas de reconhecimento de padrões muito mais sofisticadas do que as melhores e mais caras máquinas construídas pelo homem. Se não fosse assim, os datilógrafos se tornariam supérfluos e seriam substituídos por máquinas de reconhecimento de fala ou por máquinas para a leitura de manuscritos. Os datilógrafos humanos ainda serão necessários por muitas décadas.

Pode ter havido uma época em que os órgãos dos sentidos se comunicavam mais ou menos diretamente com os músculos. De fato, as anêmonas-do-mar não estão longe desse estado hoje em dia, já que, para o modo de vida delas, isso é eficiente. Mas, para alcançar relações mais complexas e indiretas entre a organização temporal dos eventos no mundo exterior e a coordenação das contrações musculares, tornou-se necessário algum tipo de cérebro atuando como intermediário. Um avanço notável foi a "invenção" evolutiva da memória, dispositivo por meio do qual a coordenação das contrações musculares passou a ser influenciada não apenas pelos eventos no passado imediato, como também pelos eventos no passado distante. A memória, ou dispositivo de armazenamento, é um componente essencial de um computador digital. A memória dos computadores é mais confiável do que a memória dos humanos, embora tenha menor capacidade e seja muito menos sofisticada em suas técnicas de recuperação da informação armazenada.

Uma das propriedades mais espantosas do comportamento da máquina de sobrevivência é sua aparente intencionalidade. Não quero com isso dizer apenas que ele parece bem calculado de modo a ajudar os genes do animal a sobreviverem, ainda que certamente esteja, é claro. Estou me referindo a uma analogia mais próxima do comportamento humano deliberado. Quando observamos um animal "procurando" comida, ou um parceiro sexual, ou um filhote perdido, dificilmente conseguimos evitar atribuir a ele alguns dos sentimentos subjetivos que nós mesmos experimentamos quando empreendemos tal procura. Estes podem incluir o "desejo" por algum objeto, uma "imagem mental" do objeto desejado, um "propósito" ou uma "finalidade em vista". Cada um de nós sabe, tomando por base a própria introspecção, que, pelo menos em uma das máquinas de sobrevivência modernas, a intencionalidade desenvolveu a propriedade que chamamos de consciência. Não sou versado o bastante em filosofia para discutir o significado disso, mas felizmente não se trata de algo importante para os nossos propósitos, uma vez que podemos falar sobre máquinas que se comportam *como se fossem* motivadas por uma intenção, deixando em aberto a questão de saber se de fato elas são dotadas de consciência. São máquinas muito simples, e os princípios do comportamento intencional inconsciente estão entre os lugares-comuns da ciência da engenharia. O exemplo clássico é o regulador de vapor de Watt.

O princípio fundamental envolvido é o chamado feedback negativo, do qual existem várias formas diferentes. A seguir, descrevo o que em geral acontece. A "máquina intencional", isto é, a máquina ou a coisa que se comporta como se tivesse um propósito consciente, é equipada com um tipo de dispositivo de medição que avalia a discrepância entre o estado de coisas corrente e o estado "desejado". O dispositivo é construído de tal maneira que, quanto maior a discrepância, mais a máquina trabalhará. Assim, a máquina tenderá automaticamente a reduzir a discrepância — é por esse motivo que o mecanismo é chamado de *feedback negativo* — e pode até mesmo vir a entrar em repouso, se o estado "desejado" for alcançado. O regulador de Watt consiste em um par de bolas rapidamente giradas por um motor a vapor. Cada bola é a extremidade de um braço articulado. Quanto mais rápido elas girarem, mais a força centrífuga empurrará os braços em direção à posição horizontal, opondo-se à força da gravidade. Os braços são conectados à válvula a vapor que alimenta o motor, de modo que o vapor tende a ser interrompido quando os braços se aproximam da posição horizontal. Então, se o motor funcionar rápido demais, uma parcela do seu vapor será interrompida, e ele tenderá a funcionar mais lentamente. Se ele se tornar demasiado lento, a válvula o alimentará automaticamente com mais vapor, e ele de novo ganhará maior velocidade. "Máquinas intencionais" como essas quase sempre apresentam oscilações, por correção excessiva ou por defasagens na resposta, e a arte do engenheiro consiste em construir dispositivos suplementares capazes de reduzir essas oscilações.

O estado "desejado" do regulador de Watt é uma velocidade específica de rotação. É óbvio que ele não o deseja conscientemente. O "propósito" de uma máquina é definido como o estado para o qual ela tende a retornar sempre. As "máquinas intencionais" modernas empregam extensões de princípios básicos como o feedback negativo para atingir comportamentos muito mais complexos, semelhantes aos comportamentos "vivos". Os mísseis teleguiados, por exemplo, parecem procurar ativamente o seu alvo, e quando o localizam em seu campo de ação, parecem persegui-lo, acompanhando suas curvas e voltas evasivas e, por vezes, chegando até a "prevê-las" ou "antecipá-las". Não vale a pena entrar nos detalhes de como isso é feito. Eles envolvem o feedback negativo de vários tipos, controle por *feed-forward* e outros princípios bem compreendidos pelos engenheiros e que, hoje se sabe, estão extensamente envolvidos no trabalho dos organismos vivos. Não é preciso postular nada que se aproxime remotamente da consciência, muito embora pareça difícil a um leigo que observe o comportamento aparentemente deliberado e intencional dos mísseis acreditar que eles não se encontram sob o controle direto de um piloto humano.

É um equívoco comum pensar que uma máquina, por exemplo, o míssil teleguiado, pelo fato de ter sido originalmente projetada e construída por um homem consciente, terá de ser controlada por um homem consciente. Outra variante dessa falácia é: "Os computadores, na realidade, não jogam xadrez, porque só são capazes de fazer o que um operador humano lhes disser para fazer". É importante compreender por que esse raciocínio é falso, já que afeta a nossa compreensão do sentido em que se pode dizer que os genes "controlam" o comportamento. O xadrez de computador é um exemplo particularmente bom para tratar da questão, de modo que vou me deter nele por um momento.

Os computadores ainda não jogam xadrez tão bem quanto os grandes mestres humanos, mas já atingiram o nível de um bom amador. Mais rigorosamente, poderíamos dizer que os *programas* já atingiram o nível de um bom amador, uma vez que, para um programa de xadrez, é indiferente o computador físico utilizado para demonstrar suas habilidades. Qual é então o papel de um programador humano? Em primeiro lugar, ele não manipula o computador a cada jogada, como se puxasse as cordinhas de uma marionete. Isso seria uma enganação. Ele escreve o programa e o instala no computador; a partir daí, o computador opera por conta própria: não há mais nenhuma intervenção humana, exceto pelo adversário que introduz as próprias jogadas. Será que o programador antecipa todas as posições possíveis no xadrez e fornece ao computador uma longa lista das boas jogadas, uma para cada eventualidade possível? Decerto que não, pois o número de posições possíveis no xadrez é tão grande que o mundo teria acabado antes que a lista estivesse completa. Pela mesma razão, não é possível programar o computador para experimentar "na sua cabeça" todos os movimentos possíveis e todos os seus desdobramentos, até chegar a uma estratégia que o leve a vencer. Há mais possibilidades de partidas de xadrez do que átomos nesta galáxia. Basta, portanto, de não-soluções triviais para o problema de programar um computador para jogar xadrez. Trata-se de um problema excessivamente difícil, e não é surpresa que os melhores programas ainda não tenham atingido o nível dos grandes mestres.

O verdadeiro papel do programador é mais parecido com o de um pai ensinando o filho a jogar xadrez. Ele informa ao computador quais são os movimentos básicos do jogo, não em separado para cada posição inicial possível, e sim em termos de regras que podem ser expressas de forma muito mais econômica. Ele não diz literalmente, em português claro, "O bispo se move em diagonal", mas alguma coisa matematicamente equivalente, algo que corresponda a (mais resumidamente porém) "Novas coordenadas para o bispo são obtidas a partir de coordenadas antigas, com a adição da mesma constante, embora não necessariamente com o mesmo sinal, tanto às antigas coordenadas x como às antigas coordenadas y". Depois, pode ser que ele programe alguns "conselhos", escritos no mesmo tipo de linguagem matemática ou lógica, correspondendo, em termos humanos, a sugestões tais como "Não deixe o seu rei desprotegido", ou truques valiosos, como atacar duas peças de uma vez utilizando o cavalo. Os detalhes são fascinantes, só que nos levariam longe demais. O ponto fundamental é: no momento em que está de fato jogando, o computador o faz por meios próprios, e não conta com nenhuma ajuda do seu mestre. Tudo o que o programador pode fazer é prepará-lo *de antemão*, do melhor modo possível, com um equilíbrio adequado entre listas de conhecimentos específicos e sugestões sobre estratégias e técnicas.

Também os genes controlam o comportamento das suas máquinas de sobrevivência, não diretamente, com seus dedos nas cordas das marionetes, mas indiretamente, como um programador do computador. Tudo o que eles podem fazer é preparar suas máquinas de antemão; depois disso, elas ficarão por sua própria conta, e só restará aos genes acomodar-se passivamente em seu interior. Por que os genes são assim tão passivos? Por que não tomam as rédeas e assumem o controle? A resposta é: eles não podem fazê-lo devido a um problema de defasagem no tempo. A melhor forma de demonstrar isso é por meio de outra analogia, extraída da ficção científica. *Ameaça de Andrômeda*, de Fred Hoyle e John Elliot, é uma história eletrizante e, como toda ficção científica de boa qualidade, baseia-se em algumas ideias científicas interessantes. O estranho é que o livro não menciona explicitamente a mais interessante dessas questões subjacentes, que é deixada à imaginação do leitor. Espero que os autores não se importem com o fato de eu a explicitar aqui.

Existe uma civilização a duzentos anos-luz de distância, na constelação de Andrômeda.[2] Essa civilização deseja estender a sua cultura a outros mundos distantes. Qual a melhor maneira de fazê-lo? Viajar até eles está fora de questão. A velocidade da luz impõe um limite teórico à velocidade à qual se pode ir de um lugar a outro no universo e considerações mecânicas impõem, na prática, um limite ainda muito menor. Além disso, pode ser que não existam tantos mundos assim aonde valha a pena ir. E como saber em que direção seguir? O rádio é a forma de comunicação mais eficiente com o resto do universo porque, caso se disponha de energia suficiente para transmitir sinais pelo rádio em todas as direções, em vez de numa direção única, será possível atingir um amplo número de mundos (e ele aumentaria na razão quadrada da distância percorrida pelos sinais). As ondas de rádio viajam à velocidade da luz — isso significa que o sinal leva duzentos anos para chegar à Terra a partir de Andrômeda. O problema com uma distância como essa é a impossibilidade de manter uma conversação. Mesmo se descontarmos o fato de que cada mensagem sucessiva da Terra seria transmitida por pessoas separadas por doze gerações, seria simplesmente um desperdício de tempo tentar conversar a tais distâncias.

Esse problema logo nos será apresentado, e seriamente: as ondas de rádio levam cerca de quatro minutos para viajar da Terra até Marte. Não há dúvida de que os astronautas terão de abrir mão do costume de conversar em pequenas frases alternadas; será necessário empregar longos solilóquios ou monólogos, mais parecidos com cartas do que com conversas. Outro exemplo foi apresentado por Roger Payne, que demonstrou que as propriedades peculiares da acústica do mar resultam em que o "canto" extraordinariamente alto de algumas baleias poderia, na teoria, ser ouvido ao redor de todo o planeta, desde que as baleias nadassem a uma profundidade específica. Não se sabe se de fato elas se comunicam entre si a grandes distâncias, mas, se o fizerem, devem se ver às voltas com o mesmo problema que um astronauta em Marte. A velocidade do som na água é tal que levaria quase duas horas para o canto atravessar o oceano Atlântico e a sua resposta retornar. Sugiro que esta seja uma explicação para a produção, por esses animais, de um solilóquio contínuo, sem que se repitam, durante um período de oito minutos. Elas então retornam ao começo da canção e mais uma vez a repetem do início ao fim, cada ciclo completo durando cerca de oito minutos.

Os habitantes de Andrômeda da história fizeram o mesmo. Como não havia sentido em ficarem à espera de uma resposta, reuniram tudo o que queriam dizer numa gigantesca e ininterrupta mensagem, e a emitiram no espaço, por rádio, repetindo-a muitas vezes, em ciclos que duravam vários meses. A mensagem deles, no entanto, era muito diferente da mensagem das baleias. Ela consistia em instruções codificadas para a construção e a programação de um computador gigante. Obviamente não eram dadas em nenhuma língua humana, contudo um criptógrafo competente é capaz de decifrar praticamente qualquer código, sobretudo se seus autores tiverem a intenção de que ele seja decifrado com facilidade. Captada pelo radiotelescópio de Jodrell Bank, a mensagem foi afinal decodificada, o computador construído e o programa colocado em funcionamento. Os resultados foram quase desastrosos para a humanidade, pois as intenções dos moradores de Andrômeda não eram universalmente altruístas e o computador estava a caminho de se tornar um ditador do mundo, quando o herói, finalmente, consegue destruí-lo com um machado.

Do nosso ponto de vista, a questão interessante é saber em que sentido se poderia dizer que os seres de Andrômeda manipulavam os eventos na Terra. Eles não tinham controle direto sobre o que o computador fazia a cada momento; na verdade, nem sequer dispunham de meios de saber se o computador havia sido construído, uma vez que essa informação teria levado duzentos anos para retornar até eles. As decisões e as ações do computador eram inteiramente próprias, já que não seria possível nem ao menos recorrer aos seus mestres para pedir instruções sobre o plano de ação geral. Todas as suas instruções tinham de estar programadas de antemão, devido à barreira inviolável dos duzentos anos. Em princípio, ele deve ter sido programado de maneira muito semelhante ao computador jogador de xadrez, só que com maiores flexibilidade e capacidade para absorver informações locais. Isso porque o programa tinha de ser concebido para funcionar não apenas na Terra, mas em qualquer mundo que possuísse uma tecnologia avançada, qualquer um entre um conjunto de mundos cujas condições detalhadas os habitantes de Andrômeda não tinham meios de conhecer.

Assim como os habitantes de Andrômeda tiveram de contar com um computador na Terra para tomar as decisões cotidianas por eles, os nossos genes têm de construir um cérebro. Os genes, entretanto, não são apenas os seres de Andrômeda que enviaram as instruções codificadas. Eles são também as próprias instruções. A razão pela qual não podem manipular diretamente as nossas cordas de marionetes é a mesma: a defasagem no tempo. Os genes operam controlando a síntese de proteínas. Trata-se de uma forma poderosa, porém lenta, de manipular o mundo. São necessários meses e mais meses de um paciente puxar de cordinhas proteicas para construir um embrião. A característica fundamental do comportamento, por outro lado, é que ele é rápido, e opera numa escala de tempo que não é de meses, e sim de segundos e de frações de segundos. Acontece alguma coisa no mundo, uma coruja aparece de súbito no céu, um farfalhar no mato denuncia uma presa, e, numa fração de segundo, o sistema nervoso entra em ação, os músculos saltam e uma vida se salva — ou é perdida. Os tempos de reação dos genes não são como esses. Como os habitantes de Andrômeda, eles só podem dar o melhor de si *de antemão*, construindo um veloz computador executivo para si mesmos e programando-o com regras e "conselhos" sobre como enfrentar tantas eventualidades quantas seja possível "antecipar". A vida, no entanto, assim como o jogo de xadrez, oferece um número demasiado grande de eventualidades possíveis para que todas possam ser antecipadas. Como o programador de xadrez, os genes têm de "instruir" as suas máquinas de sobrevivência, não com detalhes específicos, mas com estratégias e artimanhas gerais da arte de viver.[3]

Como mostrou J. Z. Young, os genes têm de realizar uma tarefa análoga à predição. No momento em que o embrião de uma máquina de sobrevivência está em construção, os perigos e os problemas da sua vida encontram-se no futuro. Quem poderá dizer quais animais carnívoros espreitarão por detrás de quais arbustos, esperando por ela, ou que uma presa veloz irá saltar, ziguezagueando, no seu caminho? Nenhum profeta humano, e tampouco um gene. Mas é possível fazer algumas previsões gerais. Os genes do urso-polar podem prever com segurança que o futuro da sua máquina de sobrevivência, ainda por nascer, será frio. Eles não pensam nisso como se fosse uma profecia. Aliás, não o fazem de forma nenhuma: apenas constroem no urso uma grossa camada de pelos porque foi isso o que sempre fizeram nos corpos anteriores, e é por essa razão que continuam a existir no pool de genes. Eles também preveem que o solo estará coberto pela neve, e essa previsão se traduz na produção de uma cobertura de pelos na cor branca e, desse modo, de uma camuflagem. Se o clima do Ártico mudasse tão rapidamente que o bebê urso se encontrasse de repente num deserto tropical, as previsões dos genes estariam erradas e eles pagariam o preço disso. O bebê urso morreria, bem como os genes dentro dele.

Fazer previsões num mundo complexo é um negócio arriscado. Toda e qualquer decisão tomada por uma máquina de sobrevivência é como um jogo de azar, e é tarefa dos genes programar os cérebros de antemão para que, em média, eles tomem decisões compensadoras. No cassino da evolução, a moeda utilizada é a sobrevivência, mais exatamente a sobrevivência dos genes, embora a sobrevivência do indivíduo seja, para muitos propósitos, uma aproximação razoável. Se o indivíduo procura uma nascente para beber água, aumenta o risco de ser devorado pelos predadores que espreitam suas presas nas proximidades das nascentes. Se ele não a procura, acaba por morrer de sede. Para onde quer que se volte, os riscos existirão, e ele tem de tomar a decisão que maximize as probabilidades de sobrevivência, no longo prazo, dos seus genes. Talvez a melhor política consista em adiar o ato de beber água até que ele esteja com muita sede, e então tomar uma grande quantidade dela, de modo a ficar saciado por um bom tempo. Dessa forma, o número de visitas à nascente será reduzido, mas, por outro lado, ele terá de permanecer bastante tempo com a cabeça abaixada quando por fim for aplacar sua sede. A melhor jogada seria beber pouco, mas frequentemente, apanhando pequenos goles d'água ao passar correndo pela nascente. Saber qual a melhor estratégia de ação depende de um complexo conjunto de fatores, entre eles os hábitos de caça dos predadores, que, por sua vez, foram desenvolvidos com vistas a atingir a eficiência máxima, do seu próprio ponto de vista. Uma avaliação das probabilidades tem de ser feita, qualquer que seja ela. É evidente que não precisamos pensar que os animais fazem cálculos conscientes. Só temos de acreditar que aqueles indivíduos cujos genes constroem cérebros de tal forma que eles tendem a efetuar as apostas corretas contarão, como consequência direta, com maiores probabilidades de sobreviver e, portanto, de propagar esses mesmos genes.

Podemos levar a metáfora do jogo de azar um pouquinho mais longe. Um jogador precisa pensar em três coisas importantes: o valor apostado, o risco e o prêmio. Se o prêmio for muito grande, ele estará disposto a correr um risco alto. Um jogador que arrisca tudo o que tem numa única jogada tem chance de ganhar muito. Mas também se arrisca a perder muito, embora, em média, os jogadores que apostam muito não sejam nem mais nem menos favorecidos do que os que disputam prêmios pequenos fazendo apostas baixas. Uma comparação análoga pode ser estabelecida entre os investidores especulativos e os que fazem investimentos mais seguros, na bolsa de valores. Sob certos aspectos, a bolsa de valores é uma analogia melhor do que um cassino, porque os cassinos são deliberadamente manipulados em favor da banca. (O que significa, a rigor, que os jogadores que fazem apostas altas terminam, em média, mais pobres do que aqueles que fazem apostas baixas, e os jogadores que fazem apostas baixas terminam mais pobres do que aqueles que não fizeram aposta alguma. Mas isso se deve a razões alheias à nossa discussão.) Deixando isso de lado, as posições de ambos os tipos de jogador parecem razoáveis. Haverá jogadores animais que apostam alto e outros que fazem um jogo mais conservador? No capítulo 9, veremos que muitas vezes é possível descrever os machos como jogadores que fazem apostas altas e arriscadas, e as fêmeas como investidores seguros, em particular nas espécies polígamas, em que os machos competem pelas fêmeas. Os naturalistas que lerem este livro talvez sejam capazes de identificar espécies que fazem apostas altas e arriscadas e espécies que fazem apostas mais conservadoras. Retornarei agora ao tema, mais geral, de como os genes fazem "previsões" sobre o futuro.

Uma maneira de os genes responderem ao problema de fazer previsões em ambientes bastante imprevisíveis é incorporando a capacidade para aprender. Aqui, a programação da máquina de sobrevivência pode tomar a forma das seguintes instruções: "Eis aqui uma lista de coisas definidas como recompensas: o sabor doce, o orgasmo, a temperatura amena, o sorriso da criança. E eis aqui uma lista de coisas desagradáveis: os vários tipos de dor, a náusea, o estômago vazio, o choro da criança. Se, por acaso, fizer algo que seja seguido por uma das coisas desagradáveis, não o faça novamente, mas, por outro lado, repita tudo aquilo que seja seguido por uma das recompensas". A vantagem de uma programação deste tipo é a drástica redução do número de regras detalhadas que têm de ser introduzidas no programa original. Ela também é capaz de lidar com alterações no meio ambiente que não poderiam ter sido previstas em detalhe. Por outro lado, certas previsões continuarão a ser necessárias. No nosso exemplo, os genes preveem que o sabor doce e o orgasmo serão "bons", no sentido de que ingerir açúcar e copular provavelmente serão benéficos para a sobrevivência do gene. De acordo com este exemplo, a possibilidade da sacarina e da masturbação não é antecipada. Tampouco são antecipados os perigos do consumo excessivo de açúcar num meio ambiente como o nosso, em que ele existe num grau de abundância que não é natural.

As estratégias de aprendizagem têm sido utilizadas em alguns programas de computador para jogar xadrez, os quais, de fato, melhoram o desempenho à medida que jogam contra adversários humanos ou contra outros computadores. Embora sejam equipados com um repertório de regras e táticas, tais programas também têm, incorporada aos seus procedimentos de decisão, uma pequena tendência a jogar aleatoriamente. Eles se recordam das decisões anteriores e, cada vez que vencem um jogo, aumentam ligeiramente o peso atribuído às táticas que precederam a vitória, de maneira que, na vez seguinte, é um pouco maior a probabilidade de tornarem a escolher as mesmas táticas.

Um dos métodos mais interessantes de predizer o futuro é a simulação. Se um general deseja saber se um determinado plano militar é melhor do que os planos alternativos, ele está diante de um problema de previsão. Há variáveis desconhecidas, relacionadas ao clima, à moral das tropas e às possíveis medidas defensivas do inimigo. Um jeito de descobrir se o plano traçado é bom consiste simplesmente em experimentá-lo e verificar os resultados obtidos. Contudo, não seria desejável empregar esse tipo de teste para todos os planos hipotéticos elaborados, no mínimo porque a quantidade de homens jovens dispostos a morrer "pela pátria" é finita, ao passo que a quantidade de planos possíveis é muito grande. Portanto, é preferível experimentar os vários planos em operações simuladas no lugar de fazê-lo na implacável situação real. Isso poderia ser realizado sob a forma de exercícios em escala real, num combate do "Norte" contra o "Sul" com a utilização de munição de festim, por exemplo, mas esse procedimento seria dispendioso em termos materiais e também de tempo. Menos dispendiosos são os jogos de guerra, com soldados de lata e pequenos tanques de brinquedo sendo movimentados sobre um grande mapa.

Mais recentemente, os computadores assumiram grande parte da função de simulação, não apenas em estratégia militar como também em todos os campos em que a previsão do futuro é necessária, ou seja, em campos como a economia, a ecologia, a sociologia e muitos outros. A técnica funciona como segue. Um modelo do mundo é instalado no computador. Isso não significa que, se desparafusássemos a tampa do computador, veríamos uma imitação em miniatura no seu interior, com a mesma forma do objeto simulado. No computador que joga xadrez não existe nenhuma "imagem mental" dentro do banco de memória que possamos reconhecer como um tabuleiro de xadrez, com cavalos e peões dispostos sobre ele. O tabuleiro e a posição das peças seriam representados por listas de números codificados eletronicamente. Para nós, um mapa é um modelo em miniatura de uma parte do mundo, comprimido em duas dimensões. Num computador, um mapa poderia ser representado como uma lista de cidades e de outros lugares de interesse, cada qual com dois números — a sua latitude e a sua longitude. Mas não importa o modo como o computador realmente guarda o seu modelo do mundo na "cabeça", desde que o faça de uma forma que lhe possibilite operar sobre ele, manipulá-lo, realizar experimentos com ele e informar os seus resultados aos operadores humanos, em termos que estes possam compreender. Com a técnica de simulação, as batalhas podem ser ganhas ou perdidas, os aviões em rotas simuladas podem chegar ao seu destino ou se espatifar, as políticas econômicas podem conduzir à prosperidade ou à ruína. Em cada caso, o processo todo se desenrola dentro do computador numa minúscula fração do tempo que o mesmo processo levaria na vida real. Evidentemente, há bons modelos do mundo e também maus modelos, e mesmo os bons modelos não passam de aproximações. Por mais que se façam simulações, não há como prever exatamente o que acontecerá na realidade, no entanto uma boa simulação é muitíssimo preferível ao método cego de experimentação por ensaio e erro. A simulação poderia ser chamada de ensaio e erro vicariantes, um termo infelizmente já utilizado, há muito tempo, pelos psicólogos de ratos.

Se a simulação é uma ideia assim tão boa, seria de esperar que as máquinas de sobrevivência a tivessem descoberto primeiro. Afinal, elas inventaram numerosas técnicas de engenharia humana muito antes que nós entrássemos em cena: as lentes de focagem, o refletor parabólico, a análise da frequência das ondas sonoras, o servomotor, o sonar, o armazenamento temporário da informação e inúmeros outros, com nomes compridos, cujos detalhes não vêm ao caso. E quanto à simulação? Bem, quando o leitor tem uma decisão difícil a tomar, envolvendo variáveis desconhecidas no futuro, ele realiza efetivamente uma forma de simulação: *imagina* o que aconteceria se escolhesse cada uma das alternativas disponíveis. Constrói um modelo na sua cabeça, não de tudo o que existe no mundo, é evidente, mas do conjunto restrito de entidades que julga relevantes. Ele pode vê-los com nitidez na sua imaginação, ou pode ver e manipular suas abstrações estilizadas. Em ambos os casos, é improvável que exista, em algum lugar de seu cérebro, um verdadeiro modelo espacial dos eventos imaginados. Porém, assim como no computador, os detalhes relativos ao modo como o seu cérebro representa o seu modelo de mundo são menos importantes do que o fato de ele ser capaz de utilizá-lo para prever acontecimentos possíveis. As máquinas de sobrevivência que são capazes de simular o futuro estão um passo à frente das máquinas de sobrevivência que podem aprender apenas com base na tentativa e erro. O problema da pura tentativa é que ela consome tempo e energia. O problema do erro é que, muitas vezes, ele é fatal. A simulação, além de mais segura, é mais rápida.

A evolução da capacidade de simular parece ter culminado na consciência subjetiva. O porquê de isso ter acontecido é, para mim, o mistério mais profundo com que se defronta a biologia moderna. Não há razões para supor que os computadores eletrônicos ajam conscientemente quando fazem simulações, embora tenhamos de admitir que, no futuro, talvez eles venham a fazê-lo. Talvez a consciência surja no momento em que a simulação que o cérebro faz do mundo se torne tão completa que passa a ter de incluir um modelo de si mesma.[4] É óbvio que os membros e o corpo de uma máquina de sobrevivência devem constituir uma parte importante do seu mundo simulado. Pelo mesmo motivo, presumivelmente, a própria simulação poderia ser considerada parte do mundo a ser simulado. Outra palavra para isso poderia ser "autoconsciência", mas não considero esta explicação da evolução da consciência de todo satisfatória, em parte porque ela implica uma regressão infinita — se há um modelo do modelo, por que não um modelo do modelo do modelo...?

Quaisquer que sejam os problemas filosóficos suscitados pela consciência, para os propósitos desta história nós podemos pensar nela como o ápice de uma tendência evolutiva em direção à emancipação das máquinas de sobrevivência, entendidas como executantes das decisões tomadas pelos seus mestres últimos, os genes. Os cérebros não apenas se encarregam de cuidar dos interesses cotidianos das máquinas de sobrevivência como também adquiriram a capacidade de prever o futuro e agir de acordo com a previsão. Eles têm até mesmo o poder de se rebelar contra os ditames dos genes, por exemplo, ao se recusarem a ter tantos filhos quantos poderiam. A esse respeito, porém, o homem é um caso muito especial, como veremos.

O que tudo isso tem a ver com o altruísmo e o egoísmo? Estou tentando construir a ideia de que o comportamento animal, altruísta ou egoísta, está sob o controle dos genes apenas num sentido indireto, mas, mesmo assim, muito poderoso. Ao ditar a maneira como as máquinas de sobrevivência e seus sistemas nervosos são construídos, os genes exercem um poder fundamental sobre o comportamento. Contudo, as decisões sobre o que fazer em cada momento são tomadas pelo sistema nervoso. Os genes são os principais autores dos planos de ação. Os cérebros são os executores. Entretanto, à medida que se tornaram mais e mais desenvolvidos, os cérebros assumiram uma parcela cada vez maior das decisões acerca dos próprios planos de ação, lançando mão, ao fazê-lo, de estratégias como a aprendizagem e a simulação. A conclusão lógica desta tendência, ainda não atingida em espécie alguma, seria os genes darem à máquina de sobrevivência uma única instrução global sobre os planos de ação: "Faça o que achar melhor para nos manter vivos".

É fácil tecer analogias entre os computadores e a tomada de decisões pelo homem. Mas agora temos de retornar à realidade e lembrar que, na verdade, a evolução ocorre passo a passo, através da sobrevivência diferencial dos genes no pool gênico. Portanto, para que um padrão de comportamento — altruísta ou egoísta — se desenvolva como resultado da evolução, é necessário que um gene "para" esse comportamento sobreviva no pool de genes com maior sucesso do que um gene rival ou alelo "para" um comportamento diferente. Um gene para o comportamento altruísta significa qualquer gene que influencie o desenvolvimento dos sistemas nervosos a fim de tornar mais provável que estes se comportem de maneira altruísta.[5] Há alguma evidência experimental para a transmissão genética do comportamento altruísta? Não, mas isso não nos surpreende, visto que são poucos os trabalhos sobre a genética de qualquer tipo de comportamento. Em vez disso, portanto, vou falar de um estudo sobre um padrão de comportamento que, não sendo altruísta de nenhuma maneira evidente, é, ainda assim, suficientemente complexo para ser de interesse na presente discussão. Ele pode servir de modelo para pensarmos sobre como o comportamento altruísta poderia ser herdado.

As abelhas melíferas sofrem de uma doença infecciosa chamada "cria pútrida", que ataca as larvas no interior dos seus alvéolos. Entre as variedades domésticas utilizadas pelos apicultores, algumas estão mais sujeitas a contrair a doença do que outras, e descobriu-se que a diferença entre as linhagens é, pelo menos em alguns casos, uma diferença comportamental. Existem as chamadas "linhagens higiênicas", que erradicam rapidamente as epidemias, localizando as larvas infectadas, arrancando-as dos seus alvéolos e lançando-as para fora da colmeia. As variedades suscetíveis à doença o são justamente porque não praticam esse infanticídio higiênico. O comportamento envolvido na higiene é bastante complicado. As abelhas têm de localizar o alvéolo de cada larva doente, remover a camada de cera que o protege, extrair a larva, arrastá-la para fora da colmeia e jogá-la no depósito de detritos.

Os experimentos genéticos com abelhas são bastante complicados, por diversas razões. As abelhas-operárias normalmente não se reproduzem, de forma que é necessário cruzar uma rainha de uma variedade com um zangão de outra e depois observar o comportamento das filhas operárias. Foi o que fez W. C. Rothenbuhler. Ele descobriu que todas as colmeias híbridas filhas da primeira geração eram não higiênicas: o comportamento do seu progenitor higiênico parecia haver se perdido, embora, como se verificou mais tarde, os genes higiênicos ainda estivessem lá, como genes recessivos, como os genes humanos para olhos azuis. Quando Rothenbuhler fez o "retrocruzamento" dos híbridos da primeira geração com uma linhagem higiênica pura (novamente, é claro, usando as rainhas e os zangões), obteve um resultado notável. As colmeias-filhas dividiam-se em três grupos. O primeiro mostrava um comportamento higiênico perfeito, o segundo não mostrava comportamento higiênico algum, e o terceiro ficava a meio caminho entre os dois. Este último grupo desoperculava os alvéolos contendo as larvas doentes, mas não prosseguia com a remoção até o ponto de lançá-las fora. Rothenbuhler suspeitou que pudesse haver dois genes separados, um para promover a retirada dos opérculos e outro para jogar fora as larvas infectadas. As linhagens higiênicas normais contam com ambos os genes, enquanto as cepas suscetíveis à doença possuem, no lugar deles, os alelos — rivais — de ambos os genes. Os híbridos que ficaram a meio caminho presumivelmente possuíam o gene desoperculador (em dose dupla), mas não o gene removedor. Rothenbuhler conjeturou que o grupo experimental de abelhas que pareciam totalmente não higiênicas talvez ocultasse um subgrupo que tivesse o gene removedor, porém fosse incapaz de manifestá-lo por causa da ausência do gene desoperculador. Confirmou sua hipótese com elegância ao remover ele próprio os opérculos de cera. Com efeito, a metade das abelhas aparentemente não higiênicas apresentou então o comportamento normal de lançar fora as larvas doentes.[6]

Esta história ilustra diversos aspectos importantes que foram levantados no capítulo anterior. Ela mostra que pode ser perfeitamente apropriado falar de um "gene para o comportamento tal", ainda que não se tenha a menor ideia da cadeia química de causas embrionárias que levam do gene ao comportamento. Pode até ser que venhamos a descobrir que a cadeia de causas envolve uma aprendizagem. Por exemplo, é possível que o gene desoperculador exerça seus efeitos fazendo com que as abelhas apreciem o sabor da cera infectada. Isso significa que o comportamento de comer os opérculos de cera que cobrem as vítimas da doença será recompensador para elas, que tenderão, portanto, a repeti-lo. Não obstante o gene funcione dessa maneira, ele continua a ser, na verdade, um gene "para desopercular", contanto que, mantendo-se os outros fatores constantes, as abelhas que os possuem efetivamente apresentem o comportamento de desopercular e aquelas que não o possuem não o façam.

Além disso, a história serve de ilustração para o fato de que os genes "cooperam" nos seus efeitos sobre o comportamento da máquina de sobrevivência comunal. O gene para lançar fora as larvas infectadas é inútil, a menos que seja acompanhado pelo gene para desopercular, e vice-versa. No entanto, os experimentos genéticos também mostram claramente que os dois genes são, em princípio, separáveis na sua jornada ao longo das gerações. No que diz respeito à tarefa útil que eles desempenham, podem ser considerados como uma só unidade cooperativa, mas, como genes que se replicam, são dois agentes livres e independentes.

Para os propósitos da nossa discussão, será necessário especular sobre genes "para" fazer toda a sorte de coisas. Se eu falar, por exemplo, de um gene hipotético "para salvar os companheiros de se afogarem", e esse conceito parecer ao leitor inverossímil, ele deve lembrar-se da história das abelhas higiênicas e recordar-se de que não estamos falando do gene como a única causa antecedente de todas as contrações musculares complexas, as integrações sensoriais e mesmo as decisões conscientes envolvidas no salvamento de alguém que está se afogando. Tampouco estamos fazendo afirmações a respeito da participação ou não da aprendizagem, da experiência ou das influências ambientais no desenvolvimento do comportamento. Tudo o que é necessário admitir é que, para um único gene, mantendo-se os demais fatores constantes e estando presentes muitos outros genes essenciais e levando em conta as condições do meio ambiente, é possível que um corpo tenha maior probabilidade de salvar alguém de um afogamento do que ele teria com o alelo desse gene. A diferença entre os dois genes talvez viesse a revelar-se, no fundo, como uma ligeira diferença em alguma variável quantitativa simples. Os pormenores do processo de desenvolvimento embrionário, por mais interessantes que sejam, são irrelevantes do ponto de vista das considerações evolutivas. Konrad Lorenz expôs essa ideia com bastante clareza.

Os genes são mestres programadores, e suas programações visam à própria sobrevivência. Eles são julgados de acordo com o sucesso dos seus programas ao lidar com todos os riscos que a vida coloca no caminho das suas máquinas de sobrevivência, e são julgados pelo implacável juiz da corte da sobrevivência. Veremos mais tarde de que maneiras a sobrevivência dos genes pode ser favorecida por comportamentos aparentemente altruístas. Mas as prioridades óbvias de uma máquina de sobrevivência, e do cérebro que toma as decisões por ela, são a sobrevivência individual e a reprodução. Todos os genes na "colônia" se mostrariam de acordo a esse respeito. Os animais, portanto, não medem esforços para encontrar e capturar alimento, para evitar serem eles mesmos capturados e comidos, para evitar doenças e acidentes, para proteger-se das condições climáticas desfavoráveis, para encontrar membros do sexo oposto e persuadi-los a acasalar, e para conferir aos seus descendentes vantagens semelhantes àquelas que eles próprios desfrutam. Não darei exemplos disso — se o leitor quiser um, basta observar com atenção o próximo animal selvagem que por acaso encontrar. Quero, porém, mencionar um tipo particular de comportamento porque precisaremos nos referir a ele novamente quando falarmos de altruísmo e de egoísmo. Trata-se do comportamento que podemos designar, grosso modo, por *comunicação*.[7]

Pode-se dizer que uma máquina de sobrevivência se comunica com outra quando isso influencia o comportamento desta última ou o estado do seu sistema nervoso. Eu não gostaria de defender essa definição por muito tempo, mas ela serve aos nossos propósitos atuais. Por influência quero dizer influência causal direta. Os exemplos de comunicação são numerosos: o canto dos pássaros, das rãs e dos grilos, o balançar do rabo e o eriçar dos pelos do cachorro, o "sorriso" do chimpanzé, os gestos e a linguagem humanos. Um grande número de ações de uma máquina de sobrevivência promove o bem-estar dos seus genes, ao influenciar indiretamente o comportamento de outras máquinas de sobrevivência. Os animais esforçam-se muito para tornar essa comunicação eficaz. O canto dos pássaros tem fascinado e encantado gerações e mais gerações de homens. Fiz referência ao canto ainda mais elaborado e misterioso da baleia jubarte, com seu alcance prodigioso e suas frequências, que abarcam todo o espectro da audição humana, desde as retumbantes frequências subsônicas até os agudos guinchos supersônicos. Os grilos-toupeira amplificam seu canto até intensidades altíssimas cantando de dentro de um buraco cuidadosamente escavado no formato de uma corneta exponencial dupla, ou megafone. As abelhas dançam no escuro para fornecer a outras abelhas informações precisas sobre a direção e a distância do alimento, uma proeza de comunicação que só encontra rivais na própria linguagem humana.

 A história tradicional contada pelos etólogos é que os sinais de comunicação evoluem em benefício mútuo do emissor e do receptor. Por exemplo, os pintinhos influenciam o comportamento da sua mãe mediante a emissão de pios agudos e penetrantes quando estão perdidos ou com frio. Isso tem o efeito imediato de chamar a mãe, que conduz o pintinho de volta ao ninho. Pode-se dizer que tal comportamento evoluiu em benefício de ambos, no sentido de que a seleção natural favoreceu os pintinhos que piavam quando estavam perdidos, e também as mães que respondiam apropriadamente aos pios dos seus filhotes.

Se quisermos (não é realmente necessário), podemos considerar que sinais tais como o piar para chamar a mãe são dotados de significado ou comportam uma informação: no nosso exemplo, "Estou perdido". Poderíamos dizer que o grito de aviso emitido pelos passarinhos, que mencionei no capítulo 1, transmite a informação "Eis ali um falcão". Os animais que recebem essa informação e agem de acordo com ela são beneficiados. Podemos afirmar, portanto, que a informação é verdadeira. Mas será que os animais, em alguma circunstância, comunicam informações falsas? Será que eles mentem?

A ideia de que um animal seja capaz de mentir pode gerar mal-entendidos, por isso devo me antecipar a fim de tentar evitá-los. Lembro-me de ter assistido a uma conferência apresentada por Beatrice e Allen Gardner sobre a sua famosa chimpanzé "falante", Washoe (ela usa a língua de sinais americana, proeza que é de grande interesse para os estudiosos da linguagem). Havia alguns filósofos na plateia e, na discussão que se seguiu à conferência, eles se mostraram muito interessados em saber se Washoe era capaz de mentir. Imaginei que, para os Gardner, havia coisas mais interessantes a discutir, e concordava com eles. Neste livro, utilizo palavras como "enganar" e "mentir" num sentido muito mais direto do que o daqueles filósofos, interessados na intenção consciente de enganar. Eu me refiro a um efeito que seja funcionalmente equivalente a trapacear. Se um pássaro emitisse o sinal de "Eis ali um falcão" quando não houvesse falcão algum, e com isso afugentasse seus companheiros, que deixariam para ele toda a sua comida, poderíamos dizer que ele mentira. Não estaríamos afirmando que o fizera de maneira deliberada e consciente. Ficaria implícito apenas que o mentiroso obtivera alimento à custa dos outros pássaros e que os outros pássaros fugiram porque responderam da forma apropriada ao grito do mentiroso.

Muitos insetos comestíveis, como as borboletas do capítulo anterior, adquirem proteção ao mimetizar a aparência externa de outros insetos, agressores ou de sabor desagradável. Nós mesmos somos muitas vezes enganados pelas moscas sirfídeas, listradas de amarelo e preto, julgando que estamos diante de vespas. Algumas moscas que mimetizam as abelhas são ainda mais perfeitas na sua capacidade de ludibriar. Também os predadores mentem. O peixe-pescador fica camuflado na paisagem, no fundo do mar, numa paciente espera por sua presa. A única parte dele que fica saliente é um pedaço de carne em forma de minhoca que serpenteia na extremidade da longa "vara de pescar" que se projeta do topo de sua cabeça. Quando uma pequena presa se aproxima, o peixe-pescador agita a sua isca vermiforme e com ela produz uma dança que atrai o peixinho para a região da sua boca camuflada. Subitamente ele abre a mandíbula e o pequeno peixe, sugado para seu interior, é devorado. O peixe-pescador mente, pois explora a tendência do peixinho a se aproximar de objetos vermiformes cujos movimentos são sinuosos. Ele diz "Eis aqui uma minhoca", e todo peixinho que "acredite" na mentira é rapidamente devorado.

Algumas máquinas de sobrevivência exploram os desejos sexuais das outras. As orquídeas-abelha induzem as abelhas a copular com suas flores, em razão da sua acentuada semelhança com as abelhas fêmeas. O que a orquídea tem a ganhar com essa trapaça é a polinização, pois uma abelha que seja enganada por duas orquídeas irá casualmente carregar o pólen de uma para a outra. Os vaga-lumes (que na verdade são besouros) atraem seus parceiros lançando sobre eles sinais luminosos. Cada espécie tem um código de sinais próprio, o que evita a confusão entre as espécies e a consequente e danosa hibridização. Do mesmo modo como os marinheiros procuram pelos padrões de fachos de luz de determinados faróis, também os vaga-lumes procuram os padrões luminosos codificados das suas espécies. As fêmeas do gênero *Photuris* "descobriram" que podem atrair os machos do gênero *Photinus* se imitarem o código de luz de uma fêmea dessa espécie. É isso o que elas fazem, e quando um macho *Photinus* é levado a se aproximar, a fêmea *Photuris* o devora imediatamente. Isso nos faz lembrar das sereias e de Lorelei, mas os habitantes da Cornualha preferirão evocar os ladrões de navios naufragados do passado, que usavam lanternas para atrair as embarcações em direção aos rochedos, e então saqueavam a carga que emergia dos destroços.

Toda vez que um sistema de comunicação se desenvolve, há sempre o perigo de alguns o explorarem para atingir seus próprios objetivos. Criados, como fomos, numa visão da evolução "pelo bem da espécie", é natural que tenhamos a tendência de pensar que os mentirosos e os trapaceiros pertencem sempre a uma espécie diferente: predadores, presas, parasitas, e assim por diante. Mas, na verdade, devemos esperar que surjam mentiras, fraudes e exploração egoísta da comunicação toda vez que houver conflito de interesses entre os genes de indivíduos diferentes — o que inclui indivíduos da mesma espécie. Como veremos, devemos esperar até mesmo que os filhos enganem os pais, que os maridos enganem as esposas e que o irmão minta para o irmão.

Mesmo a crença de que os sinais da comunicação animal se desenvolveram originalmente para promover o benefício mútuo e de que só mais tarde começaram a ser explorados por grupos malévolos é simplista demais. É bem possível que toda comunicação animal contenha um elemento de trapaça desde o princípio, pois todas as interações animais envolvem pelo menos algum grau de conflito de interesses. O próximo capítulo introduz uma maneira vigorosa de encarar tais conflitos de um ponto de vista evolutivo.

5. Agressão: a estabilidade e a máquina egoísta

Este capítulo trata principalmente do mal compreendido tema da agressão. Continuaremos a falar do indivíduo como uma máquina egoísta, programada para fazer o que for melhor para o conjunto dos seus genes. Essa é uma linguagem conveniente. Ao final do capítulo, retornaremos à linguagem dos genes isolados.

Para uma máquina de sobrevivência, outra máquina de sobrevivência (que não seja o próprio filho ou outro parente próximo) é parte do seu meio ambiente, tal como uma rocha ou um rio ou um bocado de alimento. É uma coisa que se mete em seu caminho e atrapalha, ou que pode ser explorada. Só difere de uma rocha ou de um rio num aspecto importante: quando agredida, tende a contra-atacar. Isso acontece porque também ela é uma máquina que tem como incumbência assegurar o futuro dos seus genes e que fará tudo para preservá-los. A seleção natural favorece os genes que programam suas máquinas de sobrevivência para que elas façam o melhor uso possível do seu meio ambiente — o que inclui fazer o melhor uso possível de outras máquinas de sobrevivência, tanto da mesma espécie como de espécies diferentes.

Em alguns casos, as máquinas de sobrevivência parecem influenciar muito pouco a vida umas das outras. As toupeiras e os melros, por exemplo, não comem um ao outro, não se acasalam entre si nem competem por espaço para viver. Ainda assim, não devemos tratá-los como se fossem completamente independentes. Pode ser que haja alguma competição entre eles — por minhocas, talvez. Não se quer dizer aqui que algum dia veremos uma toupeira e um melro entregues a um braço de ferro por uma minhoca; a bem da verdade, pode ser que um melro jamais ponha seus olhos sobre uma toupeira durante toda a sua vida. Mas, se eliminássemos a população de toupeiras, o efeito nos melros poderia ser dramático, embora eu não me arrisque a prever os pormenores dessa situação, nem por quais vias tortuosamente indiretas essa influência poderia ocorrer.

As máquinas de sobrevivência de espécies diferentes influenciam umas às outras de vários modos. Elas podem ser predadores ou presas, parasitas ou hospedeiros, ou competidores por algum recurso escasso. Uma espécie pode explorar outras de uma maneira muito específica — por exemplo, quando as abelhas são usadas pelas flores como transportadoras de pólen.

Por sua vez, as máquinas de sobrevivência pertencentes à mesma espécie tendem a influenciar mais diretamente a vida umas das outras, e por muitas razões. Uma delas é que, para uma máquina de sobrevivência, a metade da população da mesma espécie é constituída por parceiros sexuais potenciais e por pais potencialmente muito trabalhadores e exploráveis pela prole. Outra razão é que os membros da mesma espécie, pelo fato de serem muito semelhantes entre si e por serem máquinas que buscam preservar os genes no mesmo tipo de meio ambiente e com o mesmo tipo de vida, são competidores especialmente diretos em relação a todo e qualquer recurso necessário à sobrevivência. Para um melro, uma toupeira pode ser um competidor, mas não será um competidor tão importante quanto outro melro. As toupeiras e os melros podem competir por minhocas, no entanto os melros competem uns com os outros por minhocas *e* por tudo mais. Se forem membros do mesmo sexo, poderão também competir por parceiros sexuais. Por motivos que iremos examinar, em geral são os machos que competem entre si pelas fêmeas. Isso significa que um macho poderá beneficiar os próprios genes se, de alguma forma, fizer algo prejudicial a outro macho com o qual esteja competindo.

Pode parecer que a política mais lógica para uma máquina de sobrevivência seria o assassinato de seus rivais, de preferência, comendo-os em seguida. Entretanto, ainda que o assassinato e o canibalismo ocorram na natureza, não são tão frequentes quanto faria prever uma interpretação ingênua da teoria do gene egoísta. Com efeito, Konrad Lorenz, em *On aggression*, enfatiza a natureza contida e cavalheiresca da luta entre os animais. Para ele, o aspecto notável no que diz respeito às lutas entre os animais é que elas se constituem de torneios formais, realizados de acordo com regras, como aquelas do boxe ou da esgrima. Os animais lutam com luvas nos punhos e com espadas sem fio. A ameaça e o blefe assumem o lugar da luta implacável. Os vencedores reconhecem os gestos de rendição, refreando-se de desferir o golpe ou a mordida fatais que a nossa ingênua teoria poderia prever.

A interpretação de que a agressão animal é moderada e formal é discutível. Em particular, seria um erro condenar o pobre *Homo sapiens* como a única espécie que mata seus semelhantes, o único herdeiro da marca de Caim e outras acusações igualmente melodramáticas. O fato de um naturalista dar maior ênfase à violência ou à moderação da agressão animal é algo que depende, em parte, do tipo de animais que ele está habituado a observar, e em parte das suas ideias prévias acerca da evolução — Lorenz, afinal, é partidário da teoria do "bem da espécie". Mas, mesmo que ela tenha sido um pouco exagerada, a visão de que os animais lutam com "luvas nos punhos" parece conter ao menos parte da verdade. Superficialmente, isso se assemelha a uma forma de altruísmo. A teoria do gene egoísta deve enfrentar com coragem a difícil tarefa de produzir uma explicação a respeito. Por que os animais não chegam às vias de fato em todas as oportunidades que encontram para matar os membros rivais da sua espécie?

A resposta geral para esta pergunta é que belicosidade sem reservas resulta em custos, além de benefícios, e não estou me referindo apenas aos custos óbvios em termos de tempo e energia. Vamos supor, por exemplo, que B e C são ambos meus rivais, e que aconteça de eu encontrar B. Poderia parecer sensato da minha parte, eu que sou um indivíduo egoísta, tentar matá-lo. Mas espere um instante. C é igualmente meu rival, e C também é rival de B. Matando B, estou potencialmente prestando um benefício a C, na medida em que terei removido um dos seus rivais. Seria melhor deixar B viver, porque assim ele continuaria a competir com ou a lutar contra C, e indiretamente eu me beneficiaria desse confronto. A moral deste exemplo hipotético simples é que não existe nenhum mérito óbvio em matar indiscriminadamente os rivais. Num sistema grande e complexo de rivalidades, a eliminação de um rival não produz necessariamente nenhum benefício: outros rivais podem se beneficiar mais da sua morte do que o próprio indivíduo responsável por ela. Eis aqui o tipo de lição desagradável que os agentes controladores de pragas tiveram de aprender. Diante de uma praga agrícola importante, descobre-se uma maneira eficiente de exterminá-la. Tão logo ela é posta em prática, verifica-se que outra praga se beneficia muito mais dessa exterminação do que a agricultura, e que acabamos por arranjar um problema mais grave do que o anterior.

Por outro lado, talvez matar discriminadamente seja um bom plano, ou, pelo menos, lutar contra certos rivais em particular. Se B for um elefante-marinho possuidor de um grande harém cheio de fêmeas, e se eu, outro elefante-marinho, puder me apoderar desse harém, matando-o, pode ser uma boa ideia tentar fazê-lo. Existem, contudo, custos e riscos, mesmo na belicosidade seletiva. Para B, seria vantajoso contra-atacar e defender a sua valiosa propriedade. Se eu começar uma luta, tenho a mesma probabilidade que ele de morrer. Ou talvez tenha, até mesmo, uma probabilidade maior. B detém um recurso valioso e é por isso que quero lutar com ele. Mas por que é que ele o possui? Talvez porque o tenha conquistado num combate. Provavelmente já venceu outros desafiantes antes de mim. Desse modo, é muito provável que seja um bom lutador. Ainda que eu vença a luta e me apodere do harém, pode ser que saia tão ferido que não seja mais possível desfrutar os benefícios da minha vitória. Além disso, a luta consome tempo e energia. Talvez seja melhor conservá-los por enquanto. Se eu me concentrar em me alimentar bem e evitar problemas durante algum tempo, ficarei maior e mais forte. No final das contas, irei lutar com ele pelo harém, mas minhas chances de derrotá-lo serão mais efetivas.

Esse solilóquio subjetivo é apenas uma forma de indicar que a decisão de lutar, ou não, deveria, idealmente, ser precedida de um cálculo complexo, ainda que inconsciente, da "relação custo-benefício". Os benefícios potenciais não estão todos do lado da opção de lutar, apesar de, sem dúvida, alguns deles estarem. Do mesmo modo, durante a luta, cada decisão tática relativa à sua intensificação ou moderação apresenta custos e benefícios que poderiam, em princípio, ser analisados. Os etólogos se deram conta disso há muito tempo, mas de maneira vaga. Foi preciso que J. Maynard Smith, que, normalmente, não é considerado um etólogo, expressasse essa ideia com clareza e vigor. Em colaboração com G. R. Price e G. A. Parker, ele utilizou o ramo da matemática conhecido como teoria dos jogos. É possível exprimir em palavras as ideias elegantes desses autores, muito embora, sem os símbolos matemáticos, o rigor da exposição possa sofrer algum prejuízo.

O conceito essencial que J. Maynard Smith introduz é o de *estratégia evolutivamente estável*, uma ideia que remonta a W. D. Hamilton e R. H. MacArthur. Uma "estratégia" é uma política de comportamento pré-programada. Um exemplo de estratégia é: "Ataque o adversário; se ele fugir, persiga-o; se ele contra-atacar, fuja". É importante compreender que não estamos pensando na estratégia como algo conscientemente planejado pelo indivíduo. Lembre-se de que estamos descrevendo o animal como uma máquina de sobrevivência robô, com um computador pré-programado que exerce o controle sobre os seus músculos. Escrever a estratégia por extenso, como um conjunto de instruções simples em português, é apenas um jeito conveniente de pensarmos sobre ela. Por meio de algum mecanismo não especificado, o animal se comporta como se estivesse seguindo tais instruções.

Uma estratégia evolutivamente estável, ou EEE, é definida como uma estratégia que, ao ser adotada pela maioria dos membros de uma população, não pode ser superada por uma estratégia alternativa.[1] Estamos diante de uma ideia importante e sutil. Também se pode dizer que a melhor estratégia para um indivíduo depende daquilo que faz a maior parte da população a que ele pertence. Tendo em vista que o restante da população consiste em indivíduos que estão, cada um deles, tentando maximizar o *próprio* sucesso, a única estratégia a persistir será aquela que, uma vez desenvolvida, não poderá ser superada por nenhum indivíduo divergente. Depois de uma alteração substancial no meio ambiente, poderá haver um breve período de instabilidade evolutiva, talvez mesmo uma oscilação na população. Mas, assim que uma EEE for atingida, ela se fixará: a seleção penalizará os desvios em relação a ela.

A fim de aplicar essa ideia à agressão, considere um dos casos hipotéticos mais simples de J. Maynard Smith. Suponha que existem apenas dois tipos de estratégia de luta numa população de uma espécie, a estratégia do *falcão* e a estratégia do *pombo*. (Os nomes se referem ao uso convencional que os humanos fazem deles e não têm conexão alguma com os hábitos das aves das quais foram derivados: os pombos, na realidade, são aves bastante agressivas.) Todo indivíduo da nossa população hipotética é classificado como falcão ou como pombo. Os falcões lutam sempre da forma o mais dura e agressiva possível, e só se retiram do embate quando seriamente feridos. Os pombos limitam-se a fazer ameaças convencionais, sem ferir o adversário. Se um falcão luta contra um pombo, este último logo bate em retirada e, desse modo, não é ferido. Se um falcão luta contra outro falcão, o combate prossegue até que um deles seja gravemente ferido ou morto. Se um pombo se encontra com outro pombo, ninguém sai machucado; eles se ameaçam mutuamente durante um longo tempo, até que um dos contendores se canse ou decida não importunar mais o outro e se retire. Por enquanto, estamos assumindo que não há como o indivíduo saber de antemão se um determinado rival é um falcão ou um pombo. Ele só descobre isso ao lutar contra ele, uma vez que não conta com nenhuma recordação de lutas passadas com outros indivíduos que possa guiá-lo.

Agora, arbitrariamente, vamos atribuir "pontos" aos competidores. Por exemplo, 50 pontos por uma vitória, 0 por uma derrota, -100 por ter sido gravemente ferido e -10 por ter desperdiçado tempo com um combate longo. Podemos pensar nesses pontos como se fossem diretamente convertíveis na moeda corrente da sobrevivência dos genes. Um indivíduo que obtenha uma pontuação alta, que alcance um "ganho" médio elevado, é um indivíduo que garante a sobrevivência de muitos dos seus genes no pool gênico. Dentro de certos limites, os valores numéricos reais não são importantes para a nossa análise, mas nos ajudam a refletir sobre o problema.

O importante é que nós *não* estamos interessados em saber se os falcões tendem a derrotar os pombos quando em luta contra eles. Já sabemos a resposta: os falcões ganham sempre. O que queremos saber é se o falcão e o pombo são estratégias evolutivamente estáveis. Se um deles for uma EEE e a outra não, devemos esperar que aquele que for uma EEE evolua. É teoricamente possível a existência de duas EEEs. Tal situação ocorreria se, para qualquer estratégia da maioria da população, falcão ou pombo, a melhor estratégia para qualquer indivíduo dado fosse adotá-la. Nesse caso, a população tenderia a manter-se no primeiro estado estável a ser atingido. No entanto, como veremos a seguir, nenhuma das duas estratégias, falcão ou pombo, seria de fato evolutivamente estável em si mesma e, portanto, não deveríamos esperar que evoluíssem. Para demonstrar isso, temos de calcular o ganho médio obtido com cada uma.

Vamos supor que temos uma população constituída inteiramente por pombos. Sempre que eles lutam, ninguém sai ferido. Os combates consistem em torneios rituais prolongados, talvez desafios de olhares, que só terminam quando um dos rivais desiste. O vencedor ganha então 50 pontos por ter se apoderado do bem em disputa, mas perde 10 por ter desperdiçado tempo num prolongado desafio de olhares, de maneira que, no total, obtém 40 pontos. Também o perdedor é penalizado com 10 pontos pelo desperdício de tempo. Em média, qualquer pombo individual pode esperar vencer a metade das suas lutas e perder a outra metade. Portanto, o ganho médio por combate está na média entre +40 e −10, ou seja, +15. Assim, cada um dos pombos de uma população de pombos parece sair-se bastante bem.

Imagine agora que surge um falcão mutante nessa população. Como ele é o único falcão existente, todas as suas lutas serão contra um pombo. Os falcões sempre vencem os pombos, de forma que ele marca 50 pontos em todos os combates, e esse será o seu ganho médio. Ele desfruta de enorme vantagem sobre os pombos, cujo ganho líquido é de apenas 15 pontos. Como decorrência, os genes do falcão se disseminarão rapidamente pela população. A esta altura, porém, o falcão já não pode ter a certeza de que todo adversário que encontrar será um pombo. Para dar um exemplo extremo, se o gene do falcão disseminar-se com tanto sucesso a ponto de a população se tornar inteiramente constituída por falcões, todos os combates se darão entre falcões. As coisas se mostrariam bem diferentes. Quando dois falcões se encontram, um deles sai seriamente ferido, o que o leva a perder 100 pontos, enquanto o vencedor ganha 50. Cada falcão, numa população de falcões, pode esperar vencer metade das suas lutas e perder a outra metade. Seu lucro médio será, por conseguinte, a média entre +50 e −100, ou seja, −25. Agora considere um único pombo numa população de falcões. Não há dúvida de que ele perde todos os combates em que se envolve, mas, em compensação, nunca sai ferido. Seu ganho médio é zero, ao passo que o ganho médio de um falcão numa população de falcões é −25. Os genes do pombo tenderão, portanto, a espalhar-se pela população.

O modo como contei a história dá a impressão de que haverá uma oscilação contínua na população. Os genes do falcão ascenderão rapidamente; depois, em consequência de os falcões se encontrarem em maioria, os genes do pombo de novo se colocarão em vantagem e aumentarão em número até que os genes do falcão comecem uma vez mais a prosperar, e assim por diante. Entretanto, uma oscilação como essa não precisa necessariamente ocorrer. Há uma proporção entre falcões e pombos que é estável. No sistema de pontuação arbitrário que estamos utilizando, a proporção estável, se a calcularmos, será de 5/12 pombos para 7/12 falcões. Quando ela for atingida, o ganho médio dos falcões será exatamente igual ao dos pombos. Portanto, a seleção não favorecerá nenhum deles em relação ao outro. Se o número de falcões na população começasse a subir de tal maneira que a sua proporção deixasse de ser 7/12, então os pombos obteriam ligeira vantagem e a proporção oscilaria de volta ao seu estado de equilíbrio. Do mesmo modo como veremos que a proporção estável entre os sexos é de cinquenta para cinquenta, a proporção estável dos pombos em relação aos falcões, neste exemplo hipotético, é de sete para cinco. Em ambos, se existirem oscilações em relação ao ponto de estabilidade, não serão muito grandes.

Superficialmente, isso se assemelha um pouco à seleção de grupo, mas, na realidade, nada tem a ver com ela. A semelhança com a seleção de grupo reside no fato de que o que descrevi acima nos permite pensar que uma população tem um ponto de equilíbrio, ao qual tende a retornar sempre que for perturbada. Porém, a EEE é um conceito muito mais sutil do que a seleção de grupo e não existe nenhuma relação entre ela e o fato de alguns grupos se mostrarem mais bem-sucedidos que outros. Podemos ilustrar essa ideia com o sistema arbitrário de pontos do nosso exemplo hipotético. A pontuação média de um indivíduo, numa população constituída por 7/12 de falcões e 5/12 de pombos, é de 6¼. Isso é verdade, independentemente de o indivíduo ser um falcão ou um pombo. Mas ocorre que 6¼ é muito menos do que a pontuação média de um pombo numa população de pombos (15). *Bastaria* que todos concordassem em ser pombos para que a totalidade dos indivíduos se beneficiasse. Por seleção de grupo simples, qualquer grupo em que todos os indivíduos concordassem em ser pombos teria muito mais sucesso do que um grupo rival que tivesse uma proporção definida por uma EEE. (Na verdade, uma conspiração de pombos não é exatamente o mais bem-sucedido dos grupos possíveis. Num grupo constituído por 1/6 de falcões e 5/6 de pombos, a pontuação média por combate é de 16 O. Essa é a conspiração o mais bem-sucedida possível, entretanto, para nossos objetivos imediatos, podemos deixá-la de lado. Uma conspiração mais simples, só de pombos, com um ganho médio de 15 pontos para cada indivíduo, seria muito melhor para cada um deles, isoladamente, do que a EEE.) A teoria da seleção de grupo nos levaria a prever uma tendência evolutiva na direção de uma conspiração só de pombos, uma vez que um *grupo* que contivesse uma proporção de 7/12 de falcões teria menos sucesso. Mas o problema das conspirações, mesmo daquelas que se mostram vantajosas para todos no longo prazo, é que estão sujeitas a abuso. É verdade que todos se sairiam melhor num grupo só de pombos do que num grupo constituído nos termos de uma EEE. Infelizmente, porém, numa conspiração de pombos, um único falcão seria tão bem-sucedido que nada poderia deter a evolução dos falcões. A conspiração estaria, portanto, fadada a ser destruída por uma traição vinda do interior da população. Uma EEE é estável não porque seja particularmente boa para os indivíduos que dela participam, mas simplesmente porque é imune à traição de dentro da população.

    Os seres humanos podem aderir a pactos ou a conspirações que sejam vantajosos para todos, ainda que não estáveis no sentido da EEE. No entanto isso só é possível porque cada indivíduo utiliza a sua capacidade de previsão *consciente* e é capaz de discernir que é do seu interesse, no longo prazo, obedecer às regras do pacto. Mesmo nos pactos humanos existe o perigo constante de os indivíduos ganharem tanto no *curto prazo*, quebrando o pacto, que a tentação de fazê-lo se torne irresistível. Talvez o melhor exemplo disso seja o da fixação de preços. No longo prazo interessa a todos os donos de postos de gasolina padronizar o preço do combustível num valor artificialmente elevado. Acordos para o controle de preços baseados em estimativas conscientes dos melhores interesses no longo prazo podem sobreviver durante períodos bastante longos. De tempos em tempos, porém, um indivíduo cede à tentação de ganhar uma fortuna, do dia para a noite e baixa seus preços. De imediato, seus vizinhos seguem o exemplo e uma onda de descontos se espalha pelo país. Infelizmente, para o resto de nós, a visão consciente dos proprietários dos postos de gasolina não tarda a fazer-se sentir e eles voltam a estabelecer um novo pacto de fixação de preços. Assim, mesmo no homem, que vem a ser uma espécie que conta com a capacidade da previsão consciente, os pactos e as conspirações baseados nos melhores interesses no longo prazo estão constantemente à beira do colapso, devido à traição vinda de dentro do próprio grupo. Nos animais selvagens, controlados por genes em luta constante, é ainda mais difícil imaginar como as estratégias de conspiração em benefício do grupo todo poderiam evoluir. É de esperar que encontremos estratégias evolutivamente estáveis por toda parte.

No nosso exemplo hipotético fizemos a suposição simples de que qualquer indivíduo dado fosse um falcão ou um pombo. Terminamos com uma proporção evolutivamente estável de falcões e de pombos. O significado prático disso é que uma proporção estável de genes de falcão e de genes de pombo seria atingida no pool gênico. Em genética, o termo técnico com que se designa esse estado é "polimorfismo estável". Do ponto de vista matemático, uma EEE equivalente pode ser atingida sem o polimorfismo conforme se descreve a seguir. Se *cada indivíduo* for capaz de se comportar quer como um falcão, quer como um pombo em cada disputa particular, poderá ser atingida uma EEE em que todos os indivíduos tenham a mesma *probabilidade* de se comportar como um falcão, a saber, 7/12 no nosso exemplo. O que se quer dizer com isso é que cada indivíduo entra em cada combate já tendo previamente decidido, ao acaso, se irá se comportar como um falcão ou como um pombo. A decisão é aleatória, mas com uma probabilidade de sete para cinco a favor do falcão. É muito importante que as decisões, apesar de favorecerem a estratégia do falcão, sejam ao acaso, no sentido de que um rival não disponha de meio algum de adivinhar como seu oponente irá se comportar em cada combate particular. Não adianta, por exemplo, comportar-se como um falcão durante sete lutas seguidas e depois como um pombo durante outras cinco, e assim por diante. Se um indivíduo qualquer adotasse uma sequência tão simples, os rivais rapidamente perceberiam e ficariam em posição de vantagem. A forma de tirar partido de um estrategista que adota sequências simples é lutar como um falcão apenas quando se sabe que ele irá se comportar como um pombo.

A história do falcão e do pombo é ingenuamente simples. Trata-se de um "modelo", algo que, na realidade, não acontece na natureza, mas que nos ajuda a compreender como as coisas com efeito ocorrem. Apesar de muito simples, modelos como este se mostram úteis na compreensão de um argumento ou uma ideia, e podem ser trabalhados de forma a se tornarem gradativamente mais complexos. Se tudo correr bem, à medida que vão ficando mais complexos, tornam-se cada vez mais semelhantes à vida real. Uma maneira pela qual podemos começar a desenvolver o modelo do falcão e do pombo é mediante a introdução de mais algumas estratégias. O falcão e o pombo não são as únicas possibilidades. Uma estratégia mais complexa, introduzida por J. Maynard Smith e G. R. Price, é chamada de *Retaliador*.

Um retaliador se comporta como um pombo no início de cada luta. Ou seja, ele não ataca com ferocidade máxima, como um falcão, mas faz uso convencional de ameaças na sua disputa. Entretanto, se o adversário o ataca, ele retalia. Em outras palavras, um retaliador comporta-se como um falcão quando é atacado por um falcão, e comporta-se como um pombo quando diante de um pombo. Quando encontra outro retaliador, o seu comportamento é o de um pombo. Um retaliador é um *estrategista condicional*. Seu comportamento depende do comportamento do adversário.

Outro estrategista condicional é o *Fanfarrão*. Um fanfarrão comporta-se como um falcão até que alguém contra-ataque; então, foge imediatamente. Há ainda outro: o *Sondador-Retaliador*. Um sondador-retaliador é basicamente como um retaliador, porém em certas ocasiões ele experimenta lutar um pouco mais violentamente. Se o adversário não revida, ele persiste num comportamento semelhante ao do falcão. Se, por outro lado, o oponente contra-ataca, ele retorna à disputa de ameaças convencional, comportando-se como um pombo. Se é atacado, contra-ataca, exatamente como um retaliador.

Se deixarmos as cinco estratégias que mencionei interagindo entre si livremente numa simulação de computador, apenas uma delas, o retaliador, se revelará evolutivamente estável.[2] O sondador-retaliador é quase estável. O pombo não é estável, pois uma população de pombos seria invadida por falcões e por fanfarrões. O falcão não é estável porque uma população de falcões seria invadida por pombos e por fanfarrões. O fanfarrão tampouco o é, visto que uma população de fanfarrões seria invadida pelos falcões. Uma população de retaliadores não seria invadida por nenhuma outra estratégia, uma vez que não existe estratégia mais bem-sucedida do que a deles. O pombo, contudo, se sai igualmente bem numa população de retaliadores. Isso significa que, mantendo-se constantes os demais fatores, o número de pombos poderia elevar-se pouco a pouco. Mas, se o número de pombos subisse significativamente, os sondadores-retaliadores (e, a propósito, os falcões e os fanfarrões) começariam a ficar em posição vantajosa, já que se saem melhor contra os pombos do que os retaliadores. O próprio sondador-retaliador, ao contrário do falcão e do fanfarrão, é quase uma EEE, tendo em vista que, numa população de sondadores-retaliadores, só uma outra estratégia, a do retaliador, obtém mais êxito, e, mesmo assim, muito ligeiramente. Poderíamos esperar, portanto, que uma mistura de retaliadores e de sondadores-retaliadores tenderia a predominar, talvez com uma pequena oscilação entre eles, em associação com uma oscilação no tamanho da população minoritária de pombos. Mais uma vez, não é preciso pensar em termos de polimorfismo, em que cada indivíduo desempenha sempre uma determinada estratégia. Cada indivíduo poderia comportar-se segundo uma mistura complexa entre retaliador, sondador-retaliador e pombo.

Essa conclusão teórica não está muito longe daquilo que de fato acontece com a maioria dos animais selvagens. Em certo sentido, o que foi exposto acima explica o aspecto das "luvas nos punhos" na agressão entre os animais. É claro que os pormenores dependem do número exato de "pontos" a serem atribuídos a uma vitória, ao ferimento grave, ao desperdício de tempo, e assim por diante. Nos elefantes-marinhos, o prêmio pela vitória poderá ser o direito quase total sobre um grande harém de fêmeas. O ganho pela vitória num combate deve, portanto, ser muito elevado. Não é de admirar que entre os elefantes-marinhos as lutas sejam ferocíssimas e a probabilidade de ferimentos graves, muito alta. O custo do desperdício de tempo, presumivelmente, deveria ser considerado baixo se comparado com o custo de o animal sair ferido ou com o benefício da vitória. Para uma pequena ave num clima frio, em contrapartida, o custo pela perda de tempo pode ser enorme. Um chapim-real adulto, para alimentar seus filhotes, necessita apanhar, em média, uma presa a cada trinta segundos. Nesse caso, cada segundo de luz do dia é precioso. Para uma ave desse tipo, até mesmo o tempo comparativamente curto despendido numa luta entre falcões deve ser considerado mais grave do que o risco de um ferimento. Infelizmente, ainda não temos conhecimentos suficientes para atribuir valores numéricos realistas aos custos e benefícios dos vários desfechos possíveis na natureza.[3] Devemos ter o cuidado de não extrair conclusões que resultem tão somente da nossa escolha arbitrária de valores. As conclusões gerais importantes são que as EEEs tenderão a evoluir, que uma EEE não é o mesmo que o estado ótimo que poderia ser atingido por uma conspiração de grupo e, finalmente, que o senso comum pode ser enganador.

Outro tipo de jogo de guerra analisado por J. Maynard Smith é a "guerra de atrito". Podemos imaginá-la como uma modalidade de guerra que emerge numa espécie que nunca se envolve em combates perigosos, talvez uma espécie com proteções bem seguras, como as couraças, em que um ferimento grave é bastante improvável. Nessa espécie, todas as disputas são resolvidas por meio de comportamentos convencionais. Os combates terminam sempre com a desistência de um dos adversários. Para vencer, basta manter-se firme e fitar desafiadoramente o adversário, até que, por fim, ele fuja. É óbvio que nenhum animal pode se dar ao luxo de gastar um tempo infinito ameaçando um rival, pois há outras coisas importantes a fazer. O recurso pelo qual ele compete pode ser valioso, mas não infinitamente valioso. Vale apenas uma determinada quantidade de tempo e, como num leilão, cada indivíduo está disposto a pagar uma quantia específica por ele. O tempo é a moeda corrente desse leilão de dois licitantes.

Suponha que tais indivíduos calculassem de antemão o tempo exato que, de acordo com seu julgamento, valeria um determinado bem, como uma fêmea, por exemplo. Um indivíduo mutante que estivesse disposto a perseverar um pouquinho mais venceria sempre. Por essa razão, a estratégia de manter um limite fixo para os lances é instável. Ainda que o valor de um bem pudesse ser estimado com precisão, e todos os indivíduos oferecessem exatamente esse valor, a estratégia seria instável. Dois indivíduos quaisquer, que fizessem lances segundo essa estratégia do limite máximo, desistiriam exatamente no mesmo instante e nenhum deles ficaria com o bem! Nesse caso, seria compensador desistir logo de início, em vez de perder tempo com disputas inúteis. A diferença essencial entre a guerra de atrito e um verdadeiro leilão, no final das contas, está no fato de que, na primeira, *ambos* os oponentes pagam o preço, mas só um deles fica com a mercadoria. Numa população de licitantes que só oferecessem lances até um limite máximo, portanto, a estratégia de desistir logo de início seria bem-sucedida e se disseminaria pela população. Em consequência, os indivíduos que, ao invés de desistir imediatamente, persistissem por mais alguns segundos começariam a ficar em posição de vantagem. Essa estratégia seria vantajosa numa população em que a maioria dos licitantes abandonasse a disputa logo após seu início. A seleção favoreceria então o adiamento progressivo do momento de desistência, até que novamente ele se aproximasse do limite máximo permitido pelo valor real do bem em disputa.

Uma vez mais somos levados, pelo uso das palavras, a imaginar uma oscilação na população. E, de novo, a análise matemática mostra que isso não é correto. Há uma estratégia evolutivamente estável que pode ser expressa como uma fórmula matemática, mas que, em palavras, equivale ao que se descreve a seguir. Cada indivíduo prossegue durante um período de tempo *imprevisível*. Ou seja, imprevisível em cada ocasião particular, mas correspondendo, na média, ao valor real do bem em questão. Por exemplo, vamos pressupor que o recurso valha realmente cinco minutos de disputa. Na EEE, qualquer indivíduo em particular pode persistir por mais de cinco minutos ou por menos de cinco minutos, ou até mesmo durante exatos cinco minutos. O que importa é que o adversário não tem meios de saber por quanto tempo ele está disposto a persistir naquela disputa em particular.

É óbvio que, na guerra de atrito, é vital que os indivíduos não forneçam nenhuma pista sobre o momento em que irão desistir. Aquele que traísse a si mesmo, revelando, pelo mais leve tremular dos bigodes, que estava começando a pensar em entregar os pontos, de pronto se veria em desvantagem. Se, por exemplo, o tremor dos bigodes fosse um sinal confiável de que a retirada se daria um minuto depois, a estratégia para vencer seria muito simples: "Se o bigode do seu adversário tremer, espere mais um minuto, independentemente dos seus planos anteriores sobre o momento de desistir. Se os bigodes do seu oponente ainda não tremeram e você estiver a um minuto do momento em que tinha de fato a intenção de desistir, então desista agora mesmo e não perca mais tempo. Nunca deixe seus próprios bigodes tremerem". Assim, a seleção natural rapidamente penalizaria o tremular dos bigodes e todas as pistas análogas sobre o comportamento futuro. A expressão impassível dos jogadores de pôquer se desenvolveria.

Mas por que a expressão impassível, no lugar de mentiras descaradas? Porque, mais uma vez, a mentira não é estável. Vamos supor que a maioria dos indivíduos ficasse com o pelo eriçado apenas quando tivesse a intenção de persistir por muito tempo na guerra de atrito. Uma manobra óbvia evoluiria como resposta: os indivíduos desistiriam tão logo o pelo do adversário ficasse eriçado. Então, começariam a surgir os mentirosos. Os indivíduos que não tivessem realmente a menor intenção de persistir por um tempo longo eriçariam os pelos a todo momento e colheriam os benefícios da vitória fácil e rápida. Assim, os genes dos mentirosos se disseminariam. Quando os mentirosos se tornassem maioria, a seleção passaria a favorecer os indivíduos que pagassem para ver, isto é, que não desistissem. Desse modo, o número de mentirosos tornaria a diminuir. Na guerra do atrito, mentir não é evolutivamente mais estável do que dizer a verdade. O rosto impassível do jogador de pôquer é evolutivamente estável. A desistência, quando por fim ocorrer, será repentina e imprevisível.

Até agora refletimos apenas sobre o que J. Maynard Smith chama de disputas "simétricas". Isso quer dizer que assumimos que os oponentes são idênticos em todos os aspectos, exceto na estratégia de luta. Assumimos que os falcões e os pombos são igualmente fortes, igualmente bem-dotados de armas e armadura, e que têm o mesmo a ganhar com a vitória. Essa é uma pressuposição conveniente quando se trata de um modelo, mas é bastante óbvio que não é muito realista. Parker e Maynard examinaram também as disputas assimétricas. Se os indivíduos variarem em tamanho e em habilidade para lutar, por exemplo, e cada indivíduo for capaz de calcular com exatidão o tamanho de um rival em relação ao seu próprio, isso afetará a EEE resultante? É quase certo que sim.

Parece haver três tipos principais de assimetria. O primeiro é o que acabamos de mencionar: os indivíduos podem diferir em tamanho ou no equipamento de que dispõem para lutar. Em segundo lugar, os indivíduos podem diferir no quanto têm a ganhar com a vitória. Por exemplo, um macho velho, que já não tem um longo tempo de vida pela frente, poderia ter menos a perder caso fosse ferido do que um macho jovem com a maior parte da sua vida reprodutiva ainda pela frente. E, por fim, em terceiro lugar — o que vem a ser uma estranha consequência da teoria —, uma assimetria puramente arbitrária, aparentemente irrelevante, pode dar origem a uma EEE, na medida em que pode ser usada para decidir as disputas com rapidez. Por exemplo, não raro acontecerá de um dos adversários chegar ao lugar do combate antes do outro. Vamos chamá-los de "residente" e de "intruso", respectivamente. Para esta discussão, estou assumindo que não existe nenhuma vantagem geral que decorra do fato de um indivíduo ser um residente ou um intruso. Como veremos, há razões práticas pelas quais esta suposição pode não ser verdadeira, mas isso não importa. O que interessa é que, ainda que não houvesse nenhuma razão geral para supor que os residentes contam com uma vantagem sobre os intrusos, uma EEE dependente da própria assimetria provavelmente evoluiria. Uma analogia simples pode ser estabelecida com o costume entre os seres humanos de decidirem uma disputa, rápido e sem muita confusão, jogando cara ou coroa.

A estratégia condicional "Se você for o residente, ataque; se for o intruso, recue" poderia ser uma EEE. Em virtude de a assimetria ser assumidamente arbitrária, a estratégia oposta — "Se for o residente, recue; se for o intruso, ataque" — poderia também ser estável. A escolha da EEE que será adotada entre as duas por uma determinada população dependerá de qual irá se tornar majoritária primeiro. Assim que a maioria dos indivíduos adotar uma das duas estratégias condicionais, aqueles que se desviarem dela serão penalizados. Consequentemente, ela é, por definição, uma EEE.

Suponha, por exemplo, que todos os indivíduos adotem a estratégia "O residente vence e o intruso foge". Isso significa que eles vencerão a metade das suas lutas e perderão a outra metade. Nunca sairão feridos e nunca desperdiçarão tempo, uma vez que todas as disputas são instantaneamente decididas por uma convenção arbitrária. Agora, considere o aparecimento de um mutante rebelde. Imagine que ele irá adotar uma estratégia do tipo falcão pura, atacando sempre e jamais retrocedendo. Ele se sagrará vencedor quando o seu oponente for um intruso. Quando o oponente for um residente, correrá o risco de sair gravemente ferido. Em média, terá um ganho mais baixo do que os indivíduos que joguem de acordo com as regras arbitrárias da EEE. Um rebelde que tentasse a convenção inversa — "Se for o residente, fuja; se for o intruso, ataque" — se sairia ainda pior: não apenas seria ferido com frequência, como também raramente venceria uma disputa. Vamos pensar, no entanto, que, graças a algum acontecimento aleatório, os indivíduos que adotassem essa convenção inversa conseguissem se tornar majoritários. Nesse caso, a estratégia deles se constituiria na norma estável, e os desvios em relação *a ela* seriam penalizados. Podemos conceber que, se pudéssemos observar uma população ao longo de muitas gerações, veríamos uma série de alternâncias ocasionais de um estado estável para outro.

Na vida real, entretanto, é provável que as assimetrias verdadeiramente arbitrárias inexistam. Por exemplo, os residentes provavelmente tenderão a gozar de vantagens práticas sobre os intrusos. Eles têm melhor conhecimento do terreno local. Um intruso talvez tenha maior probabilidade de encontrar-se sem fôlego, já que teve de se deslocar até o lugar de combate, ao passo que o residente estava lá todo o tempo. Existe uma razão mais abstrata pela qual, entre os dois estados estáveis possíveis, o do "residente vence, intruso recua" tem maior probabilidade de ser encontrado na natureza. Trata-se do fato de que a estratégia inversa, "intruso vence, residente recua", apresenta uma tendência inerente para a autodestruição — consistindo naquilo que J. Maynard Smith chamaria de "estratégia paradoxal". Em qualquer população que adotasse essa EEE paradoxal, os indivíduos se esforçariam continuamente para nunca serem apanhados como residentes: em qualquer encontro, eles estariam sempre tentando ser o intruso. E só conseguiriam isso com uma movimentação incessante e despropositada! Para além dos custos em tempo e energia decorrentes, essa tendência evolutiva, por si só, levaria à extinção da categoria "residente". Numa população que se mantenha no outro estado estável, "residente vence, intruso recua", ao contrário, a seleção natural favoreceria os indivíduos que se esforçassem para ser residentes. Isso levaria cada indivíduo a agarrar-se a uma determinada porção do terreno, saindo dos seus limites o menos possível e dando a impressão de "defendê-lo". Como é bem conhecido hoje em dia, trata-se de um comportamento comumente observado na natureza, e a ele se atribui o nome de "defesa territorial".

A demonstração mais clara que conheço deste tipo de assimetria comportamental foi fornecida pelo grande etólogo Niko Tinbergen, por meio de um experimento de simplicidade engenhosa.[4] Tinbergen tinha um tanque de peixes com dois machos de esgana-gatas. Cada um deles construiu um ninho numa das extremidades opostas do tanque e "defendia" o território em torno do seu ninho. Tinbergen colocou cada um deles num grande tubo de ensaio de vidro, mantendo-os próximos um do outro, e observou que os machos tentavam lutar um com o outro através do vidro. Agora vem o resultado interessante. Quando Tinbergen colocou os dois tubos perto do ninho do macho A, este assumiu uma postura de ataque, enquanto o macho B tentou fugir. Quando ele moveu os dois tubos de ensaio para o território do macho B, os papéis se inverteram. Com um simples movimento dos tubos de um lado para o outro do tanque, Tinbergen podia determinar qual macho iria atacar e qual iria recuar. Ambos os machos estavam evidentemente jogando a estratégia condicional simples: "Se residente, ataque; se intruso, fuja".

Os biólogos se perguntam com frequência quais são as "vantagens" biológicas do comportamento territorial. Numerosas sugestões foram feitas, algumas das quais serão mencionadas mais adiante. Mas podemos ver agora que a própria pergunta talvez seja supérflua. A "defesa" territorial pode tão somente ser uma EEE que surgiu devido à assimetria no momento da chegada que em geral caracteriza a relação entre dois indivíduos e uma porção de terreno.

Presume-se que o tipo mais importante de assimetria não arbitrária diz respeito ao tamanho e à habilidade geral para lutar. O tamanho grande não é necessariamente a principal qualidade para vencer os combates, mas provavelmente é uma delas. Se o maior entre dois adversários sempre vence, e se cada indivíduo sabe com certeza se é maior ou menor que seu oponente, só existe uma estratégia que fará sentido: "Se o seu oponente for maior que você, fuja. Procure adversários menores". As coisas ficam um pouquinho mais complicadas se a importância do tamanho for menos evidente. Se um tamanho grande conferir apenas uma ligeira vantagem, a estratégia que mencionei permanece, ainda assim, estável. Contudo, se o risco de ser ferido for sério, poderá também haver uma segunda "estratégia paradoxal". Será: "Escolha adversários maiores que você e fuja de adversários menores!". O motivo por que essa estratégia seria paradoxal é óbvio. Ela parece ser totalmente contrária ao bom senso. Eis por que ela pode ser estável: numa população constituída inteiramente por estrategistas paradoxais, ninguém nunca seria ferido, uma vez que, em todas as disputas, um dos participantes, o maior, fugiria sempre. Um mutante de tamanho médio que jogasse a estratégia "sensata" de escolher oponentes menores se veria envolvido em lutas com a metade dos indivíduos com que deparasse. Isso porque, ao encontrar alguém menor, ele ataca; os indivíduos menores contra-atacam ferozmente porque estão adotando uma estratégia paradoxal. Não obstante o estrategista sensato tenha mais probabilidade de vencer do que o paradoxal, ainda assim ele corre um risco substancial de perder e de ser gravemente ferido. Tendo em vista que a maioria da população é paradoxal, um estrategista sensato tem maior probabilidade de sair ferido do que um estrategista paradoxal.

Muito embora uma estratégia paradoxal possa ser estável, o interesse disso é, provavelmente, apenas acadêmico. Os lutadores paradoxais só obterão resultados melhores, em média, se o número deles exceder em muito a população de lutadores sensatos. É difícil imaginar, primeiro, como esse estado de coisas poderia vir a se apresentar. Mesmo que isso acontecesse, bastaria que a proporção entre sensatos e paradoxais na população oscilasse ligeiramente em favor dos sensatos antes de cair na "zona de atração" desta última EEE, a sensata. A zona de atração é o conjunto de proporções da população nas quais, neste caso, os estrategistas sensatos ficam em vantagem: uma vez que uma população atinja esta zona, será inevitavelmente arrastada na direção do ponto estável sensato. Seria emocionante encontrar um exemplo de EEE paradoxal na natureza, mas tenho minhas dúvidas de que possamos esperar isso. (Afirmei isso cedo demais. Depois de ter escrito esta última frase, o professor Maynard Smith chamou minha atenção para a seguinte descrição do comportamento da aranha social mexicana *Oecobius civitas*, feita por J. W. Burgess: "Se uma aranha é perturbada e expulsa do seu retiro, sai correndo pela rocha e, na ausência de uma fresta onde possa se esconder, pode procurar abrigo no esconderijo de outra aranha da mesma espécie. Se a outra aranha está em casa quando a intrusa chega, ela não a ataca e sai rapidamente em busca de um novo esconderijo para si própria. Assim, uma vez que a primeira aranha seja perturbada, o processo de deslocamento sequencial de uma teia de aranha para outra poderá continuar durante vários segundos, quase sempre levando a maior parte das aranhas da comunidade a mudar do seu refúgio para outro, estranho" ("Aranhas sociais", *Scientific American*, março de 1976). Isso é paradoxal no sentido da página 158.)[5]

E se os indivíduos retiverem alguma lembrança do resultado de combates passados? Isso depende de a memória ser específica ou geral. Os grilos têm uma memória geral daquilo que aconteceu em lutas anteriores. Um grilo que tenha vencido um grande número de lutas recentemente apresenta o comportamento mais parecido com o de um falcão. Um grilo que tenha vivido recentemente uma maré de derrotas comporta-se mais como um pombo. Isso foi demonstrado claramente por R. D. Alexander. Ele empregou um modelo de grilo para espancar grilos reais. Na sequência, a probabilidade de esses grilos reais perderem as lutas contra outros grilos de verdade aumentou. É possível pensar que cada grilo atualiza constantemente a própria avaliação a respeito da sua habilidade para lutar, comparando-a com a de um indivíduo médio de sua população. Se animais como os grilos, que possuem uma memória geral das lutas passadas, forem mantidos juntos num grupo fechado durante um certo período, é provável que se desenvolva uma espécie de hierarquia de dominância.[6] Um observador poderá classificar os indivíduos de acordo com uma certa ordem. Aqueles situados mais abaixo nessa classificação tendem a desistir diante dos indivíduos que se encontram mais acima na hierarquia. Não há necessidade de supor que os indivíduos se reconheçam uns aos outros. Tudo o que acontece é que os indivíduos habituados a vencer adquirem uma probabilidade cada vez maior de ganhar, enquanto os que estão acostumados a perder apresentam uma probabilidade cada vez maior de saírem derrotados. Ainda que, a princípio, os indivíduos ganhassem ou perdessem completamente ao acaso, eles tenderiam a colocar-se numa ordem hierárquica. A propósito, isso tem o efeito de diminuir pouco a pouco o número de lutas sérias no grupo.

Tenho de usar a frase "uma espécie de hierarquia de dominância" porque muitas pessoas reservam o termo "hierarquia de dominância" para os casos em que está envolvido o reconhecimento individual. Neles, a lembrança de lutas passadas é específica, e não geral. Os grilos não se reconhecem uns aos outros como indivíduos, porém as galinhas e os macacos o fazem. Se o leitor fosse um macaco, haveria a probabilidade de ser derrotado no futuro por um macaco que já o tivesse derrotado no passado. A melhor estratégia para um indivíduo é ter um comportamento semelhante ao de um pombo em relação a um indivíduo que o tenha derrotado antes. Quando galinhas que nunca se encontraram antes são agrupadas, costuma ocorrer um grande número de lutas. Depois de algum tempo, as lutas diminuem, mas não pelas razões elencadas no caso das lutas entre os grilos. Entre as galinhas, isso se dá porque cada indivíduo "aprende qual é o seu lugar" relativamente a cada um dos outros indivíduos — o que, aliás, é bom para o grupo como um todo. Um indicador disso é a observação de que em grupos estabelecidos de galinhas, nos quais as lutas violentas são raras, a produção de ovos é mais alta do que em grupos de galinhas cujos membros mudam continuamente e nos quais as lutas, em decorrência, são mais frequentes. Os biólogos falam quase sempre da vantagem biológica, ou "função", das hierarquias de dominância como a de reduzir a agressão manifesta no grupo. No entanto, esta não é a forma correta de encarar a questão. Não se pode considerar que uma hierarquia de dominância per se desempenhe uma "função" no sentido evolutivo, uma vez que ela é uma propriedade de um grupo, não de um indivíduo. Podemos dizer que os padrões de comportamento individual que se manifestam sob a forma de hierarquias de dominância, quando contemplados no nível do grupo, têm funções. Seria ainda melhor, contudo, abandonar completamente o termo "função" e pensar na questão em termos de EEE em disputas assimétricas nas quais há reconhecimento individual e memória.

Estivemos refletindo, até agora, sobre as disputas entre membros da mesma espécie. E quanto às disputas interespécies? Como vimos antes, os membros de espécies diferentes são competidores menos diretos do que os membros de uma mesma espécie. Por essa razão, deveríamos esperar que entre eles houvesse menos disputas por um recurso, expectativa que é confirmada pelos fatos. Por exemplo, os tordos defendem seu território contra outros tordos, mas não contra os chapins-reais. É possível desenhar um mapa dos territórios de cada um dos tordos numa floresta e sobrepor a ele um mapa dos territórios de cada um dos chapins-reais. Os territórios das duas espécies se sobrepõem de forma totalmente indiscriminada. É como se eles estivessem em planetas diferentes.

Porém, há outras maneiras pelas quais os interesses de indivíduos de espécies diferentes entram fortemente em conflito. Por exemplo, um leão deseja comer um antílope, mas o antílope tem planos bem diferentes para o seu corpo. Em geral isso não é visto como competição por um recurso, entretanto, do ponto de vista lógico, é difícil compreender por quê. O recurso em questão é a carne. Os genes do leão "querem" a carne como alimento para a sua máquina de sobrevivência. Os genes do antílope "querem" a carne como músculos e órgãos em funcionamento para a sua máquina de sobrevivência. Os dois usos da mesma carne são mutuamente incompatíveis, e aqui, portanto, se estabelece um conflito de interesses.

Os membros de uma mesma espécie também são feitos de carne. Por que, então, o canibalismo é relativamente raro? Como vimos no caso dos guinchos, os adultos às vezes comem os filhotes da sua própria espécie. No entanto, os carnívoros adultos nunca são vistos perseguindo ativamente outros adultos da mesma espécie com a finalidade de comê-los. Por que não? Ainda estamos tão habituados a pensar em termos de evolução "pelo bem da espécie" que quase sempre nos esquecemos de fazer perguntas razoavelmente simples como "Por que os leões não caçam outros leões?". Outra boa pergunta de um tipo que raramente se faz é "Por que os antílopes fogem dos leões ao invés de contra-atacarem?".

Os leões não caçam leões porque, se o fizessem, não teríamos uma EEE. Uma estratégia canibal seria instável pela mesma razão por que a estratégia do falcão no exemplo anterior é instável. O risco de retaliação é alto demais. Há menor probabilidade de que a retaliação ocorra em disputas entre membros de espécies diferentes, o que explica por que tantas presas fogem, no lugar de contra-atacar. Isso provavelmente se origina no fato de, na interação de dois animais de espécies diferentes, existir uma assimetria intrínseca, maior do que a existente entre os membros da mesma espécie. Sempre que houver uma grande assimetria numa disputa, é provável que as EEEs sejam estratégias condicionais dependentes dessa assimetria. Estratégias análogas a "Se você for menor, fuja; se for maior, ataque" provavelmente evoluirão em combates entre membros de espécies diferentes, uma vez que, em tais casos, existem muitas assimetrias disponíveis. Os leões e os antílopes atingiram um tipo de estabilidade por divergência evolutiva que acentuou a assimetria original do combate de uma maneira sempre crescente. Eles se tornaram altamente proficientes nas artes de perseguir e de fugir, respectivamente. Um antílope mutante que adotasse a estratégia "Fique e lute" contra os leões seria menos bem-sucedido do que os antílopes rivais cuja estratégia consistisse em desaparecer no horizonte.

Tenho a intuição de que, no futuro, ainda iremos considerar a invenção do conceito de EEE um dos mais importantes avanços na teoria da evolução desde Darwin.[7] Ele é aplicável onde quer que encontremos conflitos de interesses — ou seja, em quase toda parte. Os estudiosos do comportamento animal adquiriram o hábito de falar sobre uma coisa chamada "organização social". Quase sempre a organização social de uma espécie é tratada como uma entidade em si mesma, com a sua própria "vantagem" biológica. Um exemplo que já apresentei é o da "hierarquia de dominância". Acredito que seja possível reconhecer pressupostos ocultos favoráveis ao princípio de seleção de grupo por detrás de boa parte das afirmações que os biólogos fazem sobre a organização social. O conceito de EEE de J. Maynard Smith nos possibilitará, pela primeira vez, ver com clareza como uma coleção de entidades egoístas independentes pode vir a assemelhar-se a um todo organizado. Penso que isso se aplica não apenas às organizações sociais dentro das espécies, mas também aos "ecossistemas" e às "comunidades" constituídos por muitas espécies. Minha expectativa é de que, no longo prazo, o conceito de EEE revolucione a ciência da ecologia.

Podemos também aplicar esse conceito a um assunto que ficou pendente no capítulo 3, e que surgiu da analogia dos remadores num barco (representando os genes num corpo) e da necessidade do espírito de equipe entre eles. Os genes são selecionados não por serem "bons" isoladamente, e sim por funcionarem bem em relação ao pano de fundo dos outros genes no pool gênico. Um gene bom deve ser compatível com e complementar os outros genes com que tem de compartilhar uma longa sucessão de corpos. Um gene para dentes capazes de triturar plantas é um gene bom no pool gênico de uma espécie herbívora, no entanto é um gene ruim no pool gênico de uma espécie carnívora.

É possível imaginar uma combinação compatível de genes selecionada em conjunto, *como uma unidade*. No caso do mimetismo das borboletas apresentado como exemplo no capítulo 3, parece ter sido exatamente isso o que aconteceu. A força do conceito de EEE, porém, está em nos permitir verificar como o mesmo tipo de resultado poderia ser alcançado através de uma seleção realizada puramente no nível do gene independente. Os genes não precisam estar ligados entre si, no mesmo cromossomo.

A analogia com os remadores, na realidade, não se presta muito bem a explicar esta ideia. O mais próximo que podemos chegar é explicado a seguir. Suponha que, numa equipe realmente bem-sucedida, seja importante que os remadores coordenem suas atividades por meio da fala. E que, no pool de remadores à disposição do treinador, alguns falem somente inglês e outros, apenas alemão. Os ingleses não costumam ser remadores melhores nem piores do que os alemães. Mas, devido à importância da comunicação, uma tripulação mista tenderá a vencer um número menor de regatas do que uma equipe inteiramente inglesa ou inteiramente alemã.

O treinador não se dá conta disto. Tudo o que ele faz é misturar seus homens ao acaso, atribuindo pontos positivos aos indivíduos nos barcos vencedores e pontos negativos aos homens nos barcos perdedores. Então, se o pool disponível fosse, por acaso, dominado pelos ingleses, resultaria em que qualquer alemão que entrasse no barco provavelmente o faria perder, porque a comunicação falharia. Inversamente, se o pool fosse dominado pelos alemães, a tendência seria de um remador inglês levar à derrota todo barco em que entrasse. A equipe que emergirá como a melhor de todas será um dos dois estados estáveis — uma equipe toda inglesa ou uma equipe toda alemã, mas não uma equipe mista. Superficialmente, é como se o técnico estivesse selecionando grupos linguísticos inteiros *como unidades*. Entretanto, não é isso o que ele faz. Ele seleciona remadores individuais pela sua habilidade aparente para ganhar corridas. Contudo, a tendência de um remador para vencer competições depende dos outros indivíduos que estiverem presentes, como ele, no pool de candidatos. Os candidatos minoritários são automaticamente penalizados, não porque sejam maus remadores, mas só porque são candidatos minoritários. Da mesma forma, o fato de os genes serem selecionados por sua compatibilidade mútua não significa necessariamente que *temos* de pensar em grupos de genes sendo selecionados como unidades, como no caso das borboletas. A seleção no nível do gene isolado pode dar a impressão de seleção num nível mais elevado.

Neste exemplo, a seleção favorece a simples conformidade. Um aspecto mais interessante é que os genes podem ser selecionados porque se complementam mutuamente. Em termos de analogia, vamos imaginar que uma equipe idealmente equilibrada seja formada por quatro remadores destros e quatro canhotos. De novo suponha que o treinador, sem se aperceber desse fato, fizesse a seleção às cegas, pelo "mérito" de cada atleta. Se acontecesse, então, de o pool de candidatos ser dominado pelos destros, qualquer indivíduo canhoto tenderia a estar em vantagem: provavelmente ele levaria qualquer barco em que se encontrasse a vencer, e, portanto, pareceria ser um bom remador. Inversamente, num pool dominado pelos canhotos, um indivíduo destro levaria vantagem. Isso é semelhante ao caso de um falcão se sair bem numa população de pombos e de um pombo se sair bem numa população de falcões. A diferença é que, neste último caso, estávamos nos referindo às interações entre corpos individuais — máquinas egoístas —, ao passo que aqui estamos falando, por analogia, das interações entre os genes no interior dos corpos.

A seleção cega de "bons" remadores pelo técnico conduzirá, no final, a uma equipe ideal constituída por quatro indivíduos canhotos e quatro destros. A impressão que se terá é de que ele os selecionou todos juntos, como uma unidade completa e equilibrada. Eu penso que é mais parcimonioso considerar que ele fez uma seleção num nível inferior, o nível dos candidatos independentes. O estado evolutivamente estável (o termo "estratégia" seria enganador neste caso) de quatro remadores destros e quatro canhotos emergirá como uma consequência da seleção no nível inferior baseada no mérito aparente.

O pool gênico é o meio ambiente a longo prazo do gene. Os genes "bons" são selecionados cegamente como aqueles que sobrevivem no pool gênico. Isso não é uma teoria. Não é sequer um fato observado, apenas uma tautologia. A questão interessante é o que torna um gene bom. Como primeira aproximação, eu afirmei que o que torna um gene bom é a habilidade de construir máquinas de sobrevivência — corpos — eficientes. É necessário agora tornar mais precisa essa afirmação. O pool gênico se tornará um *conjunto evolutivamente estável* de genes, definido como um pool de genes que não pode ser invadido por nenhum gene novo. A maioria dos novos genes que surgirem, seja por mutação, seja por rearranjo ou por migração, será rapidamente penalizada pela seleção natural: o conjunto evolutivamente estável é restabelecido. De quando em quando, um gene novo consegue invadir o conjunto: ele consegue se disseminar pelo pool gênico. Há um período transitório de instabilidade, culminando num novo conjunto evolutivamente estável — terá ocorrido um bocadinho de evolução. Por analogia com as estratégias de agressão, uma população poderá ter mais de um ponto estável alternativo, e ocasionalmente alternar-se entre um e outro. A evolução progressiva talvez seja menos uma escalada ascendente estável do que uma série de passos discretos de um platô estável para outro.[8] Pode parecer que a população como um todo se comporta como apenas uma unidade autorreguladora. Mas essa ilusão é produzida pela seleção que ocorre no nível do gene isolado. Os genes são selecionados por "mérito", o qual, porém, é julgado com base no seu desempenho em relação ao pano de fundo do conjunto evolutivamente estável que é o pool gênico existente.

Ao focalizar as interações agressivas entre os indivíduos, J. Maynard Smith foi capaz de tornar as coisas bastante claras. É fácil pensar em proporções estáveis de corpos de falcão e corpos de pombos, porque os corpos são coisas grandes, que podemos ver. Mas as interações entre genes situados em corpos *diferentes* são apenas a ponta do iceberg. A grande maioria das interações significativas entre os genes, num conjunto evolutivamente estável — o pool gênico —, se dá *no interior* dos corpos individuais. Elas são difíceis de ver porque ocorrem dentro das células, sobretudo nas células dos embriões em desenvolvimento. Os corpos bem integrados existem como produtos de um conjunto evolutivamente estável de genes egoístas.

Mas tenho de retornar ao nível das interações entre os animais, que é o tema principal deste livro. Para compreender a agressão, foi conveniente tratar os animais individuais como máquinas egoístas independentes. No entanto, esse modelo deixa de funcionar quando os indivíduos em questão são parentes próximos — irmãos e irmãs, primos, pais e filhos. Isso acontece porque os familiares compartilham uma proporção substancial dos seus genes. Cada gene egoísta, portanto, tem a sua lealdade dividida entre corpos diferentes, o que será explicado no próximo capítulo.

6. O parentesco dos genes

O que é o gene egoísta? Não é apenas um fragmento físico, único, de DNA. Tal como na sopa primordial, ele é *todas as réplicas* de um fragmento particular de DNA, distribuído pelo mundo todo. Se nos permitirmos falar sobre os genes como se tivessem objetivos conscientes, certificando-nos sempre de que, se quisermos, poderemos traduzir de novo a nossa linguagem descuidada para termos respeitáveis, poderíamos perguntar: o que tenta fazer um gene egoísta? Ele tenta tornar-se mais numeroso no pool gênico. Basicamente, ele faz isso ajudando a programar os corpos nos quais se encontra para sobreviverem e se reproduzirem. Agora, porém, o que estamos fazendo é sublinhar que "ele" é um agente disperso, existente em muitos indivíduos diferentes ao mesmo tempo. O ponto crucial deste capítulo é que um gene pode ser capaz de auxiliar *réplicas* de si mesmo localizadas em outros corpos. Assim, o que pareceria ser altruísmo individual seria, na realidade, um efeito do egoísmo do gene.

Considere o gene do albinismo no homem. Na verdade, existem diversos genes que podem originar o albinismo, mas estou me referindo a somente um deles. Trata-se de um gene recessivo, ou seja, de um gene que tem de estar presente em dose dupla para que a pessoa seja albina. Isso ocorre aproximadamente em um a cada 20 mil indivíduos. Contudo, ele também está presente, em dose única, em aproximadamente um a cada setenta indivíduos, e estes não são albinos. Como está distribuído por muitos indivíduos, um gene como o do albinismo poderia, teoricamente, ajudar à sua própria sobrevivência no pool gênico programando os corpos em que se encontra para se comportarem de maneira altruísta em relação a outros corpos albinos, uma vez que se sabe que eles carregam o mesmo gene. O gene albino deveria ficar bastante satisfeito se alguns dos corpos que ele habita morressem, desde que, ao fazê-lo, estes ajudassem outros corpos, contendo o mesmo gene, a sobreviver. Se o gene albino pudesse levar um de seus corpos a salvar a vida de dez corpos albinos, então, mesmo a morte do altruísta seria largamente compensada pelo aumento numérico dos genes para o albinismo no pool gênico.

Deveríamos esperar, então, que os albinos fossem especialmente amáveis uns com os outros? A resposta, na verdade, provavelmente é não. Para compreendermos por quê, temos de abandonar por ora a nossa metáfora do gene como um agente consciente, pois, neste contexto, ela se torna, sem sombra de dúvida, enganadora. Precisamos traduzi-la de novo para termos respeitáveis, ainda que sejam mais enfadonhos. Os genes para o albinismo, na realidade, não "querem" sobreviver ou ajudar outros genes para o albinismo. Mas, se acontecesse de o gene para o albinismo fazer com que seus corpos se comportassem de forma altruísta em relação a outros albinos, então, automaticamente, quisesse ou não, esse gene tenderia a tornar-se mais numeroso no pool de genes. Para que isso ocorresse, seria necessário que o gene tivesse dois efeitos independentes sobre os corpos. Teria de conferir não só o habitual tom de pele pálido, como também a tendência para o altruísmo seletivo em relação aos indivíduos com pele pálida. Um gene de efeito duplo como esse, se existisse, poderia ser muito bem-sucedido na população.

É bem verdade que os genes apresentam efeitos múltiplos, como enfatizei no capítulo 3. Teoricamente, poderia surgir um gene capaz de conferir uma "etiqueta" visível externamente, por exemplo, uma pele pálida, uma barba verde ou algum outro traço saliente, e também a tendência a ser particularmente amável com os portadores dessa mesma etiqueta saliente. É possível, mas não muito provável. A probabilidade é a mesma de uma barba verde estar associada à tendência a ter unhas encravadas, ou outra característica qualquer, e de a predileção por indivíduos de barba verde associar-se à incapacidade para sentir o perfume das frésias. Não é muito provável que um único gene produza, ao mesmo tempo, a característica correta e o tipo adequado de altruísmo. No entanto, aquilo que poderíamos alcunhar de "efeito altruísta da barba verde" não deixa de ser uma possibilidade teórica.

Uma etiqueta arbitrária como uma barba verde é apenas uma maneira pela qual um gene pode "reconhecer" cópias de si mesmo noutros indivíduos. Existem outras maneiras? Uma maneira possível, e particularmente direta, é descrita na sequência. O possuidor de um gene altruísta poderia ser reconhecido simplesmente pelo fato de realizar atos altruístas. Um gene poderia prosperar no pool gênico se "dissesse" o equivalente a "Corpo, se A estiver se afogando em consequência de ter tentado salvar outra pessoa de afogamento, pule na água e salve A". A razão pela qual um gene como esse poderia ser bem-sucedido é que existe uma probabilidade maior do que a média de que A também tivesse o mesmo gene altruísta para salvar vidas. O fato de que A seja visto tentando salvar alguém é uma etiqueta equivalente a uma barba verde. É menos arbitrário do que uma barba verde, mas continua a parecer bastante implausível. Será que existem maneiras plausíveis pelas quais um gene possa "reconhecer" cópias de si mesmo noutros indivíduos?

A resposta é sim. É fácil demonstrar que *parentes próximos* — membros da mesma família — têm maior probabilidade do que a média de compartilhar os genes. Há muito tempo que se tornou claro que essa deve ser a razão por que o altruísmo dos pais em relação aos filhos é tão comum. Aquilo que R. A. Fisher, J. B. S. Haldane e especialmente W. D. Hamilton entenderam foi que o mesmo se aplica a outros parentes próximos — irmãos e irmãs, sobrinhos e sobrinhas e primos próximos. Se um indivíduo morrer para salvar dez parentes próximos, uma cópia do gene de altruísmo familiar poderá perder-se, mas um número maior de cópias do mesmo gene será salvo.

"Um número maior" é um pouco vago demais. O mesmo se pode dizer de "parentes próximos". Como mostrou Hamilton, é possível tornar tais conceitos mais precisos. Os dois artigos de Hamilton publicados em 1964 encontram-se entre as contribuições mais importantes para a etologia social e eu nunca pude entender por que eles são tão negligenciados pelos etólogos (o nome de Hamilton nem sequer figura no índice dos dois principais livros de introdução à etologia, ambos publicados em 1970).[1] Felizmente, há sinais recentes de uma renovação do interesse pelas suas ideias. Os artigos de Hamilton são bastante matemáticos, porém não é difícil apreender intuitivamente seus princípios básicos, abrindo mão dos rigorosos cálculos matemáticos, embora sob pena de simplificação excessiva. O que queremos calcular é a probabilidade de dois indivíduos, por exemplo, duas irmãs, compartilharem um determinado gene.

Para simplificar, considerarei que estamos falando de genes que são raros no pool gênico como um todo.[2] A maior parte das pessoas compartilha o "gene para não ser albino", quer sejam aparentadas entre si, quer não. O motivo pelo qual esse gene é tão comum é que, na natureza, os albinos têm menor probabilidade de sobrevivência do que os não-albinos, porque, por exemplo, o Sol ofusca sua vista e faz com que tenham menor probabilidade de detectar a aproximação de um predador. Não estamos preocupados em explicar a prevalência, no pool gênico, de genes tão obviamente "bons" como o gene para não ser albino. Estamos interessados, sim, em explicar o sucesso dos genes como resultado específico do seu altruísmo. Podemos presumir, portanto, pelo menos nos estágios iniciais do processo de evolução, que esses genes são raros. O ponto central é que mesmo um gene que seja raro na população como um todo é comum numa família. Eu carrego um número de genes que são raros no total da população e o leitor também. A probabilidade de ambos possuirmos os mesmos genes raros é de fato muito pequena. Mas há uma boa probabilidade de que a minha irmã possua um gene particularmente raro que eu também trago comigo, e há uma probabilidade igualmente boa de que o leitor e sua irmã compartilhem um mesmo gene raro. As chances, nesse caso, são de exatamente 50% e é fácil explicar o porquê.

Suponha o leitor que ele tem uma cópia do gene G. Deve tê-lo recebido de seu pai ou de sua mãe (por conveniência, podemos ignorar várias possibilidades pouco frequentes — que G seja uma mutação nova, que ambos os progenitores o possuíssem ou ainda que um dos seus pais tivesse duas cópias dele). Vamos pressupor que foi seu pai que o transmitiu. Nesse caso, cada uma das células comuns do corpo dele continha uma cópia de G. O leitor se recordará de que, quando um homem produz um espermatozoide, seus genes são repartidos e metade deles vai para esse espermatozoide. Há, portanto, uma probabilidade de 50% de o espermatozoide que gerou a sua irmã ter recebido o gene G. Se, por outro lado, o leitor recebeu o gene G da mãe, um raciocínio inteiramente análogo mostrará que metade dos óvulos dela devia possuir o gene G; novamente, a probabilidade de a sua irmã possuir esse gene é de 50%. Isso significa que, se o leitor tivesse cem irmãos e irmãs, aproximadamente metade deles possuiria qualquer gene raro em particular de que ele fosse portador. Significa também que, se o leitor possuísse cem genes raros, aproximadamente cinquenta deles estariam no corpo de qualquer um de seus irmãos ou irmãs.

Podemos fazer o mesmo tipo de cálculo para qualquer grau de parentesco desejado. Uma relação de parentesco importante é aquela entre pais e filhos. Se você tiver uma cópia do gene H, a probabilidade de que qualquer dos seus filhos também o tenha é de 50%, porque metade das suas células sexuais continham H e qualquer um dos seus filhos foi feito com uma dessas células sexuais. Se você tiver uma cópia do gene J, a probabilidade de que seu pai também o tenha é de 50%, dado que a metade dos genes que você carrega foi recebida dele, e a outra metade, da sua mãe. Por conveniência, utiliza-se um índice de *parentesco* que exprime a probabilidade de um gene particular ser compartilhado entre dois parentes. O parentesco entre dois irmãos é meio, uma vez que metade dos genes possuídos por um irmão será encontrada no outro. Esse é um valor médio: pelo acaso da seleção meiótica, é possível que pares específicos de irmãos compartilhem mais ou menos do que a metade dos seus genes. O parentesco entre pais e filhos é sempre exatamente meio.

É um tanto cansativo retomar os cálculos desde os princípios mais básicos, por isso vou apresentar aqui uma regra aproximada e imediata para calcular o parentesco entre quaisquer dois indivíduos A e B. Talvez o leitor a considere útil para redigir o seu testamento, ou para interpretar semelhanças aparentes na família. A regra funciona em todos os casos simples, mas não se aplica às uniões incestuosas ou a certos insetos, tal como veremos mais adiante.

Primeiramente, identifique todos os *antepassados comuns* de A e B. Por exemplo, os antepassados comuns de um par de primos de primeiro grau são o avô e a avó. Uma vez que você tenha encontrado um antepassado comum, é logicamente verdadeiro que todos os antepassados deste último serão também antepassados comuns de A e B. No entanto, vamos ignorar todos os antepassados comuns, exceto os mais recentes. Nesse sentido, os primos de primeiro grau têm apenas dois antepassados comuns. Se B for um descendente direto de A, seu bisneto, por exemplo, então o próprio A será o "ancestral comum" que procurávamos.

Tendo localizado o(s) antepassado(s) comum(ns) de A e B, determine a *distância de gerações* da seguinte maneira: começando em A, siga a árvore genealógica até encontrar um antepassado comum, e depois desça novamente até B. O número total de passos, para cima e para baixo, é a distância de gerações. Por exemplo, se A for tio de B, a distância de gerações é três. O antepassado comum é, por exemplo, o pai de A e o avô de B. Começando em A, temos de subir uma geração até encontrar o antepassado comum. Para chegar a B, temos de descer duas gerações do outro lado. Portanto, a distância de gerações será $1 + 2 = 3$.

Depois de encontrada a distância de gerações entre A e B através de um antepassado comum, calcule a parte do seu parentesco pela qual esse antepassado é responsável. Para fazer isso, multiplique meio por si mesmo tantas vezes quantos forem os degraus percorridos na distância de gerações. Se a distância de gerações for três, será necessário calcular $½ \times ½ \times ½$, ou seja, $(½)^3$. Se a distância de gerações através de um determinado antepassado comum for g degraus, a parte de parentesco devida a esse antepassado será $(½)^g$.

Mas isso é apenas parte do parentesco entre A e B. Se eles tiverem mais de um antepassado em comum, temos de somar um valor equivalente para cada antepassado. Geralmente a distância de gerações é a mesma para todos os antepassados comuns de um par de indivíduos. Portanto, tendo calculado o parentesco entre A e B em relação a qualquer um dos seus antepassados, tudo o que se tem a fazer, na prática, é multiplicar esse valor pelo número de antepassados. Primos de primeiro grau, por exemplo, têm dois antepassados comuns, e a distância de gerações através de cada um deles é quatro. Seu parentesco, portanto, é $2 \times (½)^4 = ⅛$. Se A for bisneto de B, a distância de gerações é três, e o número de "antepassados" comuns é um (o próprio B), então o parentesco é $1 \times (½)^3 = ⅛$. Em termos genéticos, o seu primo-irmão é equivalente ao seu bisneto. Da mesma forma, você terá a mesma probabilidade de "puxar" o seu tio (parentesco = $2 \times (½)^3 = ¼$) e de "puxar" o seu avô (parentesco = $1 \times (½)^2 = ¼$).

Para relações de parentesco tão distantes como aquela entre primos de terceiro grau ($2 \times (½)^8 = 1/128$), começamos a nos aproximar da probabilidade mínima de um determinado gene possuído por A ser compartilhado por um indivíduo qualquer, extraído ao acaso da população. Um primo de terceiro grau não está muito longe de ser equivalente a qualquer Fulano, Beltrano ou Sicrano no que se refere a um gene altruísta. Um primo de segundo grau (parentesco = $1/32$) é apenas um pouquinho especial; um primo de primeiro grau um pouco mais (⅛). Irmãos e irmãs bilaterais e pais e filhos são muito especiais (½), e os gêmeos idênticos (parentesco = 1), tão especiais quanto o próprio indivíduo. Tios e tias, sobrinhos e sobrinhas, avós e netos e meios-irmãos e meias-irmãs são intermediários, com um parentesco de ¼.

Agora estamos em condições de falar sobre os genes para o altruísmo do parentesco de maneira muito mais precisa. Um gene para salvar cinco primos, através do suicídio, não se tornaria mais numeroso na população, mas um gene para salvar cinco irmãos ou dez primos de primeiro grau, sim. O requisito mínimo para que um gene altruísta suicida fosse bem-sucedido seria que ele salvasse mais de dois irmãos (ou filhos, ou pais), ou mais de quatro meios-irmãos (ou tios, tias, sobrinhos, sobrinhas, avós ou netos), ou mais de oito primos de primeiro grau etc. Um tal gene, em média, tenderá a continuar vivendo nos corpos de um número suficiente de indivíduos salvos pelo altruísta para compensar a morte deste último.

Se um indivíduo pudesse estar certo de que uma determinada pessoa é seu gêmeo idêntico, deveria preocupar-se tanto com o bem-estar deste último quanto com o seu próprio. Todo gene para o altruísmo entre gêmeos estará, necessariamente, presente em ambos, de modo que, se um deles morrer heroicamente para salvar o outro, o gene sobreviverá. Os tatus-galinha nascem em ninhadas de quadrigêmeos idênticos. Até onde sei, nenhum ato de autossacrifício heroico foi observado em tatus jovens, entretanto tem-se apontado que algum grau de altruísmo bem marcado entre eles seria definitivamente esperado. Valeria a pena que alguém fosse até a América do Sul dar uma olhada nisso.[3]

Podemos agora compreender que o cuidado parental é apenas um caso especial do altruísmo de seleção de parentesco. Geneticamente falando, um adulto deveria dedicar tanto cuidado e atenção ao seu irmão pequeno e órfão quanto dedica a um dos próprios filhos. O grau de parentesco em relação a ambas as crianças é exatamente o mesmo, ½. No que se refere à seleção de genes, um gene para o comportamento altruísta da irmã mais velha deveria ter a mesma probabilidade de se disseminar pela população que um gene para o altruísmo parental. Na prática, trata-se de uma simplificação excessiva, por várias razões que examinaremos mais adiante, e o cuidado fraterno não é, de forma alguma, tão frequente na natureza quanto o cuidado dos pais com os filhos. Mas o que nos interessa mostrar aqui é que não há nada de especial, do ponto de vista *genético*, na relação entre pais e filhos, comparativamente à relação entre irmãos. O fato de os pais efetivamente transmitirem seus genes aos filhos, ao passo que os irmãos não transmitem seus genes entre si, é irrelevante, já que ambos os irmãos recebem dos pais réplicas idênticas dos mesmos genes.

Algumas pessoas usam o termo *seleção de parentesco* para distinguir esse tipo de seleção natural da seleção de grupo (a sobrevivência diferencial dos grupos) e da seleção individual (a sobrevivência diferencial dos indivíduos). A seleção de parentesco responde pelo altruísmo dentro da família; quanto maior o grau de parentesco, mais forte a seleção. Não há nada de errado com essa expressão, mas, infelizmente, talvez ela tenha de ser abandonada, em função dos recentes abusos grosseiros no uso do termo, que provavelmente continuarão a confundir os biólogos durante muitos anos. E. O. Wilson, em seu livro *Sociobiology: the new synthesis* [Sociobiologia: a nova síntese], no restante um livro admirável, define seleção de parentesco como um caso especial de seleção de grupo. O autor apresenta um diagrama que mostra claramente que ele a vê como intermediária entre a "seleção individual" e a "seleção de grupo" no sentido convencional do termo — o sentido que empreguei no capítulo 1. A seleção de grupo, contudo — de acordo com a definição do próprio Wilson —, significa a sobrevivência diferencial de *grupos* de indivíduos. É certo que há um sentido em que uma família pode ser considerada um tipo especial de grupo. Mas o que há de essencial no argumento de Hamilton é que a distinção entre família e não-

-família não é absoluta e imediata, e sim uma questão de probabilidade matemática. Não está previsto na teoria de Hamilton que os animais deveriam se comportar de modo altruísta em relação a todos os "membros da família" e de modo egoísta em relação aos demais. Não há limites definidos entre família e não-família. Não temos de decidir, por exemplo, se se deve considerar que primos de segundo grau pertencem ou não ao grupo familiar: sabemos simplesmente que os primos de segundo grau devem ter 1/16 da probabilidade de receberem o altruísmo recebido por filhos ou irmãos. A seleção de parentesco *não* é, de modo algum, um caso especial de seleção de grupo.[4] Ela é uma consequência especial da seleção de genes.

Existe um problema ainda mais sério na definição de seleção de parentesco formulada por Wilson. Ele exclui deliberadamente os filhos: eles não contam como parentes![5] É claro que, embora saiba perfeitamente bem que os filhos são parentes consanguíneos dos seus pais, Wilson prefere não invocar a teoria da seleção de parentesco para explicar o cuidado altruísta dos pais com os filhos. É evidente que cada autor tem o direito de definir uma palavra como quiser, mas essa definição provoca muita confusão, e espero que ele a modifique nas próximas edições do seu livro, justificadamente influente. Do ponto de vista genético, o cuidado parental e o altruísmo fraterno evoluem exatamente pela mesma razão: em ambos os casos, existe uma boa probabilidade de o gene altruísta estar presente no corpo do beneficiário.

Devo pedir desculpas ao leitor não especializado por esta pequena crítica e retornar de imediato à nossa história principal. Até agora, de certo modo, fiz algumas simplificações excessivas, e penso que é hora de introduzir algumas restrições. Tenho falado de genes suicidas que salvam a vida de um determinado número de parentes com graus de parentesco conhecidos com precisão. É óbvio que, na vida real, não se pode esperar que os animais contem exatamente quantos parentes estão salvando, nem que realizem mentalmente os cálculos de Hamilton, mesmo que dispusessem de algum meio de saber com exatidão quais eram seus irmãos e seus primos. Na vida real, o suicídio certo e o "salvamento" absoluto da vida têm de ser substituídos por *riscos estatísticos* de morte, do próprio indivíduo e dos outros. Valeria a pena salvar até mesmo um primo de terceiro grau se o risco pessoal fosse muito pequeno. De toda forma, tanto o leitor como o parente que ele pensar em salvar morrerão um dia. Cada indivíduo tem uma "expectativa de vida", que poderia ser calculada por um especialista em estatística, ainda que com certa margem de erro. Salvar a vida de um parente que logo irá morrer de velhice tem menos impacto sobre o pool de genes do futuro do que salvar a vida de um parente igualmente próximo, mas que ainda tem a maior parte da vida pela frente.

Nossos elegantes cálculos simétricos de parentesco precisam ser modificados por um emaranhado de considerações estatísticas. Os avós e os netos, geneticamente falando, apresentam razões idênticas para se comportarem de maneira altruísta uns em relação aos outros, pois compartilham entre si um quarto dos genes. Contudo, se os netos têm uma expectativa de vida maior, os genes para o altruísmo do avô em relação ao neto terão uma vantagem seletiva mais elevada do que os genes para o altruísmo do neto com o avô. É bem possível que o benefício líquido resultante do auxílio prestado a um parente jovem e distante ultrapasse o benefício líquido da ajuda a um parente próximo mais idoso. (A propósito, os avós não têm, necessariamente, uma expectativa de vida mais curta que a dos netos. Nas espécies com uma taxa elevada de mortalidade infantil, o inverso pode ser verdadeiro.)

Para desenvolver a metáfora estatística, os indivíduos podem ser considerados os seguradores no ramo dos seguros de vida. Podemos esperar que um indivíduo invista ou arrisque uma determinada proporção do seu patrimônio na vida de outro indivíduo. Ele leva em conta o grau de parentesco com este último e também se o indivíduo é um "bom investimento", em face da sua expectativa de vida em comparação com a expectativa de vida do próprio segurador. A rigor, deveríamos dizer "expectativa de reprodução", mais do que "expectativa de vida", ou, para sermos ainda mais precisos, "expectativa de capacidade geral para beneficiar os próprios genes no futuro". Então, para que o comportamento altruísta evolua, o risco líquido para o altruísta deve ser menor que o benefício líquido para o beneficiário multiplicado pelo parentesco entre eles. Os riscos e os benefícios têm de ser calculados segundo a complicada forma estatística que esbocei acima.

Mas como poderemos esperar que uma pobre máquina de sobrevivência faça um cálculo tão complicado, sobretudo se estiver com pressa![6] Até mesmo o grande biólogo e matemático J. B. Haldane observou (num artigo de 1955 em que antecipou Hamilton, postulando a disseminação de um gene para salvar parentes próximos em risco de afogamento): "Nas duas ocasiões em que arrastei para fora da água pessoas que, provavelmente, estavam a ponto de se afogar (com um risco mínimo para mim mesmo), não tive tempo para fazer esse tipo de cálculo". Felizmente, contudo, como Haldane bem sabia, não é necessário supor que as máquinas de sobrevivência façam tais cálculos conscientemente. Do mesmo modo como podemos usar uma régua de cálculo sem perceber que, na realidade, estamos usando logaritmos, também um animal pode estar pré-programado para comportar-se *como se* tivesse feito um cálculo complicado.

Isso não é tão difícil de imaginar quanto parece. Quando um homem atira uma bola para o alto e a apanha novamente, comporta-se como se tivesse resolvido um conjunto de equações diferenciais para prever a trajetória da bola. É provável que ele não saiba, nem queira saber, o que vem a ser uma equação diferencial, mas isso não afeta em nada a sua habilidade com a bola. Em um nível subconsciente, alguma coisa funcionalmente equivalente aos cálculos matemáticos está ocorrendo. Assim também, quando um homem toma uma decisão difícil, depois de pesar todos os prós e contras e todas as consequências da decisão que é capaz de imaginar, está realizando o equivalente funcional de um complexo cálculo de "soma ponderada", da mesma maneira que um computador faria.

Se tivéssemos de programar um computador para simular uma máquina de sobrevivência modelo que tomasse decisões sobre quando se comportar de maneira altruísta, é provável que procedêssemos como segue. Faríamos uma lista de todas as ações alternativas que o animal poderia adotar. Então, para cada um dos padrões de comportamento alternativos, programaríamos um cálculo da soma ponderada. Todos os benefícios teriam um sinal positivo; todos os riscos teriam um sinal negativo; tanto os riscos como os benefícios seriam *ponderados* por meio da sua multiplicação pelo índice de parentesco apropriado antes de se efetuar a soma. Para simplificar, podemos, a princípio, ignorar outras ponderações, como aquelas relativas à idade e à saúde. Dado que o "parentesco" de um indivíduo consigo mesmo é um (isto é, dado que ele tem, obviamente, 100% dos seus próprios genes), os riscos e os benefícios para si mesmo não serão desprezados pelo cálculo; ao contrário, receberão o peso total. A soma completa, para qualquer um dos padrões alternativos de comportamento, ficará assim: Benefício líquido do padrão de comportamento = Benefício para si mesmo − Risco para si mesmo

+ ½ Benefício para o irmão − ½ Risco para o irmão + ½ Benefício para o outro irmão − ½ Risco para o outro irmão + ⅛ de Benefício para o primo de primeiro grau − ⅛ de Risco para o primo de primeiro grau + ½ Benefício para o filho − ½ Risco para o filho + etc.

O resultado da soma será um valor chamado "coeficiente de benefício líquido" daquele padrão de comportamento. Em seguida, o animal-modelo calcula a soma equivalente para cada padrão de comportamento alternativo do seu repertório. Finalmente, opta pelo padrão de comportamento que produzir o maior benefício líquido. Ainda que todos os coeficientes sejam negativos, ele deverá escolher a ação com o coeficiente total mais elevado, isto é, a ação que represente o menor prejuízo. O leitor deve lembrar-se de que toda ação concreta envolve dispêndio de energia e de tempo, que poderiam ter sido gastos de outra maneira. Caso o "comportamento" com o maior valor de benefício líquido seja não fazer nada, o animal-modelo não fará nada.

Eis aqui um exemplo muito simplificado, desta vez expresso sob a forma de um solilóquio subjetivo, e não de uma simulação por computador. Eu sou um animal que encontrou um torrão com oito cogumelos. Depois de considerar o seu valor nutricional e dele subtrair o risco, pequeno, de que sejam venenosos, chego à estimativa de que eles valem +6 unidades cada um (as unidades são valores arbitrários, como no capítulo anterior). Os cogumelos são tão grandes que eu seria capaz de comer apenas três deles. Deverei informar outra pessoa qualquer sobre a minha descoberta, emitindo um grito de "aviso da presença de alimento"? Quem está perto o suficiente para ouvi-lo? O irmão B (o nosso grau de parentesco é meio), o primo C (o nosso grau de parentesco é ⅛) e D (que não tem nenhum laço familiar em relação a mim: o nosso grau de parentesco é um valor tão pequeno que, em termos práticos, pode ser considerado zero). O meu benefício líquido, se ficar calado a respeito da minha descoberta, será +6 por cada um dos cogumelos que eu comer, ou seja, +18, no total. O meu benefício líquido, no caso de eu emitir o aviso, exige algumas contas. Os oito cogumelos serão igualmente repartidos entre nós quatro. O meu ganho, pelos dois cogumelos que comerei, será igual a +6 unidades cada, ou seja, +12 no total. Mas eu também terei algum ganho pelos dois cogumelos que meu irmão e meu primo comerem, devido aos genes que compartilhamos. A soma total é de $(1 \times 12) + (½ \times 12) + (⅛ \times 12) + (0 \times 12) = +19½$. O benefício líquido correspondente ao comportamento egoísta era +18: embora os resultados sejam próximos, o veredicto é claro. Eu devo dar o aviso da presença de alimento; o altruísmo da minha parte, neste caso, irá recompensar meus genes egoístas.

Para simplificar, supus que o animal individual calcula o que é melhor para seus genes. O que acontece na realidade é que o pool gênico se enche de genes que influenciam os corpos de tal maneira que eles se comportam como se tivessem realizado esses cálculos.

De todo modo, o cálculo acima é apenas uma primeira aproximação muito preliminar do que, idealmente, deveria ser. Há muitos fatores que são deixados de lado, inclusive a idade dos indivíduos envolvidos. Além disso, se eu tivesse acabado de comer uma boa refeição, e só tivesse espaço para um único cogumelo, o benefício líquido de emitir o aviso seria maior do que se eu estivesse faminto. Não há limites para os refinamentos progressivos de cálculo que poderiam ser efetuados no melhor dos mundos possíveis. A vida real, porém, não é vivida no melhor dos mundos possíveis. Não podemos esperar que os animais reais levem em consideração todos os mínimos detalhes para identificar uma decisão ideal. Teremos de descobrir, mediante a observação e a experimentação na natureza, até que ponto os animais reais chegam, de fato, a fazer uma análise ideal da relação custo-benefício.

Apenas para nos certificarmos de que não nos deixamos levar longe demais por exemplos subjetivos, voltemos por um momento à linguagem dos genes. Os corpos vivos são máquinas programadas por genes que sobreviveram. Os genes que sobreviveram conseguiram fazê-lo em condições que tenderam, *em média*, a caracterizar o ambiente das espécies no passado. As "estimativas" dos custos e dos benefícios, portanto, baseiam-se na "experiência" passada, assim como acontece na tomada de decisões pelos seres humanos. Neste caso, entretanto, a experiência tem o significado especial de experiência do gene, ou, mais precisamente, de condições de sobrevivência do gene no passado. (Uma vez que os genes também conferem às máquinas de sobrevivência capacidade de aprendizagem, poderíamos dizer que algumas estimativas da relação custo-benefício são feitas com base na experiência individual.) Desde que as condições não mudem de forma demasiado drástica, as estimativas serão confiáveis, e as máquinas de sobrevivência tenderão, em média, a tomar as decisões corretas. Se as condições se alterarem radicalmente, as máquinas de sobrevivência tenderão a tomar as decisões erradas e seus genes serão penalizados por isso. É assim que as coisas ocorrem. As decisões humanas baseadas em informações obsoletas tendem a ser inadequadas.

As estimativas de parentesco também estão sujeitas ao erro e à incerteza. Nos cálculos simplificados que vimos até agora, procedemos como se as máquinas de sobrevivência *soubessem* quem é aparentado com elas e qual a proximidade dessa relação. Na vida real, um conhecimento exato como esse é até possível, ainda que, mais habitualmente, o parentesco só possa ser estimado como um valor aproximado. Por exemplo, suponha que A e B pudessem ser igualmente meios-irmãos ou irmãos bilaterais.

O parentesco entre eles seria ¼ ou ½, no entanto, como não sabemos se são uma coisa ou outra, o valor efetivamente utilizável seria a média entre eles, ⅜. Se for certo que eles têm a mesma mãe, mas a probabilidade de terem o mesmo pai for de apenas um para dez, então há 90% de probabilidade de que sejam meios-irmãos, e 10% de que sejam irmãos bilaterais, e o parentesco efetivo será 1/10 × ½ + 9/10 × ¼ = 0,275.

Quando dizemos que a probabilidade "disso" é de 90%, o que exatamente queremos dizer? Queremos dizer que um naturalista, depois de realizar um longo trabalho de campo, tem 90% de certeza, ou que os animais têm 90% de certeza? Com um pouco de sorte, as duas coisas poderiam dar quase na mesma. Para entender melhor, temos de pensar no modo como os animais poderão, de fato, estimar quem são seus parentes próximos.[7]

Nós sabemos quem são nossos parentes porque isso nos é dito, porque lhes damos nomes, porque temos casamentos formais e porque temos registros escritos e boa memória. Muitos antropólogos sociais se ocupam das relações de "parentesco" nas sociedades que estudam. Eles não se referem ao parentesco genético verdadeiro, e sim às ideias subjetivas e culturais a esse respeito. Os costumes humanos e os rituais tribais em geral atribuem grande importância ao parentesco; o culto dos antepassados é amplamente disseminado e as obrigações e lealdades familiares dominam boa parte da vida. A rivalidade sangrenta e as guerras entre os clãs são facilmente interpretáveis nos termos da teoria genética de Hamilton. Os tabus do incesto são testemunho da profunda consciência do parentesco no homem, embora a vantagem genética do tabu do incesto nada tenha a ver com o altruísmo; presume-se que ela se relaciona com os efeitos nocivos dos genes recessivos que surgem com o acasalamento consanguíneo. (Por alguma razão, muitos antropólogos não gostam desta explicação.)[8]

Como poderiam os animais selvagens "saber" quem são seus parentes, ou, em outras palavras, que regras comportamentais poderiam eles seguir que tivessem o efeito indireto de fazer com que parecessem conhecer seu grau de parentesco com os demais indivíduos? A regra "Seja gentil com seus parentes" exige que nos perguntemos como é que as relações de parentesco poderiam ser reconhecidas na prática. Os animais têm de receber dos seus genes uma regra simples para agir, que não implique o conhecimento total do propósito último da ação, mas que funcione apesar disso, ao menos sob condições normais. Nós, humanos, estamos familiarizados com as regras e elas são tão poderosas que, caso tenhamos a mente estreita, nos submeteremos mesmo sabendo perfeitamente que não trazem benefício algum, nem a nós nem a ninguém. Por exemplo, alguns judeus e muçulmanos ortodoxos prefeririam passar fome a infringir a regra que os proíbe de comer carne de porco. A que regras práticas simples poderiam os animais obedecer, que, em condições normais, teriam o efeito indireto de beneficiar seus parentes próximos?

Se os animais tendessem a se comportar de maneira altruísta em relação aos indivíduos que se parecessem fisicamente com eles, poderiam, indiretamente, beneficiar seus parentes. Muita coisa dependeria dos detalhes da espécie em questão. Uma regra como esta, em todo caso, só conduziria a decisões "certas" num sentido estatístico. A alteração das condições — por exemplo, se a espécie começasse a viver em grupos muito maiores — poderia conduzir a decisões erradas. Seria concebível que o preconceito racial fosse interpretado como uma generalização irracional de uma tendência de seleção de parentesco, levando à identificação com indivíduos fisicamente semelhantes e à rejeição de indivíduos de aparência diferente.

Numa espécie cujos membros não se deslocam muito, ou se deslocam em pequenos grupos, poderá haver uma probabilidade elevada de que qualquer indivíduo que você encontre seja um parente relativamente próximo. Neste caso, a regra "Seja gentil em relação a qualquer membro da espécie que encontrar" poderia ter um valor de sobrevivência positivo, no sentido de que um gene que predispusesse seus possuidores a obedecer à regra poderia tornar-se mais numeroso no pool de genes. Essa talvez seja a razão por que o comportamento altruísta é tão frequentemente descrito em bandos de macacos e cardumes de baleias. As baleias e os golfinhos afogam-se se não puderem respirar ar. Observou-se que os bebês de baleias e as baleias feridas que não podem nadar até a superfície são socorridos e sustentados pelos companheiros do grupo. Não se sabe se as baleias têm meios de saber quem são seus parentes próximos, mas possivelmente isso não tem muita importância. Talvez a probabilidade de um membro qualquer do cardume ser um parente se mostre tão elevada que o altruísmo valha a pena. A propósito, existe pelo menos um relato bem documentado de um banhista humano salvo de afogamento por um golfinho selvagem. Isso poderia ser considerado uma falha da regra para salvar membros do cardume em risco de afogamento. Nessa regra, a "definição" de um membro do cardume que esteja se afogando poderia ser algo como "Uma coisa comprida próxima à superfície, debatendo-se e sem conseguir respirar".

Já se observaram babuínos machos adultos arriscando as próprias vidas para defender o resto do bando contra predadores, como os leopardos. É muito provável que qualquer macho adulto tenha, em média, um número razoavelmente grande de genes comuns a outros membros do bando. Um gene que efetivamente "diga" "Corpo, se você, por acaso, for um macho adulto, defenda o bando contra os leopardos" poderia tornar-se mais numeroso no pool gênico. Antes de pôr de lado esse exemplo citado com tanta frequência, é preciso acrescentar que pelo menos uma especialista muito respeitada descreveu fatos muito diferentes. De acordo com ela, os machos adultos são os primeiros a desaparecer no horizonte quando surge um leopardo.

Os pintinhos alimentam-se em grupos familiares, todos seguindo a mãe. Eles têm dois chamados principais. Além do pio penetrante e agudo que mencionei antes, emitem gorjeios curtos e melodiosos quando estão comendo. Os pios agudos, que têm o efeito de convocar a mãe a vir em seu auxílio, são ignorados por outros pintinhos. Os gorjeios, ao contrário, os atraem. Isso significa que, quando um pintinho se alimenta, seus gorjeios atraem outros pintinhos para junto desse alimento: nos termos do exemplo hipotético anterior, os gorjeios são "avisos da presença de alimento". Como naquele caso, o altruísmo aparente dos pintinhos pode ser facilmente explicado pela seleção de parentesco. Uma vez que, na natureza, os pintinhos seriam todos irmãos e irmãs bilaterais, um gene para emitir os gorjeios com que se comunica a presença de alimento se disseminaria, contanto que os custos para seu emissor fossem menores do que a metade do benefício líquido para os outros pintinhos. Como o benefício é repartido por toda a ninhada, que normalmente é de mais de dois indivíduos, não é difícil que essa condição seja satisfeita. É claro que a regra falha em situações domésticas ou nas fazendas, em que uma galinha é posta a chocar ovos que não são dela — podem ser até mesmo ovos de peru ou de pato. Mas não se pode esperar que a galinha ou os pintinhos se deem conta disso. Seu comportamento foi moldado de acordo com as condições que costumam prevalecer na natureza, e na natureza não é habitual encontrar estranhos no próprio ninho.

Erros desse tipo podem, no entanto, ocorrer ocasionalmente na natureza. Nas espécies que vivem em rebanhos ou bandos, um jovem órfão pode ser adotado por uma fêmea estranha, mais provavelmente por uma fêmea que tenha perdido o filhote. Os estudiosos dos macacos empregam às vezes a palavra "tia" para a fêmea que adota filhotes alheios. Na maioria dos casos, não existe nenhuma indicação de que se trate com efeito de uma tia, ou mesmo de que ela tenha um parentesco qualquer com o filhote: se os estudiosos dos macacos fossem mais conscienciosos a respeito dos genes, não empregariam um termo tão importante quanto "tia" de maneira tão pouco criteriosa. Na maioria dos casos, por mais comovente que a adoção nos pareça, é provável que devêssemos considerá-la uma falha de uma regra interiorizada. Isso porque a fêmea generosa não está fazendo bem algum aos seus próprios genes ao assumir os cuidados com o órfão: ela está desperdiçando tempo e energia que poderia investir nas vidas dos próprios parentes, em particular nos seus filhos futuros. Presumivelmente, trata-se de um erro que ocorre tão poucas vezes que a seleção natural não se "preocupou" em modificar a regra com vistas a tornar o instinto maternal mais seletivo. Em muitos casos, aliás, tais adoções não ocorrem e o órfão é abandonado à própria sorte.

Há um exemplo de um erro tão extremo que talvez seja preferível considerá-lo não um erro, e sim uma evidência contrária à teoria do gene egoísta. Trata-se do caso das fêmeas de macacos que, privadas dos seus filhotes, roubam um bebê de outra fêmea, passando a cuidar dele. Vejo isso como um erro duplo, porque a fêmea que adota desperdiça o seu tempo e também libera uma fêmea rival do fardo de criar o filhote, deixando-a livre para procriar de novo mais rapidamente. A meu ver, este é um exemplo importante, que merece uma pesquisa detalhada. Precisamos saber com que frequência isso ocorre, qual é a média provável de parentesco entre a mãe adotiva e o filhote e qual é a atitude da mãe verdadeira — afinal, é vantajoso para ela que o seu filho *seja* adotado. Será que as mães tentam deliberadamente enganar as fêmeas jovens, induzindo-as a adotar suas crias? (Já se sugeriu que as mães que adotam e as que surrupiam os filhotes de outras fêmeas se beneficiariam com a experiência valiosa adquirida na arte de criar os filhos.)

Um exemplo de uma falha deliberadamente planejada do instinto maternal nos é fornecido pelos cucos e por outros "parasitas de ninhos" — pássaros que põem seus ovos em ninhos alheios. Os cucos aproveitam-se da regra programada nos pássaros que têm filhos: "Seja gentil com todo pássaro pequeno que esteja no ninho que você construiu". À parte os cucos, essa regra normalmente terá o efeito desejado de restringir o altruísmo aos parentes imediatos, pois os ninhos são tão isolados uns dos outros que as crias encontradas no ninho construído por um pássaro serão, quase obrigatoriamente, os próprios filhotes. As gaivotas-argênteas adultas não reconhecem seus ovos, e ficarão satisfeitas em chocar os ovos de outra gaivota, e até mesmo as imitações grosseiras de madeira que um pesquisador eventualmente introduza no lugar dos seus ovos. Na natureza, o reconhecimento dos ovos não é importante para as gaivotas porque eles não rolam o suficiente para se aproximarem do ninho da gaivota vizinha, situado a alguns metros de distância. As gaivotas, no entanto, reconhecem suas crias: os filhotes, ao contrário dos ovos, perambulam para lá e para cá, e podem facilmente ir parar nas proximidades do ninho de uma vizinha adulta, quase sempre com resultados fatais, como vimos no capítulo 1.

Os araus, por outro lado, reconhecem seus ovos pelo padrão de suas manchas e fazem uso ativo dessa capacidade de discriminação durante a sua incubação. Presume-se que isso decorra do fato de que eles constroem os ninhos sobre rochas planas, onde existe o perigo real de os ovos rolarem para fora e serem confundidos com outros. Poderíamos perguntar: por que eles se preocupam em distinguir e chocar apenas os próprios ovos? Decerto, se todas as fêmeas se encarregassem de chocar quaisquer ovos, não importaria se uma determinada mãe chocasse os seus ovos ou os de uma outra. Esse é o argumento de um adepto da seleção de grupo. Considere, no entanto, o que aconteceria se um grupo de amas-secas desse tipo se formasse. O tamanho médio da ninhada do arau é de um filhote, logo, para que o grupo de amas-secas funcionasse com sucesso, cada uma teria de chocar, em média, um ovo. Agora, suponha que uma delas trapaceasse e se recusasse a chocar. Em vez de gastar seu tempo chocando, ela poderia empregá-lo botando mais ovos. O que é fascinante nesse esquema é que os outros adultos, mais altruístas, cuidariam dos ovos no lugar dela. Eles continuariam a obedecer fielmente à regra "Se você encontrar um ovo desgarrado perto do seu ninho, empurre-o para dentro e choque-o". Então, o gene para furar o sistema se espalharia pela população, e o generoso e amigável círculo de amas-secas deixaria de funcionar.

Seria possível afirmar: "Bem, mas e se as aves honestas retaliassem, recusando-se a serem exploradas, e decidissem resolutamente chocar apenas um único ovo? Isso frustraria as aproveitadoras, que veriam os próprios ovos abandonados nas rochas, sem ninguém para incubá-los, o que deveria ser suficiente para fazê-las entrar na linha". Infelizmente, não é o que ocorreria. Visto que estamos postulando que as amas-secas não distinguem um ovo do outro, se as aves honestas pusessem em prática esse plano para evitar a trapaça, haveria a mesma probabilidade de os ovos abandonados serem os delas em vez de os ovos das trapaceiras. Estas últimas ainda se manteriam em posição de vantagem, porque poriam mais ovos e teriam um número maior de filhotes sobreviventes. A única maneira pela qual um arau honesto poderia derrotar as trapaceiras seria distinguir efetivamente seus ovos, o que equivaleria a deixar de ser altruísta e cuidar apenas dos próprios interesses.

Usando a linguagem de J. Maynard Smith, a "estratégia" de adoção altruísta não é uma estratégia evolutivamente estável. Ela é instável no sentido de que pode ser vencida pela estratégia egoísta rival de botar um número de ovos maior do que a sua cota e depois se recusar a chocá-los. Trata-se, por sua vez, de uma estratégia que também é instável, pois a estratégia altruísta que ela explora é instável e desaparecerá. A única estratégia evolutivamente estável para um arau é reconhecer e chocar apenas os próprios ovos, e é exatamente isso o que acontece.

As espécies de aves canoras parasitadas pelos cucos contra-atacaram, não por terem aprendido a reconhecer a aparência dos próprios ovos, e sim, neste caso, por distinguirem instintivamente os ovos com as marcas típicas da espécie. Uma vez que não há perigo de serem parasitados pelos membros da sua espécie, esse comportamento se mostra eficiente.[9] Os cucos, porém, retaliaram, tornando seus ovos cada vez mais parecidos com os ovos da espécie hospedeira, em cor, tamanho e também nas marcas. Este é um exemplo de mentira que frequentemente funciona. O resultado da corrida armamentista evolutiva tem sido um aperfeiçoamento notável no mimetismo dos ovos dos cucos. Podemos supor que há uma proporção de ovos de cuco e de filhotes que são "descobertos", mas aqueles que não são descobertos são os que sobrevivem para pôr a geração seguinte de ovos. Deste modo, os genes para a fraude mais eficiente se disseminam no pool gênico dos cucos. Da mesma forma, os pássaros hospedeiros com olhos suficientemente aguçados para detectar a menor imperfeição no mimetismo dos ovos dos cucos são os que mais contribuem para o seu próprio pool de genes. Assim, os olhos aguçados e céticos são transmitidos à geração seguinte. Temos aqui um bom exemplo de como a seleção natural pode aprimorar a discriminação ativa — neste caso, a discriminação contra uma espécie cujos membros se esforçam o mais que podem para despistar os discriminadores.

Voltemos agora à comparação entre a "estimativa" de um animal do seu grau de parentesco com outros membros do grupo e a estimativa correspondente de um naturalista perito em trabalho de campo. Brian Bertram passou muitos anos estudando a biologia dos leões no Parque Nacional do Serengeti. Com base nos seus conhecimentos acerca dos hábitos reprodutivos desses animais, ele fez uma estimativa do parentesco médio entre os indivíduos de um grupo típico. Os fatos que ele utilizou para fazer tais estimativas são mais os menos os seguintes. Um grupo típico é constituído por sete fêmeas adultas, que são os membros mais constantes, e dois machos adultos, que são itinerantes. Cerca de metade das fêmeas adultas dá à luz na mesma época e cria os filhotes em conjunto, de tal maneira que é difícil dizer a quem pertence cada filhote. O tamanho típico de uma ninhada é de três crias. A paternidade das ninhadas é assumida igualmente pelos dois machos adultos do bando. As fêmeas jovens permanecem no grupo e substituem as fêmeas velhas que morrem ou abandonam o bando. Os machos jovens são expulsos quando chegam à adolescência. Quando eles crescem, perambulam de grupo em grupo, aos pares ou em pequenos agrupamentos, e é pouco provável que retornem à antiga família.

Usando estes e outros pressupostos, podemos concluir que seria possível calcular um valor médio para o grau de parentesco entre dois indivíduos num grupo de leões típico. Bertram chega ao valor de 0,22 para um par de machos escolhidos ao acaso, e de 0,15 para um par de fêmeas. Isso significa que os machos de um grupo são ligeiramente mais distantes em parentesco do que os meios-irmãos, e que as fêmeas são ligeiramente mais próximas do que as primas em primeiro grau.

É claro que qualquer par de indivíduos em particular poderia ser constituído por irmãos bilaterais, mas Bertram não dispunha de meios para determinar isso, e é bastante provável que os leões também não. Por outro lado, os valores médios a que Bertram chegou se encontram, num certo sentido, ao dispor dos próprios leões. Se forem valores realmente típicos de um grupo de leões comum, então qualquer gene que predispusesse os machos a se comportar em relação aos outros como se fossem quase meios-irmãos teria valor de sobrevivência positivo. Um gene que fosse mais longe e fizesse os machos se comportar de uma maneira amistosa mais apropriada para irmãos bilaterais seria, em média, penalizado, como ocorreria com um gene para um comportamento insuficientemente amistoso, como, por exemplo, tratar os outros machos como primos de segundo grau. Se a vida dos leões for como Bertram descreve, e, igualmente importante, se for assim por um grande número de gerações, então podemos esperar que a seleção natural tenha favorecido um grau de altruísmo apropriado à média de parentesco num grupo típico. Era isso o que eu queria dizer quando afirmei que as estimativas de parentesco de um animal e de um bom naturalista poderiam estar bastante próximas uma da outra.[10]

Concluímos então que o "verdadeiro" parentesco pode ser menos importante na evolução do altruísmo do que a *estimativa* de parentesco que os animais puderem fazer. Esse fato é, provavelmente, a chave para entender por que o cuidado dos pais com a prole, na natureza, é tão mais comum e mais dedicado do que o altruísmo entre os irmãos, e também por que os animais podem atribuir maior valor a si próprios do que a vários irmãos. Em poucas palavras, o que estou dizendo é que, além do grau de parentesco, deveríamos considerar alguma coisa como um índice de "certeza". Embora a relação entre pais e filhos não seja geneticamente mais próxima do que a relação entre irmãos, a sua certeza é maior. Normalmente, podemos ter mais certeza sobre quem são nossos filhos do que sobre quem são nossos irmãos. E podemos ter ainda mais certeza sobre quem somos nós!

Falamos dos trapaceiros entre os araus, e teremos ainda mais a dizer sobre os mentirosos, os exploradores e os trapaceiros nos próximos capítulos. Num mundo em que os indivíduos estão constantemente em alerta para as oportunidades de exploração do altruísmo de seleção de parentesco, usando-as para fins próprios, uma máquina de sobrevivência tem de levar em conta em quem é que pode confiar e a respeito de quem pode estar realmente segura. *Se* B for de fato o meu irmão mais novo, então deverei fazer por ele até metade daquilo que faço por mim mesmo e tanto quanto faço pelo meu próprio filho. Mas será que eu posso estar tão certo de que ele é meu irmão quanto posso estar em relação a quem é meu filho? Como posso saber que ele é mesmo o meu irmão mais novo?

Se C é meu irmão gêmeo idêntico, devo dedicar a ele o dobro daquilo que dedico a qualquer dos meus filhos. Com efeito, devo prezar a sua vida tanto quanto prezo a minha.[11] Mas posso estar seguro quanto a isso? É certo que ele se parece comigo, porém existe a possibilidade de que partilhemos apenas os genes para as características faciais. Não, não sacrificarei a minha vida por ele, pois, embora seja *possível* que ele tenha 100% dos meus genes, eu *sei* com certeza absoluta que possuo esses 100%. Por isso, valho mais para mim do que ele. Sou o único indivíduo acerca de quem qualquer um dos meus genes egoístas pode estar absolutamente seguro. E, apesar de idealmente um gene para o egoísmo individual poder ser substituído por um gene rival para o salvamento altruísta de pelo menos um gêmeo idêntico, dois filhos ou irmãos, ou pelo menos quatro netos etc., o gene para o egoísmo individual conta com a enorme vantagem da *certeza* da identidade individual. O gene rival do altruísmo de seleção de parentesco corre o risco de cometer erros de identidade, sejam eles erros acidentais, sejam erros deliberadamente planejados pelos trapaceiros e parasitas. Devemos, portanto, esperar que o egoísmo seja encontrado na natureza num grau maior do que fariam pensar considerações unicamente de parentesco genético.

Em muitas espécies, a mãe pode ter maior certeza sobre quem são seus filhos do que o pai. A mãe põe o ovo, visível e palpável, ou dá à luz. Ela tem boa probabilidade de saber ao certo quais são os indivíduos portadores dos seus genes. O pobre pai é muito mais vulnerável ao logro. É de esperar, portanto, que os pais invistam menos esforço do que as mães no cuidado com os filhos. No capítulo sobre a guerra dos sexos (o nono), veremos que há outras razões para esperar o mesmo. Assim também, as avós maternas podem estar mais seguras sobre quem são seus netos do que as avós paternas, e poderíamos esperar que aquelas mostrassem mais altruísmo do que estas últimas. Elas podem estar seguras a respeito dos filhos da sua filha, enquanto o seu filho pode ter sido enganado. Os avôs maternos possuem o mesmo grau de certeza em relação aos seus netos que as avós paternas, uma vez que ambos têm de contar com uma geração de certeza e uma geração de incerteza. Igualmente, os tios do lado da mãe deveriam mostrar-se mais interessados no bem-estar dos sobrinhos do que os tios do lado paterno, e, de maneira geral, deveriam ser tão altruístas como são as tias. Com efeito, numa sociedade com um grau elevado de infidelidade conjugal, os tios maternos deverão ser mais altruístas do que os "pais", já que contam com bases mais sólidas para confiar no seu parentesco em relação à criança. Eles sabem que a mãe da criança é, pelo menos, sua meia-irmã. O pai "legal" não sabe de nada. Não tenho conhecimento de nenhuma evidência que sustente essas previsões, mas as ofereço na esperança de que outros possam ter, ou possam começar a procurar tais evidências. Os antropólogos sociais, em particular, talvez tenham coisas interessantes a dizer.[12]

Voltando ao fato de que o altruísmo parental é mais comum do que o altruísmo fraterno, parece razoável explicar isso em termos do "problema da identificação", sem que se esclareça, no entanto, a assimetria fundamental na própria relação entre os pais e os filhos. Os pais cuidam mais dos filhos do que os filhos cuidam dos pais, a despeito de a relação genética ser simétrica e de o grau de certeza em relação ao parentesco ser o mesmo, de ambos os lados. Uma razão para tanto é que os pais se encontram em melhor posição, em termos práticos, para auxiliar os filhos, uma vez que são mais velhos e mais competentes no ofício de viver. Ainda que um bebê quisesse alimentar seus pais, não se mostraria bem equipado para fazê-lo, na prática.

Existe outra assimetria na relação entre pais e filhos que não se aplica à relação entre irmãos. Os filhos são sempre mais jovens que os pais. Muitas vezes, embora nem sempre, isso significa que eles têm uma expectativa de vida maior. Como enfatizei acima, a expectativa de vida é uma variável importante que, no melhor dos mundos possíveis, deveria entrar no "cálculo" do animal quando ele "decide" adotar ou não um comportamento altruísta. Numa espécie em que as crianças têm uma expectativa de vida, em média, maior do que a de seus pais, todo gene para o altruísmo por parte dos filhos estaria trabalhando em desvantagem. Ele estaria programando o autossacrifício altruísta em benefício de indivíduos mais próximos de morrer de velhice do que o próprio altruísta. Um gene para o altruísmo parental, por outro lado, apresentaria uma vantagem correspondente, considerando-se os termos da expectativa de vida.

Por vezes, ouve-se alguém dizer que a seleção de parentesco é teoricamente muito boa, mas que, na prática, existem poucos exemplos do seu funcionamento. Esta crítica só pode ser feita por alguém que não compreende o significado de seleção de parentesco. A verdade é que todos os exemplos de proteção infantil e de dedicação aos filhos e todos os órgãos do corpo associados a essa atividade, como as glândulas secretoras de leite, as bolsas marsupiais, e assim por diante, são exemplos do funcionamento, na natureza, do princípio da seleção de parentesco. Os críticos, é claro, estão familiarizados com o fenômeno tão amplamente difundido do cuidado parental, entretanto não compreendem que a dedicação dos pais aos filhos também é um exemplo de seleção de parentesco, tanto quanto o fenômeno do altruísmo entre irmãos. Quando pedem mais exemplos, solicitam que sejam dados outros que não a dedicação aos filhos, e é verdade que esses exemplos são menos frequentes. Sugeri algumas razões que poderiam esclarecer esse ponto. Poderia ter me dado ao trabalho de mencionar exemplos de altruísmo entre irmãos — existe, de fato, um número considerável deles. Porém não quero fazer isso, pois reforçaria a ideia errada (aceita, como vimos, por Wilson) de que a seleção de parentesco trata especificamente de relações *diferentes* da relação entre pais e filhos.

    O motivo pelo qual o erro acima mencionado se alastrou é, em grande medida, histórico. A vantagem evolutiva do cuidado parental é tão óbvia que não foi preciso esperar que Hamilton chamasse a atenção para ela. Essa vantagem é compreendida desde Darwin. Quando Hamilton demonstrou a equivalência genética de outras relações de parentesco e a sua importância evolutiva, teve, naturalmente, de dar maior ênfase a estas últimas. Forneceu exemplos, em particular, dos insetos sociais, como as formigas e as abelhas, em que a relação entre irmãs é de suma importância, tal como veremos num capítulo posterior. Já ouvi pessoas dizerem que pensavam que a teoria de Hamilton se aplicasse *somente* aos insetos sociais!

Se alguém não quiser admitir que a dedicação aos filhos é um exemplo da seleção de parentesco em ação, caber-lhe-á então o ônus de formular uma teoria geral da seleção natural que preveja o altruísmo parental, mas *não* preveja o altruísmo entre parentes colaterais. Penso que não conseguirá.

7. Planejamento familiar

É fácil entender por que algumas pessoas quiseram separar o cuidado com os descendentes de outros tipos de altruísmo de seleção de parentesco. O cuidado parental é visto como parte integrante da reprodução, ao passo que o altruísmo em direção a um sobrinho, por exemplo, não é. Penso que há realmente uma distinção importante oculta aqui, mas penso também que as pessoas não compreenderam bem qual é ela. A reprodução e o cuidado com os filhos foram situados de um lado e as demais formas de altruísmo de outro. Mas a distinção que pretendo fazer é entre *trazer novos indivíduos ao mundo*, por um lado, e *cuidar dos indivíduos já existentes*, por outro. Chamarei a essas duas atividades, respectivamente, de produção de filhos e de criação de filhos. Uma máquina de sobrevivência individual tem de tomar dois tipos de decisões bastante diferentes, decisões sobre produzir e decisões sobre criar. Emprego a palavra "decisão" no sentido de uma ação estratégica inconsciente. As decisões sobre criar são da seguinte natureza: "Existe uma criança que é aparentada comigo num certo grau; a probabilidade de que ela venha a morrer se eu não alimentá-la é tal; devo alimentá-la?". As decisões sobre produzir, por outro lado, têm a seguinte forma: "Devo fazer o que for necessário para trazer ao mundo um novo indivíduo? Devo me reproduzir?". Até certo ponto, os atos de criar e produzir estão fadados a competir entre si, no que diz respeito ao tempo e aos demais recursos de que um indivíduo dispõe. O indivíduo talvez tenha de fazer uma escolha: "Devo criar este filho ou gerar um outro?".

Dependendo dos detalhes ecológicos da espécie, várias combinações de estratégias de criar e produzir poderão se mostrar evolutivamente estáveis. A única situação que não pode ser, de modo algum, evolutivamente estável é aquela em que se adota uma estratégia de criar *pura*. Se todos os indivíduos se dedicassem apenas a criar os filhos já existentes, de tal maneira que nunca trouxessem novos filhos ao mundo, a população seria rapidamente invadida por indivíduos mutantes especializados em produzir. O criar só pode ser evolutivamente estável como parte de uma estratégia mista — pelo menos alguma produção tem obrigatoriamente de ser mantida.

As espécies com as quais estamos mais familiarizados — os mamíferos e os pássaros — tendem a ser ótimas criadoras. A decisão de produzir um novo descendente é em geral seguida pela decisão de criá-lo. É justo pelo fato de a produção e a criação estarem, na prática, tão fortemente relacionadas que as pessoas tendem a confundir as duas coisas. Entretanto, do ponto de vista dos genes egoístas, como vimos, não há, em princípio, nenhuma distinção entre criar um irmão mais novo ou criar um filho. Os dois têm exatamente o mesmo grau de parentesco em relação ao indivíduo que cuida. Se for preciso escolher entre alimentar um ou outro, não existe nenhuma razão genética pela qual se devesse preferir o filho ao irmão. Por outro lado, e por definição, um indivíduo não pode produzir um irmão, mas apenas criá-lo depois que outros já o tiverem trazido ao mundo. No capítulo anterior, vimos de que forma as máquinas de sobrevivência individuais deveriam decidir, idealmente, quando se comportar de maneira altruísta em relação aos outros indivíduos já existentes. Neste capítulo, examinaremos como elas deveriam decidir sobre a produção de novos indivíduos.

Foi em torno dessa questão que a controvérsia sobre "seleção de grupo", mencionada no capítulo 1, ganhou força. A controvérsia se originou quando Wynne-Edwards, o principal responsável pela divulgação da ideia da seleção de grupo, a introduziu no contexto de uma teoria sobre o "controle do crescimento populacional".[1] Ele sugeriu que os animais individuais, de maneira deliberada e altruísta, reduzem o número de nascimentos em benefício do grupo como um todo.

Esta é, sem dúvida, uma hipótese bastante atraente, dado que se ajusta muito bem aos padrões de comportamento que os indivíduos humanos deveriam ter. A humanidade tem produzido filhos em demasia. O tamanho de uma população depende de quatro fatores: nascimentos, mortes, imigrações e emigrações. Se considerarmos a população mundial como um todo, os dois últimos fatores podem ser deixados de lado, restando-nos o número de nascimentos e o número de mortes. Se o número médio de filhos por casal que sobrevivem até atingir a idade reprodutiva for maior do que dois, o número de nascimentos tenderá a aumentar, ao longo dos anos, numa taxa sempre crescente. Em cada geração, a população, em vez de crescer a um ritmo constante, cresce de acordo com uma proporção fixa em relação ao tamanho previamente atingido. Como esse tamanho aumenta continuamente, a taxa de crescimento populacional também aumenta continuamente. Se fosse permitido que esse crescimento continuasse a ocorrer sem nenhum controle, a população atingiria proporções astronômicas num período de tempo surpreendentemente curto.

A propósito, há um aspecto do problema em foco que muitas vezes não é bem compreendido nem mesmo por aqueles que se preocupam com as questões populacionais: o crescimento da população depende de *quando* as pessoas têm filhos, e não apenas de quantos filhos elas têm. Como as populações tendem a crescer conforme uma determinada proporção *por geração*, segue-se que, quanto maior a distância entre as gerações, menor será a taxa anual de crescimento de uma população. Os cartazes que dizem "Pare quando tiver dois" poderiam ser substituídos perfeitamente por outros dizendo "Comece aos trinta"! De todo modo, porém, o crescimento populacional acelerado acarreta sérios problemas.

É bem provável que todos já tenhamos tido a oportunidade de ver exemplos de cálculos assustadores que atestam esse problema. A população atual da América Latina, por exemplo, gira em torno de 300 milhões de indivíduos, e muitas já se encontram, hoje em dia, subnutridas. Mas, se essa população continuasse a aumentar à taxa atual, levaria menos de quinhentos anos para atingir o ponto em que as pessoas, agrupadas de pé uma ao lado da outra, formariam um sólido tapete humano que cobriria toda a área do continente. Isso aconteceria ainda que elas fossem muito magras — uma suposição que não é de todo irreal. Daqui a mil anos, seria de esperar que as encontrássemos empilhadas sobre os ombros umas das outras, cada pilha atingindo a altura de mais de 1 milhão de indivíduos. Em 2 mil anos, aproximadamente, a montanha de pessoas, projetando-se no espaço à velocidade da luz, teria atingido a fronteira do universo conhecido.

O leitor terá percebido, é claro, que se trata de um cálculo hipotético! Isso não acontecerá dessa maneira devido a algumas boas razões de ordem prática. Entre elas estão a fome, a peste e a guerra, *ou*, se tivermos sorte, o controle da natalidade. Não adianta apelar para os avanços da ciência agrícola — "revoluções verdes" ou coisas parecidas. O aumento da produção de alimentos pode aliviar o problema temporariamente, mas é uma certeza matemática que ele não poderá constituir uma solução de longo prazo. Na verdade, da mesma forma que os avanços médicos que precipitaram a crise, também o aumento da produção alimentar poderia piorar a situação, elevando a taxa de expansão populacional. É uma verdade lógica simples que, a não ser que ocorra uma emigração em massa para o espaço, com foguetes decolando à razão de diversos milhões por segundo, as taxas de natalidade descontroladas levarão inevitavelmente a uma terrível elevação dos índices de mortalidade. É difícil acreditar que esta verdade simples não seja compreendida pelos líderes que proíbem aos seus seguidores o uso de métodos contraceptivos eficazes. Eles expressam preferência por métodos "naturais" de limitação da população, e é exatamente isto o que acabarão por obter: um método natural que se chama morte por inanição.

Mas, é claro, o desconforto que tais cálculos de longo prazo provocam baseia-se na preocupação pelo bem-estar futuro da nossa espécie como um todo. Os seres humanos (alguns deles) têm a capacidade de previsão consciente que é necessária para enxergar de antemão as consequências desastrosas da superpopulação. Uma das premissas centrais deste livro é que as máquinas de sobrevivência, em geral, são guiadas pelos genes egoístas, dos quais, certamente, não se devem esperar nem a capacidade de prever o futuro nem a preocupação pelo bem-estar da espécie como um todo. É neste ponto que Wynne-Edwards se separa dos evolucionistas ortodoxos. Ele acredita na evolução de uma forma de controle da natalidade genuinamente altruísta.

Um ponto ao qual não é dada ênfase nos trabalhos de Wynne-Edwards, ou na popularização das suas ideias efetuada por Ardrey, é a existência de um consenso em torno de um grande conjunto de fatos. É evidente que as populações de animais selvagens não crescem à taxa astronômica que, na teoria, seriam capazes de atingir. Por vezes, tais populações permanecem bastante estáveis, com taxas de natalidade e de mortalidade aproximadamente equiparáveis. Em muitos casos, como no famoso exemplo dos lemingues, há uma forte flutuação da população, com explosões demográficas violentas que se alternam com quedas vertiginosas e a quase extinção. Ocasionalmente, o resultado é a extinção total, pelo menos da população local de determinada área. Algumas vezes, como no caso do lince-do-canadá — onde as estimativas são obtidas pelo número de peles vendidas pela Hudson's Bay Company em anos sucessivos —, a população parece oscilar ritmicamente. A única situação que nunca se observa nas populações animais é seu crescimento indefinido.

Os animais selvagens raramente morrem de velhice: a fome, a doença ou os predadores os alcançam muito antes de eles se tornarem senis. Até pouco tempo atrás, isso também acontecia com o homem. A grande maioria dos animais morre na infância e muitos deles não chegam sequer a ultrapassar o estágio embrionário. A fome e outras causas de morte são os derradeiros motivos por que as populações não crescem indefinidamente. Mas, tal como vimos em relação à nossa própria espécie, não há nenhuma razão para que se tenha de chegar a isso. Se os animais controlassem as suas *taxas de natalidade*, a fome não precisaria ocorrer. A teoria de Wynne-Edwards é de que os animais fazem precisamente isso. Entretanto, mesmo nesse ponto, há menos controvérsia do que se poderia supor ao ler o seu livro. Os adeptos da teoria do gene egoísta concordariam de pronto com a ideia de que os animais regulam *sim* suas taxas de natalidade. Qualquer espécie dada tende a ter um número relativamente fixo de filhotes por ninhada: nenhum animal tem um número indefinido de filhos. A discordância não diz respeito à *existência* ou não de mecanismos de controle da natalidade por parte dos animais, e sim ao *porquê* de sua existência: qual foi o processo de seleção natural pelo qual o planejamento familiar evoluiu? Em poucas palavras, a controvérsia é relativa às hipóteses de que o controle da natalidade seja altruísta, isto é, praticado pelo bem do grupo como um todo, ou, alternativamente, que seja egoísta, ou praticado pelo bem do indivíduo que se reproduz. Examinarei as duas teorias, cada uma à sua vez.

Wynne-Edwards partiu do pressuposto de que os indivíduos têm menos filhos do que seriam capazes de ter, pelo bem do grupo como um todo. No entanto, ele reconheceu que a seleção natural normal não poderia, por si mesma, responder pela evolução desse altruísmo: a seleção natural de taxas de reprodução inferiores à média é, à primeira vista, uma contradição de termos. Ele invocou, por isso, a seleção de grupo, tal como vimos no capítulo 1. De acordo com Wynne-Edwards, os grupos em que os membros individuais restringem sua taxa de natalidade apresentam menos probabilidades de serem extintos do que os grupos rivais cujos membros individuais se reproduzem tão rapidamente que colocam em risco seu suprimento alimentar. O mundo torna-se então povoado pelos grupos que controlam a reprodução. A restrição individual sugerida por Wynne-Edwards corresponde, em sentido geral, ao controle da natalidade, porém ele é mais específico e, com efeito, elabora uma concepção grandiosa em que toda a vida social é vista como um mecanismo de controle populacional. Por exemplo, duas das principais características da vida social, em muitas espécies de animais, são a *territorialidade* e as *hierarquias de dominância*, que já mencionamos no capítulo 5.

Muitos animais dedicam grande parte do seu tempo e da sua energia à defesa aparente de uma área de terreno que os naturalistas chamam de "território". Trata-se de um fenômeno bastante comum no reino animal, não apenas nas aves, nos mamíferos e nos peixes, como também nos insetos e até mesmo nas anêmonas-do-mar. O território pode ser, por exemplo, uma grande área de mata, a principal região de procura de alimento para um casal de tordos na época da reprodução. Ou pode consistir, como no caso da gaivota-argêntea, em uma área desprovida de alimento, mas com um ninho no centro. Wynne-Edwards acredita que os animais que lutam por um território estão lutando por um prêmio *simbólico*, mais do que por um prêmio real, como um bocado de alimento. Em muitos casos, as fêmeas recusam-se a acasalar com os machos que não possuem um território. Na verdade, não é raro que a fêmea de um casal cujo macho foi derrotado e perdeu o seu território abandone de imediato este último para se unir ao vencedor. Mesmo nas espécies aparentemente monogâmicas, a fêmea pode estar mais ligada ao território do que ao macho propriamente dito.

Se a população aumentar demais, alguns indivíduos não obterão territórios e, em consequência, não se reproduzirão. Desse modo, conquistar um território é, para Wynne-Edwards, como ganhar um bilhete ou uma licença de procriação. Uma vez que o número de territórios disponíveis é finito, é como se um número igualmente finito de licenças para a procriação fosse emitido. Os indivíduos podem lutar entre si para decidir quem fica com tais licenças, contudo o número total de bebês que a população como um todo pode ter permanece limitada pelo número de territórios disponíveis. Em alguns casos, por exemplo, no lagópode-escocês, os indivíduos parecem sujeitar-se à restrição, pois aqueles que não conseguem conquistar um território, além de não se reproduzirem, aparentemente desistem de lutar por um território. É como se todos aceitassem as regras do jogo: se, ao final da temporada de competição, um indivíduo não tiver assegurado um bilhete oficial que o autorize a procriar, ele se abstém voluntariamente da procriação e deixa em paz, durante a temporada de acasalamento, os felizardos que tiveram melhor sorte, de tal maneira que estes possam continuar propagando a espécie.

Wynne-Edwards interpreta as hierarquias de dominância de modo semelhante. Em muitos grupos de animais, sobretudo em cativeiro, mas também na natureza, os indivíduos aprendem a reconhecer a identidade de cada um, e aprendem também quais são os indivíduos que são capazes de derrotar e quais são aqueles para quem costumam perder as lutas. Como vimos no capítulo 5, eles tendem a submeter-se sem resistência aos indivíduos que "sabem" que provavelmente os venceriam de qualquer maneira. Como resultado, um naturalista pode descrever uma hierarquia de dominância ou "ordem da bicada" (assim chamada porque foi de início descrita para as galinhas) — uma estratificação da sociedade em que cada indivíduo sabe o seu lugar e não alimenta ideias em desacordo com a posição que ocupa na hierarquia. É claro que, por vezes, ocorrem verdadeiras lutas cerradas e os indivíduos podem ser promovidos ao derrotar seus superiores imediatos. Mas, como vimos no capítulo 5, o resultado da submissão automática por parte dos indivíduos hierarquicamente inferiores será a ocorrência de um número reduzido de lutas prolongadas e de ferimentos graves.

Muitas pessoas veem isso como uma "coisa boa", em algum sentido vagamente relacionado à ideia de seleção de grupo. Wynne-Edwards oferece uma interpretação muito mais ousada. Os indivíduos dos escalões mais altos terão maior probabilidade de se reproduzir do que os dos escalões mais baixos, seja porque serão preferidos pelas fêmeas, seja porque conseguirão impedir, fisicamente, que os machos de posição inferior se aproximem delas. Para Wynne-Edwards as posições hierárquicas superiores são como outro bilhete que dá direito à reprodução. No lugar de lutarem diretamente pelas fêmeas, os indivíduos lutam pelo status social, aceitando, por fim, que, se não forem bem-sucedidos, não terão direito de se reproduzir. Restringirão a si próprios no que diz diretamente respeito às fêmeas, embora possam, uma vez ou outra, lutar por uma posição mais alta na hierarquia e, desse modo, competir *indiretamente* por elas. Mas, como no caso do comportamento territorial, o resultado da "aceitação voluntária" da regra segundo a qual apenas os machos de status mais elevado podem se reproduzir é, de acordo com Wynne-Edwards, que as populações não crescem em ritmo demasiado acelerado. Em vez de terem um número muito grande de filhos e depois descobrirem, pelo caminho mais penoso, que isso foi um erro, as populações utilizam as competições formais pelo status e pelo território como uma maneira de limitar sua dimensão e de impedir que esta ultrapasse o nível em que a fome começa a cobrar o seus tributos.

Talvez a ideia mais surpreendente de Wynne-Edwards seja a que trata do comportamento *epideítico*, um termo que ele próprio cunhou. Muitos animais passam boa parte do seu tempo em grandes bandos, manadas ou cardumes. Várias razões, mais ou menos de senso comum, foram sugeridas para explicar por que esse comportamento de agregação teria sido favorecido pela seleção natural, e eu as discutirei no capítulo 10. A hipótese de Wynne-Edwards é bastante diferente. Ele propõe que, quando grandes bandos de estorninhos se reúnem ao cair da tarde, ou quando multidões de mosquitos-pólvora dançam ao redor de um poste, estão, na realidade, fazendo um recenseamento da sua população. Dado que ele supõe que os indivíduos limitam suas taxas de natalidade em favor do grupo como um todo, produzindo um número menor de filhos quando a densidade populacional é alta, é razoável pensar que devam contar com algum meio de medir a densidade da população. Um termostato, para funcionar, necessita de um termômetro como parte integrante do seu mecanismo. Para Wynne-Edwards, o comportamento epideítico é a reunião em massa, deliberada, de uma população, com o propósito de facilitar a estimativa do seu tamanho. Ele não sugere uma estimativa consciente por parte da população, e sim um mecanismo automático, nervoso ou hormonal, que seja o elo entre a percepção sensorial pelo indivíduo da densidade da sua população e o seu sistema reprodutor.

Tentei fazer justiça à teoria de Wynne-Edwards, ainda que a tenha apresentado de maneira bastante resumida. Se obtive êxito, o leitor deve estar persuadido de que ela é, à primeira vista, bastante plausível. Porém, os capítulos anteriores deste livro devem tê-lo preparado a mostrar-se suficientemente cético para dizer que, por mais plausível que pareça, é preciso que a teoria de Wynne-Edwards seja apoiada pelas evidências, caso contrário... E, infelizmente, não há boas evidências para apoiá-la. Ela se sustenta num grande número de exemplos que poderiam ser interpretados segundo a sua teoria, mas que poderiam ser igualmente bem explicados pela linha de pensamento, mais ortodoxa, do "gene egoísta".

Embora ele nunca tenha empregado essa expressão, o arquiteto principal da teoria do gene egoísta aplicada ao planejamento familiar foi o grande ecólogo David Lack. Seus trabalhos incidiram em especial sobre o tamanho da ninhada das aves selvagens, mas suas teorias e conclusões têm o mérito de poderem ser aplicáveis de forma mais geral. Cada espécie de ave tende a ter um tamanho de ninhada típico. Os gansos-patola, por exemplo, e também os araus, incubam um ovo de cada vez. Os guinchos incubam três, e os chapins-reais, meia dúzia ou mais. Esses valores podem sofrer pequenas variações: alguns guinchos botam dois ovos de uma vez e os chapins-reais podem chegar a botar doze. É razoável supor que o número de ovos postos e incubados por uma fêmea está, pelo menos em parte, sujeito ao controle genético, como qualquer outra característica. Ou seja, pode ser que haja um gene para botar dois ovos, um alelo rival para botar três, outro para botar quatro, e assim por diante, apesar de, na prática, as coisas provavelmente não serem tão simples assim. Ora, a teoria do gene egoísta requer que nos perguntemos qual desses genes se tornará mais numeroso no pool gênico. Superficialmente, poderia parecer que um gene para botar quatro ovos teria inevitavelmente uma vantagem sobre os genes para botar três ou dois. Se refletirmos um pouco, contudo, veremos que o argumento simples "quanto mais, melhor" não pode ser verdadeiro. Ele conduz à expectativa de que botar cinco ovos seja melhor do que quatro, dez, melhor ainda, cem, muitíssimo melhor, e um número infinito, o melhor possível. Em outras palavras, nos leva logicamente a uma conclusão absurda. É evidente que, além dos benefícios, há *custos* pelo fato de se botar um grande número de ovos. O aumento na produção — e isso é inevitável — tem como custo a menor eficiência na criação. O argumento essencial de Lack é que, para qualquer espécie em particular, inserida numa situação ambiental específica, terá de haver um tamanho de ninhada ótimo. O ponto em que ele diverge de Wynne-Edwards é na resposta à questão "Tamanho ótimo do ponto de vista de quem?". Wynne-Edwards diria que o ótimo que importa, e a que todos os indivíduos deveriam aspirar, é o ótimo do ponto de vista do grupo como um todo. Lack diria que cada indivíduo egoísta escolhe um tamanho para a sua ninhada que maximize o número de filhos que consiga criar. Se três for o tamanho de ninhada ótimo para os guinchos, isso significa, para Lack, que qualquer indivíduo que tente criar quatro filhotes acabará por ficar com um número menor de crias do que seus rivais mais cautelosos, que criaram apenas três. A razão óbvia para isso é que o alimento seria tão escassamente distribuído entre os quatro filhotes que poucos deles sobreviveriam até a idade adulta, e se aplicaria tanto à distribuição do vitelo entre os quatro ovos como ao alimento fornecido aos filhotes após sua eclosão. De acordo com Lack, portanto, os indivíduos regulam o tamanho das suas ninhadas por motivos que estão longe de ser altruístas. Eles não praticam o controle da natalidade para evitar a exploração excessiva dos recursos do grupo, mas sim para aumentar ao máximo o número de filhos sobreviventes, um objetivo exatamente oposto àquele que costumamos associar com o controle da natalidade.

Para as aves, criar os filhotes é uma empreitada dispendiosa. A mãe tem de investir enorme quantidade de alimento e de energia na fabricação dos ovos. Possivelmente com a ajuda do parceiro, ela investe esforços na construção de um ninho para alojar e proteger seus ovos. Os pais passam semanas a chocá-los, pacientemente. Então, quando os ovos afinal eclodem, os pais quase se matam na procura quase que incessante de alimento para eles. Como já vimos, um chapim-real traz, em média, um bocado de alimento para o ninho a cada trinta segundos, durante o dia. Os mamíferos, como nós, fazem isso de maneira um pouco diferente, mas o princípio básico de que a reprodução é uma atividade dispendiosa, sobretudo para a mãe, é verdadeiro também neste caso. É evidente que, se uma mãe tenta distribuir seus recursos finitos de esforço e alimento por um número demasiado grande de filhos, acabará por criar um número menor do que se tivesse tido ambições mais modestas. Ela tem de encontrar um equilíbrio entre produzir filhos e criá-los. O total de alimento e dos demais recursos que uma fêmea, ou um casal de parceiros, pode reunir é o fator limitante que determina o número de filhos que serão capazes de criar. A seleção natural, segundo a teoria de Lack, ajusta o tamanho inicial da ninhada, de modo a tirar o máximo proveito desses recursos limitados.

Os indivíduos que têm filhos demais são penalizados, não porque a população como um todo entre em extinção, mas, simplesmente, porque um número menor dos seus filhos sobreviverá. Os genes para ter muitos filhos não são transmitidos às gerações seguintes em número significativo porque poucas crianças que os portam atingirão a idade adulta. O que aconteceu com o homem civilizado moderno é que o tamanho das famílias deixou de ser limitado pelos recursos finitos que os pais podem prover. Se um casal tem mais filhos do que pode sustentar, o Estado, o que quer dizer o restante da população, entra em cena e mantém as crianças excedentes vivas e saudáveis. Não há, de fato, nada que possa impedir um casal totalmente desprovido de recursos materiais de produzir e criar tantos filhos quanto a mulher seja fisicamente capaz de gerar. Mas o estado de bem-estar social está bastante longe de ser natural. Na natureza, os pais com mais filhos do que podem sustentar não têm muitos netos, e seus genes não são transmitidos às gerações seguintes. Não há *necessidade* alguma da restrição altruísta da taxa de natalidade, visto que não existe estado de bem-estar social na natureza. Todo gene para a indulgência excessiva é imediatamente punido: as crianças que os carregam morrem de fome. Uma vez que nós, humanos, não desejamos voltar aos velhos tempos egoístas em que as crianças das famílias grandes demais morriam de fome, abolimos a família como unidade de autossuficiência econômica e a substituímos pelo Estado. Mas não deveríamos abusar do privilégio do sustento garantido para as crianças.

A contracepção é às vezes atacada por ser um método "não natural". Com efeito, ela é não natural. O problema reside no fato de que o estado de bem-estar social também é não natural. Penso que a maioria das pessoas considera o estado de bem-estar social bastante desejável. Mas não se pode ter um estado de bem-

-estar social não natural, a menos que se tenha igualmente um controle da natalidade não natural, caso contrário o resultado final será um grau de miséria ainda maior do que aquele que ocorre na natureza. O estado de bem-estar social talvez seja o maior sistema altruísta que o reino animal já conheceu. Mas todo sistema altruísta é inerentemente instável, pois se expõe ao abuso por parte dos indivíduos egoístas, sempre prontos a explorá-lo. É provável que as pessoas que têm mais filhos do que são capazes de criar sejam ignorantes demais, na sua maioria, para ser acusadas de exploração consciente. As instituições poderosas e os líderes que deliberadamente as incentivam a fazê-lo são, na minha maneira de ver, bem mais suspeitos.

Voltando aos animais selvagens, o argumento utilizado por Lack para explicar o tamanho das ninhadas pode ser generalizado para todos os exemplos apresentados por Wynne-Edwards: o comportamento territorial, as hierarquias de dominância etc. Considere, por exemplo, o lagópode-escocês que ele e seus colegas estudaram. Esses pássaros alimentam-se de urzes e dividem a região pantanosa onde vivem em territórios que, aparentemente, contêm uma quantidade maior de alimento do que seus donos com efeito necessitam. No início da temporada eles lutam pelos territórios, mas, depois de algum tempo, os perdedores parecem aceitar a derrota e desistem de lutar. Transformam-se em párias sem território e morrem quase todos de fome até o final da temporada. Apenas os donos dos territórios se reproduzem. Aqueles que não possuem territórios são fisicamente capazes de se reproduzir, como mostra o fato de que, se um dono de território é morto, ele é logo substituído por um dos pássaros antes proscritos, que então se reproduz. A interpretação de Wynne-Edwards para esse comportamento territorial extremo é, como vimos, que os proscritos "aceitam" seu fracasso na obtenção da licença para procriar e, assim, desistem do acasalamento.

À primeira vista, este parece ser um exemplo difícil de ser explicado pela teoria do gene egoísta. Por que os párias desistiriam de tentar desalojar um dono de território, insistindo até a exaustão? Ao que parece, eles nada têm a perder. Mas, espere, pode ser que eles tenham, sim, algo a perder. Já vimos que, na eventualidade de um dono de território morrer, um macho proscrito tem a chance de tomar o seu lugar, e, portanto, de se reproduzir. Se a probabilidade de um pária obter um território por esse processo for maior do que a sua probabilidade de obtê-lo lutando, então talvez seja compensador para ele, como indivíduo egoísta, aguardar que alguém morra, em vez de desperdiçar a pouca energia que lhe resta numa luta inglória. Para Wynne-Edwards, o papel dos párias no bem-estar do grupo é o de substitutos, à espera nos bastidores, prontos a entrar em cena no lugar de um dos donos de território que morra no palco principal da reprodução do grupo. Podemos compreender agora que esta pode ser a sua melhor estratégia como indivíduos egoístas. Como vimos no capítulo 4, os animais podem ser encarados como jogadores. A melhor estratégia para um jogador pode ser, às vezes, a de aguardar sem perder a esperança, mais do que a de desferir um ataque intempestivo.

Do mesmo modo, todos os outros exemplos em que os animais parecem "aceitar" passivamente o seu status de não-reprodutor podem ser explicados com facilidade pela teoria do gene egoísta. A fórmula geral da explicação é sempre a mesma: a melhor aposta do indivíduo é dominar-se no momento, na esperança de obter melhor sorte no futuro. Um elefante-marinho que não incomoda os proprietários do harém não o faz pelo bem do grupo. Ele apenas espera por uma ocasião mais propícia. Mesmo que ela nunca chegue e ele termine sem descendentes, a sua aposta *poderia* ter dado bons resultados, embora possamos ver, a posteriori, que isso não ocorreu. E quando os lemingues fogem, aos milhões, do centro de uma explosão populacional, não o fazem para reduzir a densidade da área que deixam para trás! Cada um deles é movido pelo propósito egoísta de encontrar um lugar menos superpovoado onde possa viver. O fato de que um determinado indivíduo possa fracassar na procura desse espaço e venha a morrer é algo que apenas se poderá verificar depois. Isso não altera a probabilidade de que ficar para trás tivesse sido uma aposta ainda pior.

É um fato bem documentado que, às vezes, a superpopulação leva à redução do número de nascimentos. Não raro isso é interpretado como uma comprovação da teoria de Wynne-Edwards, mas não é bem assim. Esse fato é compatível com a teoria dele, mas é igualmente compatível com a teoria do gene egoísta. Um exemplo pode ser dado pelo experimento no qual camundongos foram colocados num cativeiro ao ar livre, com grande quantidade de alimento e com a possibilidade de acasalarem livremente. A população cresceu até um determinado nível, e então se estabilizou. Descobriu-se que isso ocorreu porque as fêmeas se tornavam menos férteis em consequência da superpopulação: elas tinham um número menor de filhotes. Efeitos desse tipo têm sido relatados com frequência. A sua causa imediata é quase sempre chamada de "estresse", embora dar-lhe um nome como esse, por si só, não ajude a explicá-la. De todo modo, qualquer que seja sua causa imediata, ainda assim devemos nos interrogar sobre qual seria a sua explicação última, a explicação evolutiva. Por que a seleção natural favorece as fêmeas que reduzem o número de crias quando a população em que vivem se torna excessivamente alta?

A resposta de Wynne-Edwards é clara. A seleção de grupo favorece os grupos em que as fêmeas medem a população e ajustam o número de crias de tal modo a evitar que as reservas de alimento se esgotem. Na condição do experimento, o alimento nunca se tornava escasso, mas os camundongos não tinham meios de saber disso. Eles estão programados para a vida selvagem e é provável que em condições naturais a superpopulação seja um indicador confiável da fome que sobrevirá no futuro.

O que diz a teoria do gene egoísta? Quase exatamente o mesmo, mas com uma diferença crucial. O leitor recorda-se que, de acordo com as ideias de Lack, os animais tendem a ter o número ótimo de crias, do seu próprio e egoísta ponto de vista. Se *produzirem* um número muito pequeno ou muito grande de filhos, acabarão *criando* menos filhos do que o fariam se tivessem se limitado ao número ótimo. Ora, esse "número ótimo" tende a ser menor num ano em que a população tem uma densidade maior, em comparação com aqueles em que a densidade populacional é menor. Já concordamos que a superpopulação é um prenúncio provável de fome. Obviamente, se uma fêmea for confrontada com indícios confiáveis de que um período de fome está para chegar, ela reduzirá o número de crias a nascer em benefício dos seus interesses. Os rivais que não responderem aos sinais de alarme desta maneira acabarão criando menos filhos, ainda que efetivamente os produzam em maior número. Chegamos, portanto, quase exatamente à mesma conclusão que Wynne-Edwards, porém por uma via de raciocínio inteiramente diversa.

A teoria do gene egoísta não encontra dificuldades nem mesmo em relação às "exibições epideíticas". O leitor se recorda da hipótese de Wynne-Edwards: os animais se reúnem em grandes bandos a fim de tornar mais fácil para todos os indivíduos a realização de um recenseamento, para assim ajustarem a sua taxa de nascimentos. Não existem evidências diretas de que quaisquer ajustamentos sejam epideíticos, mas, supondo que tais evidências fossem realmente encontradas, isso perturbaria a teoria do gene egoísta? Nem um pouco.

Os estorninhos pernoitam juntos em grandes bandos. Suponhamos que se demonstrasse não apenas que a superpopulação no inverno reduz a fertilidade na primavera seguinte, mas também que o fato de os pássaros escutarem os pios uns dos outros tivesse um efeito direto sobre essa redução. Talvez se pudesse demonstrar experimentalmente que os indivíduos expostos à gravação de um grupo muito denso e ruidoso botariam menos ovos do que os indivíduos expostos à gravação de um grupo menos populoso e menos barulhento. Por definição, isso indicaria que os pios dos estorninhos constituem uma exibição epideítica. A teoria do gene egoísta explicaria o fenômeno com o mesmo raciocínio empregado para explicar o caso dos camundongos.

Uma vez mais, partimos da premissa de que os genes para gerar uma família maior do que será possível sustentar são automaticamente penalizados e se tornam menos numerosos no pool gênico. A tarefa de uma poedeira eficiente é prever qual deverá ser, do seu ponto de vista como indivíduo egoísta, o tamanho ótimo da sua ninhada na temporada de reprodução seguinte. O leitor deve se lembrar do sentido especial em que usamos a palavra "previsão", conforme explicado no capítulo 4. Como poderá, então, uma ave fêmea prever o tamanho ótimo da sua ninhada? Que variáveis deverão influenciar sua previsão? Pode ser que muitas espécies façam uma previsão fixa, que não se modifica de um ano para o outro. Deste modo, o tamanho de ninhada ótimo para um ganso-patola seria, em média, um ovo. É possível que em anos de grande fartura de peixes o verdadeiro tamanho ótimo para um indivíduo suba, temporariamente, para dois ovos. Se não houver uma maneira de os gansos-patola saberem de antemão se um determinado ano será especialmente farto ou não, não poderemos esperar que as fêmeas se arrisquem a desperdiçar seus recursos em dois ovos, quando isso poderia prejudicar o seu sucesso reprodutivo num ano normal.

 Mas pode haver outras espécies, talvez os estorninhos, para as quais, em princípio, seja possível prever, no inverno, se a primavera será abundante num determinado recurso alimentar. Os moradores do campo têm inúmeros ditos antigos, sugerindo que alguns indicadores, como a abundância do azevinho, fornecem boas previsões a respeito do clima da primavera seguinte. Sejam eles verossímeis ou não, permanece logicamente possível que tais indicadores existam, e que uma boa profetisa seria capaz, na teoria, de ajustar o tamanho da sua ninhada de um ano para o outro, em seu próprio benefício. A abundância do azevinho pode ou não ser um indicador confiável, no entanto, como no caso dos camundongos, parece bastante provável que a densidade da população seja um bom indicador. Em princípio, uma fêmea de estorninho pode saber que, na próxima primavera, quando tiver de alimentar suas crias, terá de competir com rivais da sua espécie. Se puder, de alguma forma, estimar a densidade local da própria espécie no inverno, isso será um instrumento poderoso para prever as dificuldades relativas a encontrar alimento para seus filhotes na primavera vindoura. Se verificar que a densidade populacional é particularmente alta, a política mais prudente, do seu ponto de vista egoísta, será botar poucos ovos: a estimativa do tamanho ótimo da sua ninhada terá diminuído.

 Porém, tão logo os indivíduos reduzam o tamanho das suas ninhadas, baseando-se na estimativa da densidade populacional, torna-se imediatamente vantajoso para cada indivíduo egoísta dar a entender aos seus rivais que a população é grande, seja verdade ou não. Se os estorninhos avaliam o tamanho da população pelo barulho do bando quando se reúne para pernoitar durante o inverno, seria proveitoso para cada indivíduo gritar o mais alto possível, de modo a soar como dois estorninhos em vez de um.

Essa ideia de os animais simularem que são vários ao mesmo tempo foi sugerida em outro contexto por J. R. Krebs, e é chamada de *Efeito Beau Geste*, em referência ao romance em que uma tática semelhante é usada por uma unidade da Legião Estrangeira Francesa. Em nosso caso, a ideia é tentar induzir os estorninhos vizinhos a reduzir o tamanho das *suas* ninhadas abaixo do verdadeiro valor ótimo. Se o leitor for um estorninho bem-sucedido nessa artimanha, ficará em posição vantajosa, já que isso reduzirá o número dos indivíduos que não carregam seus genes. Concluo, portanto, que a ideia de Wynne-Edwards sobre as exibições epideíticas pode ser, efetivamente, uma boa ideia: é bem possível que ele tenha acertado desde o início, embora pelas razões erradas. Em termos mais gerais, o tipo de hipótese proposta por Lack é eficaz o bastante para explicar, no que se refere aos genes egoístas, todas as evidências que poderão, aparentemente, sustentar a teoria da seleção de grupo, quando alguma evidência do gênero vier a ser descoberta.

A nossa conclusão deste capítulo é que os pais praticam o planejamento familiar no sentido de otimizar suas taxas de natalidade, e não para beneficiar a população como um todo. Eles tentam maximizar o número dos filhos que sobrevivem, e isso significa não ter nem a mais nem a menos. Os genes que levam o indivíduo a produzir filhos em demasia tendem a desaparecer do pool gênico, uma vez que as crianças que os possuem em geral não sobrevivem até a idade adulta.

Basta de considerações quantitativas sobre o tamanho da família. Agora iremos nos voltar para os conflitos de interesse entre os membros de uma mesma família. Será sempre vantajoso, para uma mãe, tratar todos seus filhos igualitariamente, ou será que ela pode ter favoritos? Será que a família funciona como um todo cooperador ou devemos esperar encontrar o egoísmo e a trapaça mesmo entre seus membros? Será que os membros da família trabalham todos na direção de um objetivo ótimo, ou "discordam" a respeito desse ótimo? Estas são as perguntas a que tentaremos responder no próximo capítulo. Adiaremos até o capítulo 9 a discussão de uma outra questão relacionada, que é a da existência de conflito de interesses entre os membros do casal.

8. O conflito de gerações

Comecemos por responder à primeira das questões levantadas ao final do capítulo anterior: deve uma mãe ter favoritos ou deve mostrar-se igualmente altruísta em relação a todos os seus rebentos? Correndo o risco de me tornar maçante, volto a mencionar minhas advertências habituais. O sentido em que emprego a palavra "favorito" não tem conotações subjetivas, assim como "deve" não tem nenhuma implicação moral. Refiro-me à mãe como uma máquina programada para fazer tudo o que puder para propagar as cópias dos genes que carrega dentro de si. Uma vez que eu e você somos humanos e sabemos o que é ter propósitos conscientes, será conveniente utilizar a linguagem da intencionalidade como metáfora para explicar o comportamento das máquinas de sobrevivência.

Na prática, o que significa dizer que uma mãe tem um filho preferido? Significa que ela distribuirá seus recursos desigualmente entre os filhos. Os recursos de que uma mãe dispõe para investir consistem numa grande variedade de coisas. O alimento é a mais óbvia delas, junto com o esforço despendido na sua procura, pois isso, por si só, também representa um custo para ela. Os riscos envolvidos na proteção das suas crias contra os predadores são outro recurso que a mãe pode "gastar", ou recusar-se a gastar. A energia e o tempo dedicados à manutenção do ninho ou do lar, a proteção contra os fenômenos atmosféricos e, em algumas espécies, o tempo gasto no ensino dos filhos são recursos valiosos que uma mãe pode repartir entre eles de forma igual ou desigual, conforme a sua "escolha".

É difícil imaginar uma moeda comum com a qual se possam mensurar todos os recursos que um progenitor pode investir nos seus descendentes. Assim como as sociedades humanas usam o dinheiro como moeda universalmente convertível, capaz de ser traduzida em alimento, território ou tempo de trabalho, também nós necessitamos de uma moeda com a qual possamos medir os recursos que uma máquina de sobrevivência individual pode investir na vida de outro indivíduo, em particular na vida de um filho. Uma medida de energia, como a caloria, é tentadora, e alguns ecólogos se dedicaram a avaliar os custos da energia na natureza. No entanto, isso seria inadequado, por se tratar de uma medida apenas vagamente convertível na moeda que com efeito importa, o "padrão-ouro" da evolução, que é a sobrevivência dos genes. R. L. Trivers, em 1972, resolveu o problema com elegância, por meio do seu conceito de *investimento parental* (embora, ao ler nas entrelinhas, seja possível perceber que Sir Ronald Fischer, o maior biólogo do século xx, quis dizer exatamente o mesmo, em 1930, com seu conceito de "dispêndio parental").[1]

O investimento parental (ip) é definido como "todo e qualquer investimento dos progenitores num descendente individual que venha a aumentar suas probabilidades de sobreviver (e, consequentemente, de ter sucesso reprodutivo), em detrimento da capacidade parental de investir num outro descendente".

A beleza do conceito de investimento parental formulado por Trivers está no fato de ele ser medido em unidades muito próximas daquelas que realmente interessam. Quando uma criança consome uma parte do leite da sua mãe, essa quantidade é medida, não em litros nem em calorias, e sim em unidades de detrimento com relação aos outros filhos da mesma mãe. Por exemplo, se uma mãe tem dois bebês, X e Y, e X consome meio litro de leite, parte substancial do IP que esse meio litro representa é medida em unidades de aumento da probabilidade que Y tem de morrer por não tê-lo consumido. O IP, então, é medido em unidades de diminuição da expectativa de vida de outros filhos, já nascidos ou ainda por nascer.

O investimento parental não é ainda a medida ideal porque supervaloriza a importância da relação parental em prejuízo de outros tipos de relação genética. O ideal seria utilizarmos uma medida generalizada de *investimento altruísta*. Podemos considerar que o indivíduo A investe no indivíduo B quando A aumenta a probabilidade de B sobreviver em detrimento da capacidade que A tem de investir em outros indivíduos, incluindo ele próprio, com todos os custos ponderados apropriadamente de acordo com os graus de parentesco. Assim, o investimento de um progenitor em qualquer filho deveria, idealmente, ser medido em termos da diminuição da expectativa de vida, não só dos outros filhos, mas também dos sobrinhos, de si próprio etc. Em muitos aspectos, entretanto, essa objeção é apenas um artifício, e a medida proposta por Trivers permanece válida, na prática.

Ora, cada indivíduo adulto em particular tem, durante seu tempo de vida, uma certa quantidade total de IP disponível para investir em filhos (e nos outros parentes, assim como em si mesmo, mas, para simplificar, vamos considerar somente os filhos). Isso representa a soma de todo o alimento que ele consegue obter ou produzir ao longo da vida, todos os riscos que está preparado para correr e toda a energia e esforço que é capaz de converter no bem-estar dos seus filhos. Como deverá uma fêmea jovem investir seus recursos ao ingressar na vida adulta? Qual seria a política de investimento mais sensata? Já vimos, com base na teoria de Lack, que ela não deverá distribuir seus recursos, escassamente, por um número de filhos demasiado grande. Dessa maneira, acabaria por perder muitos dos seus genes, pois não teria um número suficiente de netos. Por outro lado, ela não deve dedicar todos os seus recursos a um número de filhos pequeno demais — seriam filhos mimados. Se o fizer, poderá virtualmente garantir a si mesma *alguns* netos, mas as rivais que investirem num número ótimo de filhos acabarão por ter mais netos. Por ora, porém, basta de políticas de investimento imparciais. O que nos interessa no momento é saber se seria vantajoso para uma mãe investir desigualmente nos seus filhos, isto é, se seria proveitoso que ela tivesse filhos prediletos.

A resposta é que não há nenhuma razão genética para que uma mãe tenha filhos prediletos. O seu grau de parentesco em relação a todos os filhos é o mesmo, meio. A sua melhor estratégia é investir *igualmente* no maior número de filhos que seja capaz de criar até que eles atinjam a idade de terem os próprios filhos. Contudo, como já vimos, alguns indivíduos representam um investimento melhor do que outros, quando se trata do ramo dos seguros de vida. Uma cria pequena e debilitada carrega a mesma quantidade de genes maternos que seus companheiros de ninhada mais robustos, entretanto sua expectativa de vida é menor. Outra maneira de dizer isso é que ela *necessita* de mais do que a sua fração de investimento parental para ter a mesma probabilidade de sobreviver que seus irmãos. Dependendo das circunstâncias, pode valer a pena para a mãe recusar-se a alimentar uma cria mal desenvolvida e distribuir a porção de investimento parental que caberia a ela entre seus irmãos e irmãs. Poderá até valer a pena para a mãe dá-la de comer aos irmãos, ou comê-la ela própria, utilizando-a, assim, na produção de leite. Entre os porcos, as mães às vezes devoram os filhos, mas não sei se elas escolhem especialmente os mal desenvolvidos.

As crias mal desenvolvidas constituem um exemplo particular. É possível fazermos algumas previsões mais gerais sobre o modo como a tendência materna a investir num filho pode depender da idade desse filho. Se ela tiver de fazer uma escolha direta entre salvar a vida de um filho ou a de outro, e se aquele que não for salvo estiver condenado a morrer, é de esperar que ela prefira ficar com o mais velho. Isso porque, se o mais velho morrer, ela se arrisca a perder uma proporção maior do investimento parental do que se morrer o irmão mais novo. Talvez uma maneira melhor de explicar isso seja a seguinte: se a mãe salvar o filho mais novo, terá ainda de investir nele alguns recursos valiosos para que ele possa vir a alcançar a idade do irmão mais velho.

Por outro lado, se não se tratar de uma escolha inflexível entre a vida e a morte, a melhor aposta poderá ser no filho mais novo. Por exemplo, suponhamos que o seu dilema seja dar certa quantidade de alimento a um filho pequeno ou a um filho mais velho. Este último provavelmente se mostrará mais capaz de obter o próprio alimento, se não for ajudado. Deste modo, se a mãe deixar de alimentá-lo, ele não virá necessariamente a morrer. Por outro lado, se a mãe optasse por dar o alimento ao mais velho, seria maior a probabilidade de o filho pequeno, ainda jovem demais para procurar alimento sozinho, morrer. Nesse caso, apesar de a mãe preferir que fosse o mais novo a morrer, ela poderia, mesmo assim, escolher dar o alimento ao mais jovem, dado que o mais velho teria, de qualquer forma, maiores chances de sobreviver. Eis a razão por que os mamíferos desmamam suas crias, em vez de alimentá-las indefinidamente. Chega um momento na vida de um filho em que passa a ser compensador para a mãe dirigir esse investimento para os futuros filhos. Quando esse momento chegar, ocorrerá o desmame. Se uma mãe tivesse meios de saber que um determinado filho havia sido o último, talvez pudesse prosseguir investindo nele pelo resto da vida e, quem sabe, o amamentasse até a idade adulta. Entretanto, ela poderia "ponderar" se não seria mais vantajoso investir nos netos ou nos sobrinhos, uma vez que, embora esses parentes sejam duas vezes mais distantes geneticamente do que seus filhos, talvez eles pudessem extrair desse investimento um proveito duas vezes maior do que um filho faria.

Este parece um bom momento para mencionar o enigmático fenômeno conhecido como menopausa, o término um tanto abrupto da fertilidade da mulher na meia-idade. Talvez isso não ocorresse com tanta frequência nos nossos ancestrais, pois não eram muitas as mulheres que chegavam a essa idade. Mas, ainda assim, a diferença entre a mudança abrupta da vida nas mulheres e o declínio gradual da fertilidade nos homens leva a pensar que existe algo geneticamente "deliberado" na menopausa — que ela é uma "adaptação". Trata-se de um fenômeno um pouco difícil de explicar. À primeira vista, poderíamos esperar que uma mulher seguisse tendo filhos até a exaustão, não obstante, com o passar dos anos, fosse cada vez menos provável que seus filhos sobrevivessem. Por certo que valeria a pena continuar tentando, por que não? Não podemos nos esquecer, contudo, de que ela é também aparentada com os netos, embora o grau de parentesco seja, neste caso, 50% menor do que em relação aos filhos.

Por diversas razões, talvez relacionadas com a teoria de Medawar sobre o envelhecimento (p. 96), as mulheres, na natureza, tornaram-se gradativamente menos eficientes em criar os filhos à medida que envelheciam. Por isso, a expectativa de vida de um filho de uma mãe velha era menor do que a expectativa de vida de um filho de uma mãe jovem. Isso significa que, se uma mulher tivesse um filho e um neto nascidos no mesmo dia, o neto poderia esperar viver mais tempo do que o filho. Quando a mulher atingisse a idade em que a probabilidade de cada filho alcançar a idade adulta fosse menor que a metade da probabilidade de cada neto da mesma idade de alcançar o estágio adulto, um gene para investir preferencialmente nos netos, em vez de investir nos filhos, tenderia a prosperar. Um gene como esse é transportado por apenas um em cada quatro netos, enquanto o gene rival é transportado por um em cada dois filhos, mas a maior expectativa de vida dos netos supera a importância disso, e o gene do "altruísmo dirigido aos netos" prevalece no pool gênico. Uma mulher não poderia investir totalmente nos netos se continuasse a ter os próprios filhos. Por esse motivo, os genes para se tornar reprodutivamente infértil ao chegar à meia-idade ficaram mais numerosos, visto que foram transportados pelos corpos dos netos, cuja sobrevivência foi assegurada pelo altruísmo das avós.

Esta é uma explicação possível para a evolução da menopausa nas fêmeas. A razão pela qual a fertilidade nos machos tende a diminuir gradual, e não abruptamente, talvez esteja vinculada ao fato de que eles não investem tanto quanto as fêmeas em cada filho individual. Desde que possa produzir filhos através de uma mulher jovem, sempre valerá a pena, mesmo para um homem de idade bastante avançada, investir nos filhos, e não nos netos.

Até agora, neste capítulo e também no anterior, toda a discussão foi conduzida a partir do ponto de vista dos pais, sobretudo da mãe. Perguntamos se seria possível esperar que os pais tivessem filhos preferidos e, de modo geral, qual seria a melhor política de investimento a ser seguida por um progenitor. Mas talvez cada filho pudesse influenciar na quantidade de investimento que os pais dedicam a ele, em comparação com seus irmãos. Mesmo que os pais não "queiram" demonstrar favoritismo entre os filhos, poderiam os filhos obter para si um tratamento especial? Seria vantajoso para eles? Mais especificamente, será que os genes para a obtenção egoísta de maior investimento parental se tornam mais numerosos no pool de genes do que os alelos rivais para aceitar somente o seu próprio quinhão de investimento parental? Essa questão foi brilhantemente analisada por Trivers, num artigo de 1974, intitulado "Parent-offspring conflict" [O conflito entre progenitores e descendentes].

Uma mãe tem o mesmo grau de parentesco com todos os seus filhos, nascidos ou por nascer. Em termos estritamente genéticos, como vimos, ela não deverá ter filhos prediletos. Se demonstrar favoritismo, este deverá basear-se em diferenças relativas à expectativa de vida, que dependem da idade e de outras circunstâncias. Como qualquer outro indivíduo, a mãe é duas vezes mais "aparentada" consigo própria do que com qualquer dos seus filhos. Não havendo outros fatores significativos em jogo, tem-se que ela deveria investir, egoisticamente, a maioria dos seus recursos em si mesma. Há, no entanto, outros fatores em jogo. Seus genes poderão ser mais beneficiados se ela investir boa parte dos seus recursos nos filhos. Isso porque eles são mais jovens e indefesos que ela, e podem extrair mais proveito de cada unidade de investimento do que ela própria poderia. Os genes para investir preferencialmente em indivíduos mais indefesos, em detrimento de si, podem prevalecer no pool gênico, embora os beneficiários possam compartilhar apenas uma proporção dos genes do indivíduo. É por isso que os animais demonstram altruísmo parental, e é, com efeito, por isso que eles demonstram qualquer tipo de altruísmo de seleção de parentesco.

Vejamos agora o ponto de vista de um filho. Ele é tão aparentado com cada um dos seus irmãos e irmãs quanto com sua mãe. O grau de parentesco é meio em todos os casos. Deste modo, ele "quer" que a sua mãe invista uma parcela dos seus recursos em seus irmãos e irmãs. Geneticamente falando, ele apresenta em relação aos irmãos a mesma disposição altruísta que tem a sua mãe. Mas, por ser duas vezes mais "aparentado" a si próprio do que a qualquer irmão ou irmã, isso o induzirá ao desejo de que a mãe invista mais nele do que em qualquer dos irmãos em particular, desde que não estejam em jogo outros fatores significativos. Neste caso, pode ser que realmente inexistam outros fatores em jogo. Se o leitor e seu irmão forem da mesma idade, e ambos estiverem em posição de se beneficiar igualmente de meio litro de leite materno, o leitor "deverá" tentar obter mais do que a cota que lhe cabe, e o mesmo se passa com seu irmão. Você nunca ouviu os leitõezinhos guinchando para serem os primeiros a chegar até a mãe quando ela se deita para amamentá-los? Ou garotinhos brigando pela última fatia de bolo? A ganância egoísta parece caracterizar boa parte do comportamento infantil.

Porém, há mais do que isso em questão. Se eu estiver competindo com o meu irmão por um bocado de alimento, e se ele for muito mais novo, de modo a se beneficiar mais do alimento do que eu, talvez seja vantajoso para meus genes deixar que ele o coma. Um irmão mais velho pode ter exatamente as mesmas motivações para o altruísmo que um pai ou uma mãe: em ambos os casos, como vimos, o grau de parentesco é meio e, também em ambos os casos, o indivíduo mais jovem poderá fazer melhor uso de um determinado recurso do que o mais velho. Se eu possuir um gene para ceder o alimento, há 50% de probabilidade de que meu irmão mais novo carregue o mesmo gene. Embora o gene tenha o dobro de probabilidade de estar no meu corpo — pois 100% dos meus genes *estão* no meu corpo —, talvez a minha necessidade de alimento seja muito menos urgente que a do meu irmão. Em geral, uma criança "deveria" tentar obter mais do que a sua devida parcela do investimento parental, mas apenas até certo ponto. Até que ponto? Até o ponto em que o custo líquido resultante para seus irmãos e irmãs, nascidos e ainda por nascer, não ultrapasse o dobro do benefício que ela extrai para si mesma.

Consideremos o problema de quando deverá ocorrer o desmame. Uma mãe deseja parar de amamentar o filho para poder se preparar para o filho seguinte. O filho, por seu lado, ainda não quer ser desmamado, uma vez que o leite é uma fonte de alimento conveniente e isenta de quaisquer riscos e uma vez também que ele não quer ter de partir e lutar pelo próprio sustento. Para ser mais exato, ele deseja, futuramente, partir e lutar por seu sustento, mas somente quando for mais proveitoso para seus genes deixar a sua mãe livre para criar os irmãos e irmãs do que permanecer, ele próprio, nesse lugar. Quanto mais velho for o filho, menor o benefício que ele extrai, proporcionalmente, de cada litro de leite. Isso acontece porque, sendo ele maior, essa porção de leite corresponderá apenas a uma pequena parte das suas necessidades. Além disso, ele se torna pouco a pouco mais capaz de prover a própria subsistência, caso tenha necessidade. Assim, quando uma criança mais velha consome um litro de leite que poderia ter sido investido num irmão mais novo, está tomando para si, proporcionalmente, mais investimento parental do que quando uma criança mais nova consome a mesma medida. À medida que a criança cresce, chega o momento em que passa a ser vantajoso para a mãe deixar de amamentá-la e, então, investir num novo filho. Um pouco mais tarde virá o momento em que, também do ponto de vista dos genes do filho mais velho, o desmame se mostra vantajoso. Este será o momento em que o leite poderá fazer mais pelas cópias dos seus genes que *possam estar presentes* em seus irmãos e irmãs do que poderia fazer pelos genes que *estão presentes* em si próprio.

O desacordo entre a mãe e a criança não tem caráter absoluto, e sim quantitativo. Neste caso, trata-se de um desacordo em relação ao momento oportuno para a ocorrência do desmame. A mãe quer continuar a amamentar o filho até o momento em que o investimento nele atinge o seu quinhão "justo", levando em conta a expectativa de vida desse filho e os recursos já investidos. Até aqui não há nenhuma discordância. Do mesmo modo, mãe e filho estão de acordo quanto à interrupção da amamentação quando o custo para os filhos futuros tiver ultrapassado o dobro do benefício para o filho já existente. Entretanto, há discordância entre a mãe e o filho durante o período intermediário, o período em que, do ponto de vista da mãe, a criança está recebendo mais do que a sua cota, embora o custo para as crianças futuras ainda não tenha atingido o dobro do benefício para aquela criança em particular.

O momento do desmame é apenas um exemplo dos motivos de disputa entre a mãe e o filho. Poderia ser visto também como uma disputa entre o indivíduo e todos os seus irmãos e irmãs por nascer, com a mãe tomando o partido dos filhos futuros. Mais diretamente, poderá haver competição pelo investimento materno entre rivais contemporâneos, ou seja, entre companheiros da mesma ninhada. Neste caso, uma vez mais, a mãe normalmente tentará assegurar uma distribuição justa.

As crias de muitas espécies de aves são alimentadas no ninho pelos pais. Elas abrem o bico e gritam e um dos pais deixa cair uma minhoca ou outro bocado de alimento em sua boca. A intensidade com que cada filhote grita é, idealmente, proporcional à sua fome. Portanto, se os pais derem sempre um bocado de alimento àquela que gritar mais, cada cria tenderá a obter a sua cota justa, pois, quando um filhote já estiver satisfeito, passará a gritar mais baixo. Pelo menos isso é o que esperaríamos encontrar no melhor dos mundos possíveis — se os indivíduos não trapaceassem uns aos outros. Contudo, à luz do nosso conceito de gene egoísta, temos de esperar que os indivíduos *trapaceiem e mintam* acerca da intensidade da sua fome. Esse processo se desenvolverá num crescendo, inutilmente ao que parece, visto que, se todos estiverem mentindo ao gritar alto demais, o volume de som resultante passará a ser a norma, e deixará, na prática, de ser uma mentira. No entanto, não será possível retroceder, porque o filhote que der o primeiro passo diminuindo a intensidade do seu grito será penalizado, recebendo menos alimento e enfrentando então maior probabilidade de morrer. Os gritos dos filhotes só não continuam a aumentar de intensidade indefinidamente porque os gritos altos demais tendem a atrair predadores e consomem energia.

Às vezes, como vimos, pode acontecer de um membro da ninhada nascer pequeno e menos desenvolvido do que os demais. É incapaz de lutar pela sua porção de alimento do mesmo modo que os irmãos e quase sempre morre. Já consideramos as condições sob as quais seria vantajoso para a mãe deixá-lo morrer. Poderíamos supor intuitivamente que o filhote subdesenvolvido seguiria lutando até o fim, mas a teoria não prevê isso necessariamente. Quando uma cria é tão fraca e pequena que a sua expectativa de vida se reduz a ponto de o benefício que extrai do investimento parental ser inferior à metade do benefício que esse mesmo investimento poderia, potencialmente, conferir aos outros filhotes, ela deveria aceitar, digna e voluntariamente, a sua morte. Esse é o maior benefício que ela pode prestar a seus genes, o que equivale a dizer que um gene que dê a instrução "Corpo, se você for muito menor que os seus irmãos de ninhada, desista de lutar e morra" seria bem-sucedido no pool gênico, pois ele tem 50% de probabilidade de estar também no corpo de cada irmão ou irmã salvos, ao passo que suas chances de sobreviver no corpo de uma cria mal desenvolvida são, de toda forma, muito pequenas. Deve haver um ponto na vida de uma cria pouco desenvolvida a partir do qual não há mais retorno. Antes de atingi-lo, ela deveria continuar a lutar. Tão logo o atingisse, deveria desistir e, preferencialmente, deixar-se comer pelos seus irmãos ou seus progenitores.

Ao discutir a teoria de Lack acerca do tamanho da ninhada, deixei de mencionar uma estratégia razoável para uma mãe que esteja indecisa sobre o tamanho ótimo da sua ninhada para o ano corrente. Ela poderia botar um ovo a mais do que o número que "pensa" ser realmente o tamanho ótimo. Então, se os recursos alimentares naquele ano forem mais abundantes do que o esperado, ela poderá criar o filhote extra. Caso contrário, pode reduzir o seu prejuízo. Tomando o cuidado de alimentar os filhotes sempre na mesma ordem — de tamanho, por exemplo —, ela garante que um deles, talvez o menos desenvolvido, morra rapidamente, sem gerar muito desperdício de alimento, além do investimento inicial no vitelo do ovo ou no seu equivalente. Do ponto de vista da mãe, esta pode ser a explicação do fenômeno da cria mal desenvolvida. Ela representa uma espécie de seguro contra perdas, no tocante à aposta da mãe — isso já foi observado em muitas espécies de aves.

Usando a nossa metáfora do animal individual como uma máquina de sobrevivência que se comporta como se tivesse o "propósito" de preservar seus genes, poderemos falar de um conflito entre pais e filhos, um conflito de gerações. Trata-se de uma guerra sutil, mas em que não há limites de nenhum dos lados. Um filho não perderá nenhuma oportunidade de trapacear. Ele fingirá estar mais faminto do que realmente está, que é mais novo do que na realidade é, ou que se encontra em maior perigo do que ocorre na verdade. Ele é demasiado pequeno e fraco para intimidar os pais fisicamente, porém usará todas as armas psicológicas ao seu dispor: mentir, enganar, dissimular, explorar, até o ponto em que comece a penalizar mais seus parentes do que o grau de parentesco genético com eles deveria permitir. Os pais, por seu lado, deverão se manter alertas para esse comportamento, e tentarão não se deixar enganar. Essa pode parecer uma tarefa fácil. Se os pais sabem que o filhote provavelmente mentirá sobre a intensidade da sua fome, poderão adotar a tática de dar-lhe uma quantidade fixa de alimento, e não mais que essa quantidade, ainda que ele continue a gritar. O problema dessa estratégia é que talvez o filhote não esteja mentindo, e se ele morrer em consequência de não ter sido alimentado, os pais terão perdido alguns preciosos genes. Na natureza, os pássaros podem morrer após algumas poucas horas sem alimento.

A. Zahavi sugeriu uma forma particularmente diabólica de chantagem infantil: o filhote grita com vistas a atrair deliberadamente os predadores para o ninho. Ele está "dizendo": "Raposa, raposa, venha me pegar". A única maneira de os pais impedirem que ele siga gritando é alimentando-o. Assim, o filhote obtém uma quantidade de alimento superior à sua cota, mas não sem correr, ele próprio, algum risco. O princípio dessa tática implacável é o mesmo do sequestrador que ameaça explodir o avião em que se encontra, a menos que lhe seja entregue um resgate. Não estou certo de que tal estratégia pudesse ser favorecida pela evolução, não porque seja excessivamente cruel, mas apenas porque duvido que ela valesse a pena para o filhote chantagista. Ele teria muito a perder caso um predador viesse realmente. Isso fica evidente quando se trata de um filho único, que é o caso examinado por Zahavi. Independentemente de quanto a mãe já tenha investido nele, o filho valorizará mais a própria vida do que a mãe o faz, dado que esta compartilha com ele somente metade dos seus genes. Ademais, trata-se de uma tática pouco vantajosa, não obstante o chantagista fizesse parte de uma ninhada de crias vulneráveis, todas juntas no ninho, pois o chantagista correria um "risco" genético de 50% por cada um dos irmãos ameaçados, além de um risco de 100% referente à sua vida. Suponho que a teoria poderia funcionar, talvez, se o predador principal tivesse o hábito de escolher como presa o maior filhote da ninhada. Neste caso, seria vantajoso para um filhote de menor tamanho empregar a ameaça de atrair um predador, já que ele não correria um risco muito grande. Isso seria análogo a apontar uma arma para a cabeça de um irmão, no lugar de ameaçar atirar contra si próprio.

De forma mais plausível, a tática da chantagem poderia mostrar-se vantajosa para um filhote de cuco. Como se sabe, a fêmea do cuco bota um ovo em cada um dos diversos ninhos "adotivos", e então deixa que os pais adotivos involuntários, de outra espécie, criem o jovem cuco. Assim, uma cria de cuco não tem nenhum interesse genético nos seus irmãos adotivos. (Em algumas espécies de cucos, os filhotes não terão irmãos adotivos, por uma razão sinistra que será explicada mais adiante. Por ora, assumirei que estamos lidando com uma das espécies em que os irmãos adotivos coexistem com o filhote de cuco.) Se uma cria de cuco gritasse alto o suficiente para atrair predadores, teria muito a perder — a própria vida —, mas a mãe adotiva teria ainda mais a perder, talvez quatro dos seus filhotes. Portanto, poderia ser vantajoso para a mãe lhe dar mais alimento do que o correspondente à sua cota, e a vantagem que o cuco extrairia disso poderia superar o risco enfrentado por ele.

Esta é uma das ocasiões em que, para nos certificarmos de que não nos deixamos levar longe demais pelas metáforas subjetivas, seria prudente retornar à respeitável linguagem dos genes. Qual o real significado de formular a hipótese de que os filhotes de cuco fazem chantagem com os pais adotivos, gritando "Predador, predador, venha me pegar e a todos os meus irmãozinhos"? Em termos genéticos, eis o que acontece.

Os genes para os gritos espalhafatosos tornaram-se mais numerosos no pool gênico dos cucos porque aumentaram a probabilidade de que os filhotes dessa espécie fossem alimentados pelos pais adotivos. Estes, por sua vez, tiveram tal reação porque os genes para responder aos gritos também se disseminaram no pool gênico da sua espécie. Explica-se: os indivíduos da espécie adotiva que não forneceram alimento extra aos cucos terminaram com um número menor de filhotes da sua própria espécie — criaram menos filhotes do que os pais rivais, que deram uma cota maior de alimento às crias de cuco deixadas em seus ninhos, e isso ocorreu porque os predadores foram atraídos para o ninho pelos gritos do cuco. Embora os genes do cuco para não gritar tivessem menos probabilidade de acabar no estômago dos predadores do que os genes para gritar, os cucos não gritadores pagavam a penalidade maior de não receber rações extra. Assim, os genes para gritar se multiplicaram no pool gênico dos cucos.

Um raciocínio genético semelhante, aplicado ao argumento mais subjetivo apresentado acima, mostraria que, a despeito de um gene para a chantagem poder se disseminar no pool gênico dos cucos, seria improvável que ele se disseminasse no pool gênico de uma espécie comum, pelo menos no que diz respeito ao efeito específico de os gritos atraírem predadores. É claro que numa espécie comum poderiam existir outras razões para que os genes para gritar se multiplicassem, como já vimos, e estes teriam *incidentalmente* o efeito ocasional de atrair predadores. Mas, aqui, a influência seletiva da predação seria tornar os gritos menos intensos. No caso hipotético dos cucos, o resultado da influência dos predadores, por mais paradoxal que pareça, seria torná-los mais intensos.

De um modo ou de outro, não há evidências que comprovem que os cucos e outras aves semelhantes, de hábitos parasitas, utilizem realmente a tática chantagista. Entretanto, não há dúvida de que crueldade não lhes falta. Existem aves, como os *honeyguides*,* por exemplo, que, tal como os cucos, botam seus ovos nos ninhos de outras espécies. O filhote desse pássaro nasce equipado com um bico curvo e afiado. Logo que eclode, ainda cego, sem penas e, de resto, totalmente indefeso, apunhala até a morte seus irmãos adotivos: mortos, os irmãos não competirão pelo alimento! O cuco comum da Grã-Bretanha alcança o mesmo resultado de maneira ligeiramente diferente. O seu período de incubação é curto, por isso a cria consegue eclodir antes dos irmãos e irmãs rivais. Logo que nasce, num gesto cego e mecânico, mas com uma eficiência devastadora, atira os outros ovos para fora do ninho. Colocando-se por debaixo de um ovo a cada vez, ele o encaixa numa depressão situada no seu dorso. Então, move-se para trás, sobe lentamente a parede do ninho, equilibrando o ovo entre os cotos de suas asas, e o atira em direção ao solo. Repete o procedimento com todos os ovos, até que tenha o ninho e, em consequência, a atenção dos pais adotivos, inteiramente para si.

Um dos fatos mais notáveis que aprendi no ano passado foi relatado pelos pesquisadores espanhóis F. Alvarez, L. Arias de Reyna e H. Segura. Eles estavam estudando a capacidade de os pais adotivos potenciais — as vítimas dos cucos — detectarem intrusos, ou seja, tanto os ovos como as crias de cucos. No decorrer de seus experimentos, tiveram a oportunidade de colocar ovos e crias de cucos em ninhos de pegas, e, para comparação, também ovos e crias de outras espécies, como a andorinha. Numa ocasião, introduziram um filhote de andorinha num ninho de pega. No dia seguinte, verificaram que um dos ovos de pega se encontrava caído no chão, sob o ninho. Como não havia

---

* Pássaros da família africana *Indicatoridae*, que, com seu grito peculiar, guiam os homens até as colmeias. (N. T.)

se quebrado, recolocaram-no no ninho e aguardaram. O que observaram foi algo verdadeiramente extraordinário. O filhote de andorinha, comportando-se como se fosse um filhote de cuco, atirou o ovo para fora. Os pesquisadores mais uma vez o depositaram no ninho e o mesmo aconteceu. O filhote de andorinha empregou o método do cuco, de equilibrar o ovo nas costas, entre os cotos das asas, subir de costas a parede do ninho e atirá-lo para fora.

Talvez sabiamente Alvarez e seus colegas não tentaram explicar a sua espantosa observação. Como poderia tal comportamento ter evoluído no pool de genes das andorinhas? Ele terá de corresponder a alguma coisa na vida normal de uma andorinha. Mas não é comum que os filhotes de andorinhas se encontrem nos ninhos de pegas. Em geral, eles não permanecem em nenhum outro ninho que não os da sua espécie. Poderia esse comportamento, de algum modo, representar a evolução de uma adaptação anticucos? Teria a seleção natural favorecido uma política de contra-ataque no pool gênico das andorinhas, ou seja, favorecido os genes para combater os cucos utilizando as armas por eles empregadas? Pode ser que assim se explique por que os ninhos das andorinhas, normalmente, não são parasitados pelos cucos. De acordo com essa teoria, os ovos de pega, no experimento, estariam, acidentalmente, recebendo o mesmo tratamento, talvez porque, como os ovos de cuco, sejam maiores que os ovos das andorinhas. Contudo, se um filhote de andorinha pode distinguir um ovo grande de um ovo normal da sua espécie, decerto a sua mãe também poderá fazê-lo. Neste caso, por que não é a mãe que se incumbe de jogar fora o ovo do cuco, já que seria bem mais fácil para ela? Idêntica objeção se aplicaria à hipótese de que o comportamento do filhote da andorinha serve comumente para remover do ninho os ovos podres e outros tipos de entulho. De novo, essa tarefa seria — e é — mais bem desempenhada pela mãe. O fato de que se tenha observado que a difícil e especializada tarefa de deitar o ovo fora foi levada a cabo por uma cria fraca e indefesa, quando um adulto com certeza a teria feito com muito mais facilidade, me induz a concluir que, do ponto de vista dos pais, o filhote não tem boas intenções.

Parece-me concebível que a verdadeira explicação nada tenha a ver com os cucos. Embora a ideia nos cause arrepios, não seria isso o que os filhotes de andorinha fazem costumeiramente uns com os outros? Dado que o primogênito irá competir pelo investimento parental com os irmãos e irmãs que ainda não saíram dos ovos, poderia ser vantajoso para ele começar a vida atirando fora um dos outros ovos do ninho.

A teoria de Lack considera o tamanho ótimo da ninhada do ponto de vista dos pais. Para uma mãe andorinha, o tamanho ótimo da ninhada será, por exemplo, de cinco ovos. Mas, para um filhote de andorinha, o tamanho ótimo de ninhada poderá ser um número bem menor, contanto que ele próprio esteja incluído nela! A mãe dispõe de uma quantidade de investimento parental que "deseja" distribuir equitativamente entre seus cinco filhotes. Porém, cada um dos filhotes quer mais do que o quinhão que lhe cabe desse investimento, que é um quinto. Ao contrário do cuco, o filhote não o quer só para si, uma vez que é aparentado aos outros filhotes. Mas é certo que ele quer mais do que um quinto. Ele poderá obter uma cota de um quarto com o simples gesto de atirar fora um ovo; se atirar mais outro, ficará com um terço. Ao traduzir isso para a linguagem dos genes, parece concebível que um gene para o fratricídio pudesse se disseminar no pool gênico, pois ele terá 100% de probabilidade de se encontrar no corpo do indivíduo fratricida, e apenas 50% de chance de estar igualmente no corpo de sua vítima.

A principal objeção a essa teoria é que é muito difícil acreditar que ninguém tivesse tido a oportunidade de observar tal comportamento diabólico se ele realmente ocorresse. Não tenho uma explicação convincente a respeito. Há diferentes raças de andorinhas em diversas partes do mundo. Sabe-se que a raça espanhola difere da britânica, por exemplo, em alguns aspectos. A raça espanhola não tem sido submetida ao mesmo grau de observação intensiva que a britânica, e me parece possível que o fratricídio ocorra, sem que tenha sido constatado até o momento.

A razão pela qual sugiro aqui uma hipótese tão improvável como a do fratricídio é que pretendo defender um argumento geral, o argumento de que o comportamento implacável do filhote de cuco não é senão um caso extremo daquilo que deve ocorrer em qualquer família. Irmãos bilaterais são mais aparentados entre si do que um filhote de cuco aos seus irmãos adotivos, mas a diferença consiste apenas numa questão de grau. Ainda que não possamos acreditar que o fratricídio direto pudesse evoluir, deve haver numerosos exemplos de egoísmo menos exacerbado em que o custo para a criança, na forma de perdas para os irmãos, seja superado, numa proporção maior do que dois para um, pelo seu benefício pessoal. Em tais casos, como no exemplo do desmame, há um verdadeiro conflito de interesses entre pais e filhos.

Quem tem mais probabilidade de vencer o conflito de gerações? R. D. Alexander escreveu um artigo interessante em que sugere que há uma resposta geral para essa pergunta. De acordo com ele, os pais ganham sempre.[2] Bem, se assim for, o leitor terá perdido o seu tempo na leitura deste capítulo. No entanto, se Alexander estiver certo, muita coisa interessante decorrerá disso. Por exemplo, o comportamento altruísta de um indivíduo poderia evoluir, não em benefício dos próprios genes, mas unicamente em benefício dos genes dos seus progenitores. A manipulação parental, para usar o termo de Alexander, converte-se numa causa evolutiva alternativa do comportamento altruísta, independente da seleção direta de parentesco. Por esse motivo, é importante que analisemos a argumentação de Alexander e que nos convençamos de haver compreendido por que é que ele está errado. Isso deveria ser mostrado matematicamente, na verdade, porém tenho evitado o uso explícito da matemática neste livro e, mesmo sem recorrer a ela, é possível dar uma ideia intuitiva do que há de equivocado na tese de Alexander.

O argumento genético fundamental dessa tese está contido na seguinte citação: "Suponha que um filho [...] provocasse uma distribuição desigual dos benefícios parentais em favor próprio, reduzindo, assim, a reprodução global da sua mãe. Um gene que aumente dessa maneira a adaptação de um indivíduo quando criança não poderá deixar de reduzir (ainda em maior grau) a sua adaptação quando ele for um adulto, pois os mesmos genes mutantes estarão presentes, em proporções ainda maiores, nos descendentes mutantes desse mesmo indivíduo". O fato de Alexander referir-se a um gene que acabou de sofrer uma mutação não é fundamental para o argumento. Será preferível considerarmos um gene raro herdado de um dos pais. O termo "adaptação" tem o sentido técnico específico de sucesso reprodutivo. O que Alexander está dizendo é basicamente o que descrevo a seguir. Um gene que tenha levado um indivíduo a obter mais do que o seu quinhão quando criança, em detrimento da capacidade reprodutiva global dos seus progenitores, poderia, de fato, aumentar sua probabilidade de sobrevivência. Mas, ao tornar-se adulto, ele pagaria um preço por isso, uma vez que os seus descendentes tenderiam a herdar o mesmo gene egoísta, o que reduziria o seu sucesso reprodutivo total. Ele cairia na própria armadilha. Portanto, o gene em questão não poderá ser bem-sucedido e os pais deverão sempre vencer o conflito.

É legítimo suspeitar de imediato deste argumento, pois ele se assenta na suposição de uma assimetria genética que, na realidade, não existe. Alexander emprega os termos "progenitor" e "descendente" como se houvesse uma diferença genética fundamental entre eles. Como vimos, embora existam diferenças *práticas* entre pai e filho — como a idade mais avançada dos pais, por exemplo, e o fato de que os filhos são gerados pelos pais —, não há, com efeito, assimetria *genética* alguma entre eles. A relação de parentesco é de 50%, seja de que ângulo for. Para ilustrar, vou repetir as palavras usadas por Alexander, mas agora invertendo "progenitor", "criança" e outros termos apropriados: "Suponha que um *progenitor* tivesse um gene que provocasse uma distribuição *equitativa* dos benefícios parentais. Um gene que aumente dessa maneira a adaptação de um indivíduo quando ele se torna um *progenitor* não pode ter deixado de reduzir a sua adaptação (em grau ainda maior) quando ele era *criança*". Chegamos assim à conclusão oposta à de Alexander — a saber, que, em todo conflito entre pais e filhos, os filhos sempre vencem!

Obviamente, há algo de errado aqui. Os dois argumentos foram apresentados de maneira demasiado simplista. Minha intenção ao inverter a citação de Alexander não é comprovar a hipótese oposta à dele, mas mostrar que não se pode argumentar dessa forma, artificialmente assimétrica. Tanto o argumento de Alexander como a inversão que fiz dele estão errados, porque consideram o problema do ponto de vista de um *indivíduo* — o progenitor, no caso de Alexander, e o filho, no nosso caso. Acredito que seja muito fácil cometer esse tipo de erro quando se emprega o termo técnico "adaptação". Eis por que o evitei neste livro. Só há realmente uma entidade cujo ponto de vista interessa na evolução, e essa entidade é o gene egoísta. Nos corpos jovens, os genes serão selecionados pela sua habilidade para superar em esperteza os progenitores. Nos corpos dos pais, os genes serão selecionados pela sua habilidade de superar em esperteza os jovens. Não existe paradoxo no fato de os mesmos genes se encontrarem sucessivamente num corpo jovem e num corpo de um pai ou de uma mãe. Os genes são selecionados por sua capacidade de fazer o melhor uso possível dos instrumentos de poder à sua disposição: eles explorarão as oportunidades com que se depararem na prática. Quando um gene se encontra num corpo jovem, suas oportunidades serão diferentes, em termos práticos, daquelas que terá quando se encontrar no corpo de um progenitor. A política ótima a seguir, portanto, será diferente nos dois estágios da história de vida do seu corpo. Não há razão para supor, como faz Alexander, que a política ótima num momento posterior deve necessariamente prevalecer sobre a primeira.

Existe outro modo de formular o argumento contra a hipótese de Alexander. Ele assume tacitamente a existência de uma falsa assimetria entre as relações pai/filho, de um lado, e irmão/irmã, de outro. O leitor se recordará de que, segundo Trivers, o custo, para um filho egoísta, de obter mais que a sua cota justa de investimento parental é o risco de perder os irmãos, e, com cada um deles, a cópia de metade dos seus genes, razão pela qual ele só luta por isso até certo ponto. Entretanto, os irmãos são apenas um caso especial de familiares com 50% de parentesco. Os próprios filhos futuros do filho egoísta não são nem mais nem menos "valiosos" para ele do que seus irmãos. Logo, o custo líquido total de aquinhoar-se de uma parcela maior dos recursos que lhe cabem deveria ser medido, na verdade, não somente em relação aos irmãos perdidos, mas também em relação à perda de descendentes futuros, devido ao egoísmo existente entre eles. A hipótese de Alexander sobre a desvantagem de o egoísmo juvenil propagar-se aos próprios descendentes, reduzindo o sucesso reprodutivo do indivíduo no longo prazo, está correta, porém implica apenas que ela terá de ser somada aos demais custos da equação. Ainda assim, será compensador para um filho comportar-se de maneira egoísta, contanto que o benefício líquido chegue pelo menos à metade do custo líquido para os parentes próximos. E por "parentes próximos" deve-se entender não só os irmãos, mas igualmente os próprios filhos futuros. Um indivíduo deverá considerar o seu bem-estar duas vezes mais valioso do que o bem-estar dos seus irmãos, de acordo com a premissa básica de Trivers. Mas deveria também considerar o seu próprio bem-estar duas vezes mais valioso do que o dos seus filhos futuros. A conclusão de Alexander de que há uma vantagem intrínseca do lado dos pais no conflito de interesses não é correta.

Além do seu argumento genético fundamental, Alexander apresenta algumas afirmações práticas que derivam da existência de assimetrias incontestáveis na relação entre pai e filho. O progenitor é o parceiro ativo, aquele que realmente trabalha para obter alimento etc., e está, portanto, na posição de quem dá as cartas. Se ele decide suspender o seu trabalho, o filho pouco poderá fazer a respeito, uma vez que é menor e mais fraco e não tem condições de contra-atacar. Desse modo, o progenitor está em posição de impor a sua vontade, independentemente do que o filho possa querer. Não existe nenhum erro óbvio neste argumento, já que, em tais circunstâncias, a assimetria postulada é uma assimetria real. Os pais são efetivamente maiores, mais fortes e mais experientes. Eles parecem controlar todas as regras do jogo. Só que os filhos também possuem algumas cartas na manga. Por exemplo, é importante para o progenitor saber quão faminto cada filho está, a fim de que possa distribuir o alimento com mais eficiência. Ele poderia, é claro, dividir o alimento igualitariamente entre todos os filhos, mas, no melhor dos mundos possíveis, isso seria menos eficiente do que dar um pouquinho a mais àqueles que genuinamente fossem capazes de extrair maior proveito dessa cota extra. Um sistema no qual cada um dos filhos dissesse aos pais qual a intensidade da sua fome seria ideal para estes últimos, e, como vimos, um tal sistema parece ter se desenvolvido de fato. Os filhotes, porém, estão em condições de mentir, pois *sabem* exatamente quanta fome estão sentindo, ao passo que os pais apenas podem *adivinhar* se eles estão dizendo a verdade ou não. É quase impossível para um pai detectar uma pequena mentira, embora ele possa identificar uma grande.

Por outro lado, é vantajoso para os pais saberem quando um filho está feliz, e é igualmente bom para este último ser capaz de comunicar isso aos pais. Sinais como ronronar e sorrir podem ter sido selecionados porque possibilitam aos pais aprenderem quais entre suas ações são mais benéficas para os filhos. A visão de um filho sorrindo ou de um gatinho ronronando é recompensadora para a mãe, no mesmo sentido em que o alimento no estômago é recompensador para um rato num labirinto. Mas, uma vez que um sorriso doce ou um ronronar intenso se tornem recompensadores, a criança estará em condição de utilizar o sorriso ou o ronronar para manipular os pais e obter mais do que o seu quinhão de investimento parental.

Não existe, portanto, nenhuma resposta geral à pergunta "Quem tem maior probabilidade de vencer o conflito de gerações?". O que emergirá, no final das contas, é um acordo de compromisso entre a situação ideal desejada pelo filho e aquela desejada pelos pais. Trata-se de uma batalha comparável à que se trava entre o cuco e os pais adotivos, embora não tão feroz, porque os inimigos têm alguns interesses genéticos em comum — eles são inimigos apenas até certo ponto, ou apenas durante alguns momentos cruciais. Entretanto, muitas das táticas empregadas pelos cucos, táticas de dissimulação e de exploração, podem ser utilizadas pelos filhos, ainda que estes não demonstrem o grau de egoísmo que podemos esperar de um cuco.

Este capítulo e o próximo, em que discutiremos os conflitos entre os parceiros sexuais, podem parecer terrivelmente cínicos, e talvez até mesmo desoladores para os pais humanos, tão dedicados como são a seus filhos e também entre si. Devo de novo ressaltar que não estamos tratando de motivações conscientes. Não se pretende sugerir que as crianças enganam seus pais, deliberada e conscientemente, por causa dos genes egoístas que carregam dentro de si. E, mais uma vez, devo repetir que, ao dizer algo como "Um filho não perderá a oportunidade de trapacear [...] mentir, dissimular, explorar...", não estou defendendo que esse tipo de comportamento é moral ou desejável. Estou simplesmente dizendo que a seleção natural tende a favorecer os filhos que agem assim e que, portanto, quando observarmos as populações na natureza, poderemos esperar encontrar a trapaça e o egoísmo entre os familiares. A frase "Um filho não perderá a oportunidade de trapacear" significa que os genes que tendem a levar a criança a trapacear são vantajosos em relação aos outros genes no pool gênico. Se há uma moral humana a ser extraída de tudo isso, é a de que devemos *ensinar* o altruísmo aos nossos filhos, pois não podemos esperar que ele faça parte da sua natureza biológica.

9. A guerra dos sexos

Se existe conflito de interesses entre pais e filhos, que compartilham 50% dos seus genes, quão mais severo não deverá ser o conflito entre os parceiros sexuais, que não têm parentesco entre si?[1] Tudo o que eles têm em comum é 50% de investimento genético nos mesmos filhos. Uma vez que o pai e a mãe estão interessados no bem-estar de metades diferentes dos mesmos filhos, poderá haver alguma vantagem para ambos em cooperar na criação deles. No entanto, se um dos pais conseguir investir menos em cada filho do que a cota de recursos valiosos que lhe compete, ele ficará em vantagem, já que terá mais recursos disponíveis para investir em outros filhos, de outros parceiros sexuais, e assim propagar um número maior dos seus genes. Pode-se considerar, portanto, que cada um dos parceiros tentará explorar o outro, a fim de forçá-lo a investir mais. Idealmente, o que um indivíduo "gostaria" de fazer (não digo "gostar" no sentido de tirar prazer físico, embora isso também pudesse acontecer) seria copular com o maior número possível de membros do sexo oposto, deixando ao parceiro, em cada caso, a tarefa de criar os filhos.

Como veremos, os machos de certas espécies conseguem fazê-lo, enquanto, noutras espécies, são obrigados a partilhar uma fração igual do fardo de criar os filhos. Essa visão da relação entre os parceiros sexuais, como uma relação de desconfiança e exploração mútuas, tem sido especialmente enfatizada por Trivers. Trata-se de uma visão relativamente nova para os etólogos. Costumávamos pensar no comportamento sexual, na cópula e na corte que a precede como um empreendimento essencialmente cooperativo, levado a cabo em benefício mútuo, ou até mesmo para o bem da espécie!

Vamos voltar aos princípios elementares e investigar a natureza essencial do ser masculino e do ser feminino. No capítulo 3, discutimos a sexualidade sem enfatizar a sua assimetria fundamental. Aceitamos simplesmente que alguns animais são chamados de machos e outros de fêmeas, sem indagar o que tais palavras queriam de fato dizer. Mas qual é a essência da masculinidade? O que, no fundo, define uma fêmea? Como mamíferos, vemos os sexos como algo que se define por conjuntos globais de características — a existência de um pênis, a gestação dos filhos, a amamentação por meio de glândulas especiais que produzem leite, certas características cromossômicas etc. Esses critérios para julgar o sexo de um indivíduo funcionam muito bem no caso dos mamíferos, porém, para animais e plantas de modo geral, não são mais confiáveis do que a tendência para usar calças como critério para definir o sexo de um ser humano. Nos sapos, por exemplo, nenhum dos dois sexos tem um pênis. Talvez, então, as palavras "macho" e "fêmea" não se revistam de um significado geral. Afinal de contas, elas não são mais que palavras, e, se acharmos que não são úteis para descrever os sapos, temos toda a liberdade de abandoná-las. Poderíamos arbitrariamente dividir os sapos em Sexo 1 e Sexo 2, se quiséssemos. No entanto, há uma característica fundamental dos sexos que pode ser usada para classificar os machos como machos e as fêmeas como fêmeas, em todos os animais e plantas. As células sexuais ou "gametas" dos machos são muito menores e mais numerosos do que os gametas das fêmeas. Isso é verdadeiro tanto para os animais como para as plantas. Um grupo de indivíduos tem células sexuais grandes e é conveniente usar o termo "fêmeas" para defini-lo. O outro grupo, que é conveniente chamar de "machos", apresenta células sexuais pequenas. A diferença é pronunciada sobretudo nos répteis e nas aves, em que uma única célula-ovo é grande e nutritiva o bastante para alimentar um filhote em desenvolvimento durante várias semanas. Mesmo nos humanos, em que o óvulo é microscópico, este, ainda assim, é muitas vezes maior que o espermatozoide. Como veremos, é possível interpretar todas as outras diferenças entre os sexos como derivadas dessa diferença básica.

Em certos organismos primitivos — em alguns fungos, por exemplo —, não existem sexos, masculino e feminino, embora ocorra um certo tipo de reprodução sexual. No sistema conhecido como isogamia, os indivíduos não se distinguem entre os dois sexos. Qualquer um deles pode acasalar com qualquer outro. Não existem dois tipos diferentes de gametas — os espermatozoides e os óvulos. Todas as células sexuais, chamadas de "isogametas", são iguais. Os novos indivíduos são formados pela fusão de dois isogametas, cada um deles produzido por divisão meiótica. Se tivermos três isogametas, A, B e C, A poderia fundir-se com B ou C, e B poderia fundir-se com A ou C. O mesmo não se passa com os sistemas sexuais normais. Se A for um espermatozoide e puder fundir-se com B ou C, então B e C terão de ser óvulos e B não poderá fundir-se com C.

Quando dois isogametas se fundem, ambos contribuem com igual número de genes para formar o novo indivíduo e também com quantidades iguais de reservas alimentares. Os espermatozoides e os óvulos contribuem com o mesmo número de genes, contudo a contribuição dos óvulos no que diz respeito às reservas alimentares é muito maior: na verdade, os espermatozoides não contribuem com nada e preocupam-se apenas em transportar seus genes para um óvulo o mais rápido possível. No momento da concepção, portanto, o pai investiu menos nos seus descendentes do que a cota de recursos que lhe competiria (isto é, 50%). Como cada espermatozoide é minúsculo, um macho tem condições de produzir muitos milhões deles por dia. Em consequência, ele é potencialmente capaz de produzir um número muito grande de filhos num período de tempo muito curto, utilizando fêmeas diferentes. Isso só é possível porque, em cada caso, o novo embrião recebe da mãe a quantidade de alimento adequada, o que, portanto, estabelece um limite no número de filhos que uma fêmea pode ter, ao passo que o número de filhos que um macho pode ter é virtualmente ilimitado. A exploração da fêmea começa aqui.[2]

Parker e outros mostraram como essa assimetria pode ter evoluído a partir de uma condição originalmente isogâmica. Nos tempos em que todas as células sexuais eram intercambiáveis e aproximadamente do mesmo tamanho, haveria algumas que, por acaso, eram um pouco maiores. Sob certos aspectos, um isogameta maior teria uma vantagem sobre outro de tamanho médio, em virtude de propiciar um bom começo ao seu embrião, ao lhe fornecer um grande suprimento inicial de alimento. Pode ser, portanto, que tenha havido uma tendência evolutiva em direção a gametas maiores. Mas havia um problema. A evolução de isogametas maiores do que o estritamente necessário teria aberto as portas à exploração egoísta. Os indivíduos que produzissem gametas *menores* do que a média poderiam lucrar, contanto que conseguissem garantir que seus pequenos gametas se fundissem com aqueles excepcionalmente grandes, fazendo-se com que os gametas pequenos adquirissem mais mobilidade e se tornassem capazes de procurar ativamente os maiores. Para um indivíduo, a vantagem de produzir gametas pequenos e rápidos residiria na produção de um número maior de gametas e, portanto, na possibilidade de ter, potencialmente, maior número de filhos. A seleção natural favoreceu a produção de células sexuais pequenas e que procurassem ativamente as grandes, a fim de com elas se fundir. Assim, podemos pensar em duas "estratégias" sexuais divergentes na evolução. Havia o grande investimento ou estratégia "honesta", que abria automaticamente o caminho para uma estratégia exploradora, de baixo investimento. Iniciada a divergência entre as duas estratégias, ela prosseguiria, à maneira de uma bola de neve, ininterruptamente. Os intermediários, de tamanho médio, teriam sido penalizados por não desfrutar das vantagens de nenhuma das duas estratégias mais extremas. Os exploradores teriam se tornado cada vez menores e mais velozes. Os honestos teriam se tornado cada vez maiores, para compensar o tamanho cada vez menor do investimento dos exploradores, e por fim acabariam imóveis, visto que, de todo modo, seriam sempre ativamente procurados pelos exploradores. Cada gameta honesto "preferiria" fundir-se com um outro honesto. Mas a pressão da seleção para excluir os exploradores teria sido mais fraca do que a pressão sobre os exploradores para se esquivarem ao cerco: os exploradores tinham mais a perder e, portanto, venceram a batalha evolutiva. Os gametas honestos se transformaram em óvulos e os exploradores, em espermatozoides.

Os machos, então, parecem ser indivíduos sem muito valor e, raciocinando nos termos do "bem da espécie", poderíamos esperar que eles se tornassem menos numerosos do que as fêmeas. Uma vez que um macho pode, em princípio, produzir espermatozoides suficientes para servir um harém de cem fêmeas, supostamente as fêmeas deveriam exceder o número de machos nas populações animais, numa proporção de cem para um. Outra maneira de exprimir a mesma ideia é dizer que, para a espécie, o macho é mais "dispensável" e a fêmea, mais "valiosa". Do ponto de vista da espécie como um todo, é claro que isso é perfeitamente verdade. Para dar um exemplo extremo, num estudo sobre os elefantes-marinhos, 4% dos machos eram responsáveis por 88% de todas as cópulas observadas. Neste caso, como em muitos outros, há um excesso evidente de machos celibatários que, provavelmente, nunca terão oportunidade de copular durante toda a sua vida. Todavia, exceto por isso, os machos excedentes levam vidas normais e consomem os recursos alimentares da população com o mesmo apetite que os outros adultos. Do ponto de vista do "bem da espécie", temos aqui um enorme desperdício. Os machos excedentes poderiam ser considerados parasitas sociais. Esse é apenas mais um exemplo das dificuldades que cercam a teoria da seleção de grupo. A teoria do gene egoísta, por outro lado, não encontra nenhuma dificuldade em explicar o fato de que o número de machos e de fêmeas tende a ser igual, embora os machos que efetivamente se reproduzem representem uma pequena fração do número total. A explicação foi formulada pela primeira vez por R. A. Fischer.

A questão do número de machos e de fêmeas que nascem é um caso particular de um problema da estratégia parental. Da mesma forma como discutimos o tamanho ótimo da ninhada para um progenitor maximizar a sobrevivência dos seus genes, podemos também discutir a proporção ótima entre os sexos. Será melhor confiar os nossos preciosos genes aos filhos ou às filhas? Suponha que uma mãe tenha investido todos os seus recursos em filhos e, portanto, não tenha mais nada para investir em filhas: em média, ela contribuiria mais para o pool de genes do futuro do que uma mãe rival que tivesse investido em filhas? Os genes para preferir filhos se tornam mais ou menos numerosos do que os genes para preferir filhas? O que Fischer mostrou é que, em circunstâncias normais, a proporção estável entre os sexos é de cinquenta para cinquenta. Para entender por quê, precisamos primeiro saber algumas coisas sobre os mecanismos da determinação do sexo.

Nos mamíferos, o sexo é determinado geneticamente como segue. Todos os óvulos são capazes de dar origem a um macho ou a uma fêmea. São os espermatozoides que carregam os cromossomos que determinam o sexo. Metade dos espermatozoides produzidos por um homem originará fêmeas — são os espermatozoides X —, e a outra metade dará origem aos machos — são os espermatozoides Y. Os dois tipos de espermatozoides parecem iguais. Eles diferem apenas em relação a um cromossomo. Um gene para fazer com que um pai tivesse somente filhas poderia atingir o seu objetivo levando-o a produzir somente espermatozoides X. Um gene para fazer com que uma mãe tivesse somente filhas poderia agir levando-a a secretar um espermicida seletivo, ou fazendo-a abortar os embriões masculinos. O que procuramos é qualquer coisa equivalente a uma estratégia evolutivamente estável (EEE), embora aqui, ainda mais do que no capítulo sobre a agressão, estratégia seja apenas um modo de dizer. Um indivíduo não pode, literalmente, escolher o sexo dos filhos. Mas é possível que existam genes para a tendência a ter filhos de um sexo ou do outro. Se supusermos genes favorecedores de proporções desiguais entre os sexos, terão eles uma probabilidade maior de se tornar mais numeroso no pool gênico do que seus alelos rivais, que favorecem uma proporção igual entre os sexos?

Vamos pressupor que nos elefantes-marinhos mencionados acima surgisse um gene mutante que tendesse a fazer com que os pais tivessem principalmente filhas. Uma vez que não há escassez de machos na população, as filhas não teriam dificuldades para arranjar parceiros sexuais e o gene para a produção de filhas poderia se disseminar. A proporção entre os sexos na população poderia então começar a se desviar na direção do excesso de fêmeas. Do ponto de vista do bem da espécie, não seria um problema, já que, como vimos, bastam alguns machos para fornecer todos os espermatozoides necessários, mesmo para um número muito superior de fêmeas. Superficialmente, portanto, poderíamos esperar que o gene para a produção de filhas continuasse se multiplicando até que a proporção entre os sexos ficasse tão desequilibrada que os poucos machos restantes, trabalhando no máximo de suas forças, mal pudessem dar conta do recado. Agora, porém, considere a enorme vantagem genética desfrutada por aqueles poucos pais que tiverem filhos machos. Qualquer um que invista num filho macho tem boa probabilidade de vir a ser o avô de centenas de elefantes-marinhos. Aqueles que produziram apenas filhas asseguram para si alguns poucos netos, mas isso não é nada se comparado às possibilidades genéticas gloriosas que se abrem àqueles especializados em filhos machos. Portanto, os genes para produzir filhos machos tenderão a se tornar mais numerosos e o pêndulo balançaria novamente para trás.

Para simplificar, falei em termos de movimento pendular. Na prática, nunca teria sido possível ao pêndulo balançar tanto no sentido da dominância feminina, pois a pressão para ter filhos do sexo masculino teria começado a se fazer sentir tão logo a proporção entre os sexos se tornasse desigual. A estratégia de produzir um número igual de filhos e de filhas é uma estratégia evolutivamente estável no sentido de que todo gene que provoque um desvio para um lado ou para o outro só perderá com isso.

Contei essa história em termos do número de filhos do sexo masculino versus o número de filhas. Fiz isso para simplificá-la, mas, para sermos rigorosos, ela deveria ser descrita em relação ao investimento parental, ou seja, em termos do alimento e dos demais recursos que um pai tem a oferecer, medidos da maneira já discutida no capítulo anterior. Os pais devem *investir* igualmente em filhos e filhas, o que significa que devem ter a mesma quantidade de filhos e de filhas. No entanto, poderia haver proporções desiguais entre os sexos que fossem evolutivamente estáveis, desde que quantidades correlativamente desiguais de recursos fossem investidas em filhos e em filhas. No caso dos elefantes-marinhos, a política de ter três vezes mais filhas do que filhos, fazendo, porém, de cada filho um supermacho ao investir nele três vezes mais, tanto dos recursos alimentares como de outros recursos, poderia ser estável. Investindo mais alimento num filho e tornando-o grande e forte, um pai poderia aumentar suas chances de ganhar o prêmio supremo de um harém. Mas trata-se aqui de um caso especial. Em geral, o investimento num filho varão será aproximadamente igual ao investimento numa filha e a proporção entre os sexos, em termos numéricos, será quase sempre de um para um.

Na sua longa jornada através das gerações, portanto, um gene médio passará cerca de metade do seu tempo em corpos masculinos e a outra metade em corpos femininos. Alguns efeitos genéticos manifestam-se apenas nos corpos de um dos sexos. São os chamados efeitos gênicos ligados ao sexo. Um gene que controla o tamanho do pênis exprime tal efeito somente nos corpos dos machos, mas é transportado também em corpos femininos, onde poderá acarretar um efeito completamente diferente. Não há nenhum motivo para supor que um homem não possa herdar de sua mãe a tendência para desenvolver um pênis longo.

Seja qual for o tipo de corpo em que se encontre, podemos esperar que um gene aproveite o melhor possível as oportunidades que lhe são oferecidas. Tais oportunidades poderão muito bem diferir, conforme o corpo seja de um macho ou de uma fêmea. Como aproximação conveniente, podemos supor, mais uma vez, que cada corpo individual é uma máquina egoísta, tentando fazer o melhor para todos os seus genes. A melhor política para essa máquina egoísta será, quase sempre, diferente, dependendo de o corpo ser feminino ou masculino. Para abreviar, usaremos de novo a convenção de pensar no indivíduo como se ele tivesse um propósito consciente. Tal como antes, devemos ter em mente que se trata apenas de uma figura de linguagem. Na realidade, um corpo é uma máquina programada cegamente pelos seus genes egoístas.

Considere novamente o casal com o qual iniciamos este capítulo. Os dois parceiros, sendo máquinas egoístas, "querem" filhos e filhas em números iguais. Até aqui eles estão de acordo. Mas discordam em relação a quem irá arcar com o peso de criar cada uma das crianças. Cada indivíduo quer tantos filhos sobreviventes quantos seja possível. Quanto menos ele ou ela for obrigado a investir em cada um desses filhos, mais filhos poderá ter. Para um indivíduo, a maneira óbvia de conseguir realizar esse desejo é induzir o parceiro sexual a investir em cada filho uma quantidade de recursos maior do que a cota que lhe compete, deixando-o livre para ter outros filhos com outros parceiros. Esta seria uma estratégia desejável para ambos os sexos, contudo, para as fêmeas, é mais difícil de se concretizar. Como ela começa por investir mais do que o macho, sob a forma de um ovo grande e rico em nutrientes, uma mãe já se encontra, no próprio momento da concepção, mais profundamente "comprometida" com cada um dos seus filhos do que o pai. Ela tem mais a perder com a morte da criança do que o pai. Mais precisamente, teria de investir mais do que o pai *no futuro*, para levar ao mesmo estágio de desenvolvimento uma nova criança. Se experimentasse a tática de deixar o bebê com o pai, fugindo com outro macho, o pai, por sua vez, poderia, com um custo relativamente baixo para si mesmo, retaliar, abandonando também a criança. Desse modo, pelo menos nos primeiros estágios de desenvolvimento dos filhos, é mais provável que o pai abandone a mãe do que o contrário. Da mesma forma, pode-se esperar que as fêmeas invistam mais nos filhos do que os machos, não só no início, mas ao longo de todo o desenvolvimento. Assim, por exemplo, no caso dos mamíferos, é a fêmea quem incuba o feto no interior do próprio corpo, quem produz o leite para amamentá-lo quando ele nasce e quem arca com o peso de criá-lo e protegê-lo. O sexo feminino é explorado, e a base evolutiva essencial para essa exploração é o fato de os óvulos serem maiores do que os espermatozoides.

É claro que, em muitas espécies, o pai trabalha de verdade, árdua e fielmente, para cuidar dos filhos. Mas, ainda assim, devemos esperar que haja alguma pressão evolutiva sobre os machos para que invistam um pouquinho menos em cada filho e para que tentem ter mais filhos de fêmeas diferentes. Quero dizer com isso que haverá uma tendência de os genes que digam "Corpo, se você for um macho, abandone a sua parceira um pouquinho antes do que o meu alelo rival o levaria a fazer, e procure outra fêmea" serem bem-sucedidos no pool gênico. Até que ponto essa pressão evolutiva prevalece na prática varia muito de uma espécie para outra. Em muitas, como nas aves-do-paraíso, por exemplo, a fêmea não recebe ajuda alguma do macho e cria seus filhotes sozinha. Outras espécies, como a gaivota-tridáctila, formam pares monogâmicos que se caracterizam por uma fidelidade exemplar e em que ambos os parceiros cooperam na tarefa de criar os filhos. Aqui devemos supor que entrou em ação alguma contrapressão evolutiva: provavelmente existe uma penalidade para a estratégia egoísta da exploração do parceiro, além de haver um benefício, e, no caso da gaivota-tridáctila, a penalidade supera o benefício. De todo modo, só será compensador para um pai abandonar sua mulher e seu filho se houver uma probabilidade razoável de que a mulher criará o filhote por si mesma.

Trivers levou em consideração as possíveis linhas de ação para uma mãe que tenha sido abandonada pelo parceiro. Para ela, o melhor seria tentar enganar outro macho, levando-o a "pensar" que é o pai do seu filhote e a adotá-lo — o que pode não ser tão difícil se o filho for um feto ainda por nascer. É claro que, enquanto carrega em si a metade dos genes da mãe, a criança não carrega absolutamente gene algum do ingênuo padrasto. A seleção natural penalizaria com severidade essa ingenuidade por parte dos machos e decerto favoreceria aqueles que tomassem medidas ativas para eliminar qualquer enteado potencial tão logo acasalassem com uma nova fêmea. É muito provável que esta seja a explicação para o chamado "efeito de Bruce": os camundongos machos secretam uma substância química que, ao ser inalada por uma fêmea grávida, pode levá-la a abortar. Ela só aborta se esse cheiro for diferente do cheiro do seu parceiro anterior. Dessa forma, um camundongo macho destrói seus filhos adotivos potenciais e torna a sua nova esposa receptiva aos seus próprios avanços sexuais. Ardrey, a propósito, considera o efeito de Bruce um mecanismo de controle populacional! Um exemplo semelhante é o dos leões machos, que, ao chegarem a um grupo novo, matam por vezes os filhotes já existentes, presumivelmente porque não são seus filhos.

Um macho pode obter o mesmo resultado sem necessariamente matar os filhos adotivos. Ele pode impor um período de corte prolongado antes de copular com a fêmea, afugentando todos os machos que se aproximarem dela e impedindo que ela escape. Ao agir assim, pode esperar e ver se ela abriga algum pequeno filho adotivo no seu ventre e abandoná-la, se for o caso. Veremos adiante um motivo pelo qual uma fêmea poderá querer um longo período de "noivado" antes de copular. Temos aqui um motivo por que um macho poderá querê-lo também. Desde que consiga isolá-la de todo o contato com outros machos, evitará que seja ele o benfeitor involuntário dos filhos de outro macho.

Supondo então que uma fêmea abandonada não pode enganar um novo macho, levando-o a adotar seu filho, o que mais ela poderá fazer? Isso depende em grande medida da idade da criança. Se esta tiver sido concebida recentemente, apesar de a mãe já ter investido nela um ovo inteiro, ou talvez mais, poderá, ainda assim, ser compensador para a mãe abortá-la e encontrar um novo parceiro o mais rápido possível. Nessas circunstâncias, o aborto seria mutuamente vantajoso, para a fêmea e para o novo marido potencial — uma vez que estamos supondo que ela não tem esperanças de conseguir enganá-lo, levando-o a adotar a criança. Isso poderia explicar por que o efeito Bruce funciona, do ponto de vista da fêmea.

Outra opção, para a fêmea abandonada, é suportar a carga e tentar criar o filho sozinha, o que será especialmente vantajoso para ela se a criança já tiver uma certa idade. Quanto mais velho o filhote, maior terá sido o investimento nele, e menos será exigido da mãe para concluir a tarefa de criá-lo. E mesmo que ele seja bastante jovem, poderá ainda ser vantajoso para ela tentar salvar alguma coisa do seu investimento inicial, não obstante, para isso, tenha de trabalhar duas vezes mais para alimentar a criança, agora que o macho se foi. Não é consolo algum para a mãe saber que a criança carrega também metade dos genes do macho, e que ela poderia vingar-se deste último abandonando o filho à própria sorte. A vingança, por si mesma, não tem sentido. A criança carrega metade dos genes da mãe e o dilema agora cabe só a ela.

Paradoxalmente, uma política razoável para uma fêmea ameaçada de abandono poderia ser deixar o macho *antes* de ele deixá-la. Ela poderia sair ganhando, mesmo que já tivesse investido no filhote mais do que o macho. A verdade desagradável é que, em certas circunstâncias, a vantagem é do parceiro que desertar *primeiro*, seja ele o pai ou a mãe. Como afirma Trivers, o parceiro que é deixado para trás se defronta com um dilema cruel. É um argumento de certo modo horrível, mas muito sutil. Pode-se esperar que um dos progenitores deserte no primeiro momento em que for possível para ele dizer o seguinte: "Esta criança já está desenvolvida o bastante para que qualquer um de nós *possa* acabar de criá-la sozinho. Portanto, seria vantajoso, no que me diz respeito, desertar agora, contanto que eu pudesse ter a certeza de que o meu parceiro não desertará também. Se eu efetivamente partisse agora, o meu parceiro faria o que fosse melhor para os genes dele. Ele seria forçado a tomar uma decisão mais drástica do que aquela que estou tomando agora, porque eu já teria partido. Ele 'saberia' que, se também partisse, a criança certamente morreria. Portanto, assumindo que o meu parceiro tomará a decisão que for melhor para seus genes egoístas, concluo que, para mim, o melhor a fazer é desertar primeiro. Isso é especialmente verdade na medida em que o meu parceiro pode estar 'pensando' exatamente o mesmo e poderá tomar a iniciativa a qualquer minuto, me abandonando!". Como sempre, o solilóquio subjetivo serve apenas como ilustração. O importante é que os genes para desertar *primeiro* poderiam ser favoravelmente selecionados pelo simples motivo de que os genes para desertar *depois* não o seriam.

Consideramos algumas coisas que uma fêmea pode fazer se for abandonada pelo parceiro. Mas em todas elas parece que se trata de tirar o melhor partido de uma situação na verdade muito ruim. Existirá algo que uma fêmea possa fazer, desde o início, para reduzir a exploração que o parceiro exerce sobre ela? Ela tem um grande trunfo nas mãos: pode recusar-se a copular. Num mercado favorável ao vendedor, é ela o artigo de grande procura. Isso é explicado pelo fato de ela trazer consigo, como dote, um ovo grande e nutritivo. Um macho que tenha sucesso em copular com ela ganha uma reserva valiosa de alimento para a sua prole. A fêmea, potencialmente, está em posição de regatear antes de copular. Assim que o fizer, terá descartado o seu trunfo — o seu óvulo terá ficado comprometido com o macho. Podemos muito bem falar em regatear, mas sabemos que não é bem assim que a situação se desenrola. Existe uma forma realista pela qual alguma coisa semelhante ao regatear pudesse evoluir por seleção natural? Examinarei as duas possibilidades principais, a chamada "estratégia do idílio doméstico" e a "estratégia do macho viril".

Eis a versão mais simples da estratégia do idílio doméstico. A fêmea examina com atenção todos os machos e tenta identificar, de antemão, sinais de fidelidade e de domesticidade. Certamente deve haver, na população de machos, variações quanto ao grau de predisposição para serem parceiros fiéis. Se as fêmeas pudessem identificar tais qualidades, poderiam se beneficiar ao escolher os machos que as possuem. A fêmea pode adotar um comportamento "difícil" e recatado durante um longo período, e qualquer macho que não se mostre paciente o bastante para esperar que a fêmea por fim consinta em copular, provavelmente não será um marido fiel. Ao insistir num longo período de noivado, a fêmea excluirá os pretendentes casuais e só copulará com um macho que tenha provado suas qualidades de fidelidade e de perseverança. A timidez feminina é, de fato, muito comum entre os animais, assim como os períodos de namoro e de noivado prolongados. Como já vimos, um noivado prolongado pode também beneficiar o macho, quando existir o perigo de ele ser ludibriado e levado a cuidar do filho de outro macho.

Os rituais da corte animal quase sempre incluem um considerável investimento pré-cópula por parte do macho. A fêmea poderá recusar-se a copular até que o macho tenha construído um ninho para ela. Ou o macho poderá ter de prover quantidades substanciais de alimento. Isso, evidentemente, é muito bom do ponto de vista das fêmeas, mas também sugere outra versão possível da estratégia do idílio doméstico. Será que as fêmeas podem forçar os machos a investir tão maciçamente na sua prole *antes* de consentirem na cópula que deixaria de ser compensador para eles desertar *depois* que ela tivesse ocorrido? A ideia é atraente. Um macho que esperar que uma fêmea tímida afinal venha a copular com ele está pagando um preço: está renunciando à possibilidade de copular com outras fêmeas e despendendo muito tempo e energia a cortejá-la. Quando, por fim, lhe for permitido copular com uma determinada fêmea, ele estará, inevitavelmente, bastante "comprometido" com ela. A tentação de abandoná-la será pequena, sabendo que qualquer outra fêmea da qual se aproxime no futuro também irá prolongar a corte da mesma forma até que possam passar para o que interessa.

Como já mostrei num artigo, há aqui um erro no raciocínio de Trivers. Ele pensou que um investimento prévio obrigaria, por si mesmo, o indivíduo a continuar investindo. Trata-se de um raciocínio econômico enganador. Um homem de negócios nunca deve dizer "Já investi tanto no avião Concorde (por exemplo) que não posso me dar ao luxo de, agora, mandá-lo para o ferro-velho". Em vez disso, ele deve sempre se perguntar se seria vantajoso para ele, *no longo prazo*, suspender suas perdas e abandonar o projeto a despeito de já ter investido pesadamente nele. Similarmente, de nada adianta a uma fêmea forçar um macho a investir muito nela, na esperança de que isso, por si só, impeça que mais tarde ele a abandone. Essa versão da estratégia do idílio doméstico depende de mais um pressuposto crucial, que é o de poder certificar-se de que a maioria das fêmeas fará o mesmo jogo. Se na população existirem fêmeas sem parceiro que se dispuserem a aceitar de braços abertos os machos que tenham desertado, então pode ser compensador para um macho abandonar a sua fêmea, não importando o quanto já tenha investido nos filhos dela.

Muita coisa, portanto, depende de como se comporta a maioria das fêmeas. Se pudéssemos pensar em termos de uma conspiração de fêmeas, não haveria problema algum. Entretanto, uma conspiração de fêmeas não seria algo mais possível de evoluir do que a conspiração de pombos que consideramos no capítulo 5. Em vez disso, devemos procurar pelas estratégias evolutivamente estáveis. Vamos utilizar o método de J. Maynard Smith para analisar as disputas agressivas e aplicá-lo ao sexo.[3] Será um pouquinho mais complicado do que o caso dos falcões e dos pombos, porque teremos duas estratégias femininas e duas estratégias masculinas.

Tal como na análise de J. Maynard Smith, a palavra "estratégia" refere-se a um programa de comportamento inconsciente e cego. Vamos chamar as duas estratégias femininas de *tímida* e *rápida* e as duas estratégias masculinas de *fiel* e *conquistador*. As regras de comportamento das quatro estratégias são explicitadas a seguir. As fêmeas tímidas não copularão com um macho até que ele tenha se sujeitado a um período longo e dispendioso de corte, durante várias semanas. As fêmeas rápidas copularão imediatamente com qualquer um. Os machos fiéis se mostrarão dispostos a cortejar a fêmea durante muito tempo e, depois da cópula, ficarão com ela e a ajudarão a criar os filhotes. Os machos conquistadores logo perderão a paciência se a fêmea não copular com eles prontamente: irão embora e procurarão outra fêmea. Depois de copularem, também não ficarão junto da fêmea nem se comportarão como bons pais, mas partirão em busca de novas fêmeas. Tal como no caso dos falcões e dos pombos, estas não são as únicas estratégias possíveis, porém, de qualquer maneira, é esclarecedor estudar seus destinos.

Como J. Maynard Smith, utilizaremos alguns valores hipotéticos e arbitrários para os vários custos e benefícios. Para generalizar, podem-se usar símbolos algébricos, no entanto os números são mais fáceis de entender. Vamos supor que o lucro genético obtido por cada pai, quando um filho é criado com sucesso, é de +15 unidades. Os custos de criar um filho, o custo de todo o alimento e de todo o tempo gastos com ele, bem como de todos os riscos corridos em nome dele, correspondem a −20 unidades. Esse custo é representado por um valor negativo, visto que é "pago" pelos pais. O custo do tempo despendido com a corte prolongada também é negativo, e equivalerá, digamos, a −3 unidades.

Imaginemos agora que temos uma população em que todas as fêmeas são tímidas e todos os machos são fiéis. Esta é uma sociedade monogâmica ideal. Em cada casal, o macho e a fêmea alcançam, ambos, o mesmo lucro médio. Eles obtêm +15 a cada filho criado e dividem igualmente os custos de criá-lo (−20), o que dá uma média de −10 para cada um. Os dois pagam a penalidade de −3 pelo tempo desperdiçado num período de namoro prolongado. O lucro médio para cada um é, portanto, +15 −10 −3 = +2.

Vamos supor agora que uma única fêmea fácil se introduza na população. Ela se sai muito bem. Não paga o custo da demora, pois não perde tempo com uma corte prolongada. Uma vez que todos os machos na população são fiéis, ela pode estar segura de encontrar um bom pai para seus filhos, com quem quer que venha a se acasalar. O seu ganho médio por filho é +15 −10 = +5. Ela obtém três unidades de vantagem sobre suas rivais tímidas. Os genes para o comportamento rápido, portanto, começarão a se disseminar.

Se o sucesso das fêmeas rápidas for tão grande que elas passem a predominar na população, as coisas também irão mudar do lado dos machos. Até aqui, os machos fiéis detinham o monopólio. Contudo, se surgir um macho conquistador na população, ele começará a se sair melhor do que os rivais fiéis. Numa população em que todas as fêmeas são rápidas, o macho tem, de fato, uma escolha copiosa. Ele ganha +15 pontos se um filho seu for criado com sucesso, mas não arca com nenhum dos outros custos. O que essa ausência de custo significa principalmente é que ele se encontra livre para partir e acasalar com novas fêmeas. Cada uma das suas desafortunadas mulheres se esforça para criar sozinha o seu filhote, arcando com todo o custo de −20, embora não pague nada pelo desperdício de tempo com o namoro. O lucro líquido de uma fêmea rápida, quando acasala com um macho conquistador, é de +15 −20 = −5; o lucro para o próprio conquistador será +15. Numa população em que todas as fêmeas sejam rápidas, os genes do conquistador se propagarão como o fogo na mata.

Se o número de conquistadores aumentar tanto que estes venham a dominar a parcela masculina da população, as fêmeas rápidas ficarão em maus lençóis. Qualquer fêmea tímida estaria em grande vantagem. Se uma fêmea tímida encontrar um macho conquistador, nada acontecerá. Ela insistirá num noivado prolongado; ele se recusará e partirá em busca de outra fêmea. Nenhum dos parceiros pagará o custo do tempo desperdiçado. Nenhum dos dois ganhará coisa alguma, também, já que nenhum filho será produzido — o que dá um resultado líquido de zero para uma fêmea tímida numa população em que todos os machos são conquistadores. Zero pode não parecer grande coisa, mas é melhor do que −5, que vem a ser o resultado médio para uma fêmea rápida. Mesmo que uma fêmea rápida decidisse abandonar seus filhos depois de ter sido abandonada por um conquistador, ela teria pago o custo considerável de um óvulo. Assim, os genes para a timidez começarão novamente a se disseminar pela população.

Para completar esse ciclo hipotético, quando o número de fêmeas tímidas aumenta tanto que elas passam a predominar, os machos conquistadores, que tinham logrado imenso sucesso com as fêmeas rápidas, começam a se ver em apuros. As fêmeas insistirão, uma após a outra, numa corte longa e laboriosa. Os conquistadores pularão de fêmea em fêmea, e a história sempre se repetirá. O resultado líquido de um macho conquistador, quando todas as fêmeas forem tímidas, será zero. Porém, se surgir um macho fiel, este será o único com quem as fêmeas tímidas se acasalarão. O seu resultado líquido será +2, melhor do que o resultado dos conquistadores. Assim, os genes para a fidelidade começarão a aumentar, e teremos completado o círculo.

Tal como aconteceu no caso da análise da agressão, contei a história como se houvesse uma oscilação permanente. Mas, como naquele caso, é possível demonstrar que, na realidade, não haveria oscilação alguma. O sistema convergiria para um estado de equilíbrio.[4] Se o leitor fizer as contas, verá que uma população em que cinco sextos das fêmeas são tímidas e cinco oitavos dos machos são fiéis é evolutivamente estável. É óbvio que isso vale apenas para os valores arbitrários que empregamos desde o início, porém não seria difícil calcular quais seriam as proporções estáveis para quaisquer outras pressuposições arbitrárias.

Como nas análises de J. Maynard Smith, não é preciso pensar que existem dois tipos diferentes de machos ou de fêmeas. A EEE pode ser igualmente alcançada se cada macho passar cinco oitavos do seu tempo com um comportamento fiel e o restante dele com um comportamento conquistador, e se cada fêmea passar cinco sextos do seu tempo comportando-se de maneira tímida e um sexto do seu tempo comportando-se de maneira rápida. Como quer que imaginemos a EEE, eis o seu significado.

Qualquer tendência para os membros de qualquer um dos sexos se desviar da sua proporção estável adequada será penalizada por uma alteração na proporção das diferentes estratégias do outro sexo, que, por sua vez, será desvantajosa para aquele que se desviou originalmente. Por essa razão, a EEE será mantida.

Podemos concluir que é perfeitamente possível a evolução de uma população composta sobretudo de fêmeas tímidas e de machos fiéis. Em tais circunstâncias, a estratégia do idílio doméstico parece de fato funcionar. Não temos de pensar em termos de uma conspiração de fêmeas tímidas. A timidez pode, realmente, mostrar-se compensadora para os genes egoístas de uma fêmea.

Há várias maneiras pelas quais as fêmeas podem pôr em prática esse tipo de estratégia. Já sugeri que uma fêmea pode se recusar a copular com um macho que ainda não tenha lhe construído um ninho, ou que, pelo menos, não a tenha ajudado a construir um. Com efeito, esse é o caso de muitas aves monogâmicas em que a cópula não ocorre até que o ninho tenha sido construído. O resultado é que, no momento da concepção, o macho já investiu na criança muito mais do que seus baratos espermatozoides.

Exigir que um parceiro potencial construa um ninho é um modo eficiente de uma fêmea apanhá-lo. Poderíamos pensar que praticamente qualquer coisa que representasse um custo para o macho exerceria o mesmo efeito, ainda que esse custo não fosse pago diretamente na forma de benefícios para o filho por nascer. Se todas as fêmeas de uma população obrigassem os machos a alguma façanha difícil e custosa, como matar um dragão ou escalar uma montanha, antes de consentirem em copular com eles, elas poderiam, em tese, reduzir a tentação dos machos de abandoná-las após a cópula. Qualquer macho tentado a desertar a sua parceira e a procurar disseminar um número maior dos seus genes através de outras fêmeas seria desencorajado pela ideia de ter de matar outro dragão. Na prática, contudo, é pouco provável que as fêmeas impusessem a seus pretendentes tarefas tão arbitrárias como matar dragões ou encontrar o Cálice Sagrado. E isso porque, se uma fêmea rival impusesse uma tarefa igualmente árdua, porém mais útil para si e para seus filhos, se colocaria em vantagem em relação àquelas mais românticas, que exigissem uma prova de amor inútil. Construir um ninho pode ser menos romântico do que matar um dragão ou atravessar o Helesponto a nado, só que é muito mais proveitoso.

Igualmente proveitosa para a fêmea é a prática, já mencionada, de ser alimentada pelo macho enquanto este lhe faz a corte. Nas aves, isso tem sido encarado como uma regressão a um comportamento infantil por parte da fêmea. Ela implora ao macho, usando os mesmos gestos que um filhote empregaria. Ao que parece, o macho se sente automaticamente atraído por esse comportamento, da mesma forma que um homem se sente atraído pela fala afetada ou pelos biquinhos que fazem as mulheres adultas. A ave fêmea, nesse momento, necessita de todo alimento extra que puder obter, uma vez que está formando reservas para a produção dos seus óvulos enormes. A alimentação da fêmea pelo macho que a corteja representa, provavelmente, um investimento direto da parte dele nos óvulos propriamente ditos e tem, portanto, o efeito de reduzir a disparidade entre os progenitores em relação ao investimento inicial nos filhotes.

Diversos insetos e aranhas também apresentam o fenômeno da alimentação da fêmea pelo macho durante o período da corte. Neste caso, tem sido sugerida uma interpretação alternativa, porém demasiado óbvia. Tendo em vista que o macho, como no caso dos louva-a-deus, corre o risco de ser devorado pela fêmea, mais avantajada, tudo aquilo que ele possa fazer para reduzir o apetite dela poderá beneficiá-lo. Existe um sentido macabro em que se pode dizer que os infelizes louva-a-deus machos investem nos seus descendentes. Eles são usados como alimento para ajudar a produzir os ovos que serão fertilizados postumamente pelos seus próprios espermatozoides armazenados.

Uma fêmea que adote a estratégia do idílio doméstico, e que examine com cuidado os machos na tentativa de *reconhecer* neles, de antemão, sinais de fidelidade, sujeita-se a ser enganada. Qualquer macho que consiga se fazer passar por um tipo doméstico e leal, mas que, na realidade, esteja escondendo uma forte tendência à deserção e à infidelidade, poderá ficar em grande vantagem. Desde que as fêmeas que abandonou anteriormente tenham boas possibilidades de criar alguns dos filhos, o conquistador poderá transmitir mais genes à geração seguinte do que um macho rival que seja um marido e um pai honesto. Os genes para a fraude eficiente por parte dos machos tenderão a ser favorecidos no pool gênico.

Reciprocamente, a seleção natural tenderá a favorecer as fêmeas capazes de enxergar através das imposturas dos machos. Uma maneira de fazer isso seria exibir um comportamento especialmente difícil ao ser cortejada por um novo macho, mas, em temporadas de acasalamento sucessivas, tornar-se cada vez mais disposta a aceitar de imediato as tentativas de aproximação sexual do parceiro da temporada anterior. Isso penalizará automaticamente os machos jovens, que estão na primeira temporada de acasalamento, quer sejam enganadores, quer não. A primeira ninhada das fêmeas ingênuas tenderia a conter uma proporção relativamente elevada de genes de pais infiéis, porém os pais fiéis ficariam em posição vantajosa no ano seguinte e nos anos subsequentes da vida da mãe, pois já não teriam de passar pelos mesmos rituais de acasalamento prolongados que consomem tanto tempo e energia. Se a maioria dos indivíduos de uma população for descendente de mães experientes, e não de mães ingênuas —

uma suposição razoável para qualquer espécie que tenha uma vida longa —, os genes para os pais bons e honestos prevalecerão no pool gênico.

Para simplificar, tenho me referido aos machos como se fossem puramente honestos ou completamente enganadores. É mais provável, entretanto, que todos os machos — e, a bem da verdade, todos os indivíduos — sejam um pouco enganadores, no sentido de que estão todos programados para se aproveitar das oportunidades de explorar seus parceiros sexuais. A seleção natural, aguçando a habilidade de cada parceiro para detectar a desonestidade no outro, tem mantido os grandes enganos num nível relativamente baixo. Os machos têm mais a ganhar com a desonestidade do que as fêmeas, e é de esperar que, mesmo nas espécies em que demonstram considerável altruísmo parental, eles tenderão a trabalhar um pouco menos do que as fêmeas e a se mostrar um pouco mais predispostos a evadir-se. Nas aves e nos mamíferos é isso, com certeza, o que normalmente acontece.

No entanto, existem espécies em que o macho realmente trabalha mais do que a fêmea para cuidar dos filhos. Entre as aves e os mamíferos, esses exemplos de devoção paterna são excepcionalmente raros, contudo são comuns entre os peixes. Por quê?[5] Trata-se de um desafio para a teoria do gene egoísta que vem me intrigando há muito tempo. Uma solução engenhosa me foi recentemente sugerida por uma aluna, T. R. Carlisle, numa sessão de tutoria. Ela faz uso da ideia de "dilema cruel" de Trivers, a que me referi acima, como explicitado a seguir.

Muitos peixes não copulam, em vez disso lançam suas células sexuais na água. A fertilização ocorre na água, e não no interior do corpo de um dos parceiros. Foi provavelmente assim que a reprodução sexual teve início. Os animais terrestres, como as aves, os mamíferos e os répteis, por outro lado, não dispõem de meios para utilizar esse tipo de fertilização externa, porque suas células sexuais são excessivamente vulneráveis à desidratação. Os gametas de um sexo — o masculino, uma vez que os espermatozoides são móveis — são introduzidos no interior úmido de um indivíduo do sexo oposto — a fêmea. Tudo isso são fatos. Agora é que vem a ideia. Após a cópula, a fêmea terrestre fica com a posse física do embrião, que se encontra dentro de seu corpo. Mesmo que ela ponha o ovo fertilizado quase imediatamente, o macho, ainda assim, terá tempo para desaparecer, forçando a fêmea ao "dilema cruel" de Trivers. O macho, inevitavelmente, tem a oportunidade de ser o primeiro a tomar a decisão de desertar, limitando as opções da fêmea e compelindo-a a decidir entre abandonar o filho a uma morte certa e ficar com ele e criá-lo. O cuidado materno, portanto, é mais comum entre os animais terrestres do que o cuidado paterno.

Para os peixes e outros animais aquáticos, as coisas são muito diferentes. Se o macho não introduz fisicamente seus espermatozoides no corpo da fêmea, não há como ela ser deixada "com o filho nos braços". Qualquer um dos parceiros poderá evadir-se rapidamente e deixar o outro na posse dos ovos recém-fertilizados. Existe inclusive uma possível razão para explicar por que é quase sempre o macho a parte mais vulnerável ao abandono. É provável que se desenvolva uma batalha evolutiva a respeito de quem lança suas células sexuais antes do outro. Aquele que o fizer terá a vantagem de poder deixar o parceiro na posse dos novos embriões. Por outro lado, quem expelir as células sexuais em primeiro lugar corre o risco de constatar que o parceiro potencial não seguiu o exemplo. Neste caso, é o macho o mais vulnerável, ainda que somente pelo fato de os espermatozoides serem mais leves e se dispersarem com mais facilidade do que os óvulos. Se uma fêmea desovar cedo demais, ou seja, antes que o macho esteja pronto, isso não será de grande importância, porque é provável que os óvulos, por serem relativamente grandes e pesados, se manterão juntos num agrupamento coeso durante algum tempo. Portanto, um peixe fêmea poderá correr o "risco" de desovar antes. O macho não ousa arriscar-se dessa maneira, já que, se o fizer cedo demais, seus espermatozoides se dispersarão antes que a fêmea esteja pronta, e então ela própria não desovará, pois não valerá mais a pena fazê-lo. Devido ao problema da dispersão dos espermatozoides, o macho tem de esperar até que a fêmea desove, para só então expelir seus espermatozoides sobre os óvulos. Mas, nesse caso, ela conta com alguns preciosos segundos durante os quais poderia desaparecer, deixando-o na posse dos ovos e forçando-o ao dilema descrito por Trivers. Assim, esta teoria explica claramente por que o cuidado paterno é comum na água, porém raro na terra.

Deixando os peixes de lado, passo à outra estratégia feminina importante, a estratégia do macho viril. Nas espécies em que essa política é adotada, as fêmeas resignam-se a não obter ajuda dos pais dos seus filhos e, em lugar disso, dedicam-se inteiramente a obter bons genes. Mais uma vez, usam a arma da recusa em copular. Recusam-se a acasalar com qualquer macho, ao acaso, exercendo o máximo cuidado e discriminação antes de consentir na cópula. Alguns machos carregam, sem dúvida alguma, um número maior de genes bons do que outros, os quais beneficiariam as perspectivas de sobrevivência dos seus filhos e filhas. Se uma fêmea puder, de alguma forma, detectar bons genes nos machos, usando as indicações externamente visíveis, poderá beneficiar seus próprios genes, associando-os a bons genes paternos. Recorrendo à nossa analogia da equipe de remadores, uma fêmea poderá minimizar a probabilidade de seus genes se perderem por se encontrarem em má companhia. Ela pode tentar escolher a dedo os melhores companheiros de tripulação para os próprios genes.

Provavelmente, a maioria das fêmeas concordará entre si a respeito de quais são os melhores machos, uma vez que todas se guiam pelas mesmas informações. Portanto, os poucos machos felizardos realizarão a maioria das cópulas — o que eles são perfeitamente capazes de fazer, já que tudo o que têm de dar a cada fêmea são alguns espermatozoides baratos. Presume-se que foi isso o que aconteceu entre os elefantes-marinhos e entre as aves-do-paraíso. As fêmeas permitem que apenas alguns poucos machos ponham em prática a estratégia ideal de exploração egoísta a que todos eles aspiram, mas certificam-se de que tal luxo só seja permitido aos melhores machos.

Do ponto de vista de uma fêmea que está tentando escolher bons genes com os quais associar os seus próprios, o que é que interessa? Uma coisa que ela deseja são evidências da capacidade de sobreviver. É óbvio que qualquer parceiro potencial que a esteja cortejando já provou a sua capacidade para sobreviver pelo menos até a idade adulta, mas não necessariamente que possa sobreviver por muito mais tempo. Uma política bastante boa para as fêmeas poderia ser escolher os machos velhos. Quaisquer que sejam as suas desvantagens, eles provaram, ao menos, que são capazes de sobreviver, e ela estará provavelmente associando seus genes com genes para a longevidade. No entanto, não adianta assegurar-se de que os filhos viverão muito tempo se eles também não lhe derem muitos netos. A longevidade não é uma indicação inequívoca de virilidade. Na verdade, um macho idoso poderá ter sobrevivido precisamente *porque* não se expôs a riscos com a finalidade de se reproduzir. Uma fêmea que selecione um idoso não terá necessariamente mais descendentes do que uma fêmea rival cuja escolha recaiu sobre um macho jovem que manifeste alguma outra evidência de bons genes.

Que outra evidência? Há muitas possibilidades. Talvez músculos fortes, indicativos da habilidade para caçar e obter alimento, talvez pernas compridas, como um indício da habilidade para fugir dos predadores. Uma fêmea poderá beneficiar seus genes associando-os com essas características, visto que poderão ser qualidades úteis para os filhos de ambos os sexos. Para começar, então, temos de imaginar as fêmeas escolhendo os machos com base em etiquetas ou indicadores perfeitamente genuínos, os quais tendem a sinalizar a presença subjacente de genes bons. Mas aqui emerge uma questão muito interessante, que o próprio Darwin compreendeu e que foi enunciada com grande clareza por Fisher. Numa sociedade em que os machos competem entre si para serem escolhidos como machos viris pelas fêmeas, uma das melhores coisas que uma mãe pode fazer pelos seus genes é produzir um filho que, por sua vez, se revele um macho viril e atraente. Se puder assegurar que o seu filho, quando crescer, será um dos poucos machos afortunados que copularão com a maior parte das fêmeas na sociedade, ela terá um número enorme de netos. Isso resulta em que uma das qualidades mais desejáveis que um macho pode ter, aos olhos de uma fêmea, é, pura e simplesmente, a própria atração sexual. Uma fêmea que acasale com um macho viril extremamente atraente terá maior probabilidade de ter filhos atraentes para as fêmeas da geração seguinte, garantindo, assim, muitos netos para si. Originalmente, então, pode-se imaginar que as fêmeas selecionem os machos com base em qualidades úteis, como músculos fortes, mas, assim que tais qualidades tiverem se tornado largamente aceitas como atraentes entre as fêmeas de uma espécie, a seleção natural continuará a favorecê-las tão somente por serem atraentes.

Extravagâncias como as caudas dos machos das aves-do-paraíso podem, portanto, ter evoluído por um tipo de processo instável e desenfreado.[6] No começo, uma cauda um pouco mais comprida do que o normal pode ter sido selecionada pelas fêmeas como uma qualidade desejável nos machos, talvez por indicar uma constituição apta e saudável. Uma cauda curta num macho poderia ter sido indicador de alguma deficiência vitamínica — evidência de uma capacidade precária para obter alimento. Ou talvez os machos de cauda curta não fossem muito habilidosos em fugir dos predadores, e estes últimos tivessem lhes mordido e arrancado um pedaço da cauda. Note que não é necessário pressupor que a cauda curta, em si, tenha sido herdada geneticamente, mas apenas que funcionou como indicação de alguma inferioridade genética. De todo modo, qualquer que tenha sido a razão, imaginemos que as fêmeas na espécie ancestral da ave-do-paraíso preferissem os machos com caudas mais longas do que a média. Desde que houvesse *alguma* contribuição genética para a variação natural do comprimento da cauda dos machos, tal variação causaria, com o passar do tempo, um aumento no comprimento médio das caudas dos machos da população. As fêmeas seguiriam uma regra simples: "Examine todos os machos e escolha aquele que tiver a cauda mais longa". Toda fêmea que se desviasse dessa regra seria penalizada, *mesmo que* as caudas já tivessem se tornado tão compridas que elas de fato atrapalhassem os movimentos dos seus possuidores. Isso aconteceria porque, para qualquer fêmea que não produzisse filhos de caudas longas, a probabilidade de que um dos seus filhos fosse considerado atraente era muito pequena. Tal como a moda no vestuário feminino, ou no desenho dos carros americanos, a tendência em favor das caudas compridas decolou e ganhou impulso próprio. Só foi interrompida quando as caudas se tornaram tão grotescamente longas que as desvantagens evidentes começaram a superar a vantagem da atração sexual que exerciam.

Trata-se de uma ideia difícil de aceitar, e ela tem provocado reações de grande ceticismo desde que Darwin a propôs pela primeira vez, sob o nome de "seleção sexual". Um dos que não acreditam nela é A. Zahavi, cuja teoria "raposa, raposa" nós já conhecemos. Ele propõe o seu próprio "princípio da desvantagem", que é uma teoria perturbadoramente oposta a essa, como uma explicação rival.[7] Zahavi aponta que o simples fato de as fêmeas tentarem selecionar os genes bons entre os machos abre as portas para a impostura por parte destes últimos. Músculos fortes podem ser uma qualidade genuinamente boa a ser selecionada por uma fêmea, mas, nesse caso, o que impediria os machos de desenvolver falsos músculos, sem mais conteúdo real do que as ombreiras dos casacos dos seres humanos? Se o custo de desenvolver músculos falsos for menor para um macho do que o de desenvolver músculos verdadeiros, a seleção sexual deverá favorecer os genes para produzir músculos falsos. Não demorará, no entanto, até que a contrasseleção favoreça a evolução de fêmeas capazes de perceber o embuste. A premissa básica de Zahavi é de que a propaganda sexual falsa será por fim descoberta pelas fêmeas. Ele conclui, portanto, que os machos realmente bem-sucedidos serão aqueles que não fazem propaganda enganosa, aqueles que demonstram concretamente que não estão trapaceando. Se estivermos falando de músculos fortes, então os machos que apenas *aparentarem* ter músculos fortes serão logo detectados pelas fêmeas. Entretanto, um macho que demonstre, por algum comportamento equivalente a levantar pesos ou fazer flexões, que de fato tem músculos fortes conseguirá convencer as fêmeas. Em outras palavras, Zahavi acredita que não basta a um macho viril *parecer* ser um macho de boa qualidade: ele deve com efeito *ser* um macho de boa qualidade, caso contrário não será aceito como tal pelas céticas fêmeas. Isso levará à evolução de exibições que somente um macho viril genuíno seria capaz de fazer.

Até aqui tudo bem. Agora vem a parte da teoria de Zahavi que é muito difícil de engolir. Ele sugere que as caudas das aves-

-do-paraíso e dos pavões, as galhadas enormes dos cervos e as outras características selecionadas sexualmente, que sempre pareceram paradoxais por serem, ao que tudo indica, desvantajosas para seus possuidores, evoluem justo *porque* são desvantajosas. Um pássaro macho com uma cauda longa e difícil de carregar demonstra ostensivamente que é um macho viril, tão forte que consegue sobreviver *apesar* da sua cauda. Pense numa mulher observando dois homens disputarem uma corrida. Se ambos cruzarem a linha de chegada ao mesmo tempo, mas um deles tiver deliberadamente carregado um saco de carvão às costas, a mulher concluirá que o homem com o peso às costas é o corredor mais veloz.

Eu não acredito nessa teoria, embora já não esteja tão certo do meu ceticismo hoje em dia quanto estava quando a ouvi pela primeira vez. Naquela ocasião, chamei a atenção para o fato de que a sua conclusão lógica deveria ser a evolução dos machos com apenas uma perna e um olho. Zahavi, que nasceu em Israel, imediatamente retorquiu: "Alguns dos nossos melhores generais têm apenas um olho!". No entanto, permanece o problema de que a teoria da desvantagem parece encerrar uma contradição de base. Se a desvantagem é genuína — e a essência da teoria é que ela tem de ser genuína —, então a própria desvantagem penalizará os descendentes, tão seguramente como poderá atrair as fêmeas. De qualquer forma, é importante que a desvantagem não seja transmitida às filhas.

Se reformularmos a teoria da desvantagem em termos genéticos, chegaremos mais ou menos ao que segue. Um gene que faça com que os machos desenvolvam uma desvantagem, como a cauda longa, se tornará mais numeroso no pool gênico porque as fêmeas se decidem pelos machos que exibem essas desvantagens. As fêmeas escolhem os machos possuidores de tais desvantagens porque os genes que as levam a isso também se tornam frequentes no pool gênico. As fêmeas com predileção especial pelos machos que exibem desvantagens estarão, automaticamente, selecionando os machos com genes bons em outros aspectos, uma vez que estes sobreviveram até a idade adulta, apesar das desvantagens que apresentam. Os "outros" genes bons beneficiarão o corpo dos filhos, que, em decorrência, sobreviverão para propagar os genes do próprio defeito, e também os genes para escolher machos com desvantagens. Contanto que os genes para as desvantagens exerçam o seu efeito somente nos filhos e que os genes para a preferência sexual pelos machos defeituosos afetem somente as filhas, a teoria poderá funcionar. Enquanto ela estiver formulada apenas em palavras, não saberemos ao certo se funcionará ou não. Obtemos uma ideia mais clara da viabilidade de uma teoria quando ela é reformulada em termos de um modelo matemático. Até o presente, os geneticistas matemáticos que tentaram transformar o princípio da desvantagem num modelo executável não tiveram sucesso. Talvez isso se deva ao princípio em si, ou talvez aqueles que tentaram transformá-lo num modelo executável não sejam suficientemente engenhosos. Maynard Smith é um deles, e minha intuição favorece a primeira hipótese.

 Se um macho pode demonstrar a sua superioridade sobre os demais machos de uma maneira que não envolva colocar-se deliberadamente em desvantagem, ninguém duvidará que ele poderia aumentar o seu sucesso genético desse modo. Assim, os elefantes-marinhos vencem e mantêm a posse dos seus haréns não por serem esteticamente atraentes para as fêmeas, e sim pelo simples expediente de derrotarem qualquer macho que tente se aproximar do harém. Os possuidores de haréns tendem a vencer as lutas contra os usurpadores, ainda que seja pelo óbvio motivo de ser essa a razão pela qual os haréns lhes pertencem. Não é usual que os usurpadores vençam as lutas, pois, se fossem capazes de fazê-lo, já o teriam feito antes! Qualquer fêmea que se acasale apenas com um dono de harém está, portanto, associando seus genes com os de um macho forte o bastante para fazer frente a desafios sucessivos do grande excedente de machos celibatários e desesperados. Com um pouco de sorte, seus filhos herdarão a habilidade paterna para manter um harém. Na prática, uma fêmea de elefante-marinho não tem muitas opções porque o dono do harém *a* espancará se ela tentar se afastar. De todo modo, mantém-se o princípio de que as fêmeas que escolherem acasalar com os machos que se sagram vencedores nos combates poderão beneficiar seus genes ao fazê-lo. Como já vimos, há exemplos de fêmeas que preferem acasalar-se com os machos que possuam territórios ou que ocupem uma posição superior na hierarquia de dominância.

Resumindo este capítulo até aqui, os diferentes tipos de sistemas de reprodução que encontramos entre os animais — a monogamia, a promiscuidade, os haréns etc. — podem ser compreendidos em termos de conflitos de interesses entre os machos e as fêmeas. Os indivíduos de cada um dos sexos "querem" maximizar seu rendimento reprodutivo total durante a sua vida. Devido a uma diferença fundamental entre o tamanho e o número de espermatozoides e óvulos, a probabilidade é de que os machos em geral tendam à promiscuidade e à ausência de investimento nos descendentes. As fêmeas dispõem de dois estratagemas defensivos à sua disposição, que chamei de estratégia do macho viril e de estratégia do idílio doméstico. As circunstâncias ecológicas de uma espécie irão determinar não apenas se haverá uma inclinação maior das fêmeas para uma ou outra dessas estratégias, como também o modo como os machos responderão a elas. Na prática, todos os intermediários entre o macho viril e o idílio doméstico podem ser encontrados, e, como já vimos, há casos em que o pai se encarrega mais do cuidado com a prole do que a mãe. Este livro não trata dos pormenores relativos a espécies animais particulares, portanto não discutirei o que poderia predispor uma espécie a um tipo de sistema de reprodução, e não a outro. Em vez disso, analisarei as diferenças comumente observadas entre os machos e as fêmeas em geral e mostrarei como elas podem ser interpretadas. Não enfatizarei, assim, aquelas espécies em que as diferenças entre os sexos são pequenas — normalmente aquelas em que as fêmeas favoreceram a estratégia do idílio doméstico.

Em primeiro lugar, são os machos que tendem a exibir cores vistosas, sexualmente atraentes, ao passo que as fêmeas costumam ter uma aparência mais monótona. Os indivíduos de ambos os sexos querem evitar ser comidos pelos predadores, e haverá alguma pressão evolutiva sobre eles para que sua coloração seja pouco atraente. As cores vibrantes atraem os predadores, do mesmo modo como atraem os parceiros sexuais. Em termos genéticos, isso significa que os genes para as cores brilhantes têm maior probabilidade de acabar nos estômagos dos predadores do que os genes para as cores monótonas. Por outro lado, os genes para as cores mais pálidas poderão ter menor probabilidade de passar para a geração seguinte, porque os indivíduos de coloração monótona enfrentam mais dificuldade em atrair parceiros sexuais. Há, portanto, duas pressões seletivas em conflito: os predadores, que tendem a eliminar os genes para as cores brilhantes do pool gênico, e os parceiros sexuais, que tendem a eliminar os genes para as colorações insípidas. Como em tantos outros casos, as máquinas de sobrevivência eficientes podem ser encaradas como um acordo entre pressões seletivas conflitantes. O que nos interessa neste momento é que o acordo ótimo para um macho parece ser diferente do acordo ótimo para uma fêmea, o que é totalmente compatível com a nossa visão dos machos como jogadores de apostas de alto risco e de alto prêmio. Como um macho produz milhões e milhões de espermatozoides para cada óvulo produzido por uma fêmea, os espermatozoides ultrapassam em ampla medida o número de óvulos na população. Portanto, um óvulo qualquer tem muito mais probabilidade de entrar em fusão sexual do que um espermatozoide qualquer. Os óvulos são um recurso relativamente valioso e, em consequência, uma fêmea não necessita ser tão sexualmente atraente quanto um macho para assegurar-se de que eles serão fertilizados. Um macho é perfeitamente capaz de dar origem a todos os filhotes nascidos de uma grande população de fêmeas. Ainda que tenha vida curta, porque a sua cauda vistosa atrai os predadores, ou porque fica enroscado nos arbustos, ele poderá ter produzido um número muito grande de filhos antes de morrer. Um macho pouco atraente, ou de coloração monótona, poderá viver tanto tempo quanto uma fêmea, mas terá poucos filhos e seus genes não serão transmitidos à geração seguinte. De que servirá a um macho ganhar o mundo inteiro, se ele perder seus genes imortais?

Outra diferença sexual comum é que as fêmeas são mais exigentes que os machos quanto ao parceiro com que se acasalam. Um dos motivos para a meticulosidade por parte de um indivíduo de qualquer dos sexos é a necessidade de evitar o acasalamento com um membro de outra espécie. Essas hibridizações são nocivas por diversas razões. Algumas vezes, como no caso de um homem copular com uma ovelha, a cópula não leva à formação de um embrião, de modo que não há perda significativa. No entanto, quando espécies de parentesco mais próximo, como os cavalos e os burros, cruzam entre si, os custos, pelo menos para a fêmea, podem ser consideráveis. É provável que se forme o embrião de uma mula, que ocupará o útero da mãe durante onze meses. Ele consumirá enorme quantidade do seu investimento parental total, não apenas sob a forma de alimento absorvido através da placenta e depois sob a forma de leite, como, sobretudo, em termos do tempo que poderia ter sido empregado na criação de outros filhotes. Depois, quando alcança a idade adulta, a mula revela-se estéril. Presume-se que isso aconteça porque, a despeito de os cromossomos do cavalo e do burro serem semelhantes o bastante para cooperarem na construção de um corpo forte e saudável de mula, não o são para trabalhar em conjunto, adequadamente, durante a meiose. Seja qual for o motivo exato, o investimento considerável realizado pela mãe ao criar uma mula é totalmente desperdiçado do ponto de vista dos seus genes. As éguas deverão ter muito cuidado em assegurar-se de que o indivíduo com o qual copulam é um cavalo, e não um burro. Em termos genéticos, todo gene de cavalo que diga "Corpo, se você for uma fêmea, copule com qualquer macho, quer seja ele um burro, quer um cavalo" é um gene que, na sequência, poderá acabar no corpo sem saída de uma mula, e o investimento parental da mãe naquele filhote reduzirá em muito a sua capacidade para criar cavalos férteis. Um macho, por outro lado, tem menos a perder se copular com membros de espécies diferentes, e, embora tampouco tenha a ganhar, é de esperar que os machos sejam menos exigentes na escolha dos seus parceiros sexuais. Nos animais em que essa questão foi estudada, verificou-se que é isso o que realmente acontece.

Mesmo dentro de uma espécie pode haver razões para a meticulosidade. O acasalamento incestuoso, como a hibridização, pode acarretar consequências genéticas nocivas, neste caso porque os genes recessivos letais e semiletais irão se manifestar a céu aberto. Mais uma vez, as fêmeas têm mais a perder do que os machos, dado que o investimento delas em qualquer filho em particular tende a ser maior. Onde existem tabus contra o incesto, seria de esperar que as fêmeas fossem mais rígidas na sua adesão a eles do que os machos. Se supusermos que o parceiro sexual mais velho, numa relação incestuosa, é provavelmente aquele que toma a iniciativa, devemos esperar que as uniões incestuosas em que o macho é mais velho do que a fêmea sejam mais frequentes do que as uniões em que a fêmea seja a mais velha. Por exemplo, o incesto entre pai e filha deveria ser mais comum do que o incesto entre mãe e filho. O incesto entre irmãos deveria ter uma frequência intermediária.

Em geral, os machos deveriam apresentar a tendência a ser mais promíscuos do que as fêmeas. Em virtude de produzir um número limitado de óvulos, a um ritmo relativamente lento, a fêmea tem pouco a ganhar copulando com um grande número de machos. Um macho, por sua vez, em razão de poder produzir milhões de espermatozoides por dia, tem tudo a ganhar com o número máximo de acasalamentos promíscuos que conseguir. O número excessivo de cópulas pode não custar muito a uma fêmea, para além de algum certo desperdício de tempo e energia, mas, decididamente, não propicia a elas nenhum benefício concreto. Um macho, em contrapartida, nunca atingirá o número de cópulas possível, não importa com quantas fêmeas diferentes ele venha a copular: a palavra "excesso" não tem significado nenhum para um macho.

Não falei explicitamente sobre o homem, mas é inevitável que, quando pensamos a respeito de argumentos evolutivos como os apresentados neste capítulo, sejamos levados a refletir sobre a nossa própria espécie e a nossa própria experiência. A ideia de que as fêmeas possam recusar-se a copular até que um macho mostre alguma evidência de fidelidade no longo prazo poderá soar bastante familiar e poderia sugerir que as mulheres adotam a estratégia do idílio doméstico, no lugar da estratégia do macho viril. Muitas sociedades humanas são, de fato, monogâmicas. Na nossa, o investimento parental de ambos os pais é grande e, se há desequilíbrio entre um e outro, não se trata de algo muito evidente. As mães decerto cuidam mais diretamente dos filhos do que os pais, mas estes, quase sempre, trabalham arduamente, num sentido mais indireto, para prover os recursos materiais que serão consumidos pelos filhos. Por outro lado, algumas sociedades humanas são promíscuas e outras se organizam em haréns. O que essa espantosa variedade sugere é que o modo de vida do homem é, em grande parte, determinado pela cultura, e não pelos genes. Entretanto, permanece possível que os machos humanos em geral tenham tendência para a promiscuidade e as fêmeas, tendência para a monogamia, tal como seria previsível do ponto de vista evolutivo. Qual dessas duas tendências vence numa determinada sociedade depende das circunstâncias culturais, assim como nas diferentes espécies animais isso depende das circunstâncias ecológicas.

Uma característica da nossa própria sociedade que parece decididamente anômala é a questão da propaganda sexual. Como vimos, do ponto de vista evolutivo, deve-se esperar, com grande probabilidade, que os machos se mostrem sexualmente atraentes, ao passo que as fêmeas tenham uma aparência mais monótona. O homem ocidental moderno é sem dúvida excepcional a esse respeito. É bem verdade que alguns homens se vestem de maneira ostensiva e que algumas mulheres se vestem com discrição, contudo, na média, não há dúvida de que, na nossa sociedade, o equivalente da cauda do pavão é exibido pela fêmea, e não pelo macho. As mulheres pintam o rosto e usam cílios postiços. Excetuando-se os casos especiais, como os dos atores, os homens não fazem o mesmo. São as mulheres que se interessam pela própria aparência, e são encorajadas a fazê-lo pelas revistas e jornais a elas destinados. As revistas masculinas preocupam-se menos com a atração sexual masculina, e um homem especialmente interessado em seu modo de vestir e na sua aparência física tende a despertar suspeitas, tanto entre os homens como entre as mulheres. Quando se descreve uma mulher numa conversa, é bastante provável que a sua atratividade sexual ou a ausência dela sejam salientadas. Isso acontece quer o locutor seja um homem, quer seja uma mulher. Quando se descreve um homem, é muito mais provável que os adjetivos empregados nada tenham a ver com o sexo.

Diante de tais fatos, um biólogo seria forçado a suspeitar que estivesse observando uma sociedade em que as fêmeas competem pelos machos, e não o contrário. No caso das aves-do--paraíso, havíamos decidido que as fêmeas são pouco vistosas porque não necessitam competir pelos machos. Estes últimos, por sua vez, têm aparência brilhante e ostensiva porque existe grande demanda por fêmeas, as quais podem se dar ao luxo de ser exigentes. O motivo pelo qual existe uma forte demanda por fêmeas entre as aves-do-paraíso é que os óvulos constituem um recurso mais escasso que os espermatozoides. O que aconteceu no caso do homem ocidental moderno? Será que o macho se tornou realmente o sexo procurado, aquele que está em falta, o sexo que pode se dar ao luxo de ser exigente? Se assim for, por que isso ocorre?

10. Uma mão lava a outra?

Consideramos até agora as interações parentais, sexuais e agressivas entre máquinas de sobrevivência pertencentes à mesma espécie. Há aspectos surpreendentes das interações animais que, aparentemente, não são contemplados por nenhum desses tópicos. Um deles é a tendência, presente em tantos animais, de viver em grupo. As aves juntam-se em bandos, os insetos em enxames, os peixes e as baleias em cardumes. Os mamíferos que habitam as planícies se reúnem em manadas ou caçam em grupos. As agregações são formadas, geralmente, por membros de uma única espécie. Mas há exceções. As zebras não raro formam bandos com os gnus, e bandos mistos de aves podem ser observados.

Os benefícios que um indivíduo egoísta pode supostamente extrair da vida em grupo constituem uma lista muito variada. Não vou apresentar todo o catálogo. Mencionarei apenas algumas vantagens que já foram sugeridas. Ao fazê-lo, retornarei aos exemplos de comportamento aparentemente altruístico que forneci no capítulo 1 e que prometi explicar. Isso me levará a tecer algumas considerações sobre os insetos sociais, sem as quais nenhuma descrição do altruísmo animal estaria completa. Por fim, neste capítulo um tanto heterogêneo, apresentarei a importante ideia do altruísmo recíproco, o princípio de que "uma mão lava a outra".

Se os animais vivem juntos, em grupos, é porque os benefícios dessa associação, para os seus genes, devem ser superiores ao seu investimento. Um bando de hienas pode caçar presas muito maiores do que uma hiena sozinha poderia fazer, motivo pelo qual será compensador, para cada indivíduo egoísta, caçar em bandos, muito embora isso signifique compartilhar o alimento. Provavelmente é por razões semelhantes que algumas aranhas cooperam na construção de uma teia comunal gigante. Os pinguins-imperadores conservam o calor aconchegando-se uns aos outros, em grandes bandos. Cada um lucra ao expor às intempéries uma superfície corporal menor do que ocorreria se estivesse sozinho. Um peixe que nade obliquamente atrás de outro poderá obter uma vantagem hidrodinâmica, devido à turbulência produzida pelo peixe à sua frente. Talvez seja por isso, pelo menos em parte, que os peixes formam cardumes. Um truque semelhante, relacionado à turbulência do ar, é conhecido pelos ciclistas e poderia explicar as formações em V dos bandos de aves durante seu voo. Deve haver algum tipo de competição para evitar a desvantajosa posição à frente do bando. É possível também que as aves se alternem no papel involuntário de líder — uma forma de altruísmo recíproco de ação retardada que será discutida ao final do capítulo.

Muitos dos benefícios sugeridos para a vida em grupo estão relacionados à proteção contra os predadores. Uma formulação elegante de uma teoria deste tipo foi produzida por W. D. Hamilton, num artigo intitulado "Geometry for the selfish herd" [A geometria do rebanho egoísta]. Antes que o título dê margem a mal-entendidos, devo esclarecer que, ao falar em "rebanho egoísta", Hamilton se referia a "rebanho de indivíduos egoístas".

Mais uma vez, começamos com um "modelo" simples, que, embora abstrato, nos ajuda a compreender o mundo real. Suponha o leitor que uma determinada espécie animal é caçada por um predador que tende sempre a atacar a presa individual mais próxima. Do ponto de vista do predador, a estratégia é razoável, visto que tende a diminuir o dispêndio de energia. Do ponto de vista da presa, essa estratégia tem uma consequência interessante. Significa que cada presa tentará constantemente evitar encontrar-se na posição mais próxima de um predador. Se puder detectar o predador à distância, a presa fugirá. Porém, se o predador tiver a oportunidade de ficar emboscado em meio à vegetação, aparecendo de súbito e sem aviso prévio, cada presa ainda poderá tomar medidas para minimizar a possibilidade de ser o indivíduo mais próximo dele. Podemos imaginar cada presa individual rodeada por um "domínio de perigo", definido como a área de terreno dentro da qual todos os pontos se encontram mais próximos desse indivíduo do que de outro indivíduo qualquer. Por exemplo, se os indivíduos de uma manada marcharem numa formação geométrica regular, o domínio de perigo em torno de cada um deles (a menos que ele se encontre numa das margens) terá um formato aproximadamente hexagonal. Se um predador, por acaso, estiver emboscado no domínio de perigo hexagonal em torno do indivíduo A, é provável que este seja comido. Os indivíduos que se encontrarem na periferia da manada serão especialmente vulneráveis, pois o seu domínio de perigo não é um hexágono relativamente pequeno, mas inclui uma vasta área no espaço aberto.

Ora, é claro que um indivíduo sensato tentará manter o seu domínio de perigo tão reduzido quanto possível. Em particular, evitará permanecer na periferia da manada. Se estiver situado nessa posição, tomará medidas imediatas para se deslocar em direção ao centro. Infelizmente, alguém tem de ficar na periferia, no entanto cada indivíduo fará tudo para que não seja ele! Haverá uma migração incessante da periferia em direção ao centro. Se a manada antes estava dispersa e errante, em breve voltará a se mostrar firmemente unida, como resultado da migração para o centro. Mesmo que iniciemos o nosso modelo sem nenhuma tendência para a agregação e com os animais dispersos ao acaso, o impulso egoísta de cada indivíduo será reduzir o seu domínio de perigo, tentando colocar-se nos espaços vazios entre os demais indivíduos. Isso levará rapidamente à formação de agregações, que se tornarão cada vez mais compactas.

É óbvio que, na vida real, a tendência a juntar-se em grupos compactos será limitada por pressões opostas, caso contrário os indivíduos todos se atropelariam até formar uma pilha de corpos contorcidos! Mas, ainda assim, o modelo é interessante, na medida em que nos mostra que até mesmo as suposições muito simples nos levam a prever a agregação. Outros modelos, mais elaborados, têm sido propostos. O fato de serem mais realistas não diminui o mérito do modelo de Hamilton em nos ajudar a pensar sobre o problema da agregação animal.

O modelo do rebanho egoísta não tem lugar para interações cooperativas. Não há, nele, altruísmo algum, somente a exploração egoísta de cada indivíduo por outro. Na vida real, porém, há casos em que os indivíduos parecem desempenhar um papel ativo para proteger os outros membros do grupo do ataque de predadores. Os gritos de alarme emitidos pelas aves, por exemplo. Eles certamente funcionam como avisos, uma vez que levam os indivíduos que os ouvem a iniciar uma ação de fuga imediata. Não há nenhuma indicação de que o emissor esteja tentando desviar a "fuzilaria" do predador dos seus companheiros. Ele está simplesmente informando-os da presença do predador — alertando-os. No entanto, a emissão do alarme parece, pelo menos à primeira vista, um ato altruísta, pois tem o *efeito* de atrair a atenção do predador para a própria ave que grita. Podemos inferi-lo indiretamente por meio de um fato observado por P. R. Marler. As características físicas dos gritos de alarme parecem ser idealmente adaptadas para dificultar a localização da sua fonte. Se pedíssemos a um engenheiro acústico que projetasse um som cuja fonte de emissão fosse difícil de localizar, ele produziria qualquer coisa muito semelhante ao grito de alarme real de muitas pequenas aves canoras. Mas, na natureza, essa modelagem foi sem dúvida produzida pela seleção natural, e nós sabemos o que isso significa: que muitos indivíduos morreram porque seus gritos de alarme não eram perfeitos. Portanto, parece haver algum perigo associado a tais sinais. A teoria do gene egoísta terá de propor uma vantagem bem convincente na emissão dos gritos de alarme para compensá-lo.

Para dizer a verdade, isso não é muito difícil. Os gritos de alarme das aves têm sido tão frequentemente descritos como um embaraço para a teoria darwiniana que se tornou uma espécie de esporte tentar imaginar explicações para eles. Como resultado, dispomos hoje de tantas explicações boas que é difícil perceber o motivo de tamanho estardalhaço. Obviamente, se existe a possibilidade de o bando conter alguns parentes próximos, um gene para emitir um grito de alarme poderá prosperar no pool gênico, já que tem boas chances de se encontrar no corpo de alguns dos indivíduos salvos. Isso é verdadeiro mesmo que a ave que emite o grito pague caro pelo seu altruísmo, atraindo a atenção do predador sobre si.

Se o leitor não estiver satisfeito com a ideia de seleção de parentesco, existem muitas outras teorias à sua escolha. Há muitas maneiras pelas quais a ave que grita poderia obter benefícios egoístas por alertar os outros membros do bando. Trivers desenvolve cinco boas hipóteses, mas eu acho as duas hipóteses descritas a seguir, de minha autoria, bem mais convincentes.

Chamo a primeira delas de teoria *cave*, do termo "cuidado" em latim, ainda usado pelos garotos ingleses em idade escolar para avisar sobre a aproximação de uma autoridade. Essa teoria aplica-se às aves que se escondem, camufladas e imóveis, entre pequenos arbustos quando se veem ameaçadas de perigo. Suponha que um bando delas esteja se alimentando num campo. Um falcão passa voando ao longe. Ele ainda não avistou o bando, e não está voando diretamente na direção em que o bando se encontra, mas existe o perigo de, com sua visão aguçada, o falcão o detectar a qualquer momento e partir para o ataque. Vamos imaginar que um membro do bando já o tenha visto, enquanto o restante ainda não. Esse indivíduo de vista penetrante poderia imediatamente esconder-se e ficar imóvel em meio à vegetação. Mas isso de pouco lhe adiantaria, porque os demais membros do bando continuariam a mover-se de lá para cá, bem visíveis, fazendo barulho. Qualquer um deles poderia atrair a atenção do falcão e o bando todo estaria em perigo. De um ponto de vista puramente egoísta, a melhor política para um indivíduo que detectasse o falcão em primeiro lugar seria emitir um rápido aviso aos companheiros, calando-os, reduzindo assim a probabilidade de eles atraírem, inadvertidamente, a atenção do falcão.

Quero mencionar outra teoria que pode ser chamada de teoria "nunca abandone as fileiras". Ela se aplica às espécies de aves que fogem, talvez para cima de uma árvore, ante a aproximação de um predador. Mais uma vez, imagine o leitor que um indivíduo de um bando de aves detectou a presença de um predador. O que ele deve fazer? Simplesmente fugir, talvez, sem avisar os colegas. Mas, assim, acabaria por ficar sozinho, deixando de fazer parte de um bando relativamente anônimo, tornando-se um indivíduo isolado e deslocado. Os falcões são conhecidos por atacar pombos isolados, contudo, mesmo que isso não ocorresse, há muitas outras razões teóricas para supor que o "abandono das fileiras" poderia ser uma política suicida. Ainda que seus companheiros afinal o seguissem, o indivíduo que levanta voo em primeiro lugar aumenta temporariamente o seu domínio de perigo. Esteja a teoria particular de Hamilton correta ou não, deve haver alguma vantagem importante em voar em bandos, caso contrário os pássaros não o fariam. Qualquer que seja a vantagem, o indivíduo que fugir à frente dos outros membros do bando estará, pelo menos em parte, privando-se dela. Se não deve abandonar as fileiras, o que deve fazer então esse pássaro vigilante? Talvez ele devesse simplesmente continuar como se nada tivesse acontecido e confiar na proteção decorrente do seu pertencimento ao bando. Mas isso também comporta grandes riscos. Ele ainda se encontra altamente vulnerável e a descoberto. Estaria muito mais seguro em cima de uma árvore. A melhor política, de fato, é voar para os galhos de uma árvore, *mas certificando-se de que todos os demais façam o mesmo*. Dessa forma, não se tornará carta fora do baralho e não se privará das vantagens de pertencer a um bando, e ainda ganhará a vantagem de fugir para um abrigo. Mais uma vez, emitir um grito de alarme parece ser uma vantagem puramente egoísta. E. L. Charnov e J. R. Krebs propuseram uma teoria semelhante em que chegaram a empregar a palavra "manipulação" para descrever o que a ave que grita faz ao resto do seu bando. Estamos muito distantes do altruísmo puro e desinteressado!

  Superficialmente, tais teorias podem parecer incompatíveis com a afirmação de que o indivíduo que emite o alarme se coloca em perigo. Na realidade, não há nenhuma incompatibilidade. Ele se colocaria num perigo ainda maior se não desse o aviso. Alguns indivíduos morreram ao fazê-lo, em especial aqueles cujos gritos eram fáceis de localizar. Outros indivíduos morreram porque não deram o aviso. A teoria *cave* e a teoria do "nunca abandone as fileiras" são apenas duas maneiras, entre muitas, de explicar por quê.

E quanto ao *stotting* da gazela-de-thomson, que mencionei no capítulo 1, e cujo altruísmo à primeira vista suicida levou Ardrey a afirmar categoricamente que ele só poderia ser explicado pela teoria da seleção de grupo? A teoria do gene egoísta encontra aqui um desafio mais exigente. Os gritos de alarme das aves de fato funcionam, mas são claramente planejados para ser tão discretos e imperceptíveis quanto possível. O mesmo, contudo, não se pode dizer dos altos saltos da gazela. Eles são tão ostensivos que chegam a se parecer com uma franca provocação. As gazelas parecem atrair de propósito a atenção do predador, como se o estivessem desafiando. Esta observação conduziu a uma teoria deliciosamente ousada. A teoria foi imaginada, originalmente, por N. Smythe, mas, levada à sua conclusão lógica, exibe a inconfundível assinatura de A. Zahavi.

A teoria de Zahavi pode ser apresentada da forma que se segue. O elemento crucial do raciocínio é a ideia de que o *stotting*, longe de ser um sinal dirigido às outras gazelas, é, na realidade, dirigido ao predador. Traduzido grosseiramente para a linguagem humana, ele significa: "Olhe como sou capaz de saltar alto; sou obviamente uma gazela tão apta e saudável que você não conseguiria me apanhar, e seria mais inteligente da sua parte se tentasse apanhar a minha vizinha que não salta tanto!". Em termos menos antropomórficos, os genes para saltar alto e ostensivamente terão menor probabilidade de serem comidos pelos predadores, porque estes tendem a escolher presas que pareçam fáceis de apanhar. Em particular, sabe-se que muitos mamíferos em geral escolhem as presas velhas e doentes. Um indivíduo que salta a grandes alturas exibe, com exagero, o fato de não estar velho nem doente. De acordo com esta teoria, a exibição está longe de ser altruísta. Na melhor das hipóteses, ela é egoísta, pois o seu objetivo consiste em convencer o predador a perseguir outro indivíduo. De certo modo, há competição para ver quem salta mais alto, e o perdedor é então o escolhido pelo predador.

O outro exemplo ao qual eu disse que retornaria é o caso das abelhas camicase, que picam os ladrões de mel e cometem suicídio quase certo ao fazê-lo. A abelha melífera é apenas um exemplo de inseto altamente *social*. Outros exemplos são as vespas, as formigas e os cupins, ou "formigas-brancas". Pretendo discutir os insetos sociais em geral, e não apenas as abelhas suicidas. As proezas dos insetos sociais são lendárias, em especial seus feitos notáveis de cooperação e de aparente altruísmo. As ferroadas suicidas ilustram seus prodígios de abnegação. Entre as formigas potes-de-mel, existe uma casta de operárias com abdomens grotescamente intumescidos, repletos de alimento, que passam suas vidas penduradas no teto, imóveis, como lâmpadas inchadas. A sua única função é servir como reservatório de alimento para as outras operárias. Do ponto de vista humano, elas simplesmente não vivem como indivíduos; a sua individualidade está subjugada ao bem da comunidade. Uma sociedade de formigas, abelhas ou cupins atinge uma espécie de individualidade num nível mais elevado. O alimento é repartido a um tal ponto que se pode falar de um estômago comunitário. A informação é partilhada com tanta eficiência pelos sinais químicos e pela famosa "dança" das abelhas que a comunidade se comporta quase como se fosse uma unidade com um sistema nervoso e órgãos dos sentidos próprios. Os intrusos são reconhecidos e repelidos com uma seletividade semelhante à de um sistema imunológico operando num corpo. A temperatura bastante elevada no interior de uma colmeia é regulada quase tão precisamente quanto a temperatura de um corpo humano, muito embora uma abelha individual não seja um animal de "sangue quente". Por fim, e mais importante do que todo o resto, a analogia estende-se à reprodução. A maioria dos indivíduos numa colônia de insetos sociais é constituída por operárias estéreis. A "linhagem germinativa" — a linha de continuidade dos genes imortais — flui através dos corpos de uma minoria de indivíduos, os reprodutores. Estes são os análogos das células reprodutivas nos nossos testículos e ovários. As operárias estéreis são os análogos do nosso fígado, músculos e células nervosas.

O comportamento camicase e outras formas de altruísmo e cooperação das operárias não são surpreendentes, se aceitarmos o fato de que elas são estéreis. O corpo de um animal normal é manipulado para assegurar a sobrevivência dos seus genes, tanto pela produção da descendência como através do cuidado com os outros indivíduos que contêm os mesmos genes. O suicídio, como forma de cuidado com os outros indivíduos, é incompatível com a produção futura de descendentes. O autossacrifício suicida, portanto, raramente ocorre. Mas uma abelha-operária não produz descendentes. Todos os seus esforços se dirigem à preservação dos seus genes por intermédio da dedicação a outros familiares, e não a uma prole própria. A morte de uma abelha-operária estéril significa tanto para os seus genes como a queda de uma folha no outono para os genes de uma árvore.

Existe a tentação de mistificarmos os insetos sociais, mas, na verdade, não há nenhuma necessidade disso. Vale a pena examinar com algum detalhe o modo como a teoria do gene egoísta trata deles e, em particular, como ela explica a origem evolutiva desse extraordinário fenômeno da esterilidade das operárias, do qual tanta coisa parece decorrer.

Uma colônia de insetos sociais é uma enorme família, geralmente toda descendente da mesma mãe. As operárias, que raramente ou nunca se reproduzem, são quase sempre divididas em várias castas distintas, incluindo operárias pequenas e grandes, soldados e castas altamente especializadas, como as formigas potes-de-mel mencionadas acima. As fêmeas reprodutoras são chamadas de "rainhas". Os machos reprodutores são às vezes chamados de zangões, ou "reis". Nas sociedades mais avançadas, os reprodutores não fazem outra coisa a não ser procriar, mas são extremamente eficientes nessa tarefa. Eles dependem das operárias para a sua alimentação e proteção, e as operárias são também responsáveis por cuidar dos descendentes. Em algumas espécies de formigas e de cupins, a rainha incha até transformar-se numa gigantesca fábrica de ovos, centenas de vezes maior do que uma operária, praticamente incapaz de se mover e que mal se poderia reconhecer como um inseto. Ela é permanentemente atendida pelas operárias, que a mantêm limpa e alimentada e que transportam o seu fluxo incessante de ovos para o setor do formigueiro onde são criadas as larvas. Se uma dessas rainhas monstruosas tiver de se deslocar da célula real, é levada com toda a pompa às costas de batalhões de operárias fatigadas.

No capítulo 7, introduzi a distinção entre produzir e criar filhos. Afirmei que, normalmente, evoluiriam estratégias mistas, em que se combinariam a produção e a criação. No capítulo 5, vimos que as estratégias evolutivamente estáveis mistas poderiam ser de dois tipos gerais. Ou cada indivíduo na população se comporta de forma mista, atingindo geralmente uma mistura judiciosa entre produzir e cuidar, *ou então* a população poderia estar dividida em dois tipos diferentes de indivíduos: foi assim que imaginamos de início o equilíbrio entre os falcões e os pombos. Entretanto, em princípio é possível atingir um equilíbrio evolutivamente estável entre produzir e criar através da segunda alternativa: a população poderia ser dividida entre aqueles que produzem filhos e aqueles que cuidam deles. Isso só poderá mostrar-se evolutivamente estável, contudo, se aqueles que se encarregarem do cuidado forem parentes próximos dos indivíduos que estiverem criando, pelo menos tão próximos quanto seriam dos próprios filhos, se os tivessem. Embora seja teoricamente possível que a evolução tome essa direção, parece ter sido somente no caso dos insetos sociais que isso com efeito aconteceu.[1]

Nos insetos sociais, os indivíduos dividem-se em duas classes principais, os produtores e os criadores. Os primeiros são os machos e as fêmeas, reprodutores. Os últimos são as operárias — machos e fêmeas estéreis no caso dos cupins, e fêmeas estéreis em todos os outros insetos sociais. Ambos os tipos realizam o seu trabalho com mais eficiência porque não precisam dar conta do outro. Mas eles são eficientes do ponto de vista de quem? A pergunta lançada à teoria darwiniana é o brado bem conhecido: "O que as operárias ganham com isso?".

Algumas pessoas responderam "Nada". Elas acreditam que a rainha sempre leva a melhor, manipulando as operárias por meios químicos para atender aos seus objetivos egoístas, fazendo-as cuidar da sua prole abundante. Esta é uma versão da teoria da "manipulação parental" de Alexander, que vimos no capítulo 8. A ideia oposta é que as operárias "arrendam" as reprodutoras, manipulando-as para torná-las mais produtivas na propagação de réplicas dos genes das operárias. Decerto que as máquinas de sobrevivência produzidas pela rainha não são descendentes das operárias, mas são, de qualquer forma, parentes próximos. Foi Hamilton quem percebeu, brilhantemente, que, pelo menos nas formigas, abelhas e vespas, as operárias podem ser, na realidade, parentes mais próximas das suas irmãs do que a própria rainha! Isso o levou, e mais tarde também a Trivers e Hare, a um dos triunfos mais espetaculares da teoria do gene egoísta. O raciocínio é revelado a seguir.

Os insetos do grupo conhecido como *Hymenoptera*, que inclui as formigas, as abelhas e as vespas, têm um sistema de determinação do sexo muito inusitado. Os cupins não pertencem a esse grupo e não partilham a mesma peculiaridade. Um ninho de himenópteros típico tem apenas uma rainha madura, que fez um voo nupcial quando jovem e armazenou os espermatozoides para o resto da sua longa vida — dez anos ou mais. Ela raciona os espermatozoides de acordo com o número de óvulos que produzirá no decorrer desses anos, deixando que os óvulos sejam fertilizados à medida que passam pelos seus ovidutos. Mas nem todos os óvulos são fertilizados. Aqueles que não o são se desenvolvem como machos. Um macho, portanto, não tem pai, e todas as células do seu corpo contêm um único conjunto de cromossomos (todos eles provenientes da mãe), em vez de um conjunto duplo (um do pai e um da mãe), como acontece conosco. Nos termos da analogia que empregamos no capítulo 3, um himenóptero macho tem, em cada uma das suas células, apenas uma cópia de cada "volume" do plano do arquiteto, e não os dois volumes habituais.

Um himenóptero fêmea, por outro lado, é normal no sentido de ter um pai e, no interior de cada célula, os dois conjuntos habituais de cromossomos. Uma fêmea se desenvolverá como operária ou como rainha, dependendo de como for criada, e não dos seus genes. Ou seja, cada fêmea tem um conjunto completo de genes produtores de rainhas e um conjunto completo de genes produtores de operárias (ou, mais exatamente, conjuntos de genes para produzir cada uma das castas especializadas de operárias, soldados etc.). O que determina o conjunto de genes que será "ligado" é o modo como a fêmea é criada, especialmente o tipo de alimento que ela recebe.

Embora existam muitas complicações, é essencialmente assim que as coisas acontecem. Não sabemos por que esse extraordinário sistema de reprodução sexual evoluiu. Sem dúvida, deve ter havido boas razões, mas, por enquanto, devemos apenas tratá-lo como um fato curioso a respeito dos *Hymenoptera*. Qualquer que tenha sido o motivo original de tal peculiaridade, ela provoca grande confusão nas regras claras que apresentamos no capítulo 6 para calcular o grau de parentesco. Os espermatozoides de um macho, ao invés de serem todos diferentes como nos seres humanos, são exatamente iguais entre si. Um macho tem um só conjunto de genes em cada uma das células do seu corpo, e não um conjunto duplo. Cada espermatozoide terá, portanto, de receber o conjunto completo dos genes, em vez da amostra de 50%, e todos os espermatozoides de um dado macho serão, por isso, idênticos. Vamos agora tentar calcular o parentesco entre uma mãe e seu filho. Se soubermos que um macho possui o gene A, qual é a probabilidade de que a mãe o partilhe com ele? A resposta terá de ser 100%, uma vez que o macho não teve um pai e recebeu todos os seus genes da mãe. Vamos imaginar agora que a rainha tem o gene B. A probabilidade de que seu filho o partilhe com ela é de apenas 50%, pois ele só contém metade dos genes dela. Isso soa contraditório, mas na verdade não é. Um macho recebe *todos* os genes de sua mãe, porém uma mãe fornece apenas a metade dos *seus* genes ao filho. A solução para o aparente paradoxo está no fato de que um macho tem somente a metade do número usual de genes. É inútil darmos tratos à bola tentando determinar se o índice de parentesco "verdadeiro" é ½ ou 1. O índice não passa de uma medida inventada pelo homem, e, se ele nos coloca em dificuldades em casos particulares, talvez tenhamos de abandoná-lo e voltar aos princípios elementares. Do ponto de vista do gene A no corpo de uma rainha, a probabilidade de que ele seja partilhado por um filho é ½, assim como ocorreria com uma filha. Do ponto de vista da rainha, portanto, seus descendentes de ambos os sexos têm com ela o mesmo grau de parentesco que os filhos humanos em relação à mãe.

As coisas começam a ficar intrigantes quando chegamos ao caso das irmãs. As irmãs de pai e de mãe não apenas partilham o mesmo pai, como os dois espermatozoides que as conceberam eram idênticos em todos os seus genes. As irmãs equivalem, portanto, a gêmeas idênticas, no que diz respeito aos seus genes de origem paterna. Se uma fêmea tem um gene A, deverá tê-lo recebido ou do pai ou da mãe. Se o recebeu da mãe, existe uma probabilidade de 50% de que a sua irmã também o tenha. Mas se o recebeu do pai, essa probabilidade passa a ser de 100%. Portanto, o grau de parentesco entre as irmãs bilaterais, no caso dos himenópteros, não é ½, como seria entre os animais sexuados normais, e sim ¾.

Segue-se que uma fêmea de himenóptero tem um parentesco mais próximo com suas irmãs bilaterais do que com seus descendentes de qualquer sexo.[2] Tal como Hamilton percebeu (embora ele não tenha colocado exatamente nestes termos), isso poderia predispor uma fêmea a arrendar a sua própria mãe como uma eficiente máquina de produzir irmãs. Um gene para a produção vicariante de irmãs replica-se mais rápido do que um gene para produzir descendentes diretamente. Daí a evolução da esterilidade das operárias. Presume-se que não foi por acidente que a sociabilidade verdadeira, acompanhada da esterilidade das operárias, evoluiu nos himenópteros nada menos do que onze vezes, *independentemente*, e uma única vez em todo o resto do reino animal, a saber, nos cupins.

Mas há um senão. Para serem bem-sucedidas na exploração da sua mãe como uma máquina de produzir irmãs, as operárias deverão, de alguma maneira, refrear a tendência natural da mãe a lhes dar também um número equivalente de irmãos mais novos. Do ponto de vista de uma operária, a probabilidade de qualquer dos seus irmãos conter um dos seus genes é de apenas ¼. Portanto, se fosse permitido à rainha produzir descendentes reprodutores masculinos e femininos em proporções iguais, o arrendamento não se mostraria lucrativo, do ponto de vista das operárias. Elas não estariam maximizando a propagação dos seus preciosos genes.

Trivers e Hare perceberam que as operárias precisam tentar desviar a proporção entre os sexos a favor das fêmeas. Eles empregaram os cálculos de Fisher sobre as proporções ótimas entre os sexos (que vimos no último capítulo) e as reformularam para o caso especial dos *Hymenoptera*. O resultado foi que a proporção estável de investimento para uma mãe é, como de costume, um para um. Mas a proporção estável para uma irmã é três para um a favor das irmãs. Se o leitor fosse uma fêmea de himenóptero, a maneira mais eficiente de propagar seus genes seria deixar de se reproduzir e fazer com que a sua mãe lhe fornecesse irmãs e irmãos reprodutores na proporção de três para um. No entanto, se *tivesse* de produzir os próprios descendentes, poderia beneficiar mais os seus genes tendo filhos e filhas reprodutores em proporções iguais.

Como já vimos, a diferença entre as rainhas e as operárias não é genética. No que diz respeito aos genes, um embrião feminino poderá estar destinado a ser ou uma operária, que "quer" uma proporção de três para um entre os sexos, ou uma rainha, que "quer" uma proporção de um para um. Então, o que "querer" significa? Significa que um gene que se encontre no corpo de uma rainha pode propagar-se melhor se esse corpo investir igualmente em filhos e filhas reprodutores. O mesmo gene, porém, ao encontrar-se no corpo de uma operária, pode propagar-se melhor fazendo com que a mãe desse corpo tenha mais filhas do que filhos. Não existe nenhum paradoxo real aqui. Um gene deve tirar o melhor proveito possível dos meios que têm à sua disposição. Caso esteja em posição de influenciar o desenvolvimento de um corpo que está destinado a tornar-se uma rainha, a sua estratégia ótima para explorar esse controle será uma. Caso se encontre em posição de influenciar a maneira como o corpo de uma operária se desenvolve, a sua melhor estratégia ótima para explorar esse poder será diferente.

Isso significa que há conflito de interesses nesse arrendamento. A rainha "tenta" investir igualmente em machos e em fêmeas. As operárias tentam desviar a proporção dos reprodutores na direção de três fêmeas para cada macho. Se estivermos certos ao imaginar as operárias como os arrendatários e a rainha como a sua égua reprodutora, presumivelmente as operárias terão sucesso em alcançar a proporção desejada de três para um. Caso contrário, se a rainha levar realmente uma vida digna do seu nome e as operárias forem suas escravas e as guardiãs obedientes do berçário real, então devemos esperar que a proporção um para um, "preferida" pela rainha, prevaleça. Quem será o vencedor neste caso especial de conflito de gerações? Eis uma questão que pode ser testada, e foi isso o que Trivers e Hare fizeram, usando um grande número de espécies de formigas.

A proporção entre os sexos que interessa aqui é a proporção entre reprodutores machos e reprodutores fêmeas. Os reprodutores são as grandes formas aladas que emergem do ninho das formigas, em explosões periódicas, para o voo nupcial. Depois desses voos, as jovens rainhas poderão tentar fundar novas colônias. São essas formas aladas que têm de ser contadas de modo a proporcionar uma estimativa da proporção entre os sexos. Mas os machos e as fêmeas reprodutores são, em muitas espécies, de tamanhos muito diferentes, o que complica as coisas, pois, como vimos no último capítulo, os cálculos de Fisher sobre a proporção ótima entre os sexos se aplicam, rigorosamente, à *quantidade de investimento* nos dois sexos, e não ao *número* de machos e de fêmeas. Trivers e Hare levaram isso em conta e fizeram a ponderação necessária. Eles tomaram vinte espécies de formiga e estimaram a proporção entre os sexos em termos de investimento nos reprodutores. Encontraram um resultado convincente próximo da proporção de três fêmeas para um macho, prevista pela teoria de que as operárias controlam a situação em benefício próprio.[3]

Parece, então, que, nas formigas estudadas, quem "vence" o conflito de interesses são as operárias, o que não é assim tão surpreendente, uma vez que o corpo delas, como guardião dos berçários, têm mais poder, em termos práticos, do que o corpo das rainhas. Os genes que tentam manipular o mundo através do corpo das operárias levam a melhor sobre os genes que tentam manipular o mundo através do corpo das rainhas. É interessante procurar circunstâncias especiais em que pudéssemos esperar que as rainhas tivessem mais poder, em termos práticos, do que as operárias. Trivers e Hare perceberam que havia uma circunstância desse tipo, que poderia ser usada como um teste crucial à teoria.

Essa circunstância advém do fato de que existem algumas espécies de formigas que capturam escravos. As operárias de uma espécie que captura escravos não trabalham, no sentido habitual do termo, ou trabalham de uma maneira muito ineficiente. Aquilo em que se mostram realmente eficientes é na captura de escravos. A guerra verdadeira, em que grandes exércitos rivais lutam até a morte, é travada apenas pelo homem e pelos insetos sociais. Em muitas espécies de formigas, a casta de operárias especializadas denominadas "soldados" é dotada de mandíbulas formidáveis para lutar e dedica o seu tempo a defender a colônia contra outros exércitos de formigas. As incursões para a captura de escravos são somente um tipo particular do esforço de guerra. As formigas escravizadoras montam um ataque a um ninho de formigas pertencentes a uma espécie diferente, tentam matar as operárias-soldados que o defendem e carregam consigo as larvas ainda não eclodidas. Essas larvas irão eclodir no ninho dos seus capturadores. Elas não "percebem" que são escravos e se põem a trabalhar segundo as pré-programações incorporadas em seu sistema nervoso, desempenhando todas as tarefas que normalmente lhes caberiam em seu próprio ninho. As formigas escravizadoras saem em novas expedições, enquanto os escravos ficam no ninho e realizam a sua manutenção diária, limpando-o, procurando alimento e cuidando da prole.

Os escravos, é claro, vivem na ignorância completa do fato de que não têm parentesco algum com a rainha nem com a prole que eles criam. Sem ter consciência disso, criam novos batalhões de formigas escravizadoras. Não há dúvida de que a seleção natural, agindo sobre os genes das espécies escravizadas, tende a favorecer as adaptações que possibilitem combater a escravidão. No entanto, estas não se mostram plenamente eficazes, uma vez que a escravidão é um fenômeno amplamente observado.

Do nosso ponto de vista, a consequência interessante da escravidão é a seguinte. A rainha da espécie escravizadora está agora em condição de desviar a proporção entre os sexos na direção de sua "preferência". Isso ocorre porque seus filhos verdadeiros, os caçadores de escravos, já não detêm o controle prático dos berçários. Esse poder está nas mãos dos escravos. Os escravos "pensam" que estão cuidando dos irmãos e, presumivelmente, fazem tudo o que *seria apropriado nos seus próprios ninhos* para atingir o desejado desvio de três para um a favor das irmãs. Mas a rainha da espécie escravizadora consegue levar a melhor com a adoção de medidas defensivas, e não há nenhuma seleção operando sobre os escravos para neutralizar seus efeitos, pois eles não têm parentesco algum com as larvas.

Por exemplo, vamos supor que numa espécie qualquer de formigas a rainha "tente" disfarçar os ovos para os filhos machos, fazendo com que eles tenham o cheiro dos ovos para as fêmeas. A seleção natural normalmente favorecerá qualquer tendência nas operárias para que "percebam" o disfarce. Podemos imaginar uma batalha evolutiva em que as rainhas continuamente "alterem o código" e as operárias o "decifrem". A guerra será vencida por quem conseguir passar um número maior de genes para a geração seguinte, através do corpo dos indivíduos reprodutores. Estes, como já vimos, são em geral as operárias. Contudo, quando a rainha de uma espécie *escravizadora* alterar o código, os trabalhadores escravos não poderão desenvolver nenhuma habilidade para decifrá-lo. Isso é assim porque qualquer gene para uma operária escrava "decifrar o código" não estará representado no corpo de qualquer indivíduo reprodutor, e, consequentemente, ele não será transmitido. Os indivíduos reprodutores pertencem todos à espécie escravizadora e são parentes da rainha, mas não das escravas. Se os genes destas últimas se encontrarem em algum dos reprodutores, será nos reprodutores que nascerem no ninho original de onde elas foram raptadas. As operárias escravizadas, na melhor das hipóteses, estarão ocupadas tentando decifrar o código errado! As rainhas de uma espécie escravizadora, portanto, poderão vencer, mudando o código livremente, sem que haja nenhum perigo de os genes para decifrar o código serem propagados à geração seguinte.

A conclusão deste complicado argumento é que devemos esperar que nas espécies escravizadoras a proporção de investimento nos reprodutores de ambos os sexos se aproxime de um para um, e não de três para um. Pelo menos uma vez, a rainha será dona da situação. Foi exatamente isso o que Trivers e Hare encontraram, embora só tenham estudado duas espécies escravizadoras.

Devo sublinhar que contei essa história de maneira idealizada. Na vida real, nada é tão claro e bem ordenado. Por exemplo, a espécie mais conhecida entre todos os insetos sociais, a abelha melífera, parece fazer as coisas exatamente da forma "errada". Há um investimento muito maior em machos, em comparação com o investimento em rainhas — o que parece não fazer sentido nem do ponto de vista das operárias nem do ponto de vista da rainha. Hamilton sugeriu uma solução possível para esse enigma. Ele notou que, quando uma abelha rainha deixa a colmeia, leva consigo um grande enxame de operárias, que a ajudam a fundar uma nova colônia. Isso representa uma perda para a colmeia de origem, e o custo da produção dessas operárias deve ser computado como parte do custo da reprodução: para cada rainha que deixa a colmeia, muitas operárias extras têm de ser produzidas. O investimento nelas deve ser contabilizado como parte do investimento em fêmeas reprodutoras. Ao computar-se a proporção entre os sexos, as operárias extras devem pesar na balança em oposição aos machos. No final das contas, não foi uma dificuldade assim tão séria para a teoria.

Um obstáculo mais bizarro em relação à elegância desta teoria é o fato de que, em algumas espécies, a jovem rainha, em seu voo nupcial, copula com diversos machos, e não com um só. Logo, a média de parentesco entre suas filhas é menor do que ¾, e pode até chegar a ¼ em casos extremos. É tentador, embora provavelmente não muito lógico, encarar isso como um golpe astuto desferido pelas rainhas contra as operárias! A propósito, o que se poderia depreender é que as operárias acompanham a rainha, como suas aias, em seu voo nupcial, para impedi-la de acasalar com mais de um macho. Mas isso não ajudaria em nada os genes das operárias — só os genes da geração seguinte delas. Não há nenhum espírito de união sindical entre as operárias de uma classe. Cada uma "preocupa-se" somente com os próprios genes. Talvez uma operária pudesse "gostar" da ideia de acompanhar a mãe durante o voo nupcial, mas essa oportunidade não lhe foi dada, já que ainda não tinha sido concebida. Uma jovem rainha em seu voo nupcial é irmã, e não mãe, da geração atual de operárias. As operárias, portanto, estão do *seu* lado, e não do lado da geração seguinte de operárias, que são apenas suas sobrinhas.

Minha cabeça já está girando e é mais do que hora de concluir este tópico.

Usei a analogia do arrendamento para explicar o que as operárias himenópteras fazem às suas mães. A fazenda arrendada é uma fazenda de genes. As operárias usam a própria mãe como uma máquina de fabricar cópias dos seus genes, mais eficiente do que elas mesmas seriam. Os genes saem da linha de produção em pacotes chamados "indivíduos reprodutores". Essa analogia não deve ser confundida com uma situação bastante diferente, em que se pode dizer que os insetos sociais são cultivadores. Os insetos sociais descobriram, tal como o homem muito tempo depois, que o cultivo regular do alimento pode ser mais eficiente do que a caça ou a coleta.

Várias espécies de formigas do Novo Mundo, por exemplo, e, de maneira totalmente independente, os cupins na África, cultivam "hortas de fungos". As mais conhecidas são as chamadas cortadeiras da América do Sul, extremamente bem-sucedidas. Já se encontraram colônias isoladas com mais de 2 milhões de indivíduos. Seus ninhos consistem em gigantescos complexos subterrâneos de túneis e galerias, que descem a uma profundidade de três metros ou mais, formados através da escavação de até quarenta toneladas de terra. As câmaras subterrâneas contêm as hortas de fungos de uma espécie particular deliberadamente semeados em canteiros adubados com um composto especial que elas preparam mastigando fragmentos de folhas. Em vez de procurarem diretamente o alimento, as operárias procuram folhas para produzir o adubo. É imenso o "apetite" por folhas de uma colônia de cortadeiras, consideradas uma das maiores pragas em termos econômicos. As folhas, contudo, servem de alimento não para elas, e sim para os fungos que cultivam, e por fim, colhem e comem, além de alimentarem suas larvas com ele. Os fungos são mais eficientes em processar a matéria das folhas do que seriam os estômagos das formigas, razão pela qual elas se beneficiam com tal arranjo. É possível que os fungos também se beneficiem, não obstante terminem por ser colhidos: as formigas os propagam com mais eficiência do que o seu mecanismo de dispersão de esporos. Além disso, "capinam" as hortas, mantendo-as livres de espécies invasoras. Essa eliminação da competição pode beneficiar os fungos. Poderíamos dizer que entre as formigas e os fungos há um tipo de relação de altruísmo mútuo. É notável que um sistema muito similar de cultivo de fungos tenha evoluído, independentemente, também entre os pouco aparentados cupins.

As formigas têm seus animais domésticos, assim como têm seu cultivo de plantas. Os afídeos — pulgões e semelhantes — são altamente especializados em sugar líquido das plantas. Eles se mostram mais eficientes em sugar a seiva das veias das plantas do que se mostram depois, na digestão dessa seiva. Como resultado, eles excretam um líquido cujo valor nutricional foi apenas parcialmente extraído. Gotinhas desse líquido rico em açúcar são eliminadas a grande velocidade pela extremidade posterior do inseto. Em alguns casos, a quantidade de líquido eliminado por hora ultrapassa o próprio peso do inseto. Normalmente, esse líquido cai em gotas no chão — e pode bem ter sido o alimento providencial conhecido como "maná" no Velho Testamento. Mas formigas de várias espécies o interceptam assim que ele sai do corpo do pulgão. Os afídeos são "ordenhados" pelas formigas, que roçam a parte posterior do corpo deles com as antenas e patas; a isso eles respondem, em alguns casos, aparentemente retendo as gotículas até que seu corpo seja alisado, e até mesmo recolhendo de volta uma gotícula se a formiga não estiver pronta a aceitá-la. Sugeriu-se que alguns afídeos desenvolveram a parte posterior do corpo de modo a assemelhar-se, tanto do ponto de vista visual como tátil, à fisionomia de uma formiga, com vistas a atraí-las mais efetivamente. O que os afídeos têm a ganhar com essa relação é, ao que tudo indica, proteção contra seus inimigos naturais. Como as nossas vacas leiteiras, eles levam uma vida protegida, e as espécies mais cultivadas pelas formigas perderam os mecanismos normais de defesa. Em alguns casos, elas cuidam dos ovos dos afídeos dentro dos seus próprios ninhos subterrâneos, alimentam aqueles que nascem e, por fim, quando eles crescem, os carregam com todo cuidado para a protegida zona de pastagem.

Uma relação de benefício mútuo entre membros de espécies diferentes é chamada de "mutualismo" ou "simbiose". Geralmente, os membros de espécies diferentes têm muito a oferecer uns aos outros porque podem associar suas diferentes habilidades. Este tipo de assimetria fundamental pode levar a estratégias evolutivamente estáveis de cooperação mútua. Os afídeos têm o tipo adequado de órgãos para sugar a seiva das plantas, mas não para a autodefesa. As formigas não são eficientes em sugar a seiva das plantas, mas lutam bem. Os genes para associar-se aos afídeos e protegê-los foram favorecidos no pool gênico das formigas. Os genes para cooperar com as formigas foram favorecidos no pool gênico dos afídeos.

Relações simbióticas de benefício mútuo são comuns entre animais e plantas. Um líquen, superficialmente, parece uma planta individual como outra qualquer. Na realidade, porém, é uma relação simbiótica íntima entre um fungo e uma alga verde. Nenhum dos dois parceiros poderia viver sem o outro. Se essa união tivesse se tornado um pouquinho só mais íntima, já não seríamos capazes de dizer que um líquen é um organismo duplo. Talvez, então, existam outros organismos duplos ou múltiplos que não reconhecemos como tal. Talvez até mesmo a nossa própria espécie?

No interior de cada uma das nossas células existem numerosos corpos minúsculos chamados "mitocôndrias". As mitocôndrias são fábricas químicas, responsáveis pelo fornecimento da maior parte da energia de que necessitamos. Se perdêssemos as nossas mitocôndrias, morreríamos em segundos. Tem-se argumentado, plausivelmente, que as mitocôndrias são, na origem, bactérias simbiontes que uniram forças com o nosso tipo de célula logo no começo da evolução. Sugestões semelhantes têm sido feitas com relação a outros pequenos corpúsculos no interior das nossas células. É uma daquelas ideias revolucionárias a respeito das quais levamos certo tempo para nos habituar, mas a sua hora chegou. Eu penso que ainda aceitaremos a ideia mais radical de que cada um dos nossos genes é uma unidade simbiótica. Nós somos colônias gigantes de genes simbiontes. Não podemos, na verdade, falar de "evidências" a favor dessa ideia, entretanto, tal como tentei sugerir nos capítulos anteriores, ela é realmente inerente à maneira como encaramos o funcionamento dos genes nas espécies sexuadas. O outro lado desta moeda é que os vírus podem ser genes que se soltaram de "colônias" como as nossas. Os vírus consistem em DNA puro (ou uma molécula autorreplicadora semelhante), rodeado por um invólucro de proteína. Eles são todos parasitas. A sugestão é que evoluíram a partir de genes "rebeldes" que fugiram e agora viajam de um corpo ao outro diretamente, através do ar, e não através das vias mais convencionais — os espermatozoides e os óvulos. Se isso for verdade, poderemos também nos considerar colônias de vírus! Alguns deles cooperam simbioticamente e viajam de um corpo ao outro em espermatozoides e óvulos. São os "genes" convencionais. Outros vivem como parasitas e propagam-se por qualquer meio que lhes seja possível. Se o DNA parasita viajar em espermatozoides e óvulos, talvez forme o excesso "paradoxal" de DNA que mencionei no capítulo 3. Se viajar através do ar, ou de outros meios diretos, é chamado de "vírus", no sentido usual do termo.

Tudo isso são especulações para o futuro. No momento, estamos preocupados com a simbiose no nível superior das relações entre os organismos multicelulares, e não dentro deles. A palavra "simbiose" é usada, convencionalmente, para designar associações entre membros de espécies diferentes. Contudo, agora que abandonamos a ideia da evolução "pelo bem da espécie", parece não haver motivo lógico para distinguir associações entre membros de espécies diferentes e associações entre membros da mesma espécie. Em geral, as associações de benefício mútuo evoluirão se cada parceiro puder extrair mais do que aquilo que dá. Isso é verdadeiro, quer estejamos falando de membros do mesmo bando de hienas, quer de criaturas completamente distintas como as formigas e os afídeos, ou as abelhas e as flores. Na prática, pode ser difícil fazer a distinção entre casos de benefício mútuo genuíno e casos de exploração unilateral.

A evolução das associações de benefício mútuo é teoricamente fácil de imaginar se os favores forem feitos e recebidos ao mesmo tempo, como no caso dos parceiros que constituem um líquen. Mas, se há um intervalo de tempo entre a realização de um favor e a sua retribuição, a situação se torna mais problemática, pois aquele que recebe o favor primeiro pode se sentir tentado a trapacear e recusar-se a retribuir quando chegar a sua vez. A solução desse problema é interessante e vale a pena discuti-la em detalhe por meio de um exemplo hipotético.

Vamos supor que uma espécie de ave é parasitada por uma espécie de carrapatos particularmente maléfica, que transmite uma doença perigosa. É muito importante que tais carrapatos sejam removidos o mais rápido possível. Normalmente, uma ave individual pode remover os carrapatos enquanto limpa e alisa as penas com o bico. Há um lugar, no entanto — o topo da sua cabeça —, que ela não consegue alcançar com o bico. A solução para o problema ocorre rapidamente a qualquer ser humano.

Um indivíduo pode não ser capaz de alcançar a própria cabeça, porém não há nada mais fácil do que um amigo fazer isso por ele. Mais tarde, quando o próprio amigo for parasitado, a boa ação poderá ser retribuída. O comportamento de catar parasitas é, de fato, muito comum entre as aves e os mamíferos.

Isso faz sentido imediata e intuitivamente. Qualquer pessoa com capacidade consciente de previsão pode ver que é sensato tomar parte em combinações em que os indivíduos coçam as costas um do outro, reciprocamente. Mas aprendemos a ser cautelosos com aquilo que parece intuitivamente sensato. O gene não tem capacidade de previsão. Poderá a teoria do gene egoísta explicar o "coçar as costas mútuo", ou "altruísmo recíproco", quando há um intervalo de tempo entre a boa ação e sua retribuição? Williams discutiu brevemente o problema em seu livro de 1966, ao qual já me referi. Concluiu, tal como Darwin, que o altruísmo recíproco retardado pode evoluir em espécies que são capazes de reconhecer os seus membros como indivíduos e recordar-se deles. Trivers, em 1971, aprofundou a discussão do problema. À altura em que o fez, ainda não tinha ao seu dispor o conceito de estratégia evolutivamente estável de J. Maynard Smith. Se tivesse, meu palpite é que ele o teria usado, pois o conceito proporciona uma forma natural para a expressão de suas ideias. A sua referência ao "dilema do prisioneiro" — um dos enigmas favoritos na teoria dos jogos — mostra que Trivers já estava seguindo a mesma linha de raciocínio.

Imagine que B tem um parasita no topo da cabeça, e A o arranca para ele. Mais tarde, chega o momento em que A tem um parasita no alto da cabeça. Ele naturalmente procura B, para que retribua a sua boa ação passada. Só que B vira as costas e vai embora: ele é um trapaceiro, um indivíduo que aceita o benefício do altruísmo de outro indivíduo, mas não o retribui, ou sua retribuição é insuficiente. Os trapaceiros se saem melhor do que os altruístas indiscriminados porque recebem os benefícios sem pagar os custos. O custo de catar carrapatos na cabeça de outro indivíduo parece, sem dúvida, pequeno, se comparado ao benefício de ter um parasita perigoso removido, mas não é desprezível. Isso demanda algum tempo e energia.

Imaginemos que a população seja constituída por indivíduos que adotam uma de duas estratégias. Tal como nas análises de J. Maynard Smith, não estamos nos referindo a estratégias conscientes, e sim a programas de comportamento inconsciente estabelecidos pelos genes. Chamaremos essas duas estratégias de "Trouxa" e "Trapaceiro". Os trouxas catam parasitas em qualquer um que necessite disso, indiscriminadamente. Os trapaceiros aceitam o altruísmo dos trouxas, mas nunca catam parasitas em ninguém, nem mesmo em alguém que já tenha lhe feito esse favor. Como no caso dos falcões e dos pombos, atribuímos arbitrariamente pontos aos ganhos obtidos. Não interessam os valores exatos, contanto que o benefício de ter os parasitas removidos ultrapasse o custo de removê-los de outro indivíduo. Se a incidência de parasitas for alta, qualquer indivíduo trouxa numa população de trouxas poderá esperar ter seus parasitas removidos tão frequentemente quanto ele o fará em outro indivíduo. O ganho médio para um trouxa entre trouxas é, portanto, positivo. Todos eles, de fato, se saem muito bem, e a palavra "trouxa" parece imprópria. No entanto, suponha agora que um trapaceiro aparece na população. O único a empregar essa estratégia, ele pode contar com todos os outros indivíduos para remover seus parasitas, mas não paga nada por esse favor. Seu ganho médio é melhor do que o ganho médio de um trouxa. Os genes dos trapaceiros começarão, portanto, a se disseminar na população. Os genes dos trouxas logo serão levados à extinção. Isso acontece porque, não importa qual seja a proporção de trapaceiros na população, eles sempre se sairão melhor do que os trouxas. Considere, por exemplo, o caso em que a população consiste em 50% de trouxas e 50% de trapaceiros. O ganho médio, tanto para os trouxas como para os trapaceiros, será menor do que o ganho obtido por qualquer indivíduo numa população inteiramente constituída de trouxas. Mas, ainda assim, os trapaceiros se sairão melhor do que os trouxas, porque receberão todos os benefícios sem dar nenhuma retribuição. Quando a proporção de trapaceiros chegar a 90%, o ganho médio para todos os indivíduos será muito baixo: boa parte dos indivíduos, tanto de trouxas como de trapaceiros, talvez estejam, a essa altura, morrendo da infecção transmitida pelos carrapatos. Mas, ainda assim, os trapaceiros se sairão melhor do que os trouxas. Mesmo que a população como um todo se reduza quase até a extinção, nunca haverá uma ocasião em que os trouxas se sairão melhor do que os trapaceiros. Portanto, desde que consideremos apenas essas duas estratégias, nada poderá deter a extinção dos trouxas e, muito provavelmente, também de toda a população.

Vamos pressupor agora que existe uma terceira estratégia, chamada "rancoroso". Os rancorosos catam os parasitas nos estranhos e nos indivíduos que já tenham feito o mesmo por eles. Entretanto, se algum indivíduo os engana, eles lembram-se do incidente e lhes guardam rancor, recusando-se a catar seus parasitas no futuro. Numa população de rancorosos e de trouxas, é impossível distinguir quem é quem. Os dois tipos se comportam de maneira altruísta em relação a todos os outros indivíduos e ambos obtêm uma pontuação igualmente alta. Numa população constituída largamente por trapaceiros, um único rancoroso não seria muito bem-sucedido. Ele gastaria muita energia catando parasitas na maioria dos indivíduos que encontrasse, pois levaria muito tempo até que tivesse desenvolvido rancor contra todos eles. Por outro lado, ninguém cataria parasitas nele, em retribuição. Se os rancorosos forem raros em comparação com os trapaceiros, os genes dos rancorosos entrarão em extinção. Porém, tão logo os rancorosos conseguissem aumentar em número, de modo a atingir uma proporção crítica, a probabilidade de se encontrarem uns com os outros se tornaria suficientemente alta para recompensar o esforço despendido com os trapaceiros. Quando a proporção crítica for alcançada, começarão a obter ganhos médios mais altos do que os trapaceiros, os quais rapidamente serão levados rumo à extinção. Quando os trapaceiros estiverem perto da extinção, a sua velocidade de declínio diminuirá e eles poderão sobreviver como uma minoria durante muito tempo. Isso porque, para cada um dos raros trapaceiros, existirá apenas uma probabilidade muito pequena de ele vir a encontrar o mesmo rancoroso duas vezes: a proporção de indivíduos na população que guardam rancor contra um determinado trapaceiro será, portanto, pequena.

Contei a história dessas estratégias como se os acontecimentos nela envolvidos fossem intuitivamente óbvios. Na verdade, eles não são nada óbvios, e eu tive realmente o cuidado de fazer uma simulação no computador para me certificar de que a minha intuição estava correta. O rancoroso mostrou ser, de fato, uma estratégia evolutivamente estável contra o trouxa e o trapaceiro, no sentido de que uma população constituída majoritariamente por rancorosos não será invadida nem por trouxas nem por trapaceiros. O trapaceiro, contudo, também é uma estratégia evolutivamente estável, pois uma população constituída sobretudo por trapaceiros não será invadida nem por rancorosos nem por trouxas. Uma população poderia atingir o equilíbrio com qualquer das duas EEEs, e no longo prazo poderia até alternar-se entre uma e outra. Dependendo dos valores exatos da pontuação — os valores atribuídos para a realização da simulação eram, é evidente, completamente arbitrários —, uma ou outra das duas estratégias estáveis terá uma "zona de atração" maior e será atingida com maior probabilidade. Note, a propósito, que, embora uma população de trapaceiros tenha maior probabilidade de ser levada à extinção do que uma população de rancorosos, isso em nada afeta o seu estatuto como EEE. Se uma população chegar a uma EEE que a conduza à extinção, então ela será extinta, e isso será uma pena.[4]

É bastante divertido observar uma simulação de computador que começa com uma grande maioria de trouxas, uma minoria de rancorosos (que se encontra imediatamente acima da frequência crítica) e uma minoria semelhante de trapaceiros. A primeira coisa que acontece é uma queda vertiginosa na população de trouxas, à medida que os trapaceiros os exploram implacavelmente. Os trapaceiros experimentam uma explosão populacional progressiva e atingem o pico no momento exato em que o último trouxa perece. Mas os trapaceiros ainda têm de enfrentar os rancorosos. Durante o declínio abrupto dos trouxas, o número de rancorosos diminui lentamente, sob o ataque dos prósperos impostores, mas eles ainda conseguem sobreviver. Depois que o último trouxa desaparece e os trapaceiros já não podem continuar impunes com sua exploração egoísta, os rancorosos pouco a pouco começam a aumentar em número, à custa dos trapaceiros. O aumento gradual da sua população ganha impulso e se acelera abruptamente, ao passo que a população dos trapaceiros despenca quase até a extinção, para então se estabilizar, graças aos privilégios de que eles agora desfrutam em função de existirem em pequeno número. A sua raridade faz com que fiquem relativamente livres das ameaças dos rancorosos. No entanto, lenta e inexoravelmente os trapaceiros deixam de existir, e os rancorosos tornam-se os senhores absolutos da situação. O paradoxo está em que a presença dos trouxas chegou a colocar os rancorosos em perigo no início da história porque foram eles os responsáveis pela prosperidade temporária dos trapaceiros.

A propósito, o meu exemplo hipotético acerca dos perigos de não ter os parasitas removidos é bastante plausível. Os camundongos mantidos em isolamento tendem a desenvolver feridas muito incômodas nas partes da cabeça que não conseguem alcançar. Um estudo mostrou que os camundongos mantidos em grupos não tiveram esse problema porque os indivíduos lambiam mutuamente as cabeças uns dos outros. Seria interessante testar experimentalmente a teoria do altruísmo recíproco, e tudo indica que os camundongos seriam o material adequado a uma pesquisa como essa.

Trivers discute a extraordinária simbiose dos peixes-limpadores. Sabe-se que existem cerca de cinquenta espécies, incluindo pequenos peixes e camarões, que vivem de apanhar parasitas na superfície dos peixes maiores de outras espécies. O peixe maior obviamente se beneficia com o fato de ser limpo e os limpadores obtêm um bom suprimento de comida. A relação é simbiótica. Em muitos casos, os peixes grandes abrem a boca, permitindo que os limpadores entrem para limpar seus dentes e depois saíam através das guelras, que eles limpam também. Poderíamos esperar que um peixe de maior tamanho aguardasse astuciosamente até ter sido todo limpo para então devorar o limpador. Mas ele costuma deixar o limpador sair são e salvo. Isso parece ser uma proeza considerável no que diz respeito ao altruísmo, já que, em muitos casos, o limpador tem o mesmo tamanho que as presas normais do peixe maior.

Os peixes-limpadores têm um padrão de listras e uma dança especiais que os identificam como limpadores. Os peixes grandes tendem a evitar comer peixes menores que tenham o tipo certo de listras e que se aproximem deles com o tipo certo de dança. Em vez de devorá-los, entram numa espécie de transe e permitem ao limpador livre acesso ao seu interior e exterior. Sendo os genes egoístas como são, não surpreende que trapaceiros cruéis e exploradores tenham se aproveitado disso. Há espécies de peixes pequenos que se parecem muito com os limpadores e que dançam da mesma forma, a fim de assegurar um salvo-conduto ao se aproximarem dos peixes maiores. Quando o peixe maior entra no transe esperado, o impostor, em vez de extrair um parasita, abocanha e arranca um pedaço da nadadeira do peixe maior, batendo em retirada a toda velocidade. Mas, apesar dos impostores, a relação dos peixes-limpadores com seus clientes é essencialmente amigável e estável. A profissão de limpador desempenha um papel importante na vida cotidiana da comunidade de um recife de corais. Cada limpador tem o seu território, e tem se observado que os peixes grandes formam filas para ser atendidos, como clientes numa barbearia. Provavelmente é a forte ligação com o lugar que, neste caso, torna possível a evolução do altruísmo recíproco retardado. O benefício, para um peixe grande, de poder voltar repetidamente à mesma "barbearia", em vez de ter de a toda hora procurar uma nova, deve compensar o custo de se abster de comer o limpador. Uma vez que os limpadores são pequenos, isso não é algo tão difícil de acreditar. É provável que a presença de trapaceiros imitando os limpadores coloque em risco, indiretamente, os limpadores legítimos, por criar certa pressão sobre os peixes grandes para que comam os dançarinos listrados. O apego ao lugar que apresentam os verdadeiros limpadores permite aos clientes encontrá-los e escapar dos trapaceiros.

A memória de longo prazo e a capacidade para o reconhecimento individual são bem desenvolvidas no homem. Podemos esperar, portanto, que o altruísmo recíproco tenha desempenhado um papel importante na evolução humana. Trivers chega a afirmar que muitas das nossas características psicológicas — a inveja, a culpa, a gratidão, a empatia etc. — foram moldadas pela seleção natural de modo a aperfeiçoar a nossa habilidade para enganar, detectar trapaceiros e evitar ser considerado um trapaceiro. Os "trapaceiros sutis", aqueles que parecem retribuir um favor mas que sempre retribuem um pouquinho menos do que receberam, são particularmente interessantes. É até mesmo possível que o cérebro aumentado do homem e sua predisposição a raciocinar matematicamente tenham evoluído como um mecanismo para enganar de forma cada vez mais sofisticada e para detectar cada vez com mais precisão o logro por parte dos outros indivíduos. O dinheiro é um símbolo formal do altruísmo recíproco retardado.

Não há fim para as especulações fascinantes que a ideia do altruísmo recíproco engendra quando a aplicamos à nossa espécie. Mas, por mais tentadoras que sejam, não sou melhor nisso do que qualquer outra pessoa, de maneira que deixarei que o leitor se divirta por si mesmo.

11. Memes: os novos replicadores

Até agora não falei muito a respeito do homem, ainda que também não o tenha deliberadamente excluído. Usei o termo "máquina de sobrevivência", em parte, porque "animal" deixaria de fora as plantas e, para algumas pessoas, os seres humanos. Os argumentos que apresentei deveriam, à primeira vista, aplicar-se a qualquer ser que tenha surgido por meio da evolução. Se alguma espécie constituir uma exceção a isso, terá de ser por razões específicas. Haverá algum motivo para supor que a nossa espécie seja única? Acredito que a resposta é sim.

A maior parte daquilo que o homem tem de pouco usual pode ser resumida numa palavra: "cultura". A transmissão cultural é análoga à transmissão genética, no sentido de que, apesar de ser essencialmente conservadora, pode dar origem a uma forma de evolução. Geoffrey Chaucer não poderia manter uma conversação com um inglês nosso contemporâneo, muito embora ambos estejam ligados entre si por uma cadeia ininterrupta de cerca de vinte gerações de ingleses, cada um dos quais podia falar com os vizinhos mais próximos na cadeia, tal como um filho fala com seu pai. A linguagem parece "evoluir" por meios não genéticos, a uma velocidade que é várias ordens de grandeza superior à velocidade da evolução genética.

A transmissão cultural não é privilégio do homem. O melhor exemplo que conheço da sua ocorrência entre os animais foi descrito recentemente por P. F. Jenkins e diz respeito ao canto de um pássaro, o *Philesturnus carunculatus carunculatus*, que habita as ilhas da Nova Zelândia. Na ilha em que Jenkins trabalhava havia um repertório de nove canções diferentes. Cada macho cantava apenas uma ou algumas dessas canções. Os machos podiam ser classificados em grupos de dialetos. Por exemplo, um grupo de oito machos, com territórios vizinhos, emitia uma determinada canção, chamada de canção CC. Outros grupos, com outros dialetos, produziam canções diferentes. Algumas vezes, os membros de um grupo com um dialeto partilhavam mais de uma canção. Comparando as canções de pais e filhos, Jenkins mostrou que os padrões melódicos não eram herdados geneticamente. Cada jovem macho provavelmente adotava, por imitação, canções de aves dos territórios vizinhos, de forma análoga ao que se passa com a linguagem humana. Durante a maior parte do tempo em que Jenkins permaneceu lá, havia um número limitado de canções na ilha, uma espécie de "pool de canções", do qual cada jovem macho extraía o seu pequeno repertório. Mas, ocasionalmente, Jenkins tinha o privilégio de testemunhar a "invenção" de uma canção nova, que ocorria através de um erro na imitação de uma canção antiga. Ele escreve:

> Observou-se que novas formas de canto se originam de maneiras diversas, por uma alteração na altura de uma nota, pela repetição de uma nota, pela elisão de notas e pela combinação de partes de outras melodias existentes... O aparecimento de uma nova forma era um acontecimento abrupto e o resultado mantinha-se estável

por um período de anos. Além disso, em vários casos, a variante foi transmitida com precisão, na sua nova forma, a jovens membros, de tal modo que um grupo reconhecidamente coerente de pássaros com a mesma canção se desenvolveu.

Jenkins refere-se à origem das novas canções como "mutações culturais".

O canto, naquela ave, evolui realmente por meios não genéticos. Há outros exemplos de evolução cultural nas aves e nos macacos, porém são apenas curiosidades. É a nossa própria espécie que mostra verdadeiramente o que a evolução cultural é capaz de fazer. A linguagem é um exemplo entre muitos. A moda no vestuário e na dieta, as cerimônias e os costumes, a arte e a arquitetura, a engenharia e a tecnologia, tudo isso evolui no tempo histórico de uma forma que se assemelha à evolução genética altamente acelerada, mas que, na realidade, nada tem a ver com ela. No entanto, tal como na evolução genética, a mudança pode ser progressiva. Há um sentido em que a ciência moderna é realmente superior à ciência antiga. A nossa compreensão do universo não se limita a mudar com o passar dos séculos: ela melhora. Reconhecidamente, a explosão atual de progresso data apenas do Renascimento, que foi precedido por um período sombrio de estagnação em que a cultura científica europeia esteve congelada no nível atingido pelos gregos. Contudo, como vimos no capítulo 5, também a evolução genética pode ocorrer como uma série de breves surtos, separados por intervalos de longos períodos estáveis.

A analogia entre a evolução cultural e a evolução genética tem sido apontada com frequência, às vezes em contextos em que assumem conotações desnecessariamente místicas. A analogia entre o progresso científico e a evolução genética por seleção natural tem sido elucidada em especial por Sir Karl Popper. Pretendo ir ainda mais longe, em direções que também estão sendo exploradas, por exemplo, pelo geneticista L. L. Cavalli-Sforza, o antropólogo F. T. Cloak e o etólogo J. M. Cullen.

Como um darwinista entusiasta, não fiquei muito satisfeito com as explicações do comportamento humano sugeridas por meus colegas, os quais compartilham desse meu entusiasmo. Eles tentaram encontrar "vantagens biológicas" em diversos atributos da civilização humana. Por exemplo, a religião tribal tem sido interpretada como um mecanismo para consolidar a identidade do grupo, que é muito valiosa para uma espécie que caça em grupo e cujos indivíduos dependem da cooperação para apanhar presas grandes e velozes. Não raro, o pressuposto evolutivo em cujos termos essas teorias são concebidas é implicitamente do tipo seleção de grupo, mas é possível reformular as teorias em termos de seleção genética ortodoxa. O homem pode muito bem ter passado boa parte dos últimos milhões de anos vivendo em pequenos grupos familiares. A seleção de parentesco e a seleção a favor do altruísmo recíproco podem ter atuado sobre os genes humanos para produzir muitos dos nossos atributos e tendências psicológicas básicos. Tais ideias são plausíveis até certo ponto, no entanto penso que elas não chegam a fazer frente ao enorme desafio de explicar a cultura e sua evolução, bem como as acentuadas diferenças existentes entre as diversas culturas humanas ao redor do planeta, desde o egoísmo absoluto dos Ik de Uganda, descritos por Colin Turnbull, até o altruísmo gentil dos Arapesh, de Margaret Mead. Penso que devemos começar de novo desde o princípio, retornando aos princípios elementares. O argumento que desenvolverei, por mais surpreendente que seja o fato de ele vir do autor dos capítulos anteriores, é que, para compreender a evolução do homem moderno, devemos começar por abandonar a ideia do gene como a única base das nossas ideias a respeito da evolução. Sou um adepto entusiasmado do darwinismo, mas penso que se trata de uma teoria demasiado ampla para ficar confinada ao contexto limitado do gene. O gene entrará na minha teoria como uma analogia, e nada mais.

Afinal de contas, o que os genes têm de tão especial? A resposta é que eles são replicadores. As leis da física são supostamente verdadeiras em todo o universo acessível. Será que existem princípios da biologia que tenham validade universal semelhante? Quando os astronautas viajam até planetas distantes e procuram sinais de vida, podem esperar encontrar criaturas tão bizarras e sinistras que não seríamos capazes de imaginá-las. Mas existirá alguma coisa que tenha de ser válida em relação a qualquer forma de vida, onde quer que ela se encontre e qualquer que seja a base da sua constituição química? Se existirem formas de vida cuja constituição química é baseada no silício, e não no carbono, ou na amônia, e não na água, se forem descobertas criaturas que morrem queimadas a uma temperatura de $-100°$ C, se for encontrada uma forma de vida que não esteja de modo algum baseada na química, mas em circuitos eletrônicos reverberantes, continuará a existir algum princípio geral que seja verdadeiro em relação à vida como um todo? Obviamente eu não sei, entretanto, se tivesse de apostar, arriscaria o meu dinheiro num princípio fundamental. Trata-se da lei segundo a qual toda a vida evolui pela sobrevivência diferencial das entidades replicadoras.[1] O gene, a molécula de DNA, é por acaso a entidade replicadora mais comum no nosso planeta. Pode ser que existam outras. Se existirem, desde que algumas condições sejam satisfeitas, elas tenderão, quase inevitavelmente, a tornar-se a base de um processo evolutivo.

Será que temos de viajar até mundos distantes para encontrar outros tipos de replicador e, em consequência, outros tipos de evolução? Penso que um novo tipo de replicador surgiu recentemente neste mesmo planeta. Está bem diante de nós. Está ainda na sua infância, flutuando ao sabor da corrente no seu caldo primordial, porém já está alcançando uma mudança evolutiva a uma velocidade de deixar o velho gene, ofegante, muito para trás.

O novo caldo é o caldo da cultura humana. Precisamos de um nome para o novo replicador, um nome que transmita a ideia de uma unidade de transmissão cultural, ou uma unidade de *imitação*. "Mimeme" provém de uma raiz grega adequada, mas eu procuro uma palavra mais curta que soe mais ou menos como "gene". Espero que os meus amigos classicistas me perdoem se abreviar mimeme para *meme*.[2] Se isso servir de consolo, podemos pensar, alternativamente, que a palavra "meme" guarda relação com "memória", ou com a palavra francesa *même*. Devemos pronunciá-la de forma a rimar com "creme".

Exemplos de memes são melodias, ideias, slogans, as modas no vestuário, as maneiras de fazer potes ou de construir arcos. Tal como os genes se propagam no pool gênico saltando de corpo para corpo através dos espermatozoides ou dos óvulos, os memes também se propagam no pool de memes saltando de cérebro para cérebro através de um processo que, num sentido amplo, pode ser chamado de imitação. Se um cientista ouve ou lê sobre uma boa ideia, transmite-a aos seus colegas e alunos. Ele a menciona nos seus artigos e nas suas palestras. Se a ideia pegar, pode-se dizer que ela propaga a si mesma, espalhando-se de cérebro para cérebro. O meu colega N. K. Humphrey resumiu claramente uma versão anterior deste capítulo ao dizer que

> os memes devem ser considerados estruturas vivas, não apenas metafórica, como também tecnicamente.[3] Quando planta um meme fértil na minha mente, você literalmente parasita o meu cérebro, transformando-o num veículo de propagação do meme, da mesma maneira que um vírus pode parasitar o mecanismo genético de uma célula hospedeira. E isso não é apenas modo de

dizer — o meme para "a crença na vida depois da morte", por exemplo, é de fato efetuado fisicamente, milhões de vezes seguidas, como uma estrutura nos sistemas nervosos de seres humanos individuais espalhados por todo o mundo.

Considere a ideia de Deus. Não sabemos como ela surgiu no pool de memes. Provavelmente, originou-se muitas vezes por "mutações" independentes. De todo modo, é uma ideia realmente muito antiga. Como se replica? Pela palavra falada e escrita, auxiliada pela boa música e pela grande arte. Por que ela tem um grau de sobrevivência tão elevado? O leitor deve lembrar-se de que "grau de sobrevivência", aqui, não se refere a um gene num pool de genes, mas sim a um meme no pool de memes. Na verdade, a pergunta significa "O que há na ideia de um deus que lhe confere estabilidade e penetração no ambiente cultural?". O valor de sobrevivência do meme Deus no pool de memes resulta do seu grande apelo psicológico. Ele fornece uma explicação superficialmente plausível para questões profundas e perturbadoras a respeito da existência. Sugere que injustiças deste mundo podem ser compensadas num próximo. Os "braços eternos" oferecem uma proteção contra as nossas próprias deficiências e, tal como um placebo receitado pelo médico, não são menos eficientes por serem imaginários. Essas são algumas das razões pelas quais a ideia de Deus é tão prontamente copiada por gerações sucessivas de cérebros individuais. Deus existe, nem que seja somente na forma de um meme com elevado grau de sobrevivência, ou poder de contágio, no ambiente fornecido pela cultura humana.

Alguns colegas sugeriram que esta explicação do grau de sobrevivência do meme Deus toma como pressuposto aquilo que deveria provar. Em última análise, eles querem sempre voltar à "vantagem biológica". Não basta dizer que a ideia de Deus tem "grande apelo psicológico"; eles querem saber *por que* ela tem grande apelo psicológico. Apelo psicológico significa apelo para os cérebros, e os cérebros são moldados pela seleção natural de genes nos pool gênico. Querem encontrar uma razão pela qual ter um cérebro assim aumenta a sobrevivência dos genes.

Eu compreendo a atitude deles, e não duvido que existam vantagens genéticas no fato de termos cérebros do tipo que temos. No entanto, acho que esses colegas, se estudassem cuidadosamente as bases das suas próprias hipóteses, veriam que, assim como eu, também pressupõem muito daquilo que deveriam provar. Fundamentalmente, o motivo por que para nós é uma boa política tentarmos explicar os fenômenos biológicos em termos de vantagem genética é que os genes fazem réplicas de si mesmos. Logo que a sopa primordial forneceu as condições em que as moléculas podiam fazer cópias de si mesmas, os próprios replicadores assumiram as rédeas do processo. Durante mais de 3 bilhões de anos, o DNA foi o único replicador digno de menção no mundo. Mas isso não quer dizer que ele mantenha eternamente os direitos de monopólio. Sempre que surgirem condições para que um novo tipo de replicador *possa* produzir cópias de si mesmo, o novo replicador *tenderá* a tomar as rédeas da situação e a iniciar um novo tipo de evolução. Uma vez começada essa nova evolução, ela não terá, em nenhum sentido, de se submeter à antiga. Quando a evolução antiga, por seleção de genes, produziu os cérebros, ela forneceu o "caldo" em que se originaram os primeiros memes. No momento em que os memes autorreplicadores surgiram, a sua própria evolução, de um tipo muito mais veloz, teve início. Nós, biólogos, assimilamos tão profundamente a ideia da evolução genética que tendemos a esquecer que ela é apenas um dos vários tipos de evolução possíveis.

A imitação, num sentido amplo, é o processo pelo qual os memes *podem* se replicar. Mas, assim como nem todos os genes que podem se replicar têm sucesso em fazê-lo, também alguns memes são mais bem-sucedidos no pool de memes do que outros. Isso é semelhante ao que ocorre na seleção natural. Mencionei exemplos particulares de qualidades que determinam um grau elevado de sobrevivência entre os memes. Contudo, de maneira geral, elas devem ser as mesmas qualidades já descritas para os replicadores no capítulo 2: longevidade, fecundidade e fidelidade de cópia. A longevidade de qualquer cópia particular de um meme é provavelmente pouco importante, tal como ocorre com a longevidade de uma cópia particular de um gene. A cópia da canção "Auld Lang Syne" que existe em meu cérebro durará apenas até o final da minha vida.[4] É improvável que a cópia da mesma canção impressa na minha edição de *The Scottish student's song book* dure muito mais do que isso. É de esperar, todavia, que continuem a existir cópias da mesma canção no papel e nos cérebros das pessoas durante muitos séculos futuros. Como no caso dos genes, a fecundidade é muito mais importante do que a longevidade de determinadas cópias particulares. Se o meme for uma ideia científica, a sua difusão dependerá do grau de aceitação que ela alcançar na população de cientistas. Uma medida aproximada da sua capacidade de sobrevivência poderia ser obtida contando-se o número de vezes que se faz referência a ela nas revistas científicas durante anos sucessivos.[5] Se o meme for uma melodia popular, a sua difusão no pool de memes pode ser medida pelo número de pessoas que a assobiam pelas ruas. Se for um estilo de sapato feminino, o "memeticista" populacional pode utilizar as estatísticas de venda desse tipo de sapato nas lojas especializadas. Alguns memes, assim como ocorre com alguns genes, atingem um sucesso brilhante num prazo muito curto, espalhando-se rapidamente, mas não têm longa duração no pool de memes. As canções populares e os saltos tipo agulha são exemplos disso. Outros, as leis religiosas judaicas, por exemplo, podem continuar a propagar-se durante milhares de anos, em geral devido à grande duração potencial dos registros escritos.

Isso conduz à terceira qualidade geral dos replicadores bem-sucedidos: a fidelidade de cópia. Aqui, tenho de admitir que me encontro num terreno pouco firme. À primeira vista, os memes não são, de forma alguma, replicadores de alta-fidelidade. Cada vez que um cientista ouve uma ideia e a transmite a outra pessoa, provavelmente a modifica em algum grau. Neste livro, não fiz segredo da minha dívida em relação às ideias de R. L. Trivers. Porém, não as repeti segundo suas palavras. Reformulei-as para os meus propósitos, enfatizando uma coisa aqui e outra ali e misturando-as com as minhas ideias e com as ideias de outras pessoas. Os memes foram transmitidos ao leitor sob uma forma modificada. Isso parece estar muito distante da qualidade particulada, "tudo ou nada", da transmissão genética. A transmissão do meme parece estar sujeita à mutação e à mistura contínuas.

É possível que a ausência aparente dessa qualidade particulada seja ilusória e que a analogia com os genes realmente funcione. Afinal, se olharmos para a herança de muitas características genéticas, tais como a altura e a cor da pele nos seres humanos, o que vemos não parece ser o resultado do trabalho de genes indivisíveis e imisturáveis. Os filhos de um casal formado por uma pessoa negra e outra branca não serão negros nem brancos, mas intermediários. Isso não significa que os genes envolvidos não sejam particulados. Ocorre apenas que há tantos genes relacionados com a cor da pele, cada um deles com um efeito tão pequeno, que eles *parecem* se misturar. Até agora, falei dos memes como se fosse óbvio aquilo em que consiste um meme unitário. Mas isso está, evidentemente, longe de ser óbvio. Afirmei que uma melodia era um meme, no entanto, quantos memes haverá numa sinfonia? Será que cada movimento é um meme ou cada frase reconhecível de uma melodia? Ou ainda, será que cada compasso é um meme, cada acorde, ou o quê?

Recorrerei ao mesmo truque verbal que empreguei no capítulo 3. Lá, dividi o "complexo de genes" em unidades genéticas grandes e pequenas e em unidades dentro de outras unidades. O "gene" foi definido não de forma rígida e absoluta, e sim como uma unidade de conveniência, uma extensão de um cromossomo com um grau de fidelidade de cópia suficiente para servir como uma unidade viável de seleção natural. Se uma única frase da Nona Sinfonia de Beethoven for marcante e memorável o suficiente para ser abstraída do contexto de toda a sinfonia e usada como vinheta de abertura de uma estação emissora de rádio europeia irritantemente incômoda, então, nesse sentido, ela merece ser considerada um meme. A propósito, ela diminuiu substancialmente a minha capacidade para apreciar a sinfonia original.

Da mesma maneira, quando dizemos que todos os biólogos hoje em dia acreditam na teoria de Darwin, não queremos dizer que cada biólogo tem, gravada no seu cérebro, uma cópia idêntica das palavras exatas de Charles Darwin. Cada indivíduo tem a sua própria maneira de interpretar tais ideias, e provavelmente as aprendeu não a partir dos textos de Darwin, mas de autores mais recentes. Muito do que Darwin afirmou pode ser considerado, em seus detalhes, incorreto. Se Darwin lesse este livro, dificilmente reconheceria nele a sua teoria original, embora eu goste de pensar que o modo como a apresento o agradaria. No entanto, apesar de tudo isso, há qualquer coisa, uma essência qualquer do darwinismo, que está presente na cabeça de cada indivíduo que compreende a sua teoria. Se não fosse assim, não faria sentido afirmar que duas pessoas concordam entre si a respeito de qualquer assunto. Um "meme-ideia" pode ser definido como uma entidade capaz de ser transmitida de um cérebro a outro. O meme da teoria de Darwin é, portanto, a base essencial da ideia compartilhada por todos os cérebros que compreendem a teoria. As *diferenças* na maneira como as pessoas a representam, então, por definição, não fazem parte do meme. Se a teoria de Darwin pode ser subdividida em componentes, de tal forma que algumas pessoas acreditam no componente A, mas não no componente B, ao passo que outras acreditam em B, mas não em A, então A e B deverão ser considerados memes separados. Se quase todas as pessoas que acreditam em A também acreditarem em B — se os memes estiverem intimamente "ligados" entre si, para usar o termo genético —, então será conveniente considerá-los um único meme.

Vamos prosseguir um pouco mais com a analogia entre os memes e os genes. Ao longo de todo este livro, enfatizei que não devemos pensar nos genes como agentes conscientes, dotados de propósitos. A seleção natural cega, entretanto, fará com que eles se comportem como se tivessem intenções, e tem sido conveniente, para abreviar, nos referirmos aos genes como se realmente tivessem intenções. Por exemplo, quando dizemos que "os genes tentam aumentar o seu número nos pools de genes do futuro", o que realmente queremos dizer é que "os genes que se comportam de maneira a aumentar o seu número nos pools de genes do futuro tendem a ser aqueles cujos efeitos nós presenciamos". Da mesma forma como achamos conveniente pensar nos genes como entidades ativas, trabalhando com o objetivo de assegurar a própria sobrevivência, talvez também seja conveniente pensar nos memes assim. Em nenhum dos casos devemos começar a alimentar ideias místicas a respeito. Em ambos, a ideia de ação intencional é apenas uma metáfora, mas já vimos que, no tocante aos genes, a metáfora é proveitosa. Chegamos até mesmo a empregar palavras como "egoísta" e "implacável" para falar deles, sabendo perfeitamente bem que se trata somente de figuras de linguagem. Será que podemos, imbuídos desse espírito, procurar memes egoístas ou implacáveis?

Existe um problema aqui, relacionado com a natureza da competição. Onde existe reprodução sexuada, cada gene compete particularmente com os próprios alelos — os rivais para o mesmo lócus no cromossomo. Os memes parecem não ter nada equivalente aos cromossomos e aos alelos. Suponho que existe um sentido trivial em que se pode dizer que muitas ideias têm ideias "opostas". Mas, em geral, os memes assemelham-se às primeiras moléculas replicadoras, flutuando caoticamente no caldo primitivo, e não aos genes modernos nos seus regimentos cromossômicos emparelhados com primor. Em que sentido, então, os memes competiriam entre si? Devemos esperar que eles sejam "egoístas" ou "implacáveis", se não têm alelos? A resposta é sim, porque há um sentido em que eles estão submetidos a uma forma de competição entre si.

Todo usuário de um computador digital sabe como são preciosos o tempo e o espaço da memória de um computador. Em muitos grandes centros de computadores, eles são literalmente calculados em dinheiro, ou cada usuário pode receber uma fração de tempo, medida em segundos, e uma fração de espaço, medida em "palavras". Os computadores onde os memes habitam são os cérebros humanos.[6] O tempo é, possivelmente, um fator limitante mais importante do que o espaço de armazenamento e é objeto de forte competição. O cérebro humano e o corpo por ele controlado não podem fazer mais do que uma ou duas coisas ao mesmo tempo. Se um meme dominar a atenção de um cérebro humano, tem de fazê-lo à custa de memes "rivais". Outras mercadorias pelas quais os memes competem são o tempo no rádio e na televisão, os espaços publicitários, o número de linhas nas colunas dos jornais e o espaço nas estantes das bibliotecas.

Vimos, no capítulo 3, que complexos de genes coadaptados podem originar-se no pool de genes. Um grande conjunto de genes relacionados com o mimetismo nas borboletas tornou-se fortemente unido no mesmo cromossomo, tão fortemente que ele pode ser considerado um único gene. No capítulo 5, encontramos a ideia mais sofisticada de um conjunto evolutivamente estável de genes. Dentes, garras, intestinos e órgãos dos sentidos mutuamente adaptados evoluíram nos pools de genes dos carnívoros, ao passo que outro conjunto estável de características evoluiu nos pools de genes dos herbívoros. Haverá algo análogo nos pools dos memes? Terá, por exemplo, o meme Deus se associado a outros memes particulares? Será essa uma associação que promove a sobrevivência de cada um dos memes participantes? Talvez pudéssemos considerar uma igreja organizada, com sua arquitetura, seus rituais, leis, música, arte e tradição escrita, um conjunto estável, coadaptado, de memes que se promoveriam mutuamente.

Para dar um exemplo em particular, um aspecto da doutrina que tem sido muito eficiente em fazer cumprir a observância religiosa é a ameaça do fogo do inferno. Muitas crianças, e até mesmo adultos, acreditam que sofrerão tormentos horríveis depois de morrer se não obedecerem às recomendações dos sacerdotes. Esta é uma técnica de persuasão peculiarmente sórdida, causadora de grande sofrimento psicológico durante a Idade Média e até nos dias de hoje. Mas ela é muitíssimo eficaz. Quase poderia ter sido deliberadamente planejada por um clero maquiavélico, especialista em técnicas de doutrinação psicológica profunda. No entanto, duvido que os padres tenham sido tão sagazes. É muito mais provável que os memes inconscientes assegurem a sua sobrevivência graças àquelas qualidades de pseudoimplacabilidade exibidas pelos genes bem-sucedidos. A ideia do fogo do inferno é pura e simplesmente *autoperpetuadora*, devido ao seu próprio e profundo impacto psicológico. Ligou-se ao meme Deus porque as duas se reforçam mutuamente e favorecem a sobrevivência uma da outra no pool de memes.

Outro membro do complexo de memes religioso é a fé. A fé significa confiança cega, na ausência de evidências, ou mesmo apesar das evidências em contrário. A história de são Tomé não é contada para que o admiremos, e sim para que possamos admirar, por comparação, os outros apóstolos. São Tomé exigia provas. Nada pode ser mais letal para certos tipos de meme do que a tendência a buscar evidências. Os outros apóstolos, cuja fé era tão forte que eles não necessitavam de provas, nos são apresentados como exemplos. O meme para a fé cega assegura a sua perpetuação pelo simples expediente inconsciente de desencorajar toda investigação racional.

A fé cega pode justificar tudo.[7] Se um homem acredita num deus diferente, ou se usa um ritual diferente para adorar o mesmo deus, a fé cega pode decretar que ele morra — na cruz, na fogueira, atravessado pela espada de um cruzado, atingido por uma bala numa rua de Beirute ou por uma explosão num bar de Belfast. Os memes para a fé cega têm os próprios métodos implacáveis de se propagar. Isso é verdade tanto para a fé cega patriótica e política como para a fé religiosa.

Os memes e os genes podem, muitas vezes, reforçar-se mutuamente, mas pode acontecer de se oporem um ao outro. Por exemplo, o hábito do celibato, presume-se, não é herdado geneticamente. Um gene para o celibato está condenado a malograr no pool de genes, exceto em circunstâncias muito especiais, como aquelas que encontramos nos insetos sociais. Mesmo assim, contudo, um *meme* para o celibato pode ser bem-sucedido no pool de memes. Vamos imaginar que o sucesso de um meme depende crucialmente da quantidade de tempo que algumas pessoas dedicam a transmiti-lo ativamente para outras pessoas. Qualquer tempo gasto com outras coisas que não a tentativa de transmitir o meme poderá ser considerado desperdício de tempo, do ponto de vista do meme. O meme para o celibato é transmitido pelos padres a rapazes jovens que ainda não decidiram o que querem fazer com suas vidas. O meio da transmissão é a influência humana de vários tipos, a palavra escrita e a falada, o exemplo pessoal, e assim por diante. Imagine ainda, para efeitos de raciocínio, que o casamento enfraquecesse o poder de um padre para influenciar o seu rebanho, por exemplo, por ocupar grande parte do seu tempo e atenção. Esse argumento, aliás, é o apresentado como a razão oficial para a obrigação do celibato entre os padres. Se fosse o caso, o resultado seria que o meme para o celibato poderia ter maior capacidade de sobrevivência do que o meme para o casamento. Para um *gene* para o celibato, é claro, ocorreria exatamente o contrário. Se um padre é uma máquina de sobrevivência dos memes, o celibato é um atributo útil a ser inculcado nele. O celibato é apenas um componente secundário de um grande complexo de memes religiosos que se promovem mutuamente.

Eu presumo que os complexos de memes coadaptados evoluem de maneira semelhante aos complexos de genes coadaptados. A seleção favorece os memes que exploram o seu ambiente cultural em proveito próprio. Esse ambiente cultural consiste em outros memes que também são objeto de seleção. O pool de memes, portanto, passa a ter os atributos de um conjunto evolutivamente estável que os novos memes dificilmente conseguem invadir.

Tenho sido um tanto pessimista em relação aos memes, mas eles também têm um lado positivo. Quando morremos, há duas coisas que podemos deixar para trás: os genes e os memes. Fomos construídos como máquinas genéticas, criadas para transmitir nossos genes. Porém, esse nosso aspecto será esquecido em três gerações. O filho do leitor ou mesmo seu neto poderão ter certa semelhança com ele, talvez nos traços fisionômicos, no talento musical ou na cor do cabelo. Mas, a cada geração que passa, a contribuição dos seus genes é reduzida pela metade. Não leva muito tempo até que ela atinja proporções insignificantes. Nossos genes podem ser imortais, entretanto a *coleção* de genes que constitui uma pessoa qualquer está condenada a desaparecer. A rainha Elisabete II é descendente direta de Guilherme, o Conquistador. Ainda assim, é bastante provável que ela não possua um gene sequer desse velho rei. Não devemos buscar a imortalidade na reprodução.

No entanto, se contribuirmos para o patrimônio cultural do mundo, ou seja, se tivermos uma boa ideia, compusermos uma canção, inventarmos uma vela de ignição, escrevermos um poema, pode ser que a nossa contribuição sobreviva, intacta, muito depois que os nossos genes tiverem se dissolvido no pool comum de genes. Pode ser que Sócrates tenha um ou dois genes vivos no mundo de hoje, mas, como observou G. C. Williams, que interesse isso tem? Em contrapartida, os complexos de memes de Sócrates, Leonardo da Vinci, Copérnico e Marconi continuam em pleno vigor.

Por mais especulativo que seja o meu desenvolvimento da teoria dos memes, há um ponto central que eu gostaria de enfatizar uma vez mais. Quando examinamos a evolução de traços culturais e sua capacidade de sobrevivência, temos de saber com precisão *de quem* é a sobrevivência de que estamos falando. Os biólogos, como vimos, estão habituados a procurar as vantagens no nível do gene (ou no nível do indivíduo, do grupo, da espécie, conforme o seu gosto pessoal). O que não contemplamos até agora é a possibilidade de que um traço cultural tenha evoluído como evoluiu simplesmente porque isso se mostra *vantajoso para ele mesmo*.

Não é preciso procurar capacidades convencionais de sobrevivência biológica em aspectos como a religião, a música ou as danças rituais, embora isso possa verificar-se. Uma vez que os genes tenham dotado as suas máquinas de sobrevivência de cérebros aptos para a imitação rápida, os memes assumirão automaticamente o comando. Nem sequer temos de postular uma vantagem genética para a imitação, não obstante isso certamente nos ajudasse. Basta que o cérebro seja *capaz* de realizar a imitação: então, os memes que explorarem ao máximo essa capacidade evoluirão.

Encerro aqui este tópico sobre os novos replicadores e termino o capítulo num tom de justificada esperança. Uma característica exclusiva do homem, que poderá ou não ter evoluído memicamente, é sua capacidade de previsão consciente. Os genes egoístas (e, se forem permitidas as especulações deste capítulo, também os memes) não têm essa capacidade. Eles são replicadores cegos e inconscientes. O fato de se replicarem, em conjunção com algumas outras condições, significa, queiramos ou não, que eles tenderão a desenvolver qualidades que, no sentido especial deste livro, podem ser chamadas de egoístas. Não se pode esperar que um simples replicador, seja ele um gene, seja ele um meme, abra mão de benefícios egoístas no curto prazo, mesmo que, a longo prazo, fosse compensador fazê-lo. Vimos isso no capítulo sobre a agressão. Muito embora uma "conspiração de pombos" fosse melhor para *cada indivíduo isoladamente* do que uma estratégia evolutivamente estável, a seleção natural estaria fadada a favorecer, inevitavelmente, a EEE.

É possível que ainda outra qualidade exclusiva do homem seja a capacidade para o altruísmo verdadeiro, genuíno e desinteressado. Espero que sim, mas não irei defender nem atacar tal hipótese, e tampouco especular sobre sua possível evolução mêmica. O ponto que quero salientar é que, a despeito de sermos pessimistas e de assumirmos o pressuposto de que o ser humano é fundamentalmente egoísta, a nossa previsão consciente — a nossa capacidade de simular o futuro usando a imaginação —

poderia nos salvar dos piores excessos egoístas dos replicadores cegos. Pelo menos, dispomos do equipamento mental para promover nossos interesses egoístas de longo prazo, e não apenas os de curto prazo. Podemos ver os benefícios no longo prazo de participar de uma "conspiração de pombos", e podemos nos reunir para discutir maneiras de fazer com que essa conspiração venha a funcionar. Temos o poder de desafiar os genes egoístas que herdamos e, se necessário, os memes egoístas com que fomos doutrinados. Podemos até discutir maneiras de estimular e ensinar deliberadamente o altruísmo puro e desinteressado — algo que não existe na natureza e que nunca existiu antes na história do mundo. Somos construídos como máquinas de genes e educados como máquinas de memes, mas temos o poder de nos revoltar contra os nossos criadores. Somos os únicos na Terra com o poder de nos rebelar contra a tirania dos replicadores egoístas.[8]

12. Os bons rapazes terminam em primeiro

Os bons rapazes terminam em último. Essa frase parece ter surgido pela primeira vez no mundo do beisebol, embora algumas autoridades reivindiquem a precedência de uma conotação alternativa. O biólogo americano Garrett Hardin utilizou-a para resumir a mensagem daquilo que pode ser chamado de "sociobiologia" ou de "egoísmo dos genes". É fácil ver sua adequação. Se traduzirmos o significado coloquial de "bom rapaz" para o seu equivalente darwiniano, um bom rapaz é um indivíduo amável, que ajuda os outros membros da sua espécie a transmitir seus genes para a geração seguinte, às suas expensas. Os bons rapazes, então, parecem destinados a decrescer em número: a amabilidade morre uma morte darwiniana. Mas existe outra interpretação, mais técnica, para o termo coloquial "bom". Se adotarmos essa definição, que não está tão distante do significado coloquial, os bons rapazes podem terminar *em primeiro*. O presente capítulo é sobre essa conclusão mais otimista.

Recordemos os rancorosos do capítulo 10. Os rancorosos eram pássaros que ajudavam uns aos outros de maneira aparentemente altruísta, mas que se recusavam a ajudar os indivíduos que tivessem se recusado a ajudá-los antes porque guardavam ressentimento contra eles. Os rancorosos acabaram por dominar a população porque conseguiam transmitir mais genes às gerações seguintes do que os trouxas (que ajudavam os outros indivíduos indiscriminadamente e, por isso, eram explorados) e também do que os trapaceiros (que, implacáveis, tentavam explorar todo mundo e acabaram por se anular uns aos outros). A história dos rancorosos ilustrou um princípio geral muito importante, que Robert Trivers chamou de "altruísmo recíproco". Como vimos no exemplo do peixe-limpador (pp. 322-3), o altruísmo recíproco não se restringe aos membros de uma mesma espécie. É o princípio que está por trás de todas as relações chamadas de simbióticas — por exemplo, a ordenha pelas formigas de seu "gado" afídeo (p. 313). Desde o momento em que o capítulo 10 foi escrito, o cientista político americano Robert Axelrod (trabalhando parcialmente em colaboração com W. D. Hamilton, cujo nome apareceu em tantas páginas deste livro) levou a ideia do altruísmo recíproco a direções novas e estimulantes. Foi Axelrod quem cunhou o significado técnico da palavra "bom" a que aludi no primeiro parágrafo.

Tal como muitos cientistas políticos, economistas, matemáticos e psicólogos, Axelrod ficou fascinado por um jogo simples que se chama "Dilema do Prisioneiro". Trata-se de um jogo tão simples que conheci várias pessoas inteligentes que o interpretaram equivocadamente do começo ao fim, convencidos de que devia haver alguma coisa a mais escondida! Mas a sua simplicidade é enganadora. Existem prateleiras inteiras de bibliotecas dedicadas às ramificações desse jogo sedutor. Muitas pessoas influentes julgam que ele contém a chave para os planejamentos de defesa estratégica e que deveríamos estudá-lo para evitar uma terceira guerra mundial. Como biólogo, estou de acordo com Axelrod e Hamilton quanto à ideia de que na natureza há muitas plantas e animais envolvidos em intermináveis partidas do "Dilema do Prisioneiro", que se desenrolam no tempo evolutivo.

Na versão humana original, joga-se como descrito a seguir. Existe uma "banca", que adjudica e paga os prêmios aos dois jogadores. Suponhamos que eu esteja jogando contra o leitor (embora não tenhamos necessariamente de jogar um "contra" o outro, como veremos adiante). Cada um de nós tem apenas duas cartas nas mãos, COOPERAR e TRAIR. Para jogar, cada um escolhe uma das cartas da mão e a coloca, com a face escondida, sobre a mesa. As cartas são assim dispostas para que não possamos influenciar mutuamente nossas jogadas. Na realidade, nós jogamos ao mesmo tempo. Esperamos, em suspense, que a banca desvire as cartas. O suspense deve-se ao fato de que nossos ganhos dependem não somente da carta que jogamos (que cada um de nós sabe qual é), mas também da carta do outro jogador (que não sabemos qual é até que a banca a revele).

Uma vez que só existem 2×2 cartas, há quatro resultados possíveis. Para cada resultado, nossos ganhos são como segue (cotados em dólares, em deferência à origem norte-americana do jogo):

Resultado I: Nós dois jogamos COOPERAR. A banca paga trezentos dólares a cada um. Esta soma respeitável é chamada de Recompensa pela cooperação mútua.

Resultado II: Nós dois jogamos TRAIR. A banca multa a nós dois, em dez dólares cada um. Esta soma é a Punição pela traição mútua.

Resultado III: O leitor jogou COOPERAR e eu joguei TRAIR. A banca me paga quinhentos dólares (a Tentação de TRAIR) e cobra do leitor (o Trouxa) uma multa de cem dólares.

Resultado IV: O leitor jogou TRAIR e eu joguei COOPERAR. A banca paga ao leitor os quinhentos dólares da Tentação e multa a mim, o Trouxa, em cem dólares.

Os resultados III e IV são obviamente imagens num espelho:

um jogador se sai muito bem e o outro se sai muito mal. Nos resultados I e II, nós dois nos saímos igualmente bem, mas o resultado I é melhor para *ambos* do que o resultado II. As quantias exatas de dinheiro não importam. Não interessa saber sequer quantas são positivas (pagamentos) e quantas são negativas (multas), se houver. O que interessa, para que o jogo se qualifique como um verdadeiro dilema do prisioneiro, é a ordem de classificação dos resultados. A Tentação de trair tem de ser melhor do que a Recompensa pela cooperação mútua, a qual, por sua vez, tem de ser melhor que a Punição pela traição mútua, que tem de ser melhor do que o ganho do Trouxa. (Rigorosamente falando, existe ainda outra condição para o jogo qualificar-se como um verdadeiro dilema do prisioneiro: a média dos ganhos da Tentação e do Trouxa não deve exceder a Recompensa. A razão para essa condição adicional aparecerá mais tarde.) Os quatro resultados encontram-se resumidos na matriz de ganhos na Figura A.

		O QUE FAZ O LEITOR	
		Cooperar	Trair
O QUE FAÇO EU	Cooperar	Relativamente bom RECOMPENSA (pela cooperação mútua) por exemplo, $300	Muito ruim GANHO DO TROUXA por exemplo, multa de $100
	Trair	Muito bom TENTAÇÃO (de trair) por exemplo, $500	Relativamente ruim PUNIÇÃO (pela traição mútua) por exemplo, multa de $10

Figura A. Os meus ganhos nos diferentes resultados do jogo "Dilema do Prisioneiro".

Mas onde está o "dilema"? Para visualizarmos isso, basta que olhemos para a matriz de ganhos e imaginemos os pensamentos que poderiam me passar pela cabeça enquanto jogo contra o leitor. Eu sei que o leitor só pode jogar uma de duas cartas, COOPERAR ou TRAIR. Vamos considerá-las, cada uma à sua vez. Se o leitor jogou TRAIR (isso significa que temos de olhar para a coluna da direita), a melhor carta para mim teria sido também TRAIR. É evidente que eu seria multado pela traição mútua, mas, se tivesse cooperado, o resultado seria ainda pior, pois eu teria recebido o débito do trouxa. Vejamos agora a outra jogada possível do leitor (na coluna da esquerda), que era com a carta COOPERAR. Uma vez mais, a minha melhor jogada seria TRAIR. Se eu tivesse cooperado, ambos receberíamos $300, um valor bastante alto. Porém, se eu tivesse traído, teria recebido um valor ainda maior, $500. A conclusão é que, independentemente do movimento do leitor, a melhor jogada para mim é *sempre trair*.

Concluí, assim, por uma lógica impecável, que o que eu devo fazer é trair, independentemente do que faça o leitor. E o leitor, por sua vez, com uma lógica igualmente impecável, chegará à mesma conclusão. Portanto, quando dois jogadores racionais se enfrentarem, ambos irão jogar TRAIR, e terminarão por ser multados ou por obter um ganho baixo. E, no entanto, cada um deles sabe muito bem que bastava que tivessem jogado COOPERAR para que alcançassem uma recompensa relativamente elevada pela cooperação mútua ($300, no nosso exemplo). É por isso que o jogo merece o nome de "dilema", é por isso que ele parece loucamente paradoxal e é por isso também que já se propôs até que houvesse uma lei contra ele.

O termo "prisioneiro" vem de um exemplo imaginário em particular. A moeda de troca, neste caso, em vez de dinheiro, é representada por sentenças de prisão. Dois homens — digamos,

Peterson e Moriarty* — estão presos, suspeitos de cumplicidade num crime. Cada prisioneiro, na sua cela individual, é convidado a trair o seu colega (TRAIR), apresentando provas conclusivas contra ele. O que acontece no jogo depende do que cada um dos prisioneiros faz, mas nenhum deles tem ideia do que o outro fez. Se Peterson culpa Moriarty, e este faz com que a história pareça verossímil permanecendo em silêncio (cooperando com seu amigo de outrora, agora seu delator), Moriarty recebe uma pena pesada, enquanto Peterson sai, livre de qualquer punição, por ter cedido à Tentação de trair. Se cada um deles trai o outro, os dois são declarados culpados, entretanto recebem atenuantes pelo fornecimento de provas e suas sentenças são reduzidas, embora continuem severas (a Punição pela traição mútua). Se ambos cooperarem (entre si, e não com as autoridades), recusando-se a falar, não existirão provas conclusivas para condenar nenhum deles pelo crime principal, e eles acabam por receber penas leves (a Recompensa pela cooperação mútua). Ainda que possa parecer estranho chamar de "recompensa" uma sentença de prisão, é assim que os dois homens a encarariam, se a alternativa fosse um longo período atrás das grades. O leitor notará que, apesar de os "ganhos" serem em sentenças de prisão, e não em dólares, as características essenciais do jogo encontram-se preservadas (considere a classificação ordenada dos quatro resultados possíveis, segundo o critério do que seria mais desejado). Se o leitor se colocar no lugar de cada prisioneiro, assumindo que estão os dois motivados por um interesse racional em si mesmos e relembrando que eles não podem comunicar-se um com o outro de modo a

---

* Os nomes dos dois prisioneiros hipotéticos aludem a dois famosos vilões da literatura policial inglesa. Carl Peterson, verdadeiro mestre dos disfarces, é o vilão das *Bulldog Drummond stories*, da autoria de H. C. Neile, que escrevia sob o pseudônimo Sapper. O professor Moriarty é antagonista e arqui-inimigo de Sherlock Holmes, personagens criados por Arthur Conan Doyle. (N. T.)

firmar um pacto, verá que não há escolha além de trair, terminando, ambos, condenados a pesadas sentenças.

Existe alguma saída em relação a esse dilema? Ambos os jogadores sabem que, o que quer que o oponente faça, o melhor que eles têm a fazer é trair. No entanto, os dois sabem também que bastaria que *ambos* tivessem cooperado para que *cada* um alcançasse um resultado melhor. Bastaria que... bastaria que... bastaria que houvesse um modo de chegar a um acordo, um modo de cada jogador assegurar-se de que poderia confiar no outro, isto é, de confiar em que o outro não iria optar pelo *jackpot** egoísta. Bastaria que houvesse um modo de controlar o acordo.

No jogo simples do "Dilema do Prisioneiro" não há nenhuma maneira de nos assegurarmos de que o outro jogador é confiável. A não ser que um dos dois seja realmente um trouxa, um candidato a santo, bom demais para este mundo, o jogo está fadado a terminar em traição mútua, o que é um resultado paradoxalmente desvantajoso para ambos. Mas existe outra versão do jogo. Ela é chamada de "Dilema do Prisioneiro Repetido ou Iterativo". O jogo iterativo é mais complicado e é justamente na sua complicação que reside a esperança.

O jogo iterativo nada mais é do que o jogo normal repetido um número indefinido de vezes entre os mesmos jogadores. De novo, o leitor e eu nos enfrentamos, com a banca entre nós. De novo, cada um recebe uma mão com apenas duas cartas, onde se leem COOPERAR e TRAIR. De novo, jogamos uma ou outra dessas cartas e a banca nos paga, ou nos cobra multas, de acordo com as regras apresentadas acima. Só que agora o jogo não termina aqui. Nós apanhamos nossas cartas e nos preparamos para outra rodada. As rodadas sucessivas do jogo nos dão a oportunidade de desenvolver a confiança ou a desconfiança no adversário, de responder na mesma moeda ou de buscar uma conciliação, de perdoarmos ou de nos vingarmos. Num

---

* O maior prêmio numa competição. (N. T.)

jogo indefinidamente longo, o que interessa é a possibilidade de ambos ganharmos à custa da banca, no lugar de apenas um de nós ganhar, individualmente, à custa um do outro.

Após dez rodadas do jogo, eu poderia ter ganhado, teoricamente, até 5 mil dólares, mas apenas se o leitor tivesse sido tão tolo (ou tão santo) a ponto de jogar sempre COOPERAR, a despeito de eu constantemente jogar TRAIR. Em termos mais realistas, seria fácil para cada um de nós chegar a extorquir 3 mil dólares da banca, desde que ambos jogássemos COOPERAR nas dez rodadas do jogo. Não temos de ser especialmente santos para fazer isso, porque, a partir das jogadas anteriores do adversário, podemos constatar que é possível confiar nele. Podemos, na realidade, policiar o comportamento um do outro. Outra coisa bastante provável de ocorrer é não confiarmos um no outro: nós dois jogamos TRAIR nas dez rodadas do jogo e a banca ganha cem dólares em multas de cada um de nós. De todas as alternativas possíveis, a mais provável é confiarmos parcialmente um no outro, e jogarmos, cada um de nós, uma sequência mista de COOPERAR e TRAIR, terminando o jogo com uma soma intermediária de dinheiro.

Os pássaros do capítulo 10, que removiam parasitas das penas uns dos outros, estavam envolvidos no jogo do "Dilema do Prisioneiro" na sua versão iterativa. Como é isso? Vimos que é importante para um pássaro remover seus parasitas, e vimos também que ele não consegue alcançar o topo de sua cabeça e necessita que um companheiro faça isso para ele. Parece justo que ele retribua o favor mais tarde. Mas esse serviço custa ao pássaro tempo e energia, embora não se trate de um custo muito elevado. Se um pássaro puder trapacear — tendo os seus parasitas removidos e recusando-se a retribuir o favor —, recebe todos os benefícios sem ter de arcar com o custo. Ordenemos os resultados e iremos descobrir que estamos realmente diante de um verdadeiro jogo do "Dilema do Prisioneiro". A cooperação de ambos (removendo os parasitas um do outro) traz um resultado bastante bom, porém, não obstante, continua a existir a tentação de sair-se ainda melhor, recusando-se a pagar os custos da retribuição. A traição de ambos (recusando-se a remover os parasitas um do outro) traz um resultado bastante ruim, mas não tão ruim quanto investir esforço em retirar os parasitas de um outro e, por fim, continuar infestado de parasitas. A matriz dos ganhos é a Figura B.

	O QUE FAZ O LEITOR	
	Cooperar	Trair
Cooperar (O QUE FAÇO EU)	Razoavelmente bom **RECOMPENSA** Fico sem parasitas, mas arco com o custo de remover os seus	Muito ruim **GANHO DO TROUXA** Continuo com os parasitas, e ainda arco com o custo de remover os seus
Trair	Muito bom **TENTAÇÃO** Fico sem parasitas, e não arco com o custo de remover os seus	Razoavelmente ruim **PUNIÇÃO** Continuo com os parasitas, mas com o pequeno consolo de não remover os seus

Figura B. O jogo de catar parasitas dos pássaros: os meus ganhos nos diferentes resultados.

Este é apenas um exemplo. Quanto mais pensarmos sobre ele, mais nos daremos conta de que a vida está crivada de jogos do dilema do prisioneiro iterativo, não apenas a vida humana, mas também a vida animal e a das plantas. A vida das plantas? Sim, por que não? Lembre-se de que não estamos falando de estratégias conscientes (embora, em alguns momentos, possamos fazê-lo), e sim de estratégias no sentido definido por J. Maynard Smith, estratégias que podem ser programadas previamente pelos genes. Mais adiante iremos encontrar plantas, vários animais e até bactérias que jogam todos o "Dilema do Prisioneiro Iterativo". Enquanto isso, exploraremos mais profundamente o que há de tão importante na iteração.

Ao contrário da versão simples do jogo, que é bastante previsível, uma vez que TRAIR aparece como a única estratégia racional, a versão iterativa oferece um leque de estratégias muito mais amplo. No jogo simples só existem duas estratégias possíveis, COOPERAR e TRAIR. A iteração, no entanto, permite muitas estratégias plausíveis sem que se mostre evidente qual é a melhor. Esta, por exemplo, é apenas uma entre milhares: "Coopere a maior parte do tempo, mas traia em 10% das rodadas, ao acaso". Ou então, as estratégias podem ser condicionadas pela história passada do jogo. O "rancoroso" é um exemplo disso: ele é bom fisionomista e, embora seja fundamentalmente cooperativo, ele trai, se o outro jogador já o tiver traído alguma vez. Outras estratégias podem ser mais tolerantes e ter memórias mais curtas.

Evidentemente, as estratégias disponíveis no jogo iterativo são limitadas apenas pela nossa criatividade. É possível calcular qual será a melhor? Essa foi a tarefa que Axelrod impôs a si mesmo. Ele teve a ideia divertida de lançar uma competição e solicitou, num anúncio, que os especialistas em teoria dos jogos inscrevessem suas estratégias. Estratégias, neste sentido, são regras pré-programadas para a ação, por isso os participantes foram solicitados a enviar as inscrições em linguagem de computador. Catorze estratégias foram apresentadas. Axelrod acrescentou uma décima quinta, para controle, que ele chamou de "Acaso" e que se limitava a jogar COOPERAR e TRAIR aleatoriamente, servindo como uma espécie de linha de base, ou de "não-estratégia": se uma estratégia não conseguir se sair melhor do que Acaso, será necessariamente muito ruim.

Axelrod traduziu todas as quinze estratégias numa linguagem de programação comum e lançou-as umas contra as outras num computador potente. Cada estratégia foi escalada para jogar o "Dilema do Prisioneiro Iterativo" contra todas as outras estratégias (inclusive contra uma cópia de si mesma), cada uma à sua vez. Como eram quinze, havia 15 × 15, ou seja, 225 jogos separados acontecendo no computador. Quando cada dupla de opositores tivesse completado duzentas partidas, os pontos eram totalizados e definia-se o vencedor.

Não nos interessa saber que estratégia venceu qual oponente em particular. O que nos importa saber é qual estratégia acumulou mais "dinheiro" no somatório dos quinze emparelhamentos. "Dinheiro" significa simplesmente "pontos", atribuídos de acordo com o seguinte esquema: cooperação mútua, 3 pontos; tentação de trair, 5 pontos; punição por traição mútua, 1 ponto (o equivalente a uma multa leve no nosso jogo precedente); ganho do trouxa, 0 ponto (o equivalente a uma multa pesada no nosso jogo precedente).

		O QUE FAZ O LEITOR	
		Cooperar	Trair
O QUE FAÇO EU	Cooperar	Razoavelmente bom **RECOMPENSA** pela cooperação mútua 3 pontos	Muito ruim **GANHO DO TROUXA** 0 ponto
	Trair	Muito bom **TENTAÇÃO** de trair 5 pontos	Razoavelmente ruim **PUNIÇÃO** pela traição mútua 1 ponto

Figura C. O torneio no computador de Axelrod: os meus ganhos nos diferentes resultados.

A pontuação máxima que uma estratégia podia atingir era 15 mil pontos (duzentas partidas a 5 pontos por partida, para cada um dos quinze oponentes). A pontuação mínima era zero. Não é preciso dizer que nenhum dos dois extremos se concretizou. A pontuação que uma estratégia pode esperar ganhar, em termos realistas, na média dos seus quinze emparelhamentos, não deve ultrapassar muito os 600 pontos. Essa é a pontuação que dois jogadores receberiam se cooperassem consistentemente, obtendo 3 pontos em cada uma das duzentas rodadas do jogo. Se um deles sucumbisse à tentação de trair, acabaria, muito provavelmente, com menos de 600 pontos, devido à retaliação do outro jogador (a maior parte das estratégias testadas continha algum tipo de comportamento retaliatório). Podemos usar 600 pontos como uma pontuação de referência para um jogo e expressar todas as pontuações como uma porcentagem dessa marca. É teoricamente possível, nessa escala, atingir 166% (1 000 pontos), contudo, na prática, a pontuação média de cada estratégia não excedeu os 600 pontos.

O leitor deve recordar-se de que os "jogadores" nesse torneio não eram humanos, mas sim programas de computador, estratégias pré-programadas. Seus autores humanos desempenharam o mesmo papel que os genes na programação dos corpos (pense no xadrez de computador do capítulo 4 e no computador de Andrômeda). As estratégias podem ser encaradas como "procuradores" em miniatura dos seus autores. De fato, cada autor podia apresentar mais de uma estratégia (embora pudesse ser considerado um caso de fraude — e Axelrod presumivelmente não o teria permitido — "abarrotar" a competição com estratégias, uma das quais receberia os benefícios da cooperação de todas as outras).

Foram elaboradas estratégias engenhosas, apesar de elas serem, é claro, bem menos engenhosas do que seus autores. O notável é que a estratégia vencedora era a mais simples e, à primeira vista, a menos inventiva de todas. Chamava-se "Olho por Olho" e foi apresentada pelo professor Anatol Rapoport, um psicólogo e teórico dos jogos de Toronto bastante conhecido. Olho por Olho cooperava na primeira partida e, da segunda em diante, simplesmente copiava o movimento anterior do adversário.

Como poderia se desenvolver um jogo com a estratégia Olho por Olho? Como sempre, depende do outro jogador. Suponhamos, em primeiro lugar, que o outro jogador seja igualmente Olho por Olho (recordemos que cada estratégia jogava também contra uma cópia de si mesma, além de jogar contra as outras catorze). Os dois jogadores começam cooperando. Na rodada seguinte, cada um deles copia o movimento precedente do outro, que foi COOPERAR. Ambos continuam a COOPERAR até o final do jogo e terminam com a pontuação máxima de 100%, os 600 pontos que eram a marca de referência.

Imaginemos agora que Olho por Olho joga contra uma estratégia chamada "Sondador Ingênuo" — na verdade, essa estratégia não entrou na competição de Axelrod, mas não deixa de ser uma estratégia instrutiva. Ela é basicamente idêntica a Olho por Olho, exceto pelo fato de que, de quando em quando, digamos, uma vez em cada dez partidas, ao acaso, ela trai gratuitamente e obtém a pontuação elevada da Tentação. Até que Sondador Ingênuo experimente uma das suas traições de sondagem, os jogadores são exatamente como dois Olho por Olho. Inicia-se uma sequência longa e mutuamente lucrativa de cooperação, com uma pontuação confortável de 100% da marca de referência para ambos os jogadores. Mas, subitamente, sem nenhum aviso, digamos que na oitava partida, Sondador Ingênuo joga TRAIR. Olho por Olho, é claro, jogou COOPERAR, e portanto fica com o ganho do trouxa, que é zero. Sondador Ingênuo parece ter se saído bem, uma vez que obteve 5 pontos. Mas, na partida seguinte,

Olho por Olho "retalia". Seguindo a sua regra de imitar o movimento precedente do outro jogador, ele joga TRAIR. Sondador Ingênuo, enquanto isso, segue cegamente a sua própria regra de cópia e, portanto, copia o movimento anterior do seu adversário, COOPERAR. Agora é a vez dele ficar com o ganho do trouxa, ao passo que Olho por Olho conquista a pontuação máxima de 5 pontos. Na partida seguinte, Sondador Ingênuo retalia — embora possamos pensar que injustamente — pela traição de Olho por Olho. E, assim, a alternância entre os dois continua. Durante esta série de partidas em alternância, os dois jogadores obtêm uma média de 2,5 pontos por partida (a média entre 5 e 0) — pontuação inferior aos 3 pontos por partida que cada um dos jogadores pode acumular numa sequência estável de cooperação mútua (e, a propósito, essa é a razão para a "condição adicional", que deixamos por explicar na p. 347). Assim, quando Sondador Ingênuo joga contra Olho por Olho, ambos têm um desempenho pior do que quando Olho por Olho joga contra outra estratégia Olho por Olho. E, quando Sondador Ingênuo joga contra outro Sondador Ingênuo, ambos tendem a se sair ainda pior, visto que as sequências reverberantes de traição tendem a começar mais cedo.

Considere agora outra estratégia, chamada Sondador Arrependido. Ela assemelha-se a Sondador Ingênuo, exceto pelo fato de tomar medidas ativas para quebrar os ciclos de recriminações alternadas. Para tanto, necessita de uma "memória" ligeiramente mais longa do que a de Olho por Olho ou a de Sondador Ingênuo. Sondador Arrependido lembra-se se traiu espontaneamente e se sua traição resultou na pronta retaliação do oponente. Se isso tiver acontecido, ela é levada, por "remorso", a conceder ao oponente o direito de atacá-lo por uma vez, sem retaliação — o que significa que as séries de recriminações mútuas são cortadas pela raiz. Se imaginarmos um jogo hipotético entre Sondador Arrependido e Olho por Olho, descobriremos que os eventuais ciclos de retaliação mútua são prontamente anulados. A maior parte do jogo decorre em cooperação mútua, com ambos os jogadores a gozar da pontuação generosa correspondente. Sondador Arrependido se sai melhor contra Olho por Olho do que Sondador Ingênuo, a despeito de não alcançar um desempenho tão bom quanto o da estratégia Olho por Olho jogando contra si mesma.

Algumas das estratégias inscritas no torneio de Axelrod eram muito mais sofisticadas do que Sondador Arrependido ou Sondador Ingênuo, mas todas terminaram com uma pontuação inferior à simples Olho por Olho. Na verdade, a menos bem-sucedida de todas as estratégias (à exceção de Acaso) era a mais elaborada. Ela foi inscrita como "Nome Não Revelado" — um convite à especulação prazerosa: seria alguma *eminência parda* no Pentágono? O diretor da CIA? Henry Kissinger? O próprio Axelrod? Suponho que nunca iremos saber.

Não é assim tão interessante examinarmos os pormenores das estratégias particulares que foram apresentadas. Este não é um livro sobre a engenhosidade dos programadores de computador. É mais interessante classificar as estratégias segundo determinadas categorias e examinar o sucesso das divisões mais abrangentes. A categoria mais importante que Axelrod reconheceu foi "amável". Uma estratégia amável é definida como aquela que nunca é a primeira a trair. Olho por Olho é um exemplo de estratégia amável. Ela é capaz de trair, mas o fará apenas em retaliação. Sondador Ingênuo e Sondador Arrependido são estratégias maldosas, porque, por mais raramente que seja, elas traem, mesmo que não tenham sido provocadas. Das quinze estratégias que entraram na competição, oito eram amáveis. É significativo que as oito estratégias mais bem classificadas tenham sido precisamente as oito estratégias amáveis — as sete estratégias maldosas ficaram bem atrás. Olho por Olho obteve uma média de

504,5 pontos, 84% da marca de referência (600), e uma boa pontuação. As demais estratégias amáveis pontuaram apenas ligeiramente abaixo disso, variando entre 83,4% e 78,6% da pontuação de referência. Há um grande intervalo entre essas pontuações e os 66,8% obtidos por Graaskamp, a mais bem-sucedida de todas as estratégias maldosas. A ideia de que os bons rapazes se dão bem nesse jogo parece bastante convincente.

Outro dos termos técnicos usados por Axelrod para classificar as estratégias é "indulgente". Uma estratégia indulgente é aquela que, embora possa retaliar, tem memória curta. Ela tende a esquecer rapidamente os delitos do passado. Olho por Olho é uma estratégia indulgente. Ela devolve o golpe do traidor imediatamente, mas, depois, são águas passadas. O Rancoroso do capítulo 10 é inclemente. A sua memória dura o jogo inteiro. Ele nunca esquece seu ressentimento contra um jogador que já o traiu, mesmo que tenha sido uma única vez. Uma estratégia formalmente idêntica a Rancoroso foi introduzida no torneio de Axelrod com o nome de Friedman e não se saiu particularmente bem. De todas as estratégias amáveis (note-se que, tecnicamente, se trata de uma estratégia amável, apesar de totalmente inclemente), Rancoroso/Friedman ficou entre as piores. As estratégias inclementes não alcançam bom desempenho porque não conseguem quebrar os ciclos de recriminação mútua, ainda que o adversário se mostre "arrependido".

É possível ser ainda mais indulgente do que Olho por Olho. A estratégia Olho por Dois Olhos permite aos oponentes duas traições em sequência antes de revidar, o que poderia parecer excessivamente virtuoso e magnânimo. Entretanto, Axelrod calculou que, se alguém tivesse submetido uma estratégia deste tipo, teria vencido a competição, por se tratar de uma estratégia muito eficaz no que se refere a evitar os ciclos de recriminação mútua.

Identificamos, por conseguinte, duas características das estratégias vencedoras: a amabilidade e a indulgência. Esta conclusão quase utópica — de que a amabilidade e a indulgência compensam — foi uma surpresa para muitos dos especialistas, que tentaram ser astutos demais ao apresentar estratégias sutilmente maldosas. Mesmo os proponentes das estratégias amáveis não haviam se atrevido a conceber uma estratégia tão indulgente quanto Olho por Dois Olhos.

Axelrod anunciou um segundo torneio. Recebeu 62 inscrições e voltou a acrescentar Acaso, chegando a um total de 63. Desta vez, o número exato de partidas foi deixado em aberto, em vez de fixado em duzentos, por uma boa razão que será explicada mais adiante. Continuamos a poder exprimir as pontuações obtidas como uma porcentagem da "marca de referência", ou da pontuação referente à estratégia "Coopere sempre", embora a partir de agora ela exija um cálculo mais complicado e já não se encontre fixada em 600 pontos.

Todos os programadores do segundo torneio tiveram acesso aos resultados do primeiro, incluindo a análise de Axelrod sobre as razões pelas quais Olho por Olho e outras estratégias amáveis e indulgentes alcançaram um desempenho tão bom. Era de esperar que os participantes do novo torneio levassem em conta essa informação, de uma maneira ou de outra. Na realidade, os participantes se dividiram em duas escolas de pensamento. Alguns concluíram que a amabilidade e a indulgência eram qualidades vencedoras evidentes e, de acordo com isso, apresentaram estratégias amáveis e indulgentes. John Maynard Smith chegou a ponto de submeter a estratégia superindulgente Olho por Dois Olhos. A outra escola de pensamento inferiu que, como muitos dos seus colegas haviam lido a análise de Axelrod, iriam apresentar estratégias amáveis e indulgentes, motivo pelo qual submeteram estratégias maldosas, na tentativa de explorar os previstos corações moles!

De novo, porém, a maldade não compensou. De novo, Olho por Olho, apresentada por Anatol Rapoport, foi a estratégia vencedora, alcançando maciços 96% da pontuação de referência. E, de novo, as estratégias amáveis, em geral, saíram-se melhor do que as maldosas. Dentre as quinze estratégias que tiveram as melhores colocações, todas, exceto uma, eram amáveis, e entre as quinze estratégias que tiveram as piores pontuações, todas, exceto uma, eram maldosas. Mas, ainda que a magnânima Olho por Dois Olhos pudesse ter vencido o primeiro torneio, se tivesse participado dele, ela não ganhou o segundo campeonato. Isso se deveu a que, desta vez, o terreno passou a incluir estratégias maldosas mais sutis, capazes de vitimar de maneira implacável as estratégias declaradamente sentimentais.

Esse fato ilumina um ponto importante a respeito dos torneios. O sucesso de uma estratégia depende das outras estratégias apresentadas. Somente assim se consegue explicar a diferença entre o segundo torneio, em que Olho por Dois Olhos ficou entre os últimos classificados, e o primeiro, em que a mesma estratégia teria se sagrado vencedora. No entanto, tal como afirmei anteriormente, este não é um livro sobre a engenhosidade dos programadores de computador. Haverá uma maneira objetiva que nos permita julgar qual é de fato a melhor estratégia, num sentido mais geral e menos arbitrário? Os leitores dos capítulos anteriores já estarão preparados para encontrar a resposta na teoria das estratégias evolutivamente estáveis.

Fui uma das pessoas a quem Axelrod fez chegar os resultados do primeiro torneio, com um convite para apresentar uma estratégia para o segundo. Não aceitei o convite, porém fiz outra sugestão. Axelrod já havia começado a pensar em termos de EEE, e eu senti que essa tendência era tão importante que lhe escrevi sugerindo que entrasse em contato com W. D. Hamilton, que na época, embora Axelrod não soubesse, se encontrava num outro departamento da mesma universidade, a Universidade de Michigan. Ele contatou Hamilton imediatamente e o resultado da colaboração subsequente entre os dois foi um brilhante artigo conjunto publicado na revista *Science*, em 1981, agraciado com o Newcomb Cleveland Prize da Associação Americana para o Progresso da Ciência. Além de discutirem alguns envolventes exemplos biológicos de dilemas do prisioneiro iterativos, Axelrod e Hamilton deram aquilo que eu penso ser o reconhecimento devido à abordagem EEE.

Comparemos a abordagem EEE com o sistema "todos contra todos" que foi seguido pelos dois torneios de Axelrod. O sistema "todos contra todos" é como um campeonato de futebol em que todos os times se enfrentam. Nos torneios de Axelrod, cada estratégia jogava contra cada uma das outras um número idêntico de vezes. A pontuação final de uma estratégia era a soma dos pontos ganhos contra todas as demais. Portanto, para ser bem-sucedida num campeonato com esse sistema, uma estratégia tem de competir bem contra todas as outras estratégias que por acaso tenham sido inscritas para o campeonato em questão. Axelrod usou o termo "robusta" para descrever uma estratégia que alcança um bom desempenho contra uma ampla variedade de outras estratégias. Olho por Olho mostrou-se uma estratégia robusta. Mas o conjunto de estratégias que foram submetidas é um conjunto arbitrário. Eis o ponto central que nos preocupava acima. Foi puro acaso o fato de aproximadamente metade das estratégias apresentadas no torneio original ser amável. Olho por Olho venceu naquele contexto, e Olho por Dois Olhos teria vencido se tivesse sido apresentada. Suponhamos, entretanto, que quase todas as estratégias apresentadas fossem maldosas — o que poderia ter facilmente ocorrido. Afinal, seis das catorze estratégias submetidas eram maldosas. Se treze delas fossem maldosas, Olho por Olho não teria vencido o torneio, pois o "clima" não teria sido apropriado. Não é apenas o dinheiro obtido por cada uma das estratégias que depende das estratégias particulares apresentadas, mas também a ordem de classificação delas em função do sucesso obtido. O sucesso de uma estratégia depende, em outras palavras, de algo tão arbitrário quanto o capricho humano. De que forma podemos reduzir essa arbitrariedade? Pensando em termos de EEE.

Vimos, nos capítulos anteriores, que a característica importante de uma estratégia evolutivamente estável é que ela continua a se sair bem, mesmo depois de já ter se tornado numerosa na população de estratégias. Por exemplo, dizer que Olho por Olho é uma EEE equivale a dizer que Olho por Olho se sai bem num clima dominado por Olho por Olho. Isso poderia ser visto como um tipo especial de "robustez". Como evolucionistas, somos tentados a vê-la como o único tipo de robustez que interessa. Por que ela interessa tanto assim? Porque, para um darwinista, as vitórias não são pagas em dinheiro, e sim em número de descendentes. Para um darwinista, uma estratégia bem-sucedida é aquela que se tornou numerosa numa população de estratégias. Para que uma estratégia continue a ter êxito, é preciso que ela se saia bem especificamente quando for numerosa, isto é, num clima dominado por cópias de si mesma.

Axelrod propôs uma terceira edição do seu torneio, desta vez do mesmo modo como a seleção natural teria feito: à procura de uma EEE. Na verdade, ele não chamou o novo torneio de terceira edição, já que utilizou as mesmas 63 da segunda edição em vez de solicitar a apresentação de novas. Acho conveniente designá-la como terceira edição, pois ela difere mais profundamente dos dois torneios precedentes, "todos contra todos", do que estes entre si.

Axelrod tomou as 63 estratégias e as introduziu no computador novamente, para fazer a "primeira geração" de uma sucessão evolutiva. Na "primeira geração", portanto, o "clima" consistia numa representatividade equivalente de todas as 63 estratégias. Ao final, os ganhos de cada estratégia foram traduzidos não em "dinheiro" ou "pontos", mas em *descendentes*, idênticos aos seus (assexuados) pais. À medida que as gerações foram passando, algumas estratégias tornaram-se escassas e por fim se extinguiram. Outras estratégias se tornaram mais numerosas. Conforme as proporções se modificavam, modificava-se também o "clima" no qual teriam lugar as partidas futuras do jogo.

Finalmente, depois de quase mil gerações, não ocorreram novas mudanças nas proporções nem novas variações no clima. A estabilidade foi atingida. Antes desse ponto, a prosperidade das várias estratégias diminuiu e aumentou, tal como na minha simulação de computador com os trapaceiros, os trouxas e os rancorosos. Algumas estratégias começaram a entrar em extinção logo após o início, e boa parte delas já se encontrava extinta por volta da geração 200. Das estratégias maldosas, uma ou duas começaram aumentando em frequência, mas a sua prosperidade, como a dos trapaceiros na minha simulação, teve vida curta. A única estratégia maldosa que sobreviveu para além da geração 200 tinha o nome de Harrington. A prosperidade de Harrington elevou-se de maneira acentuada durante as primeiras 150 gerações, aproximadamente. Daí em diante, sofreu uma queda bastante gradual, aproximando-se da extinção por volta da geração 1000. Harrington saiu-se bem por algum tempo pela mesma razão que os meus enganadores. Tal estratégia explorava os corações moles, como Olho por Dois Olhos (demasiado indulgente), enquanto estes ainda se encontravam por lá. Depois, à medida que os trouxas foram levados à extinção, Harrington seguiu o mesmo caminho, por já não contar com a existência das suas presas fáceis. O terreno ficou livre para as estratégias "amáveis", mas "provocáveis", como Olho por Olho.

Na verdade, a própria estratégia Olho por Olho ficou em primeiro lugar em cinco de cada seis partidas da terceira edição, tal como já havia acontecido nos dois torneios anteriores. Cinco outras estratégias amáveis, mas provocáveis, alcançaram quase tanto sucesso (em frequência na população) quanto Olho por Olho; de fato, uma delas até venceu a sexta partida. Quando todas as estratégias maldosas são levadas à extinção, não há meios de fazer a distinção entre Olho por Olho e as demais estratégias amáveis, ou mesmo de fazer a distinção entre as últimas, uma vez que todas elas, sendo amáveis, simplesmente jogam COOPERAR umas com as outras.

Uma das consequências do fato de ser impossível distinguir entre elas é que, embora Olho por Olho pareça uma EEE, ela não é, rigorosamente falando. Recordemos que, para ser uma EEE, uma estratégia não pode ser invadida, ao tornar-se frequente, por uma estratégia mutante rara. Ora, é verdade que Olho por Olho não pode ser invadida por nenhuma das estratégias maldosas, mas, quando se trata de outra estratégia amável, a história é diferente. Como acabamos de ver, numa população de estratégias amáveis, todas se parecem umas com as outras e se comportam todas da mesma maneira: elas jogam COOPERAR o tempo todo. Por isso, qualquer outra estratégia amável, como a totalmente compassiva Cooperar Sempre, embora reconhecidamente não goze de uma vantagem seletiva positiva sobre Olho por Olho, pode, ainda assim, entrar por acaso na população sem ser detectada. Tecnicamente, portanto, Olho por Olho não é uma EEE.

O leitor poderia pensar que, uma vez que o mundo permaneça assim, sempre tão amável, seria o caso de encararmos Olho por Olho como uma EEE. Mas, ai de nós, vejamos o que acontece a seguir. Ao contrário de Olho por Olho, Cooperar Sempre não é uma estratégia imune à invasão de estratégias maldosas, tal como Trair Sempre. Trair Sempre se sai muito bem contra Cooperar

Sempre, pois arrebanha a elevada pontuação da Tentação todas as vezes que se defrontam. Estratégias maldosas como Trair Sempre aparecerão o tempo todo para manter baixa a população de estratégias demasiadamente amáveis, como Cooperar Sempre.

Contudo, apesar de Olho por Olho não ser uma EEE, no sentido rigoroso do termo, provavelmente é justo, na prática, encarar algumas misturas de estratégias essencialmente amáveis, mas retaliatórias, do tipo "Olho por Olho", como equivalentes aproximadas de uma EEE. Uma mistura deste tipo poderá incluir uma pequena pitada de maldade. Num dos trabalhos mais interessantes que deram prosseguimento ao de Axelrod, Robert Boyd e Jeffrey Lorberbaum examinaram uma mistura de Olho por Dois Olhos e de uma estratégia chamada Olho por Olho Desconfiado. Esta última consiste em uma estratégia tecnicamente maldosa, mas não *muito* maldosa. Ela se comporta exatamente como Olho por Olho depois da primeira partida, no entanto — e é isto o que a torna tecnicamente maldosa — joga TRAIR já na primeira partida do jogo. Num clima inteiramente dominado por Olho por Olho, Olho por Olho Desconfiado não prospera, porque sua traição inicial desencadeia uma sequência ininterrupta de recriminações mútuas. Por outro lado, quando ela encontra um jogador Olho por Dois Olhos, a maior indulgência desta última corta pela raiz a recriminação. Os dois jogadores terminam pelo menos com a pontuação de referência, com Olho por Olho Desconfiado recebendo um bônus pela traição inicial. Boyd e Lorberbaum mostraram que uma população de Olho por Olho poderia ser invadida, em termos evolutivos, por uma *mistura* de Olho por Dois Olhos e Olho por Olho Desconfiado, as duas estratégias prosperando na companhia uma da outra. É quase certo que essa combinação não será a única a mostrar-se capaz de uma tal invasão. É provável que existam muitas misturas de estratégias ligeiramente maldosas com estratégias amáveis e muito indulgentes que, em conjunto, seriam capazes de levar a cabo a invasão. Algumas pessoas poderão ver nisso um espelho para aspectos bem conhecidos da vida humana.

Axelrod reconheceu que Olho por Olho não é, estritamente falando, uma EEE e, para descrevê-la, inventou a expressão "estratégia coletivamente estável". Como no caso das verdadeiras EEEs, é possível ter mais de uma estratégia coletivamente estável ao mesmo tempo. E, uma vez mais, é por uma questão de sorte que uma delas vem a dominar uma população, e não outra. Trair Sempre também é estável, assim como Olho por Olho. Numa população que já tenha sido dominada por Trair Sempre, nenhuma outra estratégia poderá sair-se melhor. Podemos encarar o sistema como duplamente estável, com um dos pontos de estabilidade situado em Trair Sempre e o outro em Olho por Olho (ou em alguma mistura de estratégias primordialmente amáveis, mas retaliatórias). O primeiro ponto estável que venha a dominar a população tenderá a permanecer dominante.

O que significa "dominar", em termos quantitativos? Quantos Olho por Olho têm de existir para que essa estratégia tenha melhor desempenho do que Trair Sempre? Isso depende dos ganhos detalhados que a banca concordou em atribuir neste jogo em particular. Tudo o que podemos afirmar, em termos gerais, é que existe uma frequência crítica, um fio da navalha. De um dos lados, a frequência crítica para Olho por Olho é ultrapassada e a seleção passa a favorecer cada vez mais a estratégia Olho por Olho. Do outro, a frequência crítica de Trair Sempre é ultrapassada e a seleção passa a favorecer mais e mais a estratégia Trair Sempre. Como o leitor deve se recordar, encontramos o equivalente a esse fio da navalha na história dos rancorosos e dos trapaceiros, no capítulo 10.

Portanto, é muito importante saber de que lado do fio da navalha *começa* casualmente uma população. E precisamos saber como poderia acontecer de uma população passar de um lado do fio da navalha para o outro. Vamos pressupor que no começo a população já esteja situada do lado Trair Sempre. Os poucos indivíduos Olho por Olho não se encontram uns com os outros com frequência suficiente para se beneficiarem mutuamente. Então, a seleção natural empurra ainda mais a população para o lado da estratégia Trair Sempre. Se ao menos a população fosse capaz de conseguir deslocar-se, por impulsos ao acaso, em direção ao fio da navalha, poderia cair para o lado Olho por Olho e toda a população se sairia muito melhor às expensas da banca (ou da "natureza"). É evidente, porém, que as populações não têm vontade própria, não têm inclinações nem propósitos de grupo. Elas não podem empenhar-se para transpor o fio da navalha. Elas o atravessarão somente se as forças não orientadas da natureza as levarem casualmente para o outro lado.

Como isso poderia ocorrer? Uma das respostas a essa pergunta consiste em dizer que poderia acontecer "por acaso". Mas "acaso" é apenas uma palavra para exprimir ignorância. Significa "determinado por meios ainda não conhecidos ou especificados". Podemos chegar a alguma coisa um pouquinho melhor do que "acaso". Podemos tentar pensar em maneiras práticas pelas quais uma minoria de indivíduos Olho por Olho poderia crescer até atingir a massa crítica. Isso equivale a uma indagação sobre os caminhos possíveis pelos quais os indivíduos Olho por Olho poderiam vir a se agrupar em número suficiente para tornar possível a todos eles se beneficiarem às expensas da banca.

Esta linha de pensamento parece promissora, contudo é bastante vaga. Como, exatamente, os indivíduos parecidos poderão vir a formar agregações locais? Na natureza, a maneira óbvia é através da proximidade genética — o parentesco. É mais provável que os animais da maior parte das espécies vivam perto dos seus irmãos, irmãs e primos do que de membros da população ao acaso. Isso não é necessariamente uma escolha, mas sim uma consequência automática da "viscosidade" da população. Viscosidade significa qualquer tendência que os indivíduos apresentam para continuar vivendo nas proximidades do lugar onde nasceram. Por exemplo, durante boa parte da história e em muitos lugares do mundo (embora isso não se aplique em relação ao mundo de hoje, o mundo em que vivemos), os seres humanos raramente se afastaram mais do que alguns poucos quilômetros do seu local de nascimento. Em consequência, tendem a se formar grupos locais de parentes genéticos. Lembro-me de ter visitado uma ilha remota, ao largo da costa oeste da Irlanda, e de ficar impressionado com o fato de que quase todas as pessoas da ilha tinham enormes orelhas de abano, o que dificilmente poderia ser atribuído ao clima da ilha, em que predominavam os fortes ventos marítimos. A razão para o tamanho das orelhas era que a maior parte dos seus habitantes eram parentes próximos.

Os parentes genéticos tendem a ser parecidos não apenas nos traços fisionômicos como também em muitos outros aspectos. Por exemplo, na tendência genética para jogar — ou para não jogar — Olho por Olho. Deste modo, mesmo que Olho por Olho seja rara na população como um todo, ela poderá ser comum numa localidade específica. Nessa área, os indivíduos Olho por Olho podem encontrar-se com frequência suficiente para prosperarem com a cooperação mútua, não obstante os cálculos que levam em conta apenas a frequência global na totalidade da população possam sugerir que eles estão abaixo da frequência crítica do fio da navalha.

Se isso acontecer, os indivíduos Olho por Olho, ao cooperarem entre si em pequenos e acolhedores enclaves locais, têm possibilidade de prosperar tão bem de modo que seus grupos aumentam de tamanho, passando de pequenos a grandes aglomerados locais. Os aglomerados locais podem, por sua vez, crescer tanto que se espalharão por outras áreas, até então dominadas, numericamente, pelos praticantes da estratégia Trair Sempre. Pensando nos enclaves locais, o paralelismo da minha ilha irlandesa é enganoso, pois ela se encontra fisicamente isolada. Pensemos, em vez disso, numa população numerosa, sem grande movimentação de indivíduos, de forma que estes tendam a se parecer mais com seus vizinhos mais próximos do que com os mais distantes, embora ocorram cruzamentos contínuos entre os indivíduos de toda a área.

Retornando então ao nosso fio da navalha, Olho por Olho poderia chegar a transpô-lo. Para tanto, é necessário somente um pequeno agrupamento local, de um tipo que tenda a surgir espontaneamente nas populações naturais. Mesmo quando é raro na população, Olho por Olho tem uma vocação intrínseca para cruzar o fio da navalha para o seu próprio lado. É como se houvesse uma passagem secreta por baixo desse fio. Entretanto, a passagem secreta contém uma válvula de mão única: existe uma assimetria. Ao contrário de Olho por Olho, a estratégia Trair Sempre, a despeito de ser uma verdadeira EEE, não é capaz de usar as aglomerações locais para atravessar o fio da navalha. Pelo contrário. Os aglomerados locais de indivíduos Trair Sempre, longe de prosperar na presença uns dos outros, se saem especialmente *mal* em tais condições. Ao invés de se ajudarem pacificamente, à custa da banca, eles enganam uns aos outros. Assim, ao contrário de Olho por Olho, Trair Sempre não extrai nenhum benefício do parentesco nem da viscosidade da população.

Embora Olho por Olho possa ser uma EEE duvidosa, ela conta com um tipo de estabilidade de ordem mais elevada. Qual o significado disso? Seguramente, "estável" significa "estável". Bem, aqui nós estamos adotando uma visão mais de longo prazo. Trair Sempre resiste à invasão durante muito tempo. Mas, se esperarmos tempo suficiente, talvez milhares de anos, Olho por Olho acabe por reunir os números necessários para transpor o fio da navalha e, aí, a população mudará. O contrário, porém, não ocorre. Tal como vimos, Trair Sempre não pode se beneficiar das aglomerações e, consequentemente, não pode desfrutar de uma estabilidade de ordem mais elevada.

Como vimos, Olho por Olho é "amável" — ou seja, nunca é a primeira a trair — e "indulgente", pois tem memória curta para os delitos do passado. Introduzo agora mais um dos termos técnicos evocativos de Axelrod. Olho por Olho é também uma estratégia "não invejosa". Ser *invejoso*, na terminologia de Axelrod, diz respeito a lutar para obter mais dinheiro do que o outro jogador, em vez de procurar conseguir uma quantidade decididamente grande do dinheiro da banca. Não ser invejoso significa ficar feliz se o outro jogador ganhar tanto dinheiro quanto nós, contanto que ganhemos os dois uma quantidade maior de dinheiro da banca. Na verdade, Olho por Olho nunca "vence" um jogo. Se pensarmos sobre isso, veremos que essa estratégia *não é capaz* de fazer mais pontos do que o seu "oponente", porque nunca trai, a não ser em retaliação. O melhor que ela pode fazer é empatar com ele. No entanto, tende a empatar sempre com uma pontuação elevada. No que se refere a Olho por Olho e às outras estratégias amáveis, a própria palavra "oponente" é inapropriada. Infelizmente, porém, quando os psicólogos estabelecem jogos do dilema do prisioneiro iterativo entre seres humanos reais, quase todos os jogadores sucumbem à inveja e, portanto, saem-se relativamente mal em termos de dinheiro. Parece que muitas pessoas, talvez sem nem mesmo ter consciência disso, preferem levar vantagem sobre o outro jogador a cooperar com ele para levar vantagem sobre a banca. O trabalho de Axelrod demonstrou que erro é esse.

É um erro apenas em certos tipos de jogo. Os especialistas em teoria dos jogos os dividem em "jogos de soma zero" e "jogos de soma não-zero". Um jogo de soma zero é aquele em que a vitória de um jogador acarreta a derrota do outro. O xadrez é um jogo de soma zero, porque o objetivo de cada jogador é vencer, e isso significa fazer com que o outro perca. O dilema do prisioneiro, entretanto, é um jogo de soma não-zero. Há uma banca que desembolsa o dinheiro, e há a possibilidade de os dois jogadores juntarem as armas de modo a arrebanhar um bom dinheiro fácil à custa da banca.

Esta conversa sobre ganhar dinheiro fácil à custa dos outros me fez lembrar de uma deliciosa frase de Shakespeare:

The first thing we do, let's kill all the lawyers.*
2 Henrique VI

Nas chamadas "disputas" civis quase sempre existe, de fato, grande margem de espaço para a cooperação. Aquilo que se parece com um confronto do tipo soma zero pode, com um pouco de boa vontade, ser transformado num jogo de soma não-zero que beneficia ambos os lados. Consideremos o divórcio. Um bom casamento é obviamente um jogo de soma não-zero, transbordante de cooperação mútua. Mas, mesmo quando ele se rompe, existe todo um conjunto de razões para que o casal continue a tirar benefícios da cooperação mútua, tratando também o seu divórcio como um jogo de soma não-zero. Ainda que o bem-estar dos filhos não fosse uma razão mais do que suficiente, os honorários dos dois advogados deixarão enormes marcas nas finanças familiares. Portanto, é óbvio que um casal sensato e civilizado começará por consultar, *em conjunto*, o mesmo advogado, não é?

Bem, na verdade, não. Pelo menos na Inglaterra, e, até recentemente, em todos os cinquenta estados dos Estados Unidos,

---

* "A primeira coisa a fazer é matar todos os advogados." (N. T.)

a lei, ou, mais rigorosamente — e mais significativamente —, o próprio código profissional dos advogados, não permite que eles o façam. Os advogados podem aceitar somente um dos membros do casal como cliente. A outra parte é convidada a se retirar e enfrenta a seguinte situação: ou não recebe nenhuma orientação legal, ou é forçada a procurar outro advogado. E é aí que a diversão tem início. Em gabinetes separados, mas a uma só voz, os advogados imediatamente passam a se referir a "nós" e a "eles". "Nós", bem entendido, não somos eu e minha mulher, mas sim eu e meu advogado contra ela e o advogado dela. Quando o caso chega ao tribunal, ele é verdadeiramente arrolado como "Smith versus Smith"! *Assume-se* que existem lados opostos, quer o casal se sinta em lados opostos, quer não, quer tenham os dois concordado ou não que desejam ser sensatamente amigáveis. E quem se beneficia de que o caso seja tratado como uma contenda do tipo "Eu ganho, você perde"? Provavelmente, apenas os advogados.

O infeliz casal se vê arrastado para um jogo de soma zero. Para os advogados, porém, o caso Smith versus Smith é um suculento jogo de soma *não*-zero, com os Smith desembolsando os ganhos e os dois profissionais ordenhando a conta conjunta dos seus clientes, num elaborado código de cooperação. Uma das maneiras de cooperarem é fazer propostas que ambos sabem de antemão que a outra parte não aceitará. Isso desencadeia uma contraproposta que, uma vez mais, ambos sabem ser inaceitável. E assim sucessivamente. Cada carta, cada telefonema trocado entre os dois "adversários" em cooperação adiciona mais uma parcela ao somatório final dos honorários legais. Com sorte, esse procedimento pode arrastar-se durante meses, ou até mesmo durante anos, com os custos a subir paralelamente. Os advogados não se reúnem para combinar tudo isso. Pelo contrário, a distância escrupulosa entre eles é, ironicamente, o instrumento principal da sua cooperação, à custa dos clientes. Os advogados podem nem sequer se dar conta do que estão fazendo. Tal como os morcegos-vampiros, que conheceremos a seguir, eles estão jogando de acordo com regras bem estabelecidas. O sistema funciona sem nenhuma vigilância ou organização conscientes. Tudo está engrenado para nos forçar a entrar em jogos de soma zero. Soma zero para os clientes, mas extremamente *diferente* de soma zero para os advogados.

O que devemos fazer a respeito? A solução de Shakespeare é caótica, desregrada. Seria mais limpo simplesmente mudar a lei. Mas a maioria dos parlamentares está afastada da profissão legal e tem uma mentalidade do tipo soma zero. É difícil imaginar uma atmosfera mais adversa do que a Câmara dos Comuns britânica. (Os tribunais de Justiça, pelo menos, preservam a decência dos debates. O melhor que podem, pois o "meu competente colega e eu" cooperamos lindamente na exploração dos nossos clientes.) Talvez os legisladores bem-intencionados e, na verdade, os advogados contritos devessem aprender um pouco de teoria dos jogos. Por uma questão de justiça, é preciso esclarecer que alguns advogados desempenham exatamente o papel contrário, isto é, tentam convencer os clientes que se mostram ávidos por uma luta de soma zero de que fariam melhor em chegar a um acordo de soma não-zero, longe dos tribunais.

E quanto aos outros jogos na vida humana? Quais são de soma zero e quais são de soma não-zero? E — porque não se trata da mesma coisa — quais são os aspectos da vida que nós *percebemos* como soma zero ou como soma não-zero? Quais são os aspectos da vida humana que alimentam a "inveja", e quais são os que alimentam a cooperação contra uma "banca"? Pensemos, por exemplo, nas negociações salariais e nos "diferenciais". Quando negociamos nossos aumentos, somos motivados pela "inveja" ou cooperamos para maximizar nosso rendimento real? Será que na vida real, tal como nos experimentos psicológicos, assumimos que estamos jogando um jogo de soma zero, quando, na realidade, não estamos? Limito-me a levantar aqui essas difíceis questões. Dar-lhes uma resposta está além do escopo deste livro.

O futebol é um jogo de soma zero. Pelo menos, costuma ser. Ocasionalmente, pode tornar-se um jogo de soma não-zero. Isso aconteceu em 1977 na Liga Inglesa de Futebol (os outros jogos com o mesmo nome — o futebol australiano, o futebol americano, o futebol irlandês etc. — também são, em geral, jogos de soma zero). Os times da Liga de Futebol são organizados em quatro divisões. Os clubes jogam contra os outros clubes na mesma divisão, acumulando pontos por cada vitória ou empate, ao longo da temporada. Jogar na primeira divisão não só é prestigioso como lucrativo para um clube, uma vez que garante a presença de um grande público de torcedores. Ao final de cada temporada, os três últimos clubes da primeira divisão são rebaixados para a segunda divisão na temporada seguinte. Esse rebaixamento é encarado como um destino terrível, algo a ser evitado a todo custo.

O dia 18 de maio de 1977 era o último dia da temporada de futebol daquele ano. Dois dos três times que cairiam da primeira para a segunda divisão já estavam definidos, mas a decisão de qual seria o terceiro time ainda dependia do resultado da última partida. Definitivamente, ele seria um dos três times seguintes: o Sunderland, o Bristol ou o Coventry. Essas três equipes, portanto, tinham de dar tudo de si naquele sábado. O Sunderland jogava contra uma quarta equipe (cuja permanência na primeira divisão já estava assegurada). O Bristol e o Coventry jogavam um contra o outro. Sabia-se que, se o Sunderland perdesse, o Bristol e o Coventry precisariam apenas de um empate para permanecer na primeira divisão. Mas, se o Sunderland vencesse, o time rebaixado seria o Bristol ou o Coventry, dependendo do resultado do confronto entre eles. Teoricamente, os dois jogos cruciais eram simultâneos. Na realidade, o jogo entre o Bristol e o Coventry começou com cinco minutos de atraso. Por causa disso, o resultado do jogo do Sunderland foi conhecido antes do final da partida entre o Bristol e o Coventry. Nisso reside a complicação de toda esta história.

Durante quase toda a partida entre o Bristol e o Coventry o jogo foi, para citar um noticiário da época, "veloz e quase sempre furioso", uma eletrizante (para quem gosta desse tipo de coisa) batalha, com as duas equipes se alternando no domínio da partida. Alguns gols brilhantes de ambos os lados fizeram com que o resultado chegasse a 2 a 2 aos oitenta minutos de jogo. Então, dois minutos antes do final, veio a notícia de que o Sunderland tinha perdido. Imediatamente, o técnico do Coventry fez com que essa informação fosse estampada no gigantesco painel eletrônico na extremidade do campo. Os 22 jogadores puderam lê-la e se aperceberam de que já não tinham mais que se preocupar em jogar duro. Um empate era tudo de que os dois times precisavam para evitar o rebaixamento. Na realidade, esforçarem-se para marcar mais gols àquela altura era seguramente uma política ruim, pois retirar jogadores da defesa criava o risco de perder a partida — e, no final de tudo, sofrer o rebaixamento. Os dois lados começaram a jogar para segurar o empate. Citando o mesmo noticiário: "Os torcedores, que haviam sido rivais encarniçados segundos antes, quando Don Gillies disparou para deixar tudo igual ao fazer o segundo gol do Bristol aos oitenta minutos, subitamente se juntaram numa comemoração conjunta. O árbitro Ron Challis assistiu impotente os jogadores tocarem a bola um para o outro, sem armar nenhuma jogada competitiva". O que antes era um jogo de soma zero, repentinamente, devido a uma notícia vinda de fora, se transformou num jogo de soma não-zero. Nos termos da nossa discussão anterior, é como se tivesse surgido uma "banca" externa, num passe de mágica, tornando possível ao Bristol e ao Coventry beneficiar-se do mesmo resultado, um empate.

Os esportes com espectadores, como o futebol, são, geralmente, e por uma boa razão, jogos de soma zero. É muito mais empolgante para as multidões assistir aos jogadores lutando uns contra os outros com toda a energia do que cooperando amigavelmente. A vida real, porém, tanto a vida humana como a dos animais e das plantas, não se organiza em benefício dos espectadores. Na verdade, muitas situações da vida real equivalem a jogos de soma não-zero. A natureza frequentemente desempenha o papel de banca e os indivíduos podem assim se beneficiar com o sucesso uns dos outros. Não é preciso derrotar os rivais para que eles próprios se beneficiem. Sem nos afastarmos das leis fundamentais do gene egoísta, podemos verificar como a cooperação e a assistência mútuas podem florescer, mesmo num mundo basicamente egoísta. Somos capazes de ver, usando a terminologia de Axelrod, como os bons rapazes podem terminar em primeiro.

Entretanto, nada disso funciona, a menos que o jogo seja *iterativo*. Os jogadores devem saber (ou "saber") que a partida em curso não é o último confronto entre eles. Na expressão inesquecível de Axelrod, a "sombra do futuro" deve ser longa. Mas quão longa ela precisa ser? Não é possível que seja indefinidamente longa. Do ponto de vista teórico, a duração do jogo não importa. O importante é que nenhum dos jogadores *saiba* quando o jogo vai terminar. Suponhamos que eu e o leitor estivéssemos jogando um contra o outro e que ambos soubéssemos que o jogo teria exatamente cem partidas. Compreendemos então que a centésima partida, por ser a última, equivalerá a um dilema do prisioneiro simples. Portanto, a única estratégia racional para qualquer um de nós é jogar TRAIR na centésima partida, e cada um pode assumir que o outro irá fazer o mesmo cálculo e estará completamente decidido a trair nessa partida final. Podemos então dizer que a última partida se torna previsível. Com isso, contudo, a 99ª partida passa a ser equivalente a uma partida simples, e a única escolha racional para cada jogador nessa penúltima rodada será igualmente TRAIR. A 98ª rodada sucumbe a idêntico raciocínio, e assim sucessivamente. Dois jogadores estritamente racionais, assumindo cada um deles que o outro também o é, podem jogar somente TRAIR, se ambos souberem de quantas partidas o jogo é composto. Por isso, quando os especialistas em teoria dos jogos falam sobre o dilema do prisioneiro iterativo ou repetido, pressupõem sempre que o final do jogo é imprevisível, ou é conhecido apenas pela banca.

Mesmo que não se saiba o número exato de partidas do jogo, com frequência é possível na vida real fazer um palpite estatístico acerca de sua duração *provável*. Tal estimativa pode tornar-se parte importante da estratégia. Se eu perceber que o banqueiro dá sinais de inquietude e olha para o relógio, posso perfeitamente conjeturar que o jogo está próximo do fim e, portanto, sentir-me tentado a jogar TRAIR. Se eu suspeitar que o leitor também percebeu a inquietude da banca, posso recear que ele esteja, como eu, a contemplar a possibilidade de jogar TRAIR. Provavelmente ficarei ansioso para trair primeiro, sobretudo se eu suspeitar que o leitor suspeita que eu...

A distinção matemática entre o jogo "Dilema do Prisioneiro" e sua versão iterativa é simples demais. Espera-se que cada jogador se comporte como se possuísse uma estimativa continuamente atualizada sobre a provável duração futura do jogo. Quanto mais longa a sua estimativa, mais ele jogará de acordo com as expectativas do matemático para o jogo iterativo verdadeiro: em outras palavras, mais amável, mais indulgente e menos invejoso ele será. Quanto mais curta a sua estimativa da duração futura do jogo, maior a sua inclinação a jogar de acordo com as expectativas do matemático para o jogo simples: então mais maldoso e menos indulgente ele será.

Axelrod esboçou uma ilustração comovente da importância da sombra do futuro a partir de um fenômeno notável que se desenvolveu durante a Primeira Guerra Mundial, o chamado sistema "viva-e-deixe-viver". Como fonte ele utilizou a pesquisa do historiador e sociólogo Tony Ashworth. É bem conhecido o fato de que, no Natal, as tropas britânicas e alemãs confraternizavam por um breve momento e brindavam juntas na "Terra de Ninguém". Menos conhecido, mas, na minha opinião, mais interessante, é o fato de que pactos não oficiais e silenciosos de não--agressão do tipo "viva-e-deixe-viver" floresceram por toda a linha de frente, pelo menos durante dois anos a partir de 1914. Menciona-se que um oficial superior britânico, numa visita às trincheiras, teria ficado estupefato ao observar soldados alemães perambulando, ao alcance das espingardas britânicas, atrás da sua própria linha. "Nossos homens pareciam não ter notado isso. Tomei a decisão de acabar pessoalmente com esse tipo de coisa tão logo assumisse o comando; coisas como essa não podiam ser permitidas. Evidentemente, aquelas pessoas não sabiam o que era uma guerra. Ao que tudo indicava, os dois lados acreditavam na política de 'viva-e-deixe-viver'."

A teoria dos jogos e o dilema do prisioneiro ainda não tinham sido inventados àquela altura, porém, olhando em retrospecto, podemos ver com clareza o que estava acontecendo, e Axelrod fornece uma análise fascinante do que se passava ali. Na guerra daquela época, travada nas trincheiras, a sombra do futuro era longa para cada pelotão. Isso corresponde a dizer que cada grupo de soldados britânicos entrincheirado poderia ficar frente a frente com o mesmo grupo de soldados alemães entrincheirado durante muitos meses. Mais ainda, os soldados nunca sabiam quando seriam deslocados para outro lugar, se é que seriam. As ordens no Exército são notoriamente arbitrárias, caprichosas e incompreensíveis para quem as recebe. A sombra do futuro era suficientemente longa e indeterminada para encorajar o desenvolvimento de uma cooperação do tipo Olho por Olho. Isto é, desde que a situação fosse equivalente a um jogo do "Dilema do Prisioneiro".

Para se qualificar como um verdadeiro dilema do prisioneiro, lembre-se, os ganhos têm de seguir uma ordem determinada de classificação. Os dois lados devem considerar a cooperação mútua (CC) preferível à traição mútua. A traição enquanto o outro lado coopera (TC) é ainda melhor. A cooperação enquanto o outro lado trai (CT) é o pior de tudo. A traição mútua (TT) é o que o Estado-Maior espera ver. Eles querem ver seus companheiros ávidos por abater os Jerries* (ou os Tommies),** sempre que surgir a oportunidade.

Do ponto de vista dos generais, a cooperação mútua era indesejável porque não os ajudava a ganhar a guerra. Mas era altamente desejável do ponto de vista individual dos soldados de ambos os lados. Eles não queriam ser abatidos. Reconhecidamente — e isso dá conta das demais condições de ganhos necessárias para que tal situação seja um verdadeiro dilema do prisioneiro —, é provável que eles concordassem com os generais, preferindo ganhar a guerra a perdê-la. Essa não é, porém, a escolha com que se defronta um soldado, individualmente. É muito pouco provável que o resultado de uma guerra inteira seja materialmente afetado pelo que o indivíduo faz. A cooperação mútua com os soldados inimigos que nos enfrentam do outro lado da Terra de Ninguém sem dúvida afeta o nosso destino e é muitíssimo preferível à traição mútua, muito embora pudéssemos, por

* Gíria de guerra para os soldados alemães. (N. T.)
** Gíria de guerra para os soldados ingleses. (N. T.)

razões patrióticas ou disciplinares, preferir marginalmente trair (TC), se pudéssemos sair ilesos. Parece que a situação consistia num dilema do prisioneiro verdadeiro. Seria de esperar que se desenvolvesse uma estratégia semelhante a Olho por Olho, e foi o que aconteceu.

A estratégia localmente estável numa determinada parte das trincheiras não era necessariamente a própria estratégia Olho por Olho. Esta é apenas um exemplo de uma família de estratégias amáveis, retaliatórias, mas indulgentes, que, a despeito de não serem tecnicamente estáveis, são, pelo menos, difíceis de invadir. Três Olhos por Um Olho, por exemplo, desenvolveu-se numa área localizada, de acordo com um registro da época:

> À noite saímos e nos posicionamos diante das trincheiras... Os soldados alemães também estão fora, de modo que atirar é considerado algo contrário à etiqueta. O que é realmente sórdido são as granadas de rifles... Podem matar até oito ou nove homens se caírem numa trincheira... Mas nunca usamos as nossas, a não ser que os alemães se tornem particularmente barulhentos, porque, no sistema de retaliação utilizado por eles, para cada uma das nossas, vêm três como resposta.

É importante, para qualquer membro da família de estratégias Olho por Olho, que os jogadores sejam punidos se traírem. A ameaça de retaliação tem de estar sempre presente. Demonstrações da capacidade de retaliação eram um traço notável do sistema "viva-e-deixe-viver". Atiradores de ambos os lados davam exibições do seu virtuosismo mortal ao disparar, não contra os soldados inimigos, e sim contra alvos inanimados que se encontravam por perto, uma técnica empregada também nos filmes de cowboy (como apagar uma vela com um tiro, por exemplo). Parece que nunca houve uma explicação satisfatória para a utilização das duas primeiras bombas atômicas operacionais — contra a forte oposição dos físicos eminentes responsáveis pelo desenvolvimento delas — para destruir duas cidades inteiras, em vez de serem lançadas num ensaio equivalente ao espetacular apagar da chama de uma vela com um tiro.

Uma característica essencial das estratégias do tipo Olho por Olho é o fato de serem indulgentes. Tal como já vimos, isso ajuda a extinguir aquilo que poderia, caso contrário, converter--se em longos e nocivos ciclos de recriminação mútua. A importância de extinguir a retaliação é dramatizada pela seguinte recordação de um oficial britânico (como se a primeira frase ainda deixasse alguma dúvida):

> Estava tomando chá com a companhia A quando ouvimos uma gritaria e fomos investigar do que se tratava. Encontramos os nossos homens e os alemães de pé nos seus respectivos parapeitos. Subitamente, uma salva de tiros nos atingiu, mas ninguém ficou ferido. Naturalmente, os dois lados voltaram para baixo. Nossos homens começaram a xingar os alemães, quando, de repente, um corajoso soldado alemão subiu em seu parapeito e gritou: "Lamentamos muito o que aconteceu. Esperamos que ninguém tenha se ferido. Não tivemos culpa. Foi a maldita artilharia prussiana".

Axelrod comenta que esse pedido de desculpa "é muito mais do que um mero esforço instrumental para evitar a retaliação. Ele reflete pesar pela violação de uma situação de confiança e mostra preocupação com a possibilidade de que alguém pudesse ter se ferido". Certamente um alemão admirável e muito corajoso.

O mesmo Axelrod sublinha a importância da previsibilidade e do ritual na manutenção de um padrão estável de confiança mútua. Um exemplo encantador era o "tiro da noite" disparado pela artilharia britânica com a regularidade de um relógio em certa parte da linha de frente. Nas palavras de um soldado alemão:

> Ele vinha às sete — com uma regularidade tão grande que se podia acertar o relógio por ele... Tinha sempre o mesmo objetivo, o seu alcance era exato e ele nunca se desviava lateralmente, nem ultrapassava ou ficava aquém da marca... Havia até mesmo alguns companheiros curiosos que rastejavam para fora [...] um pouco antes das sete para vê-lo explodir.

A artilharia alemã fazia exatamente o mesmo, como mostra o seguinte registro do lado dos britânicos:

> [Os alemães] eram tão regulares na escolha dos seus alvos, nos horários dos disparos e no número de tiros que [...] o coronel Jones [...] sabia exatamente onde ia cair o próximo projétil. Seus cálculos eram muito precisos e ele era capaz de se expor a riscos que, aos olhos dos oficiais novatos, pareciam enormes, sabendo de antemão que o bombardeio terminaria antes que ele alcançasse o local bombardeado.

Axelrod destaca que os "rituais de detonação perfunctórios e rotineiros transmitiam uma dupla mensagem. Para o alto comando, significavam agressão, mas, para o inimigo, transmitiam paz".

O sistema "viva-e-deixe-viver" poderia ter nascido das negociações verbais por parte de estrategistas conscientes barganhando ao redor de uma mesa. Na realidade, não foi. Desenvolveu-se como uma série de convenções locais, através das respostas das pessoas ao *comportamento* umas das outras. É provável que os soldados, individualmente, não tivessem quase nenhuma consciência disso — o que não surpreende. As estratégias no computador de Axelrod eram definitivamente inconscientes. Seu comportamento é que as definia como amáveis ou maldosas, como indulgentes ou impiedosas, invejosas ou o oposto. Os programadores que as desenvolveram poderiam ter alguma dessas qualidades, mas isso é irrelevante. Uma estratégia amável, indulgente e não invejosa poderia ser programada com facilidade num computador por um homem muito maldoso. E vice-versa. A amabilidade de uma estratégia é reconhecida pelo seu comportamento, e não pelas suas motivações (pois ela não tem nenhuma) ou pela personalidade do seu autor (que já se desvaneceu do cenário no momento em que o programa está sendo executado no computador). Um programa de computador pode se comportar estrategicamente sem ter consciência da sua estratégia, ou, na realidade, sem ter consciência do que quer que seja.

A esta altura, é claro, nós estamos bastante familiarizados com a ideia dos estrategistas inconscientes, ou, pelo menos, dos estrategistas cuja consciência, se é que eles têm alguma, é irrelevante. Os estrategistas inconscientes existem em abundância nas páginas deste livro. Os programas de Axelrod constituem um excelente modelo do modo como estivemos, ao longo de todo o livro, pensando nos animais e nas plantas e, sem dúvida, nos genes. É natural, portanto, perguntar se as suas conclusões otimistas — sobre o sucesso da amabilidade indulgente e generosa — também se aplicam igualmente ao mundo natural. A resposta é sim, claro que se aplicam. As únicas condições consistem em que a natureza estabeleça por vezes jogos do dilema do prisioneiro, que a sombra do futuro seja longa e que os jogos sejam do tipo soma não-zero. Tais condições são certamente preenchidas em todos os reinos dos seres vivos.

Ninguém jamais reivindicaria que uma bactéria é um estrategista consciente, e, no entanto, os parasitas bacterianos estão provavelmente envolvidos em incessantes jogos do "Dilema do

Prisioneiro" com seus hospedeiros, e não existe nenhuma razão para que não possamos atribuir os adjetivos de Axelrod — indulgente, não invejosa, e assim por diante — às suas estratégias. Axelrod e Hamilton afirmam que bactérias normalmente inofensivas ou benignas podem tornar-se malignas e provocar até mesmo infecções letais numa pessoa ferida. Um médico poderia afirmar que a "resistência natural" da pessoa se encontra reduzida devido ao ferimento. Mas talvez a verdadeira razão tenha relação com os jogos do "Dilema do Prisioneiro". Será que as bactérias talvez tenham algo a ganhar, mas em geral se mantêm coibidas? No jogo entre os seres humanos e as bactérias, a "sombra do futuro" costuma ser longa, dado que é de esperar que um ser humano típico possa viver por vários anos a partir de um determinado ponto inicial. Um ser humano seriamente ferido, por outro lado, pode apresentar uma sombra do futuro muito mais curta para seus hóspedes bacterianos. Em decorrência, a "tentação de trair" começa a parecer uma opção mais atrativa do que a "recompensa pela cooperação mútua". É desnecessário dizer que não estamos em absoluto sugerindo que as bactérias façam todo esse cálculo nas suas pequenas cabeças malignas! A ação da seleção sobre as muitas gerações de bactérias presumivelmente incorporou dentro delas uma regra prática inconsciente que funciona puramente por meios bioquímicos.

As plantas, segundo Axelrod e Hamilton, podem até se vingar, uma vez mais inconscientemente, é claro. As figueiras e as vespas-do-figo mantêm uma relação de cooperação íntima. O figo que comemos não é um fruto verdadeiro. Ele tem uma pequeníssima abertura numa extremidade e, se entrarmos por ela (teríamos de ser tão pequenos quanto uma vespa-do-figo para fazê-lo, e elas são minúsculas: felizmente, pequenas demais para que possamos percebê-las quando comemos um figo), encontraremos centenas de flores diminutas revestindo as paredes. O figo tem uma estufa interior para as flores, uma câmara interior de polinização. E os únicos agentes que podem fazer a polinização são as vespas-do-figo. A árvore, então, se beneficia por abrigar as vespas. O que as vespas têm a ganhar? Elas põem seus ovos em algumas flores minúsculas, que, depois, servem de alimento às larvas, e polinizam outras flores no interior do mesmo figo. "Trair", para as vespas, seria colocar seus ovos num número demasiado grande de flores e polinizar pouquíssimas delas. Mas como uma figueira poderia "retaliar"? De acordo com Axelrod e Hamilton, "em muitos casos acontece que, se a vespa entrar num figo jovem e não polinizar um número suficiente de flores, pondo ovos em quase todas elas, a árvore deixa cair o figo num estágio precoce do seu desenvolvimento. Toda a descendência da vespa morre, então".

Um exemplo curioso do que aparenta ser um arranjo do tipo Olho por Olho na natureza foi descoberto por Eric Fischer num peixe hermafrodita, o *Hypoplectrus nigricans*. Ao contrário de nós, o sexo desse peixe não é determinado pelos cromossomos no momento da concepção. Em vez disso, cada indivíduo é capaz de desempenhar tanto as funções de fêmea como as de macho. Em qualquer episódio de desova, liberam óvulos ou espermatozoides. Eles formam pares monogâmicos e se revezam para desempenhar os papéis de macho e de fêmea. Ora, podemos supor que qualquer peixe individual "preferiria", se pudesse escolher, desempenhar o papel de macho todo o tempo, por ser menos dispendioso. Em outras palavras, um indivíduo que fosse bem-sucedido em persuadir o seu parceiro a desempenhar o papel de fêmea a maior parte do tempo teria todos os benefícios do investimento econômico "dela" em ovos, enquanto "ele" ficaria com os recursos disponíveis para gastar em outras coisas — o acasalamento com outros peixes, por exemplo.

De fato, o que Fischer observou foi que os peixes operavam segundo um sistema de alternância bastante rigoroso. É exatamente o que seria de esperar se eles estiverem jogando de acordo com a estratégia Olho por Olho. E é plausível que estejam, já que, ao que tudo indica, o jogo é um dilema do prisioneiro verdadeiro, embora numa versão um tanto complicada. Jogar COOPERAR significa desempenhar o papel da fêmea quando for a nossa vez de fazê-lo. A tentativa de desempenhar o papel do macho quando for a nossa vez de fazer o papel da fêmea é o equivalente a jogar TRAIR. A traição é vulnerável à retaliação: o parceiro pode se recusar a assumir o papel de fêmea na próxima ocasião em que este lhe couber, ou pode pura e simplesmente terminar a relação. Fischer observou que os pares com uma divisão desigual dos papéis sexuais com efeito tendiam a romper.

A pergunta que os sociólogos e os psicólogos às vezes se fazem é por que as pessoas doam sangue (em países, como a Grã-Bretanha, por exemplo, onde não são pagas para fazê-lo). Custo a acreditar que a resposta esteja na reciprocidade ou no egoísmo disfarçado, num sentido simples qualquer. Os doadores regulares não recebem tratamento preferencial quando necessitam, eles próprios, de uma transfusão. Tampouco recebem distintivos com estrelinhas douradas para usar no peito. Talvez eu seja ingênuo, mas me sinto tentado a ver aqui um caso de altruísmo puro e desinteressado. Seja como for, a partilha de sangue entre os morcegos-vampiros parece encaixar-se bem no modelo de Axelrod. Isso nos é revelado pelo trabalho de G. S. Wilkinson.

Os vampiros, como é bem conhecido, alimentam-se de sangue à noite. Não é fácil para eles encontrar uma refeição, porém, quando a encontram, é provável que ela seja grande. Quando a madrugada chega, alguns indivíduos não tiveram sorte e voltam vazios, ao passo que aqueles que conseguiram encontrar uma vítima sugaram provavelmente uma quantidade excedente de sangue. Numa noite subsequente, a sorte pode mudar. Assim, este parece um cenário promissor para um pouco de altruísmo recíproco. Wilkinson descobriu que, às vezes, os indivíduos que tiveram sorte numa noite realmente doam, por regurgitação, parte do sangue aos companheiros menos afortunados. Das 110 regurgitações que observou, Wilkinson considerou que 77 eram casos de filhotes sendo alimentados pelas mães. Muitos outros casos de partilha de sangue observados envolviam graus distintos de parentesco genético. Todavia, restavam alguns exemplos de partilha de sangue entre morcegos não aparentados, casos em que a explicação de que "os laços de sangue falam mais alto" parecia não se encaixar. Significativamente, os indivíduos neles envolvidos tendiam a ser os morcegos que compartilhavam, com frequência, o mesmo local de dormir — e que, portanto, tinham todas as oportunidades para interagir entre si repetidamente, como é requerido para um dilema do prisioneiro iterativo. Será, contudo, que as demais exigências para um jogo deste tipo também estavam preenchidas? A matriz de ganhos na Figura D representa aquilo que deveríamos esperar, caso elas estivessem.

	O QUE FAZ O LEITOR	
	Cooperar	**Trair**
Cooperar (O QUE FAÇO EU)	Razoavelmente bom **RECOMPENSA** Eu obtenho sangue nas minhas noites de azar, o que me impede de morrer de fome. Tenho de doar sangue nas minhas noites de sorte, o que não me custa muito.	Muito ruim **GANHO DO TROUXA** Eu pago o custo de salvar a sua vida na minha noite de sorte. Mas nas minhas noites de azar, o leitor não me alimenta e corro um risco real.
Trair	Muito bom **TENTAÇÃO** O leitor salva a minha vida na minha noite de azar. Mas então eu obtenho o benefício adicional de não ter de arcar com o custo pequeno de alimentá-lo na minha noite de sorte.	Razoavelmente ruim **PUNIÇÃO** Não tenho de arcar com o custo pequeno de alimentar o leitor nas minhas noites de sorte. Mas corro um risco real de morrer de fome nas minhas noites de azar.

Figura D. O esquema dos morcegos-vampiros doadores de sangue: os meus ganhos nos diferentes resultados.

Será que a economia entre os vampiros realmente corresponde a esta tabela? Wilkinson mediu o índice de perda de peso dos vampiros não alimentados e, com base nisso, calculou o tempo que um morcego saciado levaria para morrer de fome, o tempo que um morcego esfomeado levaria para morrer de inanição e todos os tempos intermediários. Isso permitiu a ele representar o volume de sangue em termos de horas de prolongamento da vida. Wilkinson descobriu, o que não é muito surpreendente, que a taxa de câmbio é diferente, dependendo de quão desnutrido um morcego se encontra. Uma mesma quantidade de sangue acrescenta mais horas à vida de um morcego altamente esfomeado do que à vida de outro menos esfomeado. Em outras palavras, embora o ato de doar sangue aumente a probabilidade de o doador vir a morrer, trata-se de um aumento pequeno comparado com o aumento das probabilidades de sobrevivência daquele que recebe a doação. Em termos econômicos, então, parece plausível que o regime entre os morcegos-vampiros esteja em conformidade com as regras de um dilema do prisioneiro. O sangue doado é menos precioso para a doadora (os grupos sociais entre os vampiros são grupos de fêmeas) do que para a sua receptora. Nas suas noites de azar, ela se beneficiaria enormemente de uma doação de sangue. Mas, nas noites de sorte, ela se beneficiaria ligeiramente se, ao trair, isto é, ao recusar-se a doar, pudesse "sair ilesa". É claro que "sair ilesa" só significa alguma coisa se os morcegos adotarem uma estratégia do tipo Olho por Olho. Assim, será que se cumprem as outras condições para a evolução de uma retribuição Olho por Olho?

Em particular, os morcegos se reconhecem uns aos outros como indivíduos? Wilkinson levou a cabo um experimento com morcegos em cativeiro e demonstrou que sim. A ideia básica era separar um morcego do grupo durante uma noite e deixá-lo passar fome, enquanto os demais eram todos alimentados. O desafortunado morcego esfomeado era então colocado novamente junto dos outros, e Wilkinson se punha a observar se algum dos outros morcegos, e qual deles, lhe dava comida. O experimento foi repetido muitas vezes, com os morcegos se alternando na posição da vítima esfomeada. O ponto-chave deste experimento era que a população de morcegos cativos era constituída por uma mistura de dois grupos separados, capturados em cavernas vários quilômetros distantes uma da outra. Se os vampiros fossem capazes de reconhecer seus amigos, o morcego experimentalmente submetido à fome deveria ser alimentado apenas pelos morcegos da sua caverna de origem.

Foi mais ou menos isso o que aconteceu. Foram observados treze casos de doação. Em doze deles, o morcego doador era um "velho amigo" da vítima esfomeada, capturado na mesma caverna. Apenas em um dos treze casos a vítima foi alimentada por um "amigo novo", capturado numa caverna diferente. É evidente que tudo poderia não passar de mera coincidência, mas é possível calcular a probabilidade de uma coincidência deste tipo acontecer: é menor do que uma em quinhentas. Portanto, podemos concluir com bastante segurança que os morcegos estavam realmente inclinados a alimentar os velhos amigos, em vez de alimentar os estranhos vindos de cavernas diferentes.

Existem muitos mitos acerca dos morcegos-vampiros. Para os aficionados do gótico vitoriano, eles são forças sombrias que espalham o terror durante a noite, consumindo fluidos vitais e sacrificando vidas inocentes apenas para satisfazer a sua sede. Se combinarmos isso com outro mito vitoriano, de uma natureza com dentes e garras vermelhos de sangue, não serão os vampiros a própria encarnação dos temores mais profundos do mundo do gene egoísta? Quanto a mim, sou cético em relação a todos os mitos. Se quisermos saber onde está a verdade em cada caso particular, temos de procurá-la. O que o corpo da teoria darwiniana nos fornece não são as expectativas pormenorizadas a respeito de organismos particulares. Ele nos fornece algo mais sutil e valioso: a compreensão do princípio. Entretanto, se precisamos de mitos, os verdadeiros fatos sobre os vampiros podem contar uma história com uma moral diferente. Para os morcegos, não são apenas os laços de sangue que falam mais alto. Eles ultrapassam as relações de consanguinidade, formando laços perduráveis na sua irmandade de sangue. Os morcegos-vampiros poderiam ser a vanguarda de um novo mito mais confortador, um mito de compartilhamento, de cooperação mutualista. Poderiam ser os arautos da ideia auspiciosa de que, mesmo com os genes egoístas no comando, os bons rapazes podem terminar em primeiro.

13. O longo alcance do gene

Um desassossego perturba o coração da teoria do gene egoísta. É a tensão existente entre o gene e o corpo individual como agente fundamental da vida. Temos, de um lado, a imagem sedutora dos replicadores do DNA independentes, saltando livres e desimpedidos como cabras monteses de uma geração à outra, temporariamente reunidos em máquinas de sobrevivência descartáveis, espirais imortais que vão se desfazendo de uma sucessão infindável de seres mortais ao avançar em direção às suas eternidades separadas. Por outro, olhamos os corpos individuais e cada um deles se apresenta, é óbvio, como uma máquina coerente e integrada, imensamente complexa, com uma unidade de propósitos que é flagrante. Um corpo não *se parece* com uma confederação provisória e frouxa de agentes genéticos em guerra que mal têm tempo de se conhecer antes de embarcar no espermatozoide ou no óvulo para a próxima etapa da grande diáspora genética. Ele tem um cérebro unificador, que coordena uma cooperativa de membros e de órgãos dos sentidos para alcançar um objetivo. De maneira fascinante, o corpo tem a aparência e o comportamento de um agente com todo o direito.

Em alguns capítulos deste livro pensamos realmente no organismo individual como um agente se esforçando por maximizar o seu sucesso na transmissão de todos os seus genes. Imaginamos os animais individuais fazendo complicados cálculos econômicos simulados sobre os benefícios genéticos dos diversos modos de ação possíveis. Entretanto, em outros capítulos, o raciocínio fundamental foi apresentado do ponto de vista dos genes. Sem levar em conta a perspectiva dos genes sobre a vida, não existe nenhuma razão particular pela qual um organismo deva "preocupar-se" com seu sucesso reprodutivo e com o dos seus parentes, em vez de se preocupar, por exemplo, com a sua longevidade.

Como resolver este paradoxo dos dois modos de olhar para a vida? A minha própria tentativa de fazê-lo foi apresentada em *The extended phenotype*, o livro que, mais do que tudo o que já realizei na minha vida profissional, é o meu orgulho e alegria. Este capítulo contém uma breve condensação de alguns dos temas desse livro, mas, na verdade, eu quase preferiria que o leitor interrompesse esta leitura agora e passasse à de *The extended phenotype*!

Em todas as perspectivas sensatas sobre o assunto, a seleção darwiniana não atua diretamente sobre os genes. O DNA encontra-se fechado num casulo de proteínas, enfaixado por membranas, protegido do mundo e invisível para a seleção natural. Se a seleção tentasse escolher diretamente moléculas de DNA, seria difícil identificar algum critério que permitisse fazê-lo. Todos os genes parecem iguais, assim como todas as fitas-cassete parecem iguais. As diferenças importantes entre os genes são detectáveis apenas pelos seus *efeitos*. Normalmente, isso se relaciona aos efeitos nos processos de desenvolvimento embrionário e, em decorrência, na forma do corpo e no seu comportamento. Os genes bem-sucedidos são aqueles que, num ambiente influenciado por todos os outros genes que compartilham um embrião, produzem efeitos benéficos nesse embrião. Por efeitos benéficos queremos dizer que eles tornam provável que o embrião se desenvolva num adulto bem-sucedido, um adulto que provavelmente se reproduzirá e transmitirá os mesmos genes para as gerações futuras. O termo técnico *fenótipo* é utilizado para designar a manifestação corporal de um gene, o efeito que ele tem no corpo, via desenvolvimento, em comparação com seus alelos. O efeito fenotípico de um gene particular poderá ser, por exemplo, os olhos verdes. Na prática, a maior parte dos genes tem mais de um efeito fenotípico, digamos, olhos verdes e cabelos encaracolados. A seleção natural favorece alguns genes em detrimento de outros, não por causa da natureza dos genes em si, mas devido às suas consequências — seus efeitos fenotípicos.

Os darwinistas costumam discutir os genes cujos efeitos fenotípicos beneficiam, ou penalizam, a sobrevivência e a reprodução dos corpos. Tendem em geral a não considerar os benefícios para o próprio gene. É em parte por essa razão que o paradoxo no coração da teoria não se faz normalmente sentir. Por exemplo, um gene pode ser bem-sucedido ao melhorar a velocidade de corrida de um predador. Todo o corpo do predador, o que inclui todos os seus genes, é mais bem-sucedido porque corre mais depressa. Sua velocidade o ajuda a sobreviver para ter filhos, e, como consequência, são transmitidas mais cópias de todos os seus genes, incluindo o gene para correr mais depressa. Aqui, convenientemente, o paradoxo desaparece, porque o que é bom para um gene é bom para todos.

Mas, e se um gene exercesse um efeito fenotípico bom para si próprio, mas ruim para o restante dos genes no corpo? Não se trata de um voo da fantasia. Há casos conhecidos, como, por exemplo, o fenômeno intrigante da distorção de segregação. O leitor deve se recordar de que a meiose é o tipo especial de divisão celular que divide ao meio o número de cromossomos e dá origem às células espermáticas ou aos óvulos. A meiose normal é uma loteria completamente imparcial. De cada par de alelos, apenas um pode ser o felizardo que entra num dado espermatozoide ou óvulo. Porém, a probabilidade é a mesma para os dois alelos do par e, se tirarmos a média de uma quantidade apreciável de espermatozoides (ou de óvulos), poderemos verificar que metade deles contém um alelo e a outra metade, o outro. A meiose é imparcial como um jogo de cara ou coroa. Contudo, embora pensemos proverbialmente que o resultado de um jogo de cara ou coroa é aleatório, ele envolve processos físicos influenciados por uma multiplicidade de circunstâncias — o vento, a força exata com que a moeda é lançada para cima etc. A meiose, assim também, é um processo físico, e pode ser influenciada pelos genes. E se surgisse um gene mutante que por acaso tivesse um efeito, não sobre alguma coisa óbvia como a cor dos olhos ou a ondulação do cabelo, e sim sobre a própria meiose? Suponhamos que ela desequilibrasse a meiose de tal maneira que o gene mutante passasse a ter mais probabilidade do que o seu alelo de acabar entrando no óvulo. Existem genes desse tipo, conhecidos como "genes de distorção da segregação". A sua simplicidade é diabólica. Quando surge um gene de distorção da segregação, por mutação, ele se dissemina inexoravelmente pela população, às expensas do seu alelo. Temos aqui o fenômeno conhecido como distorção da segregação, e ele ocorrerá ainda que seus efeitos no bem-estar do corpo e no bem-estar de todos os outros genes do corpo sejam desastrosos.

Ao longo de todo este livro estivemos alerta para a possibilidade de os organismos individuais "trapacearem" seus companheiros sociais de maneiras sutis. Aqui, estamos falando de genes individuais que trapaceiam todos os outros genes com os quais partilham um corpo. O geneticista James Crow os descreveu como "genes que derrotam o sistema". Um dos genes de distorção da segregação mais conhecidos é o chamado gene *t* nos camundongos. Quando um camundongo tem dois genes *t*, ou ele morre jovem ou é estéril. Diz-se, portanto, que o gene *t* é "letal" na sua forma homozigótica. Se um camundongo macho tiver apenas um gene *t*, será um camundongo normal, saudável, exceto num aspecto notável. Se examinarmos os espermatozoides desse macho, verificaremos que até 95% deles apresentam o gene *t* e apenas cerca de 5% apresentam o alelo normal. Isso é, obviamente, uma distorção gritante da proporção de 50% que seria esperada. Sempre que, numa população selvagem, surge um alelo *t* por mutação, ele se espalha de imediato como fogo em palha seca. Como poderia ser de outro modo, se ele conta com uma vantagem tão grande na loteria meiótica? Ele se espalha com tamanha velocidade que, muito rapidamente, um grande número de indivíduos da população já terá herdado o gene *t* em dose dupla (isto é, do pai e da mãe). Tais indivíduos morrem ou são estéreis, e não demora muito até que toda a população seja levada à extinção. Há indícios de que, no passado, populações inteiras de camundongos foram extintas devido a epidemias de genes *t*.

Nem sempre os genes de distorção da segregação apresentam efeitos colaterais tão destrutivos quanto o gene *t*. No entanto, a maioria deles tem ao menos algumas consequências adversas. (Quase todos os efeitos genéticos secundários são ruins e, em geral, uma mutação nova se disseminará somente se seus efeitos maléficos forem suplantados pelos seus efeitos benéficos. Se tanto os efeitos bons como os ruins se aplicam ao corpo como um todo, o efeito médio pode continuar a ser bom para o corpo. Mas se os efeitos ruins ocorrem no corpo e os bons apenas no nível do gene, então, do ponto de vista do corpo, o efeito médio é totalmente maléfico.) Apesar dos efeitos secundários deletérios, se um gene de distorção da segregação surgir por mutação, ele tenderá certamente a se espalhar pela população. A seleção natural (que, afinal de contas, atua no nível do gene) favorece esse gene mutante, muito embora seus efeitos no nível do organismo individual sejam provavelmente ruins.

Ainda que os genes de distorção da segregação existam, não são muito comuns. Poderíamos nos perguntar por que eles não são comuns, o que seria outro modo de indagar por que o processo de meiose costuma ser imparcial, tão escrupulosamente justo como um jogo de cara ou coroa. Descobriremos que a resposta salta à vista uma vez que tenhamos entendido por que, afinal, os organismos existem.

O organismo individual é algo cuja existência a maior parte dos biólogos dá como certa, talvez porque suas partes trabalhem em harmonia, unida e integradamente. As questões sobre a vida são convencionalmente a respeito dos organismos. Os biólogos se perguntam por que os organismos fazem isso e por que fazem aquilo. Não raro se perguntam por que os organismos se agrupam em sociedades. Mas não se perguntam — não obstante devessem fazê-lo — por que a matéria viva se agrupa em organismos, para começar. Por que o mar já não é mais o campo de batalha primitivo dos replicadores livres e independentes? Por que os replicadores ancestrais se reuniram para produzir robôs desajeitados e residir neles, e por que esses robôs — os corpos individuais, o leitor e eu — são tão grandes e tão complicados?

É difícil para muitos biólogos até mesmo reconhecer que há aqui uma questão. Isso acontece porque, para eles, formular as questões no nível do organismo individual é uma espécie de "segunda natureza". Alguns biólogos vão tão longe a ponto de considerar o DNA um dispositivo utilizado pelos organismos para se reproduzirem, tal como o olho é um dispositivo utilizado pelos organismos para ver! Os leitores deste livro reconhecerão que se trata de uma atitude profundamente equivocada. É uma completa inversão. Reconhecerão também que a atitude alternativa, a visão da vida da perspectiva do gene egoísta, tem, ela própria, um sério problema. Esse problema — que é quase o inverso — se deve, afinal, à existência dos organismos individuais, sobretudo numa forma tão grande e tão cheia de propósitos coerentes a ponto de confundir os biólogos, levando-os a virar a verdade pelo avesso. Para resolver o problema, temos de começar liberando nossas mentes das velhas atitudes que, dissimuladamente, tomam o organismo individual como certo. Caso contrário, estaremos evitando a questão. O instrumento com o qual purgaremos nossas mentes é a ideia a que chamo de "fenótipo estendido". É dessa ideia, e do que ela significa, que vou tratar agora.

Os efeitos fenotípicos de um gene são vistos normalmente como todos os efeitos que ele provoca no corpo em que se encontra. Essa é a definição convencional. Mas veremos agora que deveríamos entender como efeitos fenotípicos de um gene *todos os efeitos que o gene provoca no mundo*. Pode ser que os efeitos de um gene acabem por mostrar-se, de fato, confinados à sucessão de corpos em que se encontra. Entretanto, se for assim, se tratará apenas de um fato, e não de algo que devesse fazer parte da nossa definição. A esse respeito, relembremos que os efeitos fenotípicos de um gene são as ferramentas através das quais ele catapulta a si mesmo até a geração seguinte. Só vou acrescentar que tais ferramentas podem ter um alcance que ultrapassa os muros do corpo individual. O que poderá significar, na prática, falar do gene como causador de um efeito fenotípico estendido para além dos muros do corpo em que se encontra? Os exemplos que me ocorrem são artefatos como os diques dos castores, os ninhos dos pássaros e as casinhas dos tricópteros.

Os tricópteros são pequenos insetos de cor parda, pouco marcantes, que passam despercebidos para muitos de nós no seu voo desajeitado sobre os rios — isso quando são adultos. No entanto, antes que se tornem adultos eles têm uma encarnação bastante longa na forma de larvas rastejando no leito dos rios. E as larvas dos tricópteros são criaturas a respeito das quais se pode dizer tudo, menos que são pouco marcantes. Elas estão entre as criaturas mais extraordinárias do nosso planeta. Utilizando um cimento de fabricação própria, elas constroem casas tubulares, com notável habilidade, a partir do material que coletam no leito dos rios. A casa é uma moradia móvel, carregada à medida que a larva rasteja, assim como ocorre com a concha de um caracol ou de um caranguejo-ermitão, exceto pelo fato de que o animal a constrói, no lugar de desenvolvê-la ou encontrá-la. Algumas espécies de tricópteros usam gravetos como material de construção, outras usam fragmentos de folhas mortas e outras ainda, pequenas conchas de caracóis. Mas as casas mais impressionantes talvez sejam aquelas construídas com pedras. O tricóptero escolhe cuidadosamente as pedras, rejeitando as que são muito grandes ou muito pequenas para o buraco que pretende preencher na parede, chegando mesmo a rodar cada uma delas até encontrar a posição em que melhor se encaixam.

A propósito, por que isso nos impressiona tanto? Se nos forçássemos a pensar de maneira isenta, ficaríamos decerto mais impressionados com a arquitetura do olho dos tricópteros ou com a articulação do seu cotovelo do que com a arquitetura, modesta, em comparação, da sua casa de pedra. Afinal, o olho e a articulação do cotovelo têm uma "concepção" muito mais complicada do que a casa. No entanto, talvez porque o olho e a articulação do cotovelo se desenvolvem da mesma forma que os nossos, um processo de construção em relação ao qual nós, dentro da barriga das nossas mães, não reivindicamos nenhum crédito, ficamos muito mais impressionados com a casa, ainda que isso seja completamente ilógico.

Tendo me permitido essa pequena digressão, não posso resistir a ir um pouco mais além. Por mais que a casa dos tricópteros nos impressione, ficaríamos ainda mais impressionados, paradoxalmente, por proezas equivalentes de animais mais próximos de nós. Imagine as manchetes dos jornais se um biólogo marinho tivesse descoberto uma espécie de golfinho que tecesse intrincadas redes de pesca com um diâmetro vinte vezes maior do que o seu próprio tamanho! Não damos grande importância, contudo, à teia da aranha, encarando-a mais como um transtorno no interior das nossas casas do que como uma das maravilhas do mundo. E pense no furor que seria se Jane Goodall* regressasse do rio Gombe com fotografias de chimpanzés construindo as próprias casas, feitas de pedras escolhidas a dedo, cuidadosamente ligadas e cobertas de argamassa, e com telhados e isolamentos bem-feitos! Entretanto, as larvas dos tricópteros, que fazem exatamente isso, despertam apenas um interesse passageiro. Às vezes se diz, como se isso justificasse a dualidade de critérios, que as aranhas e os tricópteros realizam tais façanhas da arquitetura por "instinto". Mas, e daí? De certo modo, isso as torna ainda mais impressionantes.

Voltemos ao argumento principal. Ninguém duvida de que a casa dos tricópteros é uma adaptação que evoluiu por meio da seleção darwiniana. Ela deve ter sido favorecida pela seleção, do mesmo modo como foi favorecida, por exemplo, a carapaça dura das lagostas. Trata-se de uma cobertura protetora para o corpo e, como tal, beneficia todo o organismo e todos os seus genes. Mas aprendemos a ver os benefícios para o organismo como algo se-

---

* Primatologista britânica que estudou a vida social e familiar dos chimpanzés no Parque Nacional de Gombe, na Tanzânia, durante mais de trinta anos. (N. T.)

cundário, no que diz respeito à seleção natural. Os que realmente contam são os benefícios para os genes que conferem ao revestimento suas propriedades protetoras. No caso da lagosta, tem-se a história de costume. A carapaça da lagosta é obviamente parte do seu corpo. E quanto à casa das larvas dos tricópteros?

A seleção natural favoreceu os genes ancestrais dos tricópteros que faziam com que seus portadores construíssem casas eficientes. Os genes atuavam sobre o comportamento, presume-se que influenciando o desenvolvimento embrionário do sistema nervoso. Mas o que um geneticista veria, na realidade, é o efeito dos genes na forma e nas demais propriedades das casas. O geneticista deveria reconhecer os genes "para" a forma da casa, no mesmo sentido em que existem genes para, digamos, a forma da perna. Nunca ninguém estudou, reconhecidamente, a genética das casas dos tricópteros. Para fazê-lo, teríamos de manter registros cuidadosos da linhagem dos tricópteros criados em cativeiro, porém seu acasalamento é difícil. Contudo, não é necessário estudar genética para ter a certeza de que existem, ou pelo menos existiram, genes que influenciam as diferenças entre as casas dos tricópteros. Só é preciso uma boa razão para acreditar que as casas dos tricópteros são uma adaptação darwiniana. No caso desses animais, devem ter existido genes que controlavam a variação nas casas, pois a seleção não pode produzir adaptações a não ser que existam diferenças hereditárias entre as quais se possa selecionar.

Embora os geneticistas possam achar que se trata de uma ideia estranha, faz sentido para nós, portanto, falar de genes "para" a forma das pedras, o tamanho das pedras, a dureza das pedras etc. Qualquer geneticista que faça objeções a essa terminologia deve igualmente, para ser consistente, fazer objeções a que se fale em genes para a cor dos olhos, genes para a rugosidade das ervilhas, e assim por diante. Uma razão pela qual a ideia pode parecer estranha, no caso das pedras, é o fato de que estas não são matéria viva. Mais do que isso, a influência dos genes sobre as propriedades das pedras parece ser especialmente indireta. Um geneticista talvez quisesse alegar que a influência direta dos genes se dá sobre o sistema nervoso que medeia o comportamento de escolha das pedras, e não sobre as pedras propriamente ditas. Mas eu convido esse geneticista a considerar com cuidado o que realmente significa falar de genes que exercem influência sobre um sistema nervoso. Tudo o que os genes podem na verdade influenciar diretamente é a síntese de proteínas. A influência de um gene sobre um sistema nervoso, ou sobre a cor do olho, ou sobre a rugosidade de uma ervilha, é *sempre* indireta. O gene determina uma sequência proteica que influencia X, que influencia Y, que influencia Z, que por fim influencia a rugosidade da semente ou a rede de ligações entre as células do sistema nervoso. A casa dos tricópteros nada mais é que uma extensão adicional desse tipo de sequência. A dureza da pedra é um efeito fenotípico *estendido* dos genes dos tricópteros. Se for legítimo falar de um gene que afeta a rugosidade de uma ervilha, ou o sistema nervoso de um animal (e todos os geneticistas consideram isso legítimo), então deve ser igualmente legítimo falar de um gene que afeta a dureza das pedras de uma casa de tricóptero. É um pensamento surpreendente, não é? E, no entanto, o raciocínio é inescapável.

Estamos prontos para o próximo passo do argumento: os genes de um organismo podem ter efeitos fenotípicos estendidos no corpo de outro organismo. As casas dos tricópteros nos ajudaram a dar o passo anterior; as conchas dos caracóis nos ajudarão a dar este. A concha desempenha o mesmo papel para um caracol que a casa de pedra para uma larva de tricóptero. Ela é expelida pelas próprias células do caracol, de modo que um geneticista convencional ficaria satisfeito em falar de genes "para" as qualidades da concha, tal como sua espessura. Acontece, porém, que os caracóis parasitados por certos tipos de trematódeos (platelmintos) têm uma concha extraespessa. O que pode significar esse espessamento? Se os caracóis parasitados tivessem conchas extrafinas, ficaríamos satisfeitos em explicar o fato como um efeito debilitante óbvio na constituição do caracol. Mas uma concha *mais espessa*? Presumivelmente, uma concha mais espessa protege melhor o caracol. É como se os parasitas estivessem, afinal de contas, ajudando o seu hospedeiro ao fortalecer a sua concha. Será que eles estão mesmo?

Temos de pensar mais cuidadosamente. Se as conchas mais espessas são de fato melhores para o caracol, por que, nesse caso, eles não as constroem? A resposta está provavelmente na economia. Desenvolver uma concha é um processo dispendioso para um caracol. Requer energia. Requer cálcio e outras substâncias químicas que têm de ser extraídos de alimentos, os quais, por sua vez, não são fáceis de obter. Todos esses recursos, se não fossem gastos na produção da substância de que se faz a concha, poderiam ser gastos em outra coisa — por exemplo, a produção de mais descendentes. Um caracol que despenda uma parcela muito grande dos seus recursos na construção de uma concha extraespessa obtém maior segurança para o próprio corpo. Mas a que custo? Ele poderá viver mais tempo, contudo será menos bem-sucedido na reprodução e é bem possível que não consiga transmitir seus genes. Entre os genes que não serão transmitidos estarão os genes para produzir conchas extraespessas. Em outras palavras, uma concha pode ser espessa demais, assim como (mais obviamente) fina demais. Desse modo, quando um trematódeo faz com que o caracol secrete uma concha extraespessa, não está fazendo favor algum ao caracol, a menos que esteja arcando, ele mesmo, com o custo econômico desse espessamento. E podemos seguramente apostar que o trematódeo não é assim tão generoso. Ele exerce uma influência química disfarçada sobre o caracol, que o obriga a afastar-se da sua espessura de concha "preferida". Assim, o parasita pode até prolongar a vida do caracol, mas não ajuda os genes deste.

    O que o parasita tem a ganhar? Por que ele faz isso? A minha conjectura é a seguinte. Mantidos os demais fatores, tanto os genes do caracol como os genes do trematódeo teriam a ganhar com a sobrevivência do caracol. Entretanto, sobreviver não é o mesmo que reproduzir e é provável que exista um conflito de interesses aí. Enquanto os genes do caracol têm algo a ganhar com a sua reprodução, os genes do trematódeo não. Isso acontece porque um trematódeo não tem nenhuma expectativa de que seus genes serão hospedados pelos descendentes do seu hospedeiro atual. Pode ser que sejam, mas isso também poderia ocorrer com os genes de qualquer um dos trematódeos rivais. Dado que a longevidade do caracol tem de ser adquirida à custa de alguma perda no seu sucesso reprodutivo, os genes do trematódeo ficam "felizes" por fazer com que o caracol pague esse custo, uma vez que não têm nenhum interesse em que ele se reproduza. Os genes do caracol não ficam felizes por pagar tal custo, dado que o seu futuro no longo prazo depende da reprodução do caracol. Assim, a minha sugestão é que os genes dos trematódeos exercem uma influência nas células de secreção do caracol, uma influência que os beneficia, mas que tem um custo alto para os genes do caracol. É possível testar essa teoria, embora isso ainda não tenha sido feito até o momento.

    Estamos agora em posição de generalizar o que aprendemos com os tricópteros. Se eu estiver certo em relação ao que os genes dos trematódeos estão fazendo, segue-se que podemos falar legitimamente da influência dos genes dos trematódeos sobre o corpo dos caracóis. É como se os genes tivessem um alcance para além do "próprio" corpo e manipulassem o mundo lá fora. Como no caso dos tricópteros, essa terminologia pode deixar os geneticistas preocupados. Eles estão habituados a que os efeitos de um gene se limitem ao corpo em que o gene se encontra. Mas, novamente, como no caso dos tricópteros, um olhar mais atento sobre o que os geneticistas querem dizer com os "efeitos" produzidos por um gene mostra que essa preocupação está mal direcionada. Só precisamos reconhecer que a mudança na concha do caracol é uma adaptação dos trematódeos. Se assim for, ela tem de ter surgido por meio da seleção darwiniana dos genes dos trematódeos. Demonstramos que os efeitos fenotípicos de um gene podem se estender não apenas aos objetos inanimados, como as pedras, mas também aos "outros" corpos vivos.

A história dos caracóis e dos trematódeos é só o começo. Há muito que se sabe que os parasitas de todos os tipos exercem influências espantosamente insidiosas sobre seus hospedeiros. Uma espécie microscópica de protozoário parasita chamada *Nosema*, que infesta as larvas do besouro da farinha, "descobriu" como fabricar uma substância química que é muito especial para esses besouros. Tal como outros insetos, os besouros da farinha produzem um hormônio chamado "hormônio juvenil", que os mantém no estado larval. A mudança normal do estado larval para o estado adulto é desencadeada pela cessação da produção desse hormônio pelo organismo da larva. O parasita *Nosema* conseguiu fazer a síntese (de um análogo químico próximo) desse hormônio. Milhões de *Nosema* se associam para a produção em massa do hormônio juvenil no corpo da larva do besouro, evitando assim que ela se transforme num adulto. Em vez de passar ao estado adulto, ela continua a crescer, transformando-se numa larva gigante, com um peso mais de duas vezes maior que o de um adulto normal. Isso não é nada bom para a propagação dos genes do besouro, mas é uma fonte de riqueza inesgotável para os parasitas *Nosema*. O gigantismo nas larvas do besouro da farinha é um efeito fenotípico estendido dos genes dos protozoários.

Eis outra história capaz de despertar ainda mais ansiedade freudiana do que os besouros Peter Pan — a castração parasítica! Os caranguejos são parasitados por uma criatura chamada *Sacculina*. A *Sacculina* é parente das cracas, muito embora, ao olhar para ela, pudéssemos mais provavelmente pensar que se trata de uma planta parasita. Ela introduz um elaborado sistema de raízes nas profundezas dos tecidos do desafortunado caranguejo e suga o alimento do seu corpo. É provável que não seja acidental o fato de os testículos e os ovários do caranguejo estarem entre os primeiros órgãos atacados. Ela poupa os órgãos dos quais o caranguejo necessita para sobreviver — em oposição àqueles de que necessita para se reproduzir — até mais tarde. O caranguejo é efetivamente castrado pelo parasita. Tal como um boi castrado, o caranguejo desvia energia e recursos da reprodução para o próprio corpo — uma rica colheita para o parasita, à custa da reprodução do caranguejo. A história é muito parecida com as minhas conjecturas sobre o *Nosema* no besouro da farinha e sobre o trematódeo no caracol. Em todos esses casos, as mudanças no hospedeiro, se aceitarmos que elas correspondem a adaptações darwinianas em benefício do parasita, devem ser vistas como efeitos fenotípicos estendidos dos genes dos parasitas. Os genes, portanto, têm um alcance para além do "próprio" corpo e influenciam os fenótipos de outros corpos.

Os interesses dos genes do parasita e dos genes do hospedeiro podem coincidir em larga medida. Do ponto de vista do gene egoísta, podemos pensar nos genes do trematódeo e nos genes do caracol como "parasitas" no corpo do caracol. *Ambos* se beneficiam da proteção fornecida pela concha, embora discordem uns dos outros na espessura exata da concha que "preferem". Tal divergência surge, fundamentalmente, porque o método pelo qual eles saem do corpo desse caracol e entram num outro é diferente. Para os genes do caracol, a via de saída é através dos espermatozoides ou dos óvulos deste último. Para os genes do trematódeo, é muito diferente. Sem entrar em detalhes (cuja complicação nos confundiria), o que importa é que seus genes não deixam o corpo do caracol nos espermatozoides ou nos óvulos.

Sugiro que esta seja a pergunta mais importante a se fazer a propósito de qualquer parasita: seus genes são transmitidos às gerações futuras por meio dos mesmos veículos que os genes dos hospedeiros? Se não forem, será de esperar que eles causem danos ao hospedeiro, de uma maneira ou de outra. Mas se forem, o parasita fará tudo o que estiver ao seu alcance para ajudar o hospedeiro, não apenas a sobreviver como também a se reproduzir. Ao longo do tempo evolutivo, ele deixará de ser um parasita, cooperará com o hospedeiro e poderá mesmo fundir-se com os tecidos do hospedeiro e tornar-se irreconhecível como parasita. Talvez, como sugeri nas páginas 314-5, nossas células tenham percorrido todo esse longo espectro evolutivo: somos todos relíquias de parasitas ancestrais que se fundiram.

Vejamos o que pode acontecer quando os genes do parasita e os do hospedeiro partilham uma saída comum. Os besouros-ambrósia (da espécie *Xyleborus ferrugineus*) são parasitados por bactérias que não apenas vivem no corpo do seu hospedeiro como também usam os ovos deste último como meio de transporte para um novo hospedeiro. Os genes desses parasitas têm, portanto, algo a ganhar com as mesmas circunstâncias futuras, quase exatamente, que os genes do seu hospedeiro. Pode-se esperar que os dois conjuntos de genes "trabalhem em harmonia", pelas mesmas razões que fazem com que todos os genes de um organismo individual trabalhem, normalmente, em harmonia. É irrelevante que alguns sejam "genes de besouro", enquanto outros são "genes de bactérias". Os dois conjuntos de genes estão "interessados" na sobrevivência do besouro e na propagação dos seus ovos, porque ambos "veem" os ovos do besouro como seu passaporte para o futuro. Assim, os genes das bactérias partilham um destino comum com os genes do seu hospedeiro e, na minha interpretação, é de esperar que as bactérias cooperem com os seus besouros em todos os aspectos da vida.

Acontece que "cooperar" é um termo muito brando. O serviço que eles prestam aos besouros dificilmente poderia ser mais íntimo. Esses besouros são haplodiploides, tal como as abelhas e as formigas (ver capítulo 10). Se um óvulo é fertilizado por um macho, desenvolve-se sempre como uma fêmea. Um óvulo não fertilizado desenvolve-se sempre como um macho. Os machos, em outras palavras, não têm pai. Os óvulos que os originam se desenvolvem espontaneamente, sem que sejam penetrados por um espermatozoide. Mas, ao contrário dos óvulos das abelhas e das formigas, os óvulos dos besouros-ambrósia necessitam ser penetrados por *alguma coisa*. É aqui que entram as bactérias. Elas pungem os óvulos não fertilizados, ativando-os, provocando o seu desenvolvimento em besouros machos. Tais bactérias são exatamente o tipo de parasitas que, como argumentei, devem deixar de ser parasitas e tornar-se mutualistas, precisamente porque são transmitidas nos ovos do hospedeiro, junto com os genes do "próprio" hospedeiro. É provável que, por fim, seus "próprios" corpos venham a desaparecer, fundindo-se por completo no corpo do "hospedeiro".

Podemos encontrar ainda hoje um espectro revelador entre as espécies de hidra — pequenos animais com tentáculos, de água doce, sedentários e parecidos com as anêmonas-do-mar. Seus tecidos tendem a ser parasitados pelas algas. Nas espécies *Hydra vulgaris* e *Hydra attenuata*, as algas são verdadeiros parasitas das hidras, provocando-lhes doenças. Na *Chlorohydra viri-*

dissima, por outro lado, as algas nunca deixam de estar presentes nos tecidos da hidra e dão uma útil contribuição para o seu bem-estar, fornecendo-lhes oxigênio. Agora vem o detalhe interessante. Tal como seria de esperar, na *Chlorohydra*, as algas se transmitem à próxima geração por meio dos ovos da hidra. Nas outras duas espécies elas não o fazem. Os interesses dos genes da alga e dos genes da *Chlorohydra* coincidem. Uns e outros estão interessados em fazer tudo ao seu alcance para aumentar a produção de ovos da *Chlorohydra*. Mas os genes das duas outras espécies de hidra não estão "de acordo" com os genes das suas algas. Pelo menos, não na mesma medida. Os dois conjuntos de genes podem ter um interesse na sobrevivência dos corpos das hidras, porém só os genes das hidras se importam com a sua reprodução. Assim, as algas agarram-se à hidra como parasitas debilitantes, em vez de evoluírem em direção à cooperação benigna. O ponto-chave, para dizê-lo uma vez mais, é que um parasita cujos genes aspiram ao mesmo destino que os genes do seu hospedeiro compartilha todos os interesses deste último e acabará, finalmente, por deixar de agir como um parasita.

Destino, neste caso, significa gerações futuras. Os genes da *Chlorohydra* e os da alga, os genes do besouro-ambrósia e os da bactéria, só podem chegar ao futuro por meio dos ovos do hospedeiro. Consequentemente, por mais "cálculos" que os genes do parasita façam a respeito da melhor política num departamento qualquer da sua vida, eles convergirão exatamente, ou quase exatamente, para a mesma política ótima resultante dos "cálculos" feitos pelos genes do hospedeiro. No caso do caracol e do trematódeo que o parasita, decidimos que suas preferências quanto à espessura da concha divergiriam. No caso do besouro-ambrósia e da sua bactéria, o hospedeiro e o parasita concordarão em preferir o mesmo comprimento de asa e todas as outras características do corpo do besouro. Podemos fazer essa previsão não obstante desconheçamos os detalhes sobre o modo exato como os besouros fariam uso de suas asas, ou do que quer que fosse. Podemos prevê-lo tão somente a partir de nosso raciocínio de que tanto os genes do besouro como os genes da bactéria tomarão todas as medidas que estejam em seu poder para engendrar os mesmos eventos futuros — eventos que sejam favoráveis à propagação dos ovos do besouro.

Podemos levar esse argumento à sua conclusão lógica e aplicá-la aos genes "normais", os genes do "próprio" indivíduo. Nossos genes cooperam uns com os outros não porque *são* nossos, mas porque partilham a mesma via de saída — o espermatozoide ou o óvulo — para o futuro. Se quaisquer genes de um organismo, como um ser humano, conseguissem descobrir um jeito de se disseminar que não dependesse da rota convencional do espermatozoide ou do óvulo, eles o adotariam e seriam menos cooperativos. Isso aconteceria porque teriam algo a ganhar com outros resultados futuros, diferentes daqueles que são de interesse dos demais genes no organismo. Já examinamos exemplos de genes que distorcem a meiose em favor próprio. Talvez também existam genes que tenham rompido com os "canais apropriados" dos espermatozoides e dos óvulos e que tenham inaugurado novas estradas secundárias.

Existem fragmentos de DNA que não são incorporados nos cromossomos, mas flutuam livremente e se multiplicam no meio líquido das células, em especial nas células bacterianas. Eles têm várias designações, como viroides ou plasmídeos. Um plasmídeo é ainda menor do que um vírus e em geral consiste em alguns poucos genes. Alguns plasmídeos são capazes de se inserir num cromossomo de tal maneira que a "costura" não é perceptível. O local de inserção é tão liso que não é possível detectá-lo: o plasmídeo é indistinguível de qualquer outra parte do cromossomo. O mesmo plasmídeo pode também voltar a destacar-se do cromossomo. Essa capacidade do DNA de juntar-se e de separar-se, de saltar para dentro e para fora dos cromossomos num piscar de olhos, é um dos fatos mais espetaculares que vieram a público desde a publicação da primeira edição deste livro. Na verdade, as descobertas recentes sobre os plasmídeos podem ser vistas como um belo suporte para as conjecturas feitas no início da página 316 (que, àquela altura, pareciam arrojadas demais). De alguns pontos de vista, não importa realmente se tais fragmentos se desenvolveram, de início, como parasitas invasores ou como rebeldes fugitivos. O seu comportamento provável será o mesmo. Falarei sobre o fragmento fugitivo de modo a enfatizar o meu ponto de vista.

Considere um trecho rebelde do DNA humano que seja capaz de separar-se do seu cromossomo, flutuando livremente na célula, talvez se multiplicando em várias cópias, e então voltando a inserir-se num outro cromossomo. Que rotas não ortodoxas em direção ao futuro poderia esse replicador rebelde explorar? Perdemos células da pele o tempo todo; boa parte da poeira que se acumula nas nossas casas consiste em células das quais nos descartamos. Provavelmente inalamos as células uns dos outros o tempo todo. Se rasparmos o interior da nossa boca com a unha, ela virá carregada com centenas de células vivas. Os beijos e as carícias dos amantes devem transferir multidões de células de um para o outro. Um trecho de DNA rebelde poderia pegar carona em qualquer uma dessas células. Se os genes conseguissem descobrir uma via que lhes desse passagem para outro corpo (paralela ou alternativa ao caminho ortodoxo do espermatozoide ou do óvulo), seria de esperar que a seleção natural favorecesse o seu oportunismo e o aperfeiçoasse. Quanto aos métodos precisos que eles utilizam, não há nenhuma razão para supor que sejam diferentes das maquinações — todas elas previsíveis para um teórico do gene egoísta ou do fenótipo estendido — dos vírus.

Quando pegamos um resfriado ou uma tosse, normalmente pensamos nos sintomas como desagradáveis produtos secundários da atividade do vírus. Mas em alguns casos, parece mais provável que eles sejam deliberadamente planejados pelo vírus como forma de ajudá-lo a viajar de um hospedeiro a outro. Não contente com o fato de ser simplesmente exalado na atmosfera, o vírus nos provoca espirros ou tosses explosivas. O vírus da raiva é transmitido pela saliva, quando um animal morde outro. Nos cães, um dos sintomas da doença é que os animais normalmente pacíficos e amigáveis se tornam ferozes mordedores, espumando pela boca. Além disso, em vez de permanecerem nas vizinhanças da casa onde moram como os cães normais, passam a vagar incansavelmente, espalhando ainda mais o vírus. Sugeriu-se inclusive que o bem conhecido sintoma hidrofóbico encoraja o cão a sacudir a espuma úmida da boca — e, com ela, o vírus. Não tenho conhecimento de nenhuma comprovação direta de que as doenças sexualmente transmissíveis estimulem a libido dos seus portadores, no entanto presumo que valeria a pena lançar um olhar mais atento ao assunto. Costuma-se dizer, pelo menos, que a cantaridina, um suposto afrodisíaco, funciona produzindo uma comichão... E fazer com que as pessoas se cocem é justamente o tipo de coisa em que os vírus são especialistas.

O importante na comparação do DNA humano rebelde com os vírus parasíticos é que realmente não existem diferenças significativas entre eles. Na verdade, os vírus podem bem ter se originado como reuniões de genes desprendidos. Se quisermos estabelecer alguma distinção, ela terá de ser feita entre os genes que passam de um corpo para outro pelo caminho ortodoxo dos espermatozoides ou dos óvulos e os genes que passam de um corpo para outro por meio de "vias laterais" não ortodoxas. Ambas as classes podem incluir genes que tenham se originado como genes cromossômicos "próprios". E ambas podem incluir genes que tenham se originado como parasitas externos, invasores. Ou talvez, como especulei na página 315, todos os genes cromossômicos "próprios" devam ser vistos como mutuamente parasíticos uns em relação aos outros. A grande diferença entre as minhas duas classes de genes reside nas circunstâncias a partir das quais eles terão benefícios no futuro. Um gene do vírus da gripe e um gene desprendido do cromossomo humano estão de acordo em "querer" que o seu hospedeiro espirre. Um gene cromossômico ortodoxo e um vírus de transmissão venérea estão de acordo em querer que o seu hospedeiro copule. É um pensamento intrigante que ambos queiram que o seu hospedeiro seja sexualmente atraente. Mais ainda, um gene cromossômico ortodoxo e um vírus que seja transmitido no interior do óvulo do hospedeiro concordarão em querer que o hospedeiro tenha sucesso não apenas na corte, como em todos os aspectos detalhados da sua vida, desde ser um pai ou uma mãe leais e dedicados e até chegar a ser avô ou avó.

A larva do tricóptero vive no interior da sua casa e os parasitas que discuti até agora vivem dentro dos seus hospedeiros. Os genes, então, estão fisicamente próximos dos seus efeitos fenotípicos estendidos, tão próximos quanto os genes estão normalmente dos seus fenótipos convencionais. Os genes, no entanto, podem atuar à distância, e os fenótipos estendidos podem ter um alcance muito longo. Um dos mais longos que me ocorre chega a atingir o tamanho de um lago. Tal como a teia da aranha ou a casa do tricóptero, o dique do castor encontra-se entre as mais fantásticas maravilhas do mundo. Não é inteiramente claro para nós qual o seu propósito em termos darwinianos, mas ele certamente tem um, em face do tempo e da energia que os castores consomem na sua construção. O lago originado pelo dique provavelmente serve para proteger a sua toca dos predadores. Ele também constitui uma estrada aquática conveniente para viajar e para transportar os troncos. Os castores usam a flutuação pelas mesmas razões que as companhias madeireiras do Canadá utilizam os rios e os comerciantes de carvão do século XVIII usavam os canais. Quaisquer que sejam seus benefícios, a represa feita por um castor é um traço característico e saliente da paisagem. Trata-se de um fenótipo, da mesma forma que o dente e a cauda do castor, e evoluiu sob a influência da seleção darwiniana. Esta necessita de variação genética ao seu dispor para poder atuar. Neste caso, a escolha deve ter recaído entre os lagos bem construídos e os lagos não tão bem construídos. A seleção favoreceu os genes dos castores que faziam bons lagos para o transporte das árvores, assim como favoreceu os genes que faziam bons dentes para derrubá-las. Os lagos dos castores são efeitos fenotípicos estendidos dos genes dos castores, e podem se estender por várias centenas de metros. Um longo alcance, não resta dúvida!

Também os parasitas não têm de viver necessariamente no interior dos seus hospedeiros. Seus genes podem exprimir-se nos hospedeiros à distância. Os filhotes do cuco não vivem dentro dos tordos ou dos rouxinóis-pequenos-das-caniças; não sugam seu sangue nem devoram seus tecidos, e, entretanto, não hesitamos em classificá-los como parasitas. As adaptações do cuco para manipular o comportamento dos seus pais adotivos podem ser encaradas como uma ação fenotípica estendida, exercida à distância pelos genes do cuco.

É fácil condoer-se dos pais adotivos enganados pelo cuco. Os coletores de ovos também já foram ludibriados pela semelhança sinistra dos ovos do cuco com, por exemplo, os ovos da petinha-dos-prados ou do rouxinol-pequeno-das-caniças (as raças diferentes de cucos fêmeas se especializam em diferentes espécies hospedeiras). O que é mais difícil de compreender é o comportamento dos pais adotivos, no final da temporada, em relação aos cucos jovens prestes a voar. O cuco normalmente é muito maior, e, em certos casos, grotescamente maior, do que o seu "pai". Enquanto escrevo, estou olhando para a fotografia de um ferreirinha adulto, tão pequeno em comparação com seu monstruoso filho adotivo que ele tem de se empoleirar nas costas deste para poder alimentá-lo. Aqui, a compaixão que sentimos pelo hospedeiro diminui. Ficamos assombrados com sua estupidez, sua credulidade. Certamente qualquer idiota deveria ser capaz de ver que há algo de errado com um filhote como aquele.

Penso que as crias do cuco têm de fazer algo mais do que apenas "enganar" seus hospedeiros, algo mais do que apenas fingir ser o que não são. Elas parecem atuar sobre o sistema nervoso do hospedeiro, quase da mesma forma que uma droga. Não é algo tão difícil de compreender, mesmo para as pessoas que nunca tiveram nenhuma experiência com drogas. Um homem pode ser excitado até a ereção por uma simples fotografia do corpo de uma mulher. Ele não é "enganado", pensando que aquele padrão impresso é realmente o corpo de uma mulher. Ele sabe que está apenas diante de tinta no papel, e, no entanto, seu sistema nervoso responde como responderia se fosse uma mulher real. Podemos achar os atrativos de uma pessoa do sexo oposto irresistíveis, ainda que o nosso julgamento nos alerte de que uma ligação duradoura com aquela pessoa não condiz com nossos interesses. Isso também pode se aplicar à atração irresistível por alimentos pouco saudáveis. Provavelmente, o ferreirinha não tem uma percepção consciente de quais são seus interesses de longo prazo, o que, portanto, torna ainda mais fácil compreender que o seu sistema nervoso possa achar certos tipos de estímulo irresistíveis.

A boca vermelha escancarada do filhote do cuco parece exercer uma atração tão forte que não é raro os ornitólogos observarem um pássaro introduzindo comida na boca de um cuco bebê que está no ninho de outro pássaro! Um pássaro pode estar voando para casa, levando alimento para seus filhos. De repente, no canto do seu olho, detecta a boca vermelha superescancarada de um filhote de cuco, no ninho de um pássaro de uma espécie completamente diferente. Ele é desviado para esse ninho estranho e despeja na boca do cuco a comida destinada aos seus filhos. A "teoria da irresistibilidade" é condizente com as observações dos antigos ornitólogos alemães, segundo os quais os pais adotivos se comportavam como "viciados" e se referiam aos filhotes de cuco como o seu "vício". É justo acrescentar que esse tipo de linguagem não tem muita aprovação entre os cientistas modernos. Mas não há dúvida de que, se assumirmos que a boca escancarada do filhote do cuco é um superestímulo poderoso como uma droga, fica muito mais fácil explicar o que se passa neste caso. É mais fácil nos solidarizarmos com o comportamento do pai diminuto empoleirado às costas do seu filhote monstruoso. Ele não está se comportando de maneira estúpida. "Enganado" não é a palavra correta. Seu sistema nervoso está sendo irresistivelmente controlado, como se ele fosse um viciado indefeso, ou como se o cuco fosse um cientista a conectar eletrodos no seu cérebro.

Contudo, mesmo nos sentindo mais solidários aos pais adotivos manipulados, podemos nos perguntar por que a seleção natural permitiu que os cucos lograssem seus intentos. Por que os hospedeiros não desenvolveram sistemas nervosos resistentes à droga da boca vermelha escancarada? Talvez a seleção ainda não tenha tido tempo para fazer seu trabalho. Pode ser que os cucos tenham começado a parasitar seus hospedeiros apenas em séculos recentes e que dentro de mais alguns séculos sejam obrigados a desistir deles e a adotar outras espécies como vítimas. Existem algumas evidências experimentais em favor dessa teoria. Mas não consigo deixar de sentir que deve haver algo mais em jogo.

Na "corrida armamentista" evolutiva entre os cucos e as espécies hospedeiras, há uma espécie de injustiça intrínseca que resulta da desigualdade dos custos do fracasso. Cada filhote de cuco descende de uma longa linhagem ancestral de filhotes de cuco, cada um dos quais foi bem-sucedido em manipular seus pais adotivos. Qualquer filhote de cuco que tenha perdido, ainda que momentaneamente, o controle sobre o seu hospedeiro, deve ter morrido em consequência disso. Mas cada pai adotivo descende de uma longa linhagem de ancestrais, muitos dos quais jamais encontraram um cuco nas suas vidas. E aqueles que o encontraram podem ter sucumbido a ele e ainda assim ter continuado vivos para criar outra ninhada na temporada seguinte. A questão central é que existe uma assimetria no preço a pagar pelo fracasso. Os genes para o fracasso em resistir à tirania imposta pelos cucos podem ser facilmente transmitidos às gerações seguintes de tordos e de ferreirinhas, enquanto os genes para o fracasso em escravizar os pais adotivos não podem ser transmitidos às gerações futuras de cucos. É o que quero dizer com "injustiça intrínseca" e com "assimetria no preço a pagar pelo fracasso". Esse é o argumento presente numa das fábulas de Esopo: "O coelho corre mais rápido do que a raposa porque corre pela sua vida, enquanto a raposa corre apenas pelo seu jantar". Eu e meu colega John Krebs apelidamos isso de "princípio vida versus jantar".

Devido a esse princípio, os animais podem se comportar de maneiras que não condizem com seus melhores interesses quando manipulados por outro animal. Na verdade, eles estão, num certo sentido, agindo em nome dos seus interesses: a questão do princípio da vida versus jantar é que, teoricamente, eles poderiam resistir à manipulação, mas a um custo que seria elevado demais. Talvez, para resistir à manipulação por um cuco, tivessem de contar com olhos maiores ou com um cérebro maior, o que acarretaria custos muito altos. Os rivais com tendência genética a resistir à manipulação seriam, na realidade, menos bem-sucedidos na transmissão dos seus genes, em virtude dos custos econômicos da resistência.

Mas nós retrocedemos uma vez mais para uma abordagem da vida a partir do ponto de vista dos organismos individuais, e não dos seus genes. Quando falamos sobre os trematódeos e os caracóis, habituamo-nos à ideia de que os genes de um parasita podiam ter efeitos fenotípicos no corpo do hospedeiro, exatamente da mesma maneira que os genes de um animal qualquer têm efeitos fenotípicos no "próprio" corpo. Mostramos que a ideia mesma de um corpo "próprio" era uma suposição tendenciosa. Num certo sentido, todos os genes num corpo são genes "parasíticos", quer gostemos de chamá-los de genes do "próprio" corpo, quer não. Os cucos entraram na nossa discussão como um exemplo de parasitas que não vivem no interior dos corpos de seus hospedeiros. Eles manipulam seus hospedeiros de um jeito muito semelhante ao dos parasitas internos, e a manipulação, como acabamos de ver, pode ser tão poderosa e irresistível como qualquer droga ou hormônio interno. Tal como no caso dos parasitas internos, devemos agora reformular toda a questão em termos de genes e de fenótipos estendidos.

Na corrida armamentista evolutiva entre os cucos e os hospedeiros, os avanços de cada lado adotaram a forma de mutações genéticas que surgiram e foram favorecidas pela seleção natural. Seja o que for que, na boca escancarada do cuco, atue como uma droga no sistema nervoso do hospedeiro, a sua origem deve ter sido uma mutação genética. Digamos que essa mutação atuou por meio do seu efeito na cor e na forma da boca aberta do filhote de cuco. Porém, este ainda não foi o seu efeito mais imediato. O seu efeito mais imediato se deu sobre os processos químicos invisíveis no interior das células. O efeito dos genes na cor e na forma da boca escancarada é, ele mesmo, indireto. E o mais importante é que o efeito dos mesmos genes sobre o comportamento aturdido do hospedeiro é apenas um pouquinho mais indireto. Exatamente no mesmo sentido em que podemos dizer que os genes do cuco têm efeitos (fenotípicos) na cor e na forma da sua boca escancarada, podemos também dizer que os genes do cuco têm efeitos (fenotípicos estendidos) no comportamento do hospedeiro. Os genes dos parasitas podem ter efeitos nos corpos dos hospedeiros não apenas quando o parasita vive dentro do hospedeiro, de onde pode manipulá-lo por meios químicos diretos, mas também quando está separado do hospedeiro e o manipula à distância. Na verdade, como estamos prestes a descobrir, até as influências químicas podem agir fora do corpo.

Os cucos são criaturas notáveis e instrutivas. No entanto, quase todo o deslumbramento que os vertebrados despertam pode ser superado de longe pelos insetos. Os insetos têm a vantagem de existir em número muito maior. O meu colega Robert May fez a observação perspicaz de que, "numa boa aproximação, todas as espécies são insetos". Os insetos "cucos" desafiam a catalogação: são numerosos demais e estão frequentemente reinventando seus hábitos. Alguns exemplos que iremos examinar foram muito além do "cuquismo" que conhecemos, cumprindo as fantasias mais selvagens que *The extended phenotype* poderia ter inspirado.

O pássaro cuco põe o seu ovo e desaparece. Algumas formigas-cuco fêmeas fazem sentir a sua presença de uma maneira mais dramática. Não tenho o costume de empregar os nomes em latim, mas *Bothriomyrmex regicidus* e *B. decapitans* são nomes reveladores. Essas duas espécies são ambas parasitas de outras espécies de formigas. Entre as formigas, é claro, os filhotes normalmente não são alimentados pelos pais, e sim pelas operárias, portanto são as operárias que devem ser enganadas ou manipuladas por um candidato a cuco. O primeiro passo é liquidar a própria mãe das operárias, com sua propensão para produzir ninhadas competidoras. Nas duas espécies acima, a rainha parasita, sozinha, penetra furtivamente no ninho de outra espécie. Ela procura a rainha hospedeira e monta às suas costas para discretamente levar a cabo, citando a descrição macabra de Edward Wilson, "o único ato para o qual é notavelmente especializada: cortar bem devagar a cabeça da sua vítima". A assassina é então adotada pelas operárias órfãs, que, sem suspeitar de nada, cuidam dos seus ovos e das suas larvas. Algumas dessas larvas se desenvolvem como operárias, que pouco a pouco substituem a espécie original no formigueiro. Outras se tornam rainhas que partem voando à procura de novas pastagens e de novas cabeças reais por cortar.

Mas cortar cabeças é uma tarefa desagradável. Os parasitas não têm o hábito de empenhar-se em tarefas duras se puderem forçar alguém a substituí-los. O meu personagem predileto na obra de Wilson *The insect societies* [As sociedades dos insetos] é o *Monomorium santschii*. Essa espécie perdeu completamente a sua casta operária ao longo do tempo evolutivo. As operárias do hospedeiro fazem tudo pelos seus parasitas, mesmo a mais terrível de todas as tarefas. A mando da rainha parasita invasora, elas levam a cabo a façanha de assassinar a própria mãe. A usurpadora não necessita sujar suas mandíbulas. Ela emprega o controle da mente. Como consegue fazê-lo, é um mistério. É provável que empregue uma substância química, pois o sistema nervoso das formigas é muito sensível a essas substâncias. Se a arma que ela utiliza é de fato química, trata-se de uma das drogas mais insidiosas conhecidas pela ciência. Vejamos como tal façanha é realizada. Ela inunda o cérebro da formiga operária, assume as rédeas dos seus músculos, a persuade a abandonar seus deveres mais profundamente arraigados e faz com que se volte contra a própria mãe. Para as formigas, o matricídio é um ato genético de uma loucura ímpar, e a droga que as induz a praticá-lo deve ser verdadeiramente formidável. No mundo do fenótipo estendido, não se deve perguntar como o comportamento de um animal beneficia seus genes, e sim de quem são os genes que ele beneficia.

Não é de surpreender que as formigas sejam exploradas por parasitas, não somente por outras formigas, como também por uma hoste assombrosa de aproveitadores especializados. As formigas operárias carregam um fluxo de alimento muito rico, coletado numa vasta área e transportado até um armazém central, onde ele se torna alvo fácil para os oportunistas. As formigas são também boas agentes de proteção: são numerosas e bem armadas. Podemos considerar que os afídeos do capítulo 10 pagam com néctar os seus serviços como guarda-costas profissionais. Diversas espécies de borboletas vivem no interior dos formigueiros durante o seu estágio como lagartas. Algumas são simplesmente saqueadoras. Outras oferecem algo às formigas em retribuição pela proteção. Algumas delas suam, literalmente, para manipular suas protetoras. A lagarta de uma borboleta chamada *Thisbe irenea* possui na cabeça um órgão produtor de sons para reunir as formigas e também um par de tubos telescópicos na sua extremidade traseira, através dos quais ela exsuda um néctar tentador. Nos seus ombros fica um par adicional de bocais, que lançam um feitiço muito mais sutil. Aparentemente, o que eles secretam não é um alimento, mas uma poção volátil que tem um impacto dramático no comportamento das formigas. Uma formiga que fique sob a sua influência começa a dar grandes saltos no ar. Suas mandíbulas se abrem com ferocidade e ela se torna agressiva, muito mais sedenta do que habitualmente por atacar, morder e ferroar qualquer coisa que se mova, com exceção da lagarta que a narcotizou. Mais ainda, uma formiga sob a influência de uma lagarta passadora de droga acaba por entrar num estado chamado de "fixação" em que se torna inseparável da sua lagarta por um período de vários dias. Tal como os afídeos, então, a lagarta emprega as formigas como guarda-costas, contudo o faz com eficiência ainda maior. Enquanto os afídeos confiam na agressividade normal das formigas contra os predadores, a lagarta administra nelas uma droga que desperta a sua agressividade e que parece também induzir uma fixação compulsiva.

Escolhi exemplos extremos. Mas, em termos mais modestos, a natureza está repleta de animais e de plantas que manipulam outros, da mesma espécie ou de espécies diferentes. Em todos os casos em que a seleção natural favoreceu os genes para a manipulação, é legítimo falar que esses genes têm efeitos (fenotípicos estendidos) sobre o corpo do organismo que manipulam. Não importa qual é o corpo em que um gene se encontra fisicamente. O alvo da sua manipulação pode ser o mesmo corpo ou um corpo diferente. A seleção natural favorece os genes que manipulam o mundo para assegurar a sua própria propagação. Isso nos conduz ao que designei por Teorema Central do Fenótipo Estendido: *o comportamento de um animal tende a maximizar a sobrevivência dos genes "para" esse comportamento, quer eles se encontrem ou não no corpo do animal específico que apresenta tal comportamento*. Estava me referindo ao contexto do comportamento animal, no entanto o teorema também poderia se aplicar, é claro, à cor, ao tamanho, à forma — a tudo.

Finalmente, é tempo de regressar ao problema com o qual começamos: a tensão entre o organismo individual e o gene como candidatos rivais ao papel central na seleção natural. Em capítulos anteriores lancei a suposição de que não existia nenhum problema, pois a reprodução do indivíduo era equivalente à sobrevivência dos genes. Assumi que poderíamos dizer igualmente "O organismo trabalha para propagar todos os seus genes" ou "Os genes atuam para fazer com que uma sucessão de organismos os propague". Pareciam dois jeitos diferentes de dizer a mesma coisa e as palavras escolhidas, uma mera questão de gosto. Mas, de algum modo, a tensão permanecia.

Uma maneira de colocar as coisas em ordem em relação a esse problema seria usar os termos "replicador" e "veículo". As unidades fundamentais da seleção natural, as coisas básicas que sobrevivem ou que morrem, que formam linhagens de cópias idênticas com mutações ocasionais aleatórias, são os replicadores. As moléculas de DNA são replicadores. Normalmente, e por razões que veremos logo adiante, elas se associam em grandes máquinas comunais de sobrevivência, ou "veículos". Os veículos que conhecemos melhor são os corpos individuais, como o nosso. Um corpo, então, não é um replicador; é um veículo. É importante enfatizar isso, dado que se trata de um argumento que tem sido mal compreendido. Os veículos não se replicam; eles trabalham para propagar seus replicadores. Os replicadores não apresentam comportamentos, não percebem o mundo exterior, não apanham presas nem fogem dos predadores; eles constroem veículos que fazem tudo isso que comentamos. Para muitos propósitos, é conveniente para os biólogos focar a sua atenção no nível do veículo. Para outras finalidades, é conveniente que foquem a atenção no nível do replicador. O gene e o organismo não são rivais para o mesmo papel de estrela no drama darwiniano. Eles são escalados para papéis diferentes, complementares e, em muitos casos, igualmente importantes — o papel de replicador e o papel de veículo.

Os termos "replicador" e "veículo" mostram-se úteis de variadas maneiras. Por exemplo, eles esclarecem uma controvérsia fastidiosa acerca do nível em que atua a seleção natural. Superficialmente, pareceria lógico situar a "seleção individual" numa espécie de escala de níveis de seleção, a meio caminho entre a "seleção do gene", defendida no capítulo 3, e a "seleção de grupo", criticada no capítulo 7. A "seleção individual" parece vagamente um intermediário entre os dois extremos, e muitos biólogos e filósofos se deixaram seduzir por esse caminho fácil, tratando-a como tal. Entretanto, podemos ver agora que não é assim, absolutamente. Podemos ver agora que o organismo e o grupo de organismos são rivais verdadeiros para o papel de veículo na história, mas nenhum deles é sequer um *candidato* ao papel de replicador. A controvérsia entre a "seleção individual" e a "seleção de grupo" é uma controvérsia real entre veículos alternativos. A controvérsia entre a seleção individual e a seleção do gene não é de modo algum uma controvérsia, pois o gene e o organismo são candidatos a papéis diferentes e complementares na história, o papel de replicador e o de veículo.

A rivalidade entre o organismo individual e o grupo de organismos para o papel de veículo, sendo uma rivalidade verdadeira, pode ser resolvida. O resultado é, na minha opinião, uma vitória decisiva do organismo individual. O grupo é uma entidade demasiadamente volúvel. Um bando de veados, um grupo de leões ou uma alcateia de lobos têm certa coerência rudimentar e também um propósito mais ou menos comum. Porém eles são insignificantes, comparados à coerência e à unidade de propósitos do corpo de um leão, de um lobo ou de um veado. Hoje em dia, isso é amplamente aceito. Mas *por que* é assim? Os fenótipos estendidos e os parasitas podem mais uma vez nos ajudar.

Vimos que, quando os genes de um parasita trabalham em conjunto uns com os outros, mas em oposição aos genes do hospedeiro (que trabalham todos em cooperação *uns com os outros*), é porque os dois conjuntos de genes têm métodos diferentes para deixar o veículo que compartilham, o corpo do hospedeiro. Os genes do caracol deixam o veículo compartilhado pela via dos espermatozoides ou dos óvulos do caracol. Uma vez que todos os genes dos caracóis têm o mesmo peso em cada espermatozoide e em cada óvulo, porque participam todos da mesma meiose imparcial, eles trabalham juntos pelo bem comum e, portanto, tendem a tornar o corpo do caracol um veículo coerente e intencional. A verdadeira razão pela qual um trematódeo é reconhecidamente uma entidade separada do seu hospedeiro, a razão pela qual ele não funde seus propósitos e sua identidade com os propósitos e com a identidade do seu hospedeiro, é que os genes do trematódeo não partilham o método dos genes do caracol para deixar o veículo compartilhado, nem participam da loteria meiótica do caracol — eles têm uma loteria própria. Assim, é nesta medida, e nesta medida apenas, que os dois veículos permanecem separados como um caracol, de um lado, e como um trematódeo distintamente reconhecível no seu interior, de outro. Se os genes do trematódeo fossem transmitidos através dos óvulos e dos espermatozoides do caracol, os dois corpos evoluiriam para se tornar "unha e carne". Possivelmente, nem sequer seríamos capazes de dizer que um dia teria havido ali dois veículos.

Os organismos individuais "isolados", como nós, são a derradeira encarnação de muitas fusões desse tipo. O grupo de organismos — o bando de pássaros, a alcateia de lobos — não se funde num único veículo precisamente porque os genes no bando ou na alcateia não partilham um método para deixar o veículo corrente. É claro que uma alcateia pode gerar alcateias-filhas. Mas os genes da alcateia-mãe não se transmitem à alcateia-filha num único recipiente, em que todos participam em parcelas iguais. Os genes de uma alcateia de lobos não têm todos o mesmo a ganhar, no futuro, com o mesmo conjunto de eventos. Um gene pode fomentar o seu próprio bem-estar futuro ao favorecer individualmente o seu lobo, à custa dos outros lobos. Um lobo, portanto, considerado individualmente, é um veículo, no sentido legítimo do termo. Uma alcateia de lobos, não. Geneticamente falando, a razão para isso é que todas as células do corpo de um lobo, à exceção das sexuais, possuem os mesmos genes e, no que diz respeito às células sexuais, todos os genes apresentam igual probabilidade de estar presentes em cada uma delas. Mas as células numa *alcateia* de lobos não têm os mesmos genes, nem os genes têm a mesma probabilidade de estar presentes nas células das alcateias-filhas que são geradas. Eles têm tudo a ganhar lutando contra os genes rivais nos corpos de outros lobos (embora o fato de ser provável que uma alcateia de lobos seja um grupo de parentesco venha a mitigar a luta).

A qualidade essencial que uma entidade deve ter para se tornar um veículo genético efetivo é a seguinte: ela tem de contar com um canal imparcial de saída para o futuro para todos os genes em seu interior. Num lobo, individualmente, isso acontece. Esse canal é a corrente estreita dos espermatozoides, ou dos óvulos, que são fabricados pela meiose. Mas, numa alcateia de lobos, não. Os genes têm algo a ganhar com a promoção egoísta do bem-estar dos próprios corpos, à custa dos outros genes presentes na alcateia. Uma colmeia de abelhas, quando se forma, parece se reproduzir por germinação irrestrita, tal como uma alcateia de lobos. Contudo, se olharmos com mais cuidado, descobriremos que, no que diz respeito aos genes, o seu destino é amplamente partilhado. O futuro dos genes do enxame encontra-se, pelo menos em larga medida, alojado nos ovários de uma rainha. É por esse motivo — o que é apenas outra maneira de exprimir a mensagem de capítulos anteriores — que uma colônia de abelhas se parece com um verdadeiro veículo, integrado e único, e se comporta como tal.

Descobrimos que a vida, para onde quer que olhemos, encontra-se, na realidade, empacotada em veículos descontínuos com propósitos individuais, como os lobos ou as colmeias. Mas a doutrina do fenótipo estendido nos ensinou que nem sempre tem de ser assim. Fundamentalmente, tudo o que temos direito de esperar a partir da nossa teoria é um campo de batalha cheio de replicadores acotovelando-se uns aos outros, tentando levar vantagem uns sobre os outros e lutando por um futuro no devir genético. As armas que possuem para essa luta são os efeitos fenotípicos, começando pelos efeitos químicos diretos nas células, e terminando nas penas, nas presas e noutros efeitos ainda mais remotos. É um fato inegável que tais efeitos fenotípicos se empacotaram em veículos descontínuos, cada um com seus genes disciplinados e ordenados ante a perspectiva de partilharem o gargalo de um espermatozoide ou de um óvulo que os conduza em direção ao futuro. Porém, não se trata de um fato que deva ser considerado líquido e certo. É um fato com direito a ser questionado e a suscitar estranheza. Por que os genes se agrupam em grandes veículos, cada um com uma única estrada genética de saída? Por que os genes optaram por agrupar-se e produzir corpos grandes como lugar para viver? Em *The extended phenotype*, eu tentei encontrar uma resposta para esse difícil problema. Aqui, posso apenas esboçar uma parte da resposta — embora, como seria de esperar, passados sete anos, eu também possa agora ir um pouquinho mais adiante em relação a ela.

Dividirei a questão em três partes. Por que os genes se associaram em células? Por que as células se juntaram em corpos multicelulares? E por que os corpos adotaram o que chamarei de um ciclo de vida do tipo "gargalo"?

Em primeiro lugar, então: por que os genes se associaram em células? Por que os antigos replicadores abandonaram a liberdade altiva que desfrutavam na sopa primordial e adquiriram gosto por se aglomerar em colônias enormes? Por que eles cooperam? Podemos ver parte da resposta ao examinar o modo como as moléculas do moderno DNA cooperam nas fábricas químicas que são as células vivas. As moléculas do DNA produzem proteínas. As proteínas trabalham como enzimas, catalisando determinadas reações químicas. Com frequência, uma única reação química não é suficiente para sintetizar um produto final que seja útil. Numa indústria farmacêutica humana, a síntese de um produto químico útil requer uma linha de produção. O produto químico inicial não pode ser transformado diretamente no produto final desejado. Há uma série de produtos intermediários que têm de ser sintetizados numa sequência rigorosa. Grande parte da engenhosidade de uma pesquisa química reside em descobrir a sequência dos intermediários possíveis entre as substâncias químicas iniciais e os produtos finais desejados. Da mesma maneira, numa célula viva, uma enzima não é capaz de sintetizar, por si mesma, um produto final útil a partir de uma determinada substância química inicial. É necessário todo um conjunto de enzimas, uma para catalisar a transformação da matéria-prima no primeiro intermediário, outra para catalisar a transformação do primeiro intermediário no segundo, e assim sucessivamente.

Cada uma dessas enzimas é produzida por um gene. Se forem necessárias seis enzimas para sintetizar um certo produto, todos os seis genes para produzi-las têm de estar presentes. Entretanto é bastante provável que existam dois caminhos alternativos para chegar ao mesmo produto final, cada um deles necessitando de seis enzimas diferentes, sem que seja possível escolher entre um e outro. Coisas desse tipo acontecem nas indústrias químicas. O caminho escolhido pode dever-se a um acidente histórico, ou ser o resultado de um planejamento deliberado dos químicos. É claro que na química da natureza a escolha nunca será deliberada — ela se dará por meio da seleção natural. Mas como pode a seleção natural garantir que os dois caminhos não se misturem e que os grupos de gene cooperativos compatíveis possam emergir? Mais ou menos da mesma maneira que na minha analogia dos remadores ingleses e alemães do capítulo 5. O importante é que um gene para uma etapa do caminho 1 floresça na presença de genes para as outras etapas desse mesmo caminho, mas não na presença de genes para o caminho 2. Se acontecer de a população já estar dominada por genes para o caminho 1, a seleção irá favorecer os outros genes para o caminho 1 e penalizar os genes para o caminho 2, e vice-versa. Por mais tentador que seja, seria positivamente errado dizer que os genes para as seis enzimas do caminho 2 são selecionados "como um grupo". Cada um deles é selecionado separadamente como um gene egoísta, mas floresce apenas na presença do conjunto correto dos outros genes.

Hoje em dia, a cooperação entre os genes acontece no interior das células. Ela deve ter se iniciado como uma cooperação rudimentar entre moléculas replicadoras no caldo primordial (ou no meio primordial que existia, qualquer que fosse ele). Talvez as paredes das células tenham surgido como um dispositivo para manter juntos os componentes químicos e impedir que se derramassem livremente. Muitas reações químicas na célula realmente se dão no tecido das membranas. Uma membrana atua como uma combinação entre uma esteira transportadora e um suporte para tubos de ensaio. Mas a cooperação entre os genes não ficou limitada à bioquímica celular. As células se juntaram (ou não conseguiram se separar após a divisão celular) para formar corpos multicelulares.

Isso nos conduz à segunda das minhas três questões. Por que as células se agruparam? Por que existem os robôs desajeitados? Esta também é uma questão sobre a cooperação. Seu domínio, porém, deslocou-se do mundo das moléculas para uma escala maior. Os corpos multicelulares são grandes demais para o microscópio. Podem até mesmo transformar-se em elefantes e baleias. Ser grande não é necessariamente uma coisa boa: a maioria dos organismos são bactérias e muito poucos são elefantes. Contudo, quando os meios de ganhar a vida disponíveis para os organismos pequenos já tiverem sido todos preenchidos, continuam a existir maneiras prósperas de viver para os organismos de maior tamanho. Por exemplo, os organismos maiores podem comer os menores e podem evitar ser comidos por eles.

As vantagens de pertencer a um clube de células não se limitam ao tamanho. As células de um clube podem especializar-se, cada uma delas tornando-se, desse modo, mais eficiente no desempenho de uma determinada tarefa. As células especializadas servem outras células do clube e também se beneficiam da eficiência das outras células especialistas. Se houver um grande número de células, algumas podem se especializar como sensores para a detecção de presas, outras como nervos para transmitir as mensagens, outras como ferrões para paralisar a presa, outras como células musculares para mover os tentáculos e apanhá-la, outras como células secretoras para dissolvê-la e outras ainda para absorver os fluidos. Não podemos nos esquecer de que, pelo menos nos corpos modernos como os nossos, as células são um clone. Todas contêm os mesmos genes, ainda que diferentes genes estejam ativados nas diferentes células especialistas. Os genes de cada tipo de célula estão beneficiando diretamente as cópias de si mesmos na minoria de células especializadas para a reprodução, as células da linha germinativa imortal.

Chegamos agora à terceira pergunta: por que os corpos têm um ciclo de vida do tipo "gargalo"?

Para começar, o que quero dizer com "ciclo de vida do tipo 'gargalo'"? Quero dizer que, qualquer que seja o número de células existentes no corpo de um elefante, este começa a sua vida como uma célula única, um óvulo fertilizado. O óvulo fertilizado é um gargalo estreito que se alarga, durante o desenvolvimento embrionário, até atingir os trilhões de células de um elefante adulto. E, qualquer que seja o número de células, não importa de quantos tipos especializados, que cooperam para desempenhar a tarefa inimaginavelmente complicada de fazer funcionar um elefante adulto, os esforços de todas elas convergirão para o objetivo final de produzir células únicas novamente — espermatozoides ou óvulos. O elefante não apenas começa como uma célula única, um óvulo fertilizado, como o seu fim, isto é, o seu objetivo ou produto final, é a produção de células únicas, os óvulos fertilizados da geração seguinte. O ciclo de vida do elefante, largo e volumoso, começa e termina como um gargalo estreito. Esse afunilamento em gargalo é uma característica do ciclo de vida de todos os animais multicelulares e da maioria das plantas. Por quê? Qual o seu significado? Não podemos responder a essa pergunta sem considerar como poderia ser a vida sem ele.

Para nos ajudar, imaginemos duas espécies hipotéticas de algas marinhas, uma chamada alga-garrafa, e a outra, alga-espalhafatosa. A alga-espalhafatosa cresce no mar como um conjunto de ramificações amorfas e dispersas. De vez em quando as ramificações se partem e são levadas pela corrente. Essas quebras podem ocorrer em qualquer lugar das plantas e os fragmentos podem ser maiores ou menores. Tal como se dá com as mudas nos jardins, os fragmentos são capazes de se desenvolver exatamente como a planta original. O desprendimento de pedaços é o método de reprodução dessa espécie. Como o leitor notará, ele não difere substancialmente do seu método de crescimento, exceto pelo fato de que as partes que crescem ficam fisicamente separadas umas das outras.

A alga-garrafa tem a mesma aparência e se desenvolve da mesma maneira dispersa. No entanto, há uma diferença crucial. Ela se reproduz através da liberação de esporos unicelulares, que são levados pela corrente marinha e crescem como plantas novas. Os esporos são simplesmente células da planta, como todas as outras. Como no caso da alga-espalhafatosa, o sexo não está envolvido na reprodução. As filhas de uma planta consistem em células clones das células da planta progenitora. A única diferença entre as duas espécies é que a alga-espalhafatosa se reproduz soltando pedaços de si mesma, consistindo num número de células indeterminado, enquanto a alga-garrafa se reproduz liberando pedaços de si mesma, que consistem sempre em células únicas.

Ao imaginarmos os dois tipos de planta sugeridos, apontamos diretamente para a diferença crucial entre um ciclo de vida do tipo gargalo e um ciclo de vida que não seja desse tipo. A alga-garrafa se reproduz espremendo-se, a cada geração, através do gargalo de uma célula única. A alga-espalhafatosa limita-se a crescer e a dividir-se em duas. Dificilmente se poderá dizer que ela tem "gerações" descontínuas, ou mesmo que consiste num "organismo" descontínuo. E quanto à alga-garrafa? Responderei a essa pergunta a seguir, mas já temos um leve indício de qual será a resposta. A alga-garrafa não parece dar, já de início, uma impressão mais descontínua, uma impressão mais "de organismo"?

A alga-espalhafatosa, como vimos, se reproduz do mesmo modo que cresce. Na verdade, dificilmente poderíamos dizer que ela se reproduz. Na alga-garrafa, por outro lado, existe uma separação clara entre o crescimento e a reprodução. Pode ser que seja exatamente essa a diferença, mas e daí? Qual é o seu significado? Por que é importante? Pensei longamente a respeito e creio já saber a resposta. (A propósito, foi mais difícil perceber que havia aí uma questão do que pensar na sua resposta!) A resposta pode ser dividida em três partes, a primeira das quais tem a ver com a relação entre a evolução e o desenvolvimento embrionário.

Em primeiro lugar, pense no problema do desenvolvimento de um órgão complexo a partir de um órgão mais simples. Não é necessário nos limitarmos às plantas e, para esta fase do argumento, seria melhor mudar para os animais, porque eles têm os órgãos obviamente mais complicados. Uma vez mais, não temos de pensar em termos de sexo. A reprodução sexuada versus assexuada é um desvio desnecessário aqui. Podemos imaginar os nossos animais se reproduzindo através do envio de esporos assexuados, células únicas, que, mutações à parte, são geneticamente idênticas umas às outras e a todas as células no corpo.

Os órgãos complicados de um animal avançado, como um ser humano ou um tatuzinho-de-jardim, evoluíram gradativamente a partir dos órgãos mais simples dos seus ancestrais. Mas os órgãos ancestrais não se transformaram literalmente nos órgãos descendentes, como relhas de arado forjadas a partir de espadas. Não se trata apenas de que eles *não* o fizeram. O que quero destacar é que, na maioria dos casos, eles não *poderiam* fazê-lo. Existe um limite para a quantidade de mudança que pode ser alcançada por transformação direta, do tipo "de uma espada a uma relha de arado". A mudança realmente radical só pode ser alcançada "voltando-se à prancheta", jogando fora o desenho anterior e começando de novo. Quando os engenheiros voltam à prancheta e criam uma nova concepção, não jogam necessariamente fora as ideias da concepção anterior. Tampouco tentam deformar literalmente o objeto físico antigo até chegar a um novo. O objeto anterior carrega o peso excessivo dos acúmulos da história. Talvez se possa forjar da espada uma relha de arado, mas experimente colocar um motor a hélice numa forja e bater nele até que se transforme num motor a jato! Não se pode fazê-lo. Temos de descartar o motor a hélice e retornar à prancheta.

É claro que os seres vivos nunca foram concebidos em pranchetas. Entretanto eles começam do zero. Começam do zero em cada geração. Cada novo organismo começa como uma célula única e se desenvolve *de novo*. Ele herda as *ideias* da concepção ancestral, sob a forma do programa do DNA, mas não herda os órgãos físicos dos seus ancestrais. Não herda o coração do seu genitor, *remodelando-o* num coração novo (e possivelmente melhorado). Ele começa do nada, sob a forma de uma célula única, e desenvolve um novo coração, usando o mesmo projeto que o coração do seu genitor, o qual pode sofrer melhoramentos. O leitor pode ver qual a conclusão a que estou querendo chegar. Uma das coisas importantes num ciclo de vida do tipo "gargalo" é que ele torna possível algo equivalente ao retorno à prancheta.

O ciclo de vida do tipo "gargalo" tem uma segunda consequência, relacionada com esta. Ele fornece um "calendário" que pode ser usado para regular os processos embrionários. Em ciclos de vida desse tipo, cada nova geração percorre mais ou menos a mesma sucessão de eventos. O organismo começa como uma célula única. Ele se desenvolve por divisão celular. E se reproduz emitindo células-filhas. Presumivelmente, acaba por morrer, porém isso é menos importante do que parece a nós, mortais. No que diz respeito a esta discussão, o fim do ciclo é atingido quando o organismo presente se reproduz e começa o ciclo de uma nova geração. Embora, em teoria, o organismo possa se reproduzir em qualquer altura durante a sua fase de crescimento, presume-se que exista um momento ótimo para a reprodução. Os organismos que liberam esporos quando são demasiadamente jovens ou velhos demais acabarão por ter menos descendentes que os organismos rivais, que se fortaleceram e então liberaram um número maciço de esporos quando se encontravam no apogeu da sua vida.

A argumentação caminha na direção da ideia de um ciclo de vida estereotipado, que se repete com regularidade. Não apenas cada geração começa pelo gargalo de uma célula única, como também ela tem uma fase de crescimento — a "infância" — de duração mais ou menos fixa. A duração fixa, ou a estereotipia, da fase de crescimento torna possível o acontecimento de determinadas coisas em tempos determinados durante o desenvolvimento embrionário, como se este fosse governado por um calendário rigoroso. Com variações maiores ou menores, conforme o tipo de criatura, as divisões celulares durante o desenvolvimento ocorrem segundo uma sequência rígida, uma sequência que volta a ocorrer cada vez que o ciclo se repete. Cada célula tem uma localização e um tempo próprios para aparecer no plano das divisões celulares. Em alguns casos, aliás, o processo é tão preciso que os embriologistas podem nomear cada célula e podem dizer que uma célula específica num organismo individual tem um correspondente exato num outro organismo.

Assim, o ciclo de desenvolvimento estereotipado providencia um relógio ou calendário, através do qual os eventos embrionários podem ser desencadeados. Pense quão prontamente nós mesmos usamos os ciclos da rotação diária da Terra e sua circunavegação anual em torno do Sol para estruturar e organizar as nossas vidas. Do mesmo modo, os ritmos de crescimento incessantemente repetidos impostos pelo ciclo de vida do tipo "gargalo" serão — parece quase inevitável — usados para o ordenamento e para a estruturação da embriologia. Determinados genes podem ser ligados e desligados num momento determinado porque o calendário desse ciclo de crescimento assegura que *existe* um momento determinado. A regulação bem temperada da atividade dos genes é um pré-requisito para a evolução de embriologias capazes de fabricar tecidos e órgãos complexos. A precisão e a complexidade do olho da águia ou da asa da andorinha não poderiam surgir sem regras cronológicas que regulam o que deve aparecer em que momento.

A terceira consequência de uma história de vida do tipo "gargalo" é genética. Aqui, o exemplo da alga-garrafa e da alga-espalhafatosa pode nos ajudar mais uma vez. Assumindo, para simplificar, que as duas espécies se reproduzem assexuadamente, vamos pensar de que maneira elas poderiam evoluir. A evolução requer mudanças genéticas, mutações. As mutações podem ocorrer durante qualquer divisão celular. Na alga-espalhafatosa, as linhagens celulares têm uma passagem sem restrição, o oposto da passagem pelo gargalo. Cada ramificação que se parte e é levada pela correnteza é multicelular. Por isso, é bastante possível que duas células numa filha sejam parentes mais distantes uma da outra do que cada uma em relação à planta progenitora. (Por "parentes", entendam-se, literalmente, primas, netas etc. As células têm linhas definidas de descendência e elas estão ramificadas, de tal maneira que podemos empregar termos como *primos em segundo grau* em relação às células de um corpo sem que isso seja força de expressão.) A esse respeito, a alga-garrafa é nitidamente diferente da alga-espalhafatosa. Todas as células numa planta-filha descendem de uma única célula-esporo, razão pela qual todas as células numa determinada planta são primas mais próximas (ou o equivalente a isso) entre si do que de qualquer célula numa outra planta.

Essa diferença entre as duas espécies tem implicações genéticas importantes. Pensemos no destino de um gene que acabou de sofrer uma mutação, primeiro na alga-espalhafatosa e depois na alga-garrafa. Na alga-espalhafatosa, a nova mutação pode surgir em qualquer célula, em qualquer ramificação da planta. Uma vez que as plantas-filhas são produzidas por uma germinação de passagem irrestrita, a linha de descendentes da célula mutante pode partilhar as plantas-filhas e as plantas-netas com células não mutadas que são suas primas relativamente afastadas. Na alga-garrafa, por outro lado, o ancestral comum mais recente de todas as células numa planta não é mais velho do que o esporo que proporcionou o início, "em gargalo", da planta. Se esse esporo continha o gene mutante, todas as células da nova planta também o terão. Se o esporo não continha o gene mutante, então elas não o terão. Na alga-garrafa, as células serão geneticamente mais uniformes do que na alga-espalhafatosa (ainda que ocorra uma ou outra reversão ocasional da mutação). Na alga do primeiro tipo, a planta individual será uma unidade com uma identidade genética e fará jus ao termo "indivíduo". As plantas da alga-espalhafatosa, por sua vez, terão uma identidade genética menor e terão menos direito a ser designadas como "indivíduos" do que suas correspondentes na outra espécie.

Não se trata meramente de um problema terminológico. Devido às mutações, as células da alga-espalhafatosa não terão todas os mesmos interesses genéticos. Um gene numa alga-espalhafatosa tem algo a ganhar se puder promover a reprodução da sua célula, mas não tem necessariamente algo a ganhar promovendo a reprodução da sua planta "individual". A mutação tornará improvável que as células no interior da planta sejam geneticamente idênticas, de modo que elas não colaborarão de boa vontade umas com as outras na fabricação de órgãos e de novas plantas. A seleção natural escolherá entre células, e não entre "plantas". Na alga-garrafa, por outro lado, todas as células de uma planta têm provavelmente os mesmos genes, porque somente mutações muito recentes poderiam dividi-las. Em decorrência, elas colaborarão alegremente na fabricação de máquinas de sobrevivência eficientes. É mais provável que as células de plantas diferentes tenham genes diferentes. Afinal, as células que passaram por diferentes gargalos podem ter se tornado distintas pela ação de todas as mutações, exceto as mais recentes — e isso significa a maioria. A seleção irá, portanto, julgar as plantas rivais, e não as células rivais, como no caso da alga-espalhafatosa. Desse modo, podemos esperar a evolução de órgãos e de estratégias que beneficiem a planta como um todo.

A propósito, somente para aqueles que têm interesse profissional nisso, existe aqui uma analogia com o argumento sobre a seleção de grupo. Podemos pensar no organismo individual como um "grupo" de células. Podemos fazer intervir uma forma de seleção de grupo, desde que seja possível encontrar meios para aumentar a proporção entre a variação entre grupos e a variação dentro do grupo. Os hábitos reprodutivos da alga-garrafa têm exatamente o efeito de aumentar essa proporção, e os da alga-espalhafatosa têm justamente o efeito oposto. Existem ainda semelhanças que podem ser reveladoras, mas que não iremos explorar, entre a "passagem pelo gargalo" e duas outras ideias que dominaram este capítulo. Em primeiro lugar, a ideia de que os parasitas cooperarão com os hospedeiros na medida em que seus genes passem para a geração seguinte através das mesmas células reprodutoras que os genes dos hospedeiros — espremidos no mesmo gargalo. Em segundo lugar, a ideia de que as células de um corpo que se reproduz sexuadamente cooperarão umas com as outras apenas porque a meiose é escrupulosamente imparcial.

Para resumir, vimos três razões pelas quais uma história de "passagem pelo gargalo" tende a encorajar a evolução do organismo como um veículo descontínuo e unitário. As três podem ser chamadas, respectivamente, de "retorno à prancheta", "ciclo cronológico ordenado" e "uniformidade celular". O que surgiu primeiro, o ciclo de vida do tipo "gargalo" ou o organismo descontínuo? Prefiro pensar que eles evoluíram em conjunto. Na verdade, suspeito que a característica essencial, definidora de um organismo individual, *é* a unidade que começa e termina com um gargalo de célula única. Se os ciclos de vida passam a ser do tipo gargalo, a matéria viva parece destinada a ficar encaixotada em organismos unitários descontínuos. E, quanto mais a matéria viva for encaixotada em máquinas de sobrevivência descontínuas, mais as células dessas máquinas de sobrevivência concentrarão seus esforços nessa classe especial de células destinadas a atravessar o gargalo, com seus genes partilhados, rumo à geração seguinte. Os dois fenômenos, os ciclos de vida em gargalo e os organismos descontínuos, andam de mãos dadas. À medida que cada um deles evolui, reforça o outro. Os dois se intensificam mutuamente, tal como os sentimentos em crescendo de um homem e de uma mulher durante o evoluir de uma relação amorosa.

The extended phenotype é um livro longo e seu conteúdo não pode ser facilmente acomodado em um capítulo. Fui forçado a adotar aqui um estilo condensado, bastante intuitivo e até mesmo impressionista. Apesar de tudo, espero ter sido bem-sucedido na minha tentativa de transmitir a essência do argumento.

Permita-me finalizar com um breve manifesto, um resumo da perspectiva geral do gene egoísta e do fenótipo estendido em relação à vida. Continuo a sustentar que se trata de uma perspectiva que se aplica a todas as coisas vivas do universo. A unidade fundamental, o motor principal de toda a vida, é o replicador. Um replicador é tudo aquilo de que são feitas cópias no universo. Os replicadores surgem, em primeiro lugar, por acaso, devidos aos encontrões aleatórios das partículas menores. Uma vez que tenha surgido, ele é capaz de gerar um conjunto infinitamente grande de cópias de si mesmo. Porém, nenhum processo de geração de cópias é perfeito e a população de replicadores começa assim a incluir variedades que diferem umas das outras. Algumas dessas variedades perdem seu poder de replicação e seu gênero extingue-se quando elas próprias deixam de existir. Outras continuam a poder replicar-se, mas com menor eficiência. Outras variedades ainda descobrem que são capazes de novos truques: passam a ser melhores replicadores do que seus antecessores e do que seus contemporâneos. São seus descendentes que acabam por dominar a população. À medida que o tempo vai passando, o mundo fica preenchido com os replicadores mais poderosos e engenhosos.

Gradualmente, descobrem-se maneiras mais e mais elaboradas de ser um bom replicador. Os replicadores sobrevivem, não apenas em virtude das suas propriedades intrínsecas, mas também das suas consequências sobre o mundo, as quais podem ser bastante indiretas. Tudo o que é necessário é que tais consequências, por mais tortuosas e indiretas que sejam, terminem por se refletir no replicador e afetem o seu sucesso na geração de cópias de si mesmo.

O sucesso de um replicador dependerá do tipo de mundo em que ele se encontra — as condições preexistentes. Entre as mais importantes encontram-se os outros replicadores e suas consequências. Assim como os remadores ingleses e alemães, os replicadores que se beneficiam mutuamente acabarão por predominar na presença uns dos outros. A certa altura da evolução da vida no nosso planeta, essa associação de replicadores mutuamente compatíveis começou a formalizar-se na criação de veículos descontínuos — as células e, mais tarde, os corpos multicelulares. Os veículos que desenvolveram um ciclo de vida do tipo gargalo prosperaram e tornaram-se mais e mais descontínuos e parecidos com veículos.

O empacotamento de matéria viva em veículos descontínuos transformou-se numa característica tão saliente e dominante que, quando os biólogos entraram em cena e começaram a fazer questionamentos sobre a vida, suas perguntas eram quase sempre sobre os veículos — os organismos individuais. O organismo individual foi o primeiro a chegar à consciência dos biólogos, ao passo que os replicadores — hoje conhecidos como genes — eram vistos como uma parte do maquinário usado pelos organismos individuais. É necessário um esforço mental deliberado para voltar a colocar a biologia de cabeça para cima e para nos lembrarmos de que os replicadores vêm em primeiro lugar, não apenas na história como também em importância.

Uma maneira de nos lembramos disso é refletir sobre o fato de que, mesmo nos dias de hoje, nem todos os efeitos fenotípicos de um gene estão confinados ao corpo individual em que ele se encontra. Certamente em princípio, e também na prática, o gene ultrapassa os muros do corpo individual e manipula objetos no mundo exterior; alguns deles são inanimados, alguns são outros seres vivos e alguns estão a uma grande distância. É preciso apenas um pouco de imaginação para ver que o gene se encontra no centro de uma rede radiante de poder fenotípico estendido. E um objeto no mundo é o centro de uma rede convergente de influências procedentes de muitos genes situados em muitos organismos. O braço longo do gene não conhece fronteiras óbvias. O mundo todo é entrecruzado por setas causais que ligam genes a efeitos fenotípicos, próximos e afastados.

Que essas setas causais tenham se agrupado em feixes é um fato adicional, importante demais, na prática, para ser considerado incidental, mas não necessário o bastante, teoricamente, para ser considerado inevitável. Os replicadores já não se encontram espalhados livremente, aqui e ali, pelo mar afora. Estão empacotados em colônias enormes — os corpos individuais. E as consequências fenotípicas, em vez de distribuídas uniformemente pelo mundo, ficaram, em muitos casos, congeladas nesses mesmos corpos. Mas o corpo individual, tão familiar para nós no nosso planeta, não precisaria necessariamente existir. O único tipo de entidade que tem de existir para que a vida possa surgir, em qualquer parte do universo, é o replicador imortal.

Notas

1. POR QUE AS PESSOAS EXISTEM? (PP. 37-53)

1. Algumas pessoas, inclusive as não religiosas, sentiram-se ofendidas com esta citação de Simpson. Concordo que, numa primeira leitura, o que ele diz parece terrivelmente filisteu, grosseiro e intolerante, um pouco como a declaração de Henry Ford de que "A história é papo furado". Mas, à parte as respostas religiosas (com as quais estou bem familiarizado; poupem os seus selos), quando somos realmente desafiados a pensar nas respostas pré-darwinistas às perguntas "O que é o homem?", "Existe um sentido para a vida?", "Para que existimos?", conseguimos encontrar alguma que de fato valha a pena, exceto pelo seu (considerável) interesse histórico? Há coisas que estão pura e simplesmente erradas, e esse era o caso de todas as respostas a tais questões antes de 1859.

2. Houve momentos em que os críticos entenderam equivocadamente que *O gene egoísta* advogava o egoísmo como um princípio pelo qual deveríamos guiar as nossas vidas! Outros, talvez porque tivessem lido apenas o título ou nunca tivessem passado das duas primeiras páginas, pensaram que eu estivesse afirmando que, gostemos ou não, o egoísmo e outros comportamentos abomináveis são parte inescapável da nossa natureza. É fácil cair nesse erro se pensarmos, como pensam inexplicavelmente muitas pessoas, que a "determinação" genética é permanente, absoluta e irreversível. Na realidade, os genes "determinam" o comportamento num sentido apenas estatístico (ver também pp. 92 a 96). Uma boa analogia é a generalização amplamente admitida de que "um pôr do sol avermelhado é a alegria do pastor". Pode ser um fato estatístico que um

pôr do sol bem vermelho é prognóstico de bom tempo no dia seguinte, mas não apostaríamos nisso o nosso precioso dinheiro. Sabemos perfeitamente bem que o clima é influenciado por uma infinidade de fatores, e de maneiras muito complexas. Toda previsão do tempo é sujeita a erro. Não encaramos um pôr do sol avermelhado como a determinação irrevogável de um tempo bom no dia seguinte, e tampouco deveríamos pensar nos genes como determinantes irrevogáveis do que quer que seja. Não há razão para que a influência dos genes não possa ser revertida por outras influências. Para uma discussão completa do "determinismo genético", e das razões pelas quais esses mal-entendidos se originaram, ver o capítulo 2 de *The extended phenotype* e meu artigo "Sociobiology: the new storm in a teacup" [Sociobiologia: a nova tempestade num copo d'água]. Fui acusado de afirmar que os seres humanos são todos, fundamentalmente, gângsteres de Chicago! Mas é evidente que o argumento central da minha analogia com os gângsteres de Chicago (p. 39) era que:

> Conhecer o tipo de mundo em que um homem prosperou nos diz alguma coisa sobre esse homem. O argumento não tinha nada a ver com as qualidades particulares dos gângsteres de Chicago. Eu poderia ter usado, igualmente bem, a analogia de um homem que tivesse chegado ao topo da Igreja da Inglaterra, ou que tivesse sido eleito para o Ateneu. Em todo caso, o objeto da minha analogia não era as pessoas, e sim os genes.

Tive a oportunidade de esclarecer este e outros mal-entendidos, provocados por uma leitura excessivamente literal do meu artigo "In defense of selfish genes" [Em defesa dos genes egoístas], do qual retirei a citação acima.

Não posso deixar de dizer que os comentários políticos ocasionais presentes neste capítulo me causam certo incômodo, ao relê-los em 1989. "Quantas vezes, nos últimos anos, isso [que é necessário restringir a ganância egoísta para evitar a destruição do grupo] foi dito aos trabalhadores britânicos?" (p. 48) faz com que eu soe como um conservador! Em 1975, quando escrevi essa frase, o governo socialista que eu ajudara a eleger lutava desesperadamente contra uma inflação de 23% e estava obviamente preocupado com as reivindicações de aumentos salariais. O meu comentário poderia ter sido retirado do discurso de qualquer ministro trabalhista daquela época. Agora que a Grã-Bretanha tem um governo da nova direita, que elevou a mesquinharia e o egoísmo à categoria de ideologia, as minhas palavras parecem ter adquirido, por associação, um tom desumano, o que eu lamento. Não que eu queira voltar atrás no que disse. O egoísmo míope continua a ter as consequências indesejáveis que mencionei. Mas, hoje em dia, se procurássemos exemplos desse tipo de egoísmo na Grã-Bretanha, certamente não seria para a classe trabalhadora que olharíamos em primeiro lugar. A bem da verdade, a melhor coisa a fazer num trabalho científico é, provavelmente, evitar ao máximo os comentários políticos, em razão da notável velocidade com que eles se tornam datados. Por exemplo, os textos de J. B. Haldane e Lancelot Hogben, cientistas politicamente conscientes da década de 1930, ficaram significativamente descaracterizados pelas farpas anacrônicas que contêm.

3. Tomei conhecimento deste fato insólito a respeito dos insetos machos durante um seminário sobre os tricópteros apresentado por um colega. Ele comentou que gostaria de criá-los em cativeiro, mas, por mais que tentasse, não conseguia persuadi-los a acasalar. O professor de entomologia, sentado à primeira fila, então resmungou, como se fosse a coisa mais óbvia do mundo: "Já experimentou cortar-lhes a cabeça?".

4. Desde o momento em que escrevi este manifesto da seleção gênica tenho me sentido em dúvida quanto à existência ou não de algum *tipo* de seleção em um nível mais elevado durante o longo curso da evolução. Apresso-me a esclarecer que, quando digo "nível mais elevado", essa expressão nada tem a ver com a "seleção de grupo". Refiro-me a algo muito mais sutil e muito mais interessante. O meu pressentimento atual é o de que não somente existem organismos individuais mais capazes de sobreviver do que outros, como também existem classes inteiras de organismos capazes de *evoluir* melhor do que outras. É claro que a evolução de que estamos falando aqui continua a ser a boa e velha evolução mediada pela seleção dos genes. As mutações ainda são favorecidas pelo seu impacto na sobrevivência e no sucesso reprodutivo dos indivíduos. Mas uma mutação decisiva no plano embrionário básico pode também abrir as comportas para a radiação da evolução durante os milhões de anos subsequentes. Pode ser que exista um tipo de seleção, em um nível mais elevado, para os desenhos embrionários que conduzem à evolução: uma seleção que favoreça a "evolutibilidade". Esse tipo de seleção pode até mesmo ser cumulativo, e, portanto, progressivo, de maneiras que a seleção de grupo não é. Tais ideias foram apresentadas em meu artigo "The evolution of evolvability" [A evolução da evolutibilidade], largamente inspirado pela experiência de jogar com o programa de computador que simula aspectos da evolução, e que leva o nome de "Relojoeiro Cego".

2. OS REPLICADORES (PP. 54-66)

1. Existem muitas teorias sobre a origem da vida. Em vez de discutir cada uma delas, o que fiz em *O gene egoísta* foi optar por apenas uma para ilustrar a ideia principal. Mas eu não gostaria de dar a impressão de que a que escolhi é a única candidata séria, ou mesmo a melhor. Com efeito, em *O relojoeiro cego*,

escolhi deliberadamente outra teoria para o mesmo propósito, a teoria da argila, de A. G. Cairns-Smith. Não me comprometi, em nenhum dos livros, com a hipótese particular escolhida. Se escrevesse outro livro sobre o assunto, provavelmente aproveitaria a oportunidade para explicar um terceiro ponto de vista sobre a matéria, da autoria do químico e matemático alemão Manfred Eigen e colegas. Aquilo que estou sempre buscando transmitir é algo sobre as propriedades fundamentais que devem estar no centro de uma boa teoria da origem da vida em qualquer planeta, especialmente a ideia de entidades genéticas autorreplicadoras.

2. Alguns correspondentes, consternados, me interpelaram a respeito da tradução errônea de "jovem mulher" por "virgem" na profecia bíblica e exigiram um esclarecimento da minha parte. Ferir suscetibilidades religiosas é uma atividade arriscada nos dias que correm, portanto o melhor que tenho a fazer é prestar tal esclarecimento. A bem da verdade, eu o faço com prazer, pois os cientistas nunca se fartam de despender horas e horas na biblioteca se entregando a uma verdadeira nota de rodapé acadêmica. De fato, o ponto em questão é bem conhecido dos estudiosos da Bíblia, e não constitui motivo de discórdia entre eles. A palavra hebraica no livro de Isaías é צלמה (*almah*), que significa, inequivocamente, "jovem mulher", sem nenhuma implicação de virgindade. Se o texto original tivesse a intenção de dizer "virgem", poderia ter sido empregado, alternativamente, o termo בְּתוּלָה (*bethulah*) (a palavra "maiden", do inglês, que é ambígua, ilustra como se pode facilmente deslizar de um significado para o outro). A "mutação" ocorreu quando a tradução grega pré-cristã do Antigo Testamento, conhecida como a Septuaginta, interpretou *almah* como παρθένος (*parthenos*), termo que na realidade designa, usualmente, uma virgem. Mateus (não o apóstolo e contemporâneo de Jesus, é claro, mas o autor do *Evangelho segundo são Mateus*, escrito muito tempo depois) cita Isaías, no que parece ser uma derivação da versão da Septuaginta (das quinze palavras em grego, somente duas são diferentes), quando ele diz: "Ora, tudo isto aconteceu para que se cumprisse o que fora dito pelo Senhor por intermédio do profeta: 'Eis que uma virgem conceberá e dará à luz um filho, e ele será chamado pelo nome de Emanuel'". É amplamente aceito entre os estudiosos do cristianismo que a história segundo a qual Jesus nasceu de uma virgem foi uma interpolação tardia, provavelmente introduzida pelos discípulos de língua grega, de tal maneira que a profecia (mal traduzida) parecesse se cumprir. As versões modernas como a *New English Bible* adotam a expressão correta "jovem mulher" no livro de Isaías. A palavra "virgem" é mantida no *Evangelho segundo são Mateus*, também corretamente, pois, neste caso, a tradução foi feita a partir do grego.

3. Esta passagem rebuscada (uma indulgência rara — ou melhor, relativamente rara) tem sido citada inúmeras vezes como a evidência comprovada

do meu "determinismo genético" radical. Parte do problema reside nas associações populares, porém equivocadas, que se fazem com a palavra "robô". Estamos na idade de ouro da eletrônica, e os robôs já deixaram há muito de ser os imbecis rigidamente inflexíveis que foram um dia. Pelo contrário, hoje mostram-se capazes de aprender, e são inteligentes e criativos. Ironicamente, já em 1920, quando Karel Capek cunhou o termo, os "robôs" eram seres mecânicos que acabavam por demonstrar sentimentos humanos e eram capazes de se apaixonar. As pessoas que julgam que, por definição, há mais "determinismo" nos robôs do que nos seres humanos estão equivocadas (a menos que sejam pessoas religiosas, caso em que talvez sustentem coerentemente que os humanos receberam o dom divino do livre-arbítrio, algo que é negado às meras máquinas). Se, tal como a maioria dos críticos desta passagem sobre os "desajeitados robôs", o leitor não for religioso, peço a ele que reflita sobre a seguinte questão: que diabo você pensa que é, senão um robô, ainda que se trate de um robô bastante complicado? Discuti esse problema em *The extended phenotype*, pp. 15-7.

O equívoco foi agravado por outra "mutação" reveladora. Do mesmo modo como nos pareceu teologicamente necessário que Jesus nascesse de uma virgem, também parece ser demonologicamente necessário que qualquer "determinista genético" que mereça esse nome deve necessariamente acreditar que os genes "controlam" todos os aspectos do nosso comportamento. Escrevi, a propósito dos replicadores genéticos: "Eles nos criaram, o nosso corpo e a nossa mente" (p. 66). Essa passagem foi convenientemente mal citada (por exemplo, em *Not in our genes* [Não nos nossos genes], de Rose, Kamin e Lewontin (p. 287), e, antes, num artigo acadêmico de Lewontin) e ficou assim: "[Eles] nos *controlam*, o nosso corpo e a nossa mente" (ênfase minha). No contexto do meu capítulo, penso que fica bastante óbvio o que quero dizer com "criaram" e se trata de algo muito diferente de "controlam". Qualquer um pode ver que, na realidade, os genes não controlam suas criações no sentido forte criticado como "determinismo". Nós os desafiamos sem dificuldades (bem, relativamente sem dificuldades) cada vez que empregamos métodos de contracepção.

3. ESPIRAIS IMORTAIS (PP. 67-105)

1. Aqui, e também nas pp. 166-71, encontra-se a minha resposta aos críticos do "atomismo" genético. A rigor, trata-se mais de uma antecipação do que de uma resposta, uma vez que ela é anterior à crítica! Lamento que seja necessário citar a mim mesmo tão longamente, mas é inquietante a facilidade com que se passa por cima das passagens relevantes de *O gene egoísta*! Por exemplo, em "Grupos protetores e genes egoístas" (no livro *The panda's thumb* [O pole-

gar do panda], S. J. Gould escreveu: "Não há nenhum gene 'para' esses pedaços inequívocos de morfologia, como sua rótula esquerda ou suas unhas. Os corpos não podem ser atomizados em partes, cada uma delas construída por um gene individual. Centenas de genes contribuem para a construção de muitas partes do corpo...".

Gould fez essa afirmação numa crítica a *O gene egoísta*. Mas vejamos agora o que foi que eu disse realmente (p. 72):

> A fabricação de um corpo é um empreendimento cooperativo de uma complexidade tão grande que é quase impossível distinguir a contribuição de um gene da contribuição de um outro. Um gene em particular terá muitos efeitos diferentes em partes completamente diferentes do corpo. Uma determinada parte do corpo será influenciada por um amplo número de genes e o efeito de qualquer um deles dependerá da sua interação com muitos outros.

E, uma vez mais (pp. 91-2):

> Por mais independentes e livres que sejam na sua viagem ao longo das gerações, os genes *não são*, na realidade, agentes livres e independentes no seu controle do desenvolvimento embrionário. Eles interagem e colaboram de maneiras inextricavelmente complexas uns com os outros e também com o ambiente que os cerca. Expressões como "gene para pernas compridas" ou "gene para o comportamento altruísta" são figuras de linguagem convenientes, contudo é importante compreender seu significado. Não existe nenhum gene que, por si só, construa uma perna, seja ela curta, seja comprida. A construção de uma perna é um empreendimento cooperativo envolvendo muitos genes. As influências do ambiente externo são, também elas, indispensáveis: afinal, as pernas são feitas de alimento! Todavia, pode muito bem haver um único gene que, *mantendo-se constantes os demais fatores*, tenda a fazer pernas mais compridas do que elas seriam se estivessem sob a influência do seu alelo.

Desenvolvi ainda mais esse ponto de vista no meu parágrafo seguinte, por meio de uma analogia com os efeitos do fertilizante no crescimento do trigo. É quase como se Gould estivesse tão seguro, de antemão, de que eu teria de ser um atomista ingênuo, que deixou de notar as extensas passagens em que defendo exatamente o mesmo ponto de vista acerca da interação sobre o qual ele viria a insistir mais tarde.

Gould prossegue: "Dawkins precisará recorrer a outra metáfora: genes conspirando, formando alianças, mostrando deferência pela oportunidade de se juntarem num pacto, sondando os cenários prováveis".

Na analogia com os remadores (pp. 166-9), eu já havia feito precisamente o que Gould veio a recomendar depois. A leitura desta passagem permite também entender por que Gould, apesar de concordarmos em tanta coisa, se mostra equivocado ao assumir que a seleção natural "aceita ou rejeita organismos inteiros porque os conjuntos de partes, interagindo de maneiras complexas, conferem vantagens". A verdadeira explicação da "cooperatividade" dos genes é que:

> Os genes são selecionados não por serem "bons" isoladamente, e sim por funcionarem bem em relação ao pano de fundo dos outros genes no pool gênico. Um gene bom deve ser compatível com e complementar aos outros genes com que tem de compartilhar uma longa sucessão de corpos. (pp. 166-7)

Escrevi uma resposta mais completa a essas críticas de atomismo genético em *The extended phenotype*, particularmente nas pp. 116-7 e 239-47.

2. As palavras exatas de Williams, em *Adaptation and natural selection*, são:

> Utilizo aqui o termo gene para designar "aquilo que se separa e que se recombina com uma frequência apreciável". [...] Um gene poderia ser definido como qualquer informação hereditária para a qual exista uma tendência seletiva — favorável ou desfavorável — com uma amplitude algumas ou muitas vezes maior do que a sua velocidade de mudança endógena.

O livro de Williams é hoje larga e justificadamente reconhecido como um clássico, respeitado por "sociobiólogos" e por críticos da sociobiologia. Acredito ser bastante claro que Williams nunca pensou em si mesmo como defensor de um ponto de vista novo ou revolucionário com a sua teoria da "seleção gênica", assim como eu também não pensava em 1976. Nós dois acreditávamos que estávamos simplesmente reafirmando um princípio fundamental de Fisher, Haldane e Wright, os fundadores do "neodarwinismo" na década de 1930. Contudo, talvez devido à nossa linguagem intransigente, algumas pessoas, inclusive o próprio Sewall Wright, fizeram objeções à nossa visão de que "o gene é a unidade da seleção". A razão básica é que a seleção natural vê os organismos, e não os genes que eles contêm. A minha réplica a perspectivas como a defendida por Wright encontra-se em *The extended phenotype*, particularmente nas pp. 238-47. As considerações mais recentes de Williams a propósito da questão do gene como unidade de seleção, apresentadas em seu artigo "Defense of reductionism in evolutionary biology" [Defesa do reducionismo na biologia evolutiva], são, como sempre, penetrantes. Recentemente, alguns filósofos, como D. L. Hull, K. Sterelny e P. Kitcher, e M. Hampe e S. R. Morgan, deram contribuições valiosas para o esclarecimento da questão das "unidades de seleção". Infelizmente, há outros filósofos que só têm contribuído para torná-la mais obscura.

3. Seguindo os passos de Williams, conferi uma importância exagerada aos efeitos fragmentadores da meiose na minha argumentação de que o organismo individual não pode desempenhar o papel de replicador na seleção natural. Vejo hoje que isso era só metade da história. A metade restante foi delineada em *The extended phenotype* (pp. 97-9) e no meu artigo "Replicators and vehicles" [Replicadores e veículos]. Se os efeitos de fragmentação da meiose fossem a história completa, um organismo de reprodução assexuada, como um bicho-pau fêmea, seria um verdadeiro replicador, uma espécie de gene gigante. No entanto, se ocorrer uma mudança num bicho-pau — se ele perder uma pata, por exemplo —, a mudança não será transmitida às gerações futuras. Apenas os genes são transmitidos ao longo das gerações, seja a reprodução sexuada ou assexuada. Os genes, portanto, são realmente replicadores. No caso de um bicho-pau assexuado, o genoma completo (o conjunto de todos os seus genes) é um replicador, mas não o próprio inseto. O corpo de um bicho-pau não é moldado a partir de uma réplica do corpo da geração precedente. Em cada nova geração, ele se forma de novo desde a estaca zero, a partir de um ovo, sob a direção do seu genoma, o qual é uma réplica do genoma da geração anterior.

Todas as cópias impressas deste livro serão iguais. Serão réplicas, mas não replicadores. E serão réplicas, não porque tenham se copiado umas às outras, e sim porque terão, todas, copiado as mesmas chapas de impressão. Elas não formam uma linhagem de cópias, em que alguns livros são antepassados de outros. Poderíamos falar numa linhagem de cópias se xerocássemos uma página de um livro, e então xerocássemos o xerox, e depois xerocássemos o xerox do xerox, e assim sucessivamente. Numa linhagem desse tipo, existiria realmente uma relação entre antepassados e descendentes. Uma mancha que aparecesse nalgum ponto ao longo da série seria partilhada pelas páginas descendentes, porém não pelas ancestrais. Uma série ancestral/descendente do gênero tem condições potenciais de evoluir.

Superficialmente, os corpos das gerações sucessivas de bichos-pau parecem constituir uma linhagem de réplicas. Todavia, se produzirmos uma mudança experimental num dos membros da linhagem (arrancando uma de suas patas, por exemplo), a modificação não se transmitirá ao longo dela. Em contraste, se produzirmos uma mudança experimental num membro da linhagem dos genomas (por exemplo, através de raios X), a mudança será transmitida aos descendentes. Esta, mais do que o efeito fragmentador da meiose, é a razão fundamental pela qual afirmo que o organismo individual não é a "unidade da seleção" — não é um verdadeiro replicador. Trata-se de uma das consequências mais importantes do fato, universalmente reconhecido, de que a teoria "lamarckiana" da hereditariedade é falsa.

4. Fui criticado (não por Williams, é claro, nem sequer com o seu conhecimento) por atribuir a P. B. Medawar a teoria do envelhecimento, no lugar de atribuí-la a G. C. Williams. É verdade que muitos biólogos, em especial nos Estados Unidos, conhecem a teoria principalmente por meio do artigo de Williams, "Pleiotropy, natural selection, and the evolution of senescence" [Pleiotropia, seleção natural e a evolução da senescência], publicado em 1957. Também é verdade que Williams elaborou a sua teoria para além do tratamento dado antes por Medawar. Entretanto, o meu critério baseia-se no fato de Medawar ter alinhavado o núcleo essencial da teoria em 1952, em *An unsolved problem in biology* [Um problema não resolvido em biologia], e em 1957, em *The uniqueness of the individual* [A unicidade do indivíduo]. É importante acrescentar que o desenvolvimento da teoria empreendido por Williams é de grande valia, uma vez que torna claro um passo necessário do argumento (a importância da "pleiotropia" ou os efeitos de múltiplos genes) que Medawar não havia enfatizado de forma explícita. Recentemente, W. D. Hamilton levou esse tipo de teoria ainda mais longe no seu artigo "The moulding of senescence by natural selection" [A modelagem da senescência pela seleção natural]. A propósito, já recebi muitas cartas interessantes escritas por médicos, mas acredito nunca ter recebido nenhuma que comentasse as minhas especulações acerca da possibilidade de "enganarmos" os genes no que diz respeito à idade do corpo em que eles se encontram (p. 99). Continuo achando que não se trata de uma ideia tola, e, caso esteja correta, ela não seria importante do ponto de vista médico?

5. A questão sobre a vantagem do sexo permanece intrigante, a despeito do aparecimento de alguns livros a respeito que dão o que pensar, especialmente os de M. T. Ghiselin, G. C. Williams, J. Maynard Smith e G. Bell, e também o volume organizado por R. Michod e B. Levin. Para mim, a ideia nova mais palpitante é a teoria dos parasitas de W. D. Hamilton, explicada em linguagem não técnica por Jeremy Cherfas e John Gribbin em *The redundant male* [O macho redundante].

6. A minha sugestão de que o DNA excedente, não traduzido, poderia ser um parasita agindo em interesse próprio foi aproveitada e desenvolvida pelos biólogos moleculares (ver os artigos de autoria de Orgel e Crick e de Doolittle e

Sapienza) sob o bordão de "DNA egoísta". S. J. Gould, em *Hen's teeth and horse's shoes* [A galinha e seus dentes], faz a reivindicação provocadora (para mim!) de que, a despeito das origens históricas da ideia do DNA egoísta, "as teorias do gene egoísta e do DNA egoísta não poderiam ser mais diferentes nas estruturas explicativas que as geraram". A meu ver, o raciocínio de Gould é incorreto, mas interessante. A propósito, como ele teve a gentileza de me dizer, isso é o que ele em geral pensa a respeito do meu próprio raciocínio. Após um preâmbulo em que fala de "reducionismo" e de "hierarquia" (o que, como é habitual, não considerei nem incorreto nem interessante), Gould prossegue: "Os genes egoístas de Dawkins aumentam em frequência porque eles provocam efeitos nos organismos, ajudando-os na sua luta pela existência. O DNA egoísta aumenta em frequência precisamente pela razão oposta — porque não tem efeito algum nos organismos...".

Percebo a distinção que Gould faz aqui, mas não consigo vê-la como uma distinção fundamental. Pelo contrário, continuo a considerar o DNA egoísta um caso especial da teoria do gene egoísta, que foi como a ideia do DNA egoísta surgiu originalmente. (Este ponto de vista, de que o DNA egoísta seja um caso especial, talvez se mostre ainda mais claro na p. 315 deste livro do que na passagem à p. 103 citada por Doolittle e Sapienza e por Orgel e Crick. Aliás, Doolittle e Sapienza utilizam a expressão "genes egoístas", no lugar de "DNA egoísta", no título do seu trabalho.) Deixe-me responder a Gould com a seguinte analogia. Os genes que fazem com que as vespas tenham listras pretas e amarelas aumentam em frequência porque esse padrão colorido (de "aviso") estimula poderosamente os cérebros dos outros animais. Os genes que dão aos tigres as suas listras pretas e amarelas aumentam em frequência "exatamente pela razão contrária" — porque, idealmente, esse padrão de cores críptico não estimula de forma alguma os cérebros dos outros animais. Há, com efeito, uma distinção aqui bastante parecida (em um nível hierárquico diferente!) com aquela feita por Gould, porém se trata de uma distinção sutil, de pormenor. Dificilmente poderíamos afirmar que os dois casos "não poderiam ser mais diferentes nas estruturas explicativas que os geraram". Orgel e Crick acertam em cheio quando fazem a analogia entre o DNA egoísta e os ovos do cuco: afinal, os ovos do cuco não são detectados justamente porque se parecem com os ovos dos seus hospedeiros.

A propósito, a última edição do *Oxford English dictionary* lista um novo significado de "egoísta" como "De um gene ou de material genético: tendendo a perpetuar-se ou a disseminar-se, embora não provoque nenhum efeito no fenótipo". Trata-se de uma definição admiravelmente concisa do "DNA egoísta", e a segunda citação de apoio que o dicionário apresenta diz respeito, de fato, ao DNA egoísta. Na minha opinião, entretanto, a frase final, "embora não provoque nenhum efeito no fenótipo", é infeliz. Os genes egoístas *podem* não provocar efeitos no fenótipo, mas muitos deles provocam. Os lexicógrafos poderiam argumentar que tinham a intenção de limitar o significado ao "DNA egoísta", que realmente não tem nenhum efeito fenotípico. Contudo, a primeira citação de apoio, que é extraída de *O gene egoísta*, inclui os genes egoístas que têm efeitos fenotípicos. Longe de mim, porém, colocar em questão a honra de ser citado no *Oxford English dictionary*!

Discuti em maior profundidade a questão do DNA egoísta em *The extended phenotype* (pp. 156-64).

4. A MÁQUINA GÊNICA (PP. 106-37)

1. Afirmações como esta preocupam os críticos que pensam em termos excessivamente literais. É evidente que eles estão certos em dizer que os cérebros diferem dos computadores em muitos aspectos. Seus métodos de funcionamento interno, por exemplo, são muito diferentes daqueles dos métodos do tipo particular de computadores que a nossa tecnologia desenvolveu. Mas isso não diminui a verdade da minha afirmação de que eles são análogos em função. Funcionalmente, o cérebro desempenha o mesmo papel de um computador de bordo — processamento de informações, reconhecimento de padrões, armazenamento de informações de curta e de longa duração, coordenação das operações etc.

Já que estamos falando de computadores, devo dizer que as minhas observações a respeito deles se tornaram auspiciosamente — ou assustadoramente, dependendo do ponto de vista — desatualizadas. Escrevi (p. 110) que, "dentro de um crânio, não caberiam mais do que apenas algumas centenas de transistores". Atualmente, os transistores estão ligados uns aos outros em circuitos integrados. O número de equivalentes do transistor que poderíamos acondicionar dentro de um crânio, hoje, deve chegar à casa dos trilhões. Afirmei também (p. 115) que os computadores que jogam xadrez haviam atingido o nível de um bom jogador amador. No presente, os programas de xadrez que derrotam quase qualquer jogador, exceto aqueles com efeito muito experientes, são lugar-comum em computadores pessoais baratos, e os melhores programas existentes representam um sério desafio aos grandes mestres. Vejamos, por exemplo, o que diz Raymond Keene, o especialista em xadrez da revista *Spectator's*, na edição de 7 de outubro de 1988:

> Continua a ser uma sensação que um jogador realmente conceituado seja derrotado por um computador, mas talvez não por muito tempo. O mais

perigoso monstro de metal que até hoje desafiou o cérebro humano foi batizado com o nome curioso e antiquado de "Deep Thought" [Pensador Profundo], sem dúvida em homenagem a Douglas Adams. A última façanha do Deep Thought foi aterrorizar seus adversários humanos no campeonato aberto dos Estados Unidos, que ocorreu em Boston no último mês de agosto. Ainda não tenho em mãos os números do desempenho total do DT, os quais constituirão a prova cabal do seu sucesso numa competição aberta no sistema suíço, mas assisti a sua impressionante vitória contra o forte jogador canadense Igor Ivanov, um homem que já derrotou Karpov! Vale a pena acompanhar com atenção, pois este pode ser o futuro do xadrez.

Segue-se a isso a descrição da partida, lance a lance. Eis a reação de Keene à jogada 22 do Deep Thought: "Um lance maravilhoso... A ideia é centralizar a rainha... e a estratégia o leva ao sucesso com uma rapidez extraordinária... O resultado é surpreendente... A ala da rainha das pretas fica absolutamente demolida pela penetração da rainha".

A resposta de Ivanov a esse lance é descrita como "uma tentativa desesperada, que o computador desdenha por completo... A humilhação total. O DT ignora a retomada da rainha, encaminhando-se para um abrupto xeque-mate... As pretas desistem".

Não é apenas o fato de o Deep Thought ser um dos melhores jogadores de xadrez do mundo que me parece extraordinário. O que considero realmente digno de nota é o modo como o comentador se vê compelido a empregar, com relação a ele, uma linguagem carregada de atributos típicos da consciência humana. O Deep Thought "desdenha por completo" a "tentativa desesperada" de Ivanov. O Deep Thought é descrito por Keene como "agressivo". Keene faz referência à "esperança" de Ivanov de obter algum sucesso, mas a forma como descreve a partida sugere que ele usaria de bom grado uma palavra desse tipo para o Deep Thought. Pessoalmente, eu ficaria muito satisfeito de ver um programa de computador vencer o campeonato mundial. A humanidade necessita de uma lição de humildade.

2. *Ameaça de Andrômeda* e sua continuação, *Nōva ameaça de Andrômeda*, não revelam de modo consistente se a civilização alienígena provém da *galáxia* de Andrômeda, extraordinariamente longínqua, ou de uma estrela mais próxima, situada na constelação de Andrômeda, como afirmei no livro. No primeiro romance, o planeta encontra-se localizado a duzentos anos-luz de distância, nos confins da nossa própria galáxia. Na sequência, contudo, os mesmos alienígenas estão situados na galáxia de Andrômeda, a cerca de 2 milhões de anos-luz de distância de nós. Deixo aos meus leitores a decisão de substituir "du-

zentos" por "2 milhões", se desejarem, na p. 117. Para o meu propósito, a relevância da história permanece a mesma.

Fred Hoyle, o autor veterano dos dois romances, é um astrônomo eminente* e é também o autor do meu livro de ficção científica predileto, *A nuvem negra*. A admirável sagacidade científica presente nas suas obras contrasta profundamente com a enxurrada de livros mais recentes que ele escreveu em conjunto com C. Wickramasinghe. A sua visão deturpada do darwinismo (como uma teoria do acaso puro) e seus ataques virulentos ao próprio Darwin não contribuem em nada para suas especulações acerca das origens interestelares da vida, que, não fosse por isso, seriam intrigantes (ainda que implausíveis). Os editores deveriam se encarregar de corrigir o equívoco de que a excelência de um estudioso numa área implica autoridade em outra. E, dado que o equívoco existe, os estudiosos consagrados deveriam resistir à tentação de abusar dele.

3. Esse modo estratégico de falar sobre um animal, uma planta ou um gene, como se planejassem conscientemente a melhor maneira de aumentar o seu sucesso — por exemplo, descrevendo "os machos como jogadores que fazem apostas altas e arriscadas, e as fêmeas como investidores seguros" (p. 123) —, tornou-se lugar-comum entre os biólogos da atualidade. Trata-se de uma linguagem conveniente e inofensiva, a não ser que caia inadvertidamente nas mãos de pessoas despreparadas para compreendê-la, ou, talvez, de pessoas demasiado preparadas que a interpretem equivocadamente. Por exemplo, não consigo encontrar outro sentido plausível para um artigo que critica *O gene egoísta*, publicado na revista *Philosophy* por uma pessoa chamada Mary Midgley, cuja primeira frase é exemplarmente típica: "Os genes não podem ser egoístas ou altruístas, do mesmo modo como os átomos não podem ser ciumentos, os elefantes abstratos ou os biscoitos teleológicos". O meu próprio artigo "In defence of selfish genes" [Em defesa dos genes egoístas], publicado num número subsequente da mesma revista, constitui uma resposta completa a esse artigo incidentalmente tão destemperado e maldoso. Parece que algumas pessoas, excessivamente dotadas pela sua educação com as ferramentas da filosofia, não conseguem resistir à tentação de intrometer a sua bagagem intelectual em lugares nos quais ela não é de nenhuma utilidade. Isso me faz recordar do comentário de P. B. Medawar a respeito dos atrativos da "ficção filosófica" para "uma vasta população de pessoas, quase sempre com gostos literários e intelectuais bastante bem desenvolvidos, que receberam uma educação que vai muito além da sua capacidade de fazer uso do pensamento analítico".

4. Na minha Gifford Lecture, proferida em 1988 e intitulada "Worlds of microcosm" [Mundos do microcosmo], discuti a ideia da simulação dos mun-

---

* Fred Hoyle, nascido em 1915, faleceu em 2001. (N. T.)

dos pelo cérebro. Embora ainda não esteja claro para mim se essa discussão pode realmente representar uma ajuda em relação ao espinhoso problema da consciência, confesso ter ficado satisfeito em saber que ela foi objeto da atenção de Sir Karl Popper na sua Darwin Lecture. O filósofo Daniel Dennett formulou uma teoria da consciência que leva ainda mais longe a metáfora da simulação pelo computador. Para entendê-la, é preciso compreender dois conceitos técnicos do mundo dos computadores: a ideia de máquina virtual e a distinção entre processadores seriais e processadores em paralelo. Terei de me desvencilhar primeiro da explicação dessas duas ideias.

Um computador é uma máquina real, um conjunto de componentes eletrônicos físicos contido numa caixa. Mas em qualquer instante dado ele executa um programa que faz com que se pareça com outra máquina, uma máquina virtual. Isso se aplica a todos os computadores, há muito tempo, porém os mais recentes, "de uso intuitivo", o demonstram de maneira especialmente clara. No momento em que escrevo, a opinião unânime é de que a Apple-Macintosh é a marca líder no segmento dos computadores "de uso intuitivo". Seu sucesso se deve a um conjunto de programas que fazem com que a verdadeira máquina — cujos mecanismos são, como em todo computador, proibitivamente complicados e muito pouco compatíveis com a intuição humana — *se pareça* com um tipo de máquina diferente: uma máquina virtual, especificamente projetada para trabalhar em conjunção com o cérebro e a mão humanos. A máquina virtual conhecida como "Interface com o Usuário", da Macintosh, é reconhecidamente uma máquina. Tem botões para apertar e controles deslizantes, como um aparelho de som. Entretanto, é uma máquina *virtual*. Os botões e os controles não são feitos de metal ou de plástico. São figuras numa tela, e nós os apertamos ou os fazemos deslizar através do movimento de um dedo virtual que também se vê na tela. Como seres humanos, sentimos que estamos no controle, pois estamos habituados a mover coisas com nossos dedos. Por 25 anos eu tenho sido um programador e um usuário intensivo de uma ampla variedade de computadores digitais, e posso testemunhar que usar o Macintosh (ou uma das suas imitações) é uma experiência qualitativamente diferente de usar qualquer tipo de computador anterior. Existe uma afinidade natural que permite usá-lo sem esforço, quase como se a máquina virtual fosse uma extensão do nosso corpo. É extraordinário quanto a máquina virtual nos permite usar a intuição em vez de ter de recorrer ao manual.

Passo agora à outra ideia preliminar que necessitamos importar da ciência da computação, a ideia dos processadores seriais e em paralelo. Os computadores digitais de hoje são, na grande maioria, processadores seriais, com um núcleo processador central, um único gargalo eletrônico através do qual todos os dados têm de passar ao serem manipulados. Eles podem criar a ilusão de que fazem muitas coisas ao mesmo tempo, uma vez que são extremamente rápidos. Um computador serial é como um mestre de xadrez jogando "simultaneamente" com vinte adversários, mas que, na realidade, se alterna entre eles. Ao contrário do mestre de xadrez, o computador roda entre as suas várias tarefas tão veloz e silenciosamente que cada usuário humano tem a ilusão de desfrutar da sua atenção exclusiva. Basicamente, porém, o computador atende a seus usuários em série.

Recentemente, na busca por velocidades de desempenho cada vez mais vertiginosas, os engenheiros construíram máquinas genuínas de processamento em paralelo. Uma delas é o Supercomputador de Edimburgo, que há pouco tive o privilégio de visitar. Ele consiste num arranjo em paralelo de várias centenas de "transputadores", cada um equivalente em potência a um computador pessoal atual. O supercomputador trabalha subdividindo o problema proposto em tarefas menores, que podem ser resolvidas independentemente, e delegando as tarefas a grupos de transputadores. Estes tomam o subproblema, resolvem-no, entregam o seu resultado e comunicam que estão prontos para uma nova tarefa. Enquanto isso, outros grupos de transputadores estão informando suas soluções, de modo que o supercomputador chega à resposta final com uma velocidade muitas ordens de magnitude maior do que a de um computador serial normal.

Afirmei que um computador serial pode criar a ilusão de ser um processador em paralelo, alternando sua "atenção" entre diversas tarefas com muita rapidez. Poderíamos dizer que no hardware serial existe um processador em paralelo *virtual*. Dennett formula a ideia de que o cérebro humano fez exatamente o oposto. O hardware do cérebro é essencialmente paralelo, como aquele da máquina de Edimburgo. Ele executa um software concebido para criar a ilusão de processamento serial: uma máquina virtual de processamento serial funcionando sobre a arquitetura paralela. O traço saliente da experiência subjetiva do pensamento, afirma Dennett, é o fluxo da consciência serial "joyceano", do tipo "uma-coisa-após-a-outra". Ele acredita que a experiência de disposição em série está ausente na maioria dos animais, que utilizam o cérebro diretamente em seu modo de processamento paralelo, inato. Não há dúvida de que também o cérebro humano usa a sua arquitetura paralela diretamente para muitas tarefas rotineiras de manutenção de uma máquina de sobrevivência complexa. Além disso, ele desenvolveu um software virtual para simular a ilusão de um processador serial. A mente, com seu fluxo de consciência em série, é uma máquina virtual, uma maneira de sentir o cérebro "de uso intuitivo", assim como a "Interface com o Usuário" é uma maneira amigável de experimentar o computador real no interior de sua caixa cinzenta.

Não é óbvia a razão por que nós, humanos, necessitamos de uma máquina serial virtual, quando outras espécies parecem bastante satisfeitas com suas singelas máquinas em paralelo. Talvez haja algo de fundamentalmente serial nas tarefas mais difíceis que um ser humano, na natureza, é chamado a executar, ou talvez Dennett esteja errado em nos considerar um caso especial. Ele acredita também que o desenvolvimento do software serial foi um fenômeno largamente cultural, e, uma vez mais, não me parece óbvio por que isso seria particularmente provável. Devo acrescentar, no entanto, que, na altura em que escrevo, o artigo de Dennett não foi ainda publicado e que a minha explicação se baseia unicamente nas minhas lembranças de sua Jacobsen Lecture em Londres, em 1988. Aconselho o leitor a consultar a explicação do próprio Dennett, quando for publicada, no lugar de se basear na minha, que é sem dúvida imperfeita e impressionista — e talvez até mesmo um pouco embelezada.

O psicólogo Nicholas Humphrey também desenvolveu uma hipótese tentadora de como a evolução da capacidade de simular pode ter levado ao desenvolvimento da consciência. No seu livro intitulado *The inner eye* [O olho interior], Humphrey defende a ideia de que os animais altamente sociais, como nós e os chimpanzés, necessitam tornar-se exímios psicólogos. Os cérebros precisam simular muitos aspectos do mundo, mas na maioria eles se mostram muito simples quando comparados com os próprios cérebros. Um animal social vive cercado por seus semelhantes, num mundo de parceiros, rivais, companheiros e inimigos. Para sobreviver e prosperar num mundo como esse, temos de nos tornar bons em prever o que esses outros indivíduos farão no momento seguinte. Prever o que vai acontecer no mundo inanimado é uma tarefa muito fácil, comparada com a previsão do que vai acontecer no mundo social. Os psicólogos acadêmicos, trabalhando segundo os moldes científicos, não são lá muito bons em prever o comportamento humano. Os parceiros sociais, utilizando movimentos quase imperceptíveis dos músculos faciais e outros sinais bastante sutis, são quase sempre extraordinariamente bons na leitura da mente e na antecipação de comportamentos. Humphrey acredita que essa competência "psicológica natural" se desenvolveu enormemente nos animais sociais, quase como se fosse um olho extra ou outro órgão complicado. O "olho interior" é esse órgão psicossocial desenvolvido, do mesmo modo como o olho exterior é o órgão visual.

Até este ponto, considero a argumentação de Humphrey convincente. Ele segue adiante na defesa de que o olho interior opera por autoinspeção. Cada animal olha para o interior de si mesmo, para seus sentimentos e emoções, como um meio de compreender os sentimentos e as emoções dos outros indivíduos. O órgão psicológico funciona por introspecção. Não estou certo de que isso nos ajude a compreender a consciência, mas, de todo modo, Humphrey escreve de maneira encantadora e seu livro é persuasivo.

5. As pessoas, às vezes, ficam extremamente contrariadas com a ideia de genes "para" o altruísmo ou para outro comportamento aparentemente compli-

cado. Elas pensam (de maneira equivocada) que, num certo sentido, a complexidade do comportamento deve estar encerrada no gene. Como pode existir um único gene para o altruísmo, perguntam, quando tudo o que um gene se limita a fazer é codificar uma cadeia de proteína? Mas, quando falamos num gene "para" alguma coisa, isso não quer dizer senão que uma *mudança* nesse gene acarreta uma *mudança* na tal coisa. Uma única *diferença* genética, por modificação de algum pormenor das moléculas nas células, provoca uma *diferença* nos processos embrionários, já bastante complexos por si mesmos, e, como consequência, digamos, no comportamento.

Por exemplo, nos pássaros, um gene mutante "para" o altruísmo fraternal não será certamente o único responsável por todo um novo padrão complexo de comportamento. Na verdade, ele irá alterar um padrão de comportamento existente e provavelmente bastante complicado. O precursor mais provável neste caso é o comportamento parental. Os pássaros em geral possuem o aparato nervoso complexo que é necessário para alimentar seus descendentes e tomar conta deles. Isso, por sua vez, foi construído ao longo de muitas gerações de uma evolução lenta, passo a passo, a partir dos seus antepassados. (A propósito, aqueles que se mostram céticos em relação à ideia de que existem genes para o cuidado fraternal são quase sempre incoerentes: por que eles não são céticos também em relação aos genes para o cuidado parental, igualmente complicado?) O padrão de comportamento preexistente — o cuidado parental, neste caso — será mediado por uma conveniente regra prática tal como "Alimente tudo aquilo que estiver grasnando e abrindo a boca em seu ninho". O gene "para alimentar os irmãos e irmãs menores" poderia então funcionar acelerando a idade em que essa regra prática amadurece no desenvolvimento. Um passarinho recém-emplumado que porte o gene fraternal como uma mutação nova simplesmente ativará a sua regra prática "parental" um pouco mais cedo do que um pássaro normal. Ele tratará tudo aquilo que estiver grasnando e abrindo a boca no ninho dos seus pais — seus irmãos e irmãs mais novos — como se fossem coisas grasnando e abrindo a boca no seu próprio ninho — seus filhos. Longe de ser uma inovação complicada e inédita no comportamento, o "comportamento fraternal" surgiria originalmente como uma ligeira variante no calendário do desenvolvimento de um comportamento já existente. Como é frequente, as falácias surgem quando nos esquecemos do caráter essencialmente gradual da evolução: o fato de que a evolução adaptativa procede por pequenas alterações, passo a passo, das estruturas ou comportamentos preexistentes.

6. Se o livro original tivesse contado com notas de rodapé, uma delas teria sido dedicada a explicar — como o próprio Rothenbuhler fez, escrupulosamente — que os resultados com as abelhas não foram assim tão precisos e bem

organizados. Entre as muitas colônias que, segundo a teoria, não deveriam apresentar comportamento higiênico, houve uma, no entanto, que o apresentou. Nas próprias palavras de Rothenbuhler: "Não podemos menosprezar este resultado, por mais que tivéssemos vontade de fazê-lo, mas baseamos a hipótese genética nos outros dados experimentais". Uma explicação possível para isso seria a ocorrência de uma mutação na colônia anômala, embora não seja muito provável.

7. Hoje, me sinto insatisfeito com esse tratamento da questão da comunicação animal. John Krebs e eu argumentamos em dois artigos que, na maioria, os sinais produzidos pelos animais não devem ser descritos como informativos ou como enganadores, e sim como *manipuladores*. Um sinal é um meio através do qual um animal utiliza o poder muscular de outro animal. O canto de um rouxinol não é uma informação, nem tampouco uma informação enganadora. Ele é um recurso oratório, persuasivo, hipnótico, que visa ao encantamento. Esse tipo de argumento é levado à sua conclusão lógica em *The extended phenotype* [O fenótipo estendido], que resumi parcialmente no capítulo 13 deste livro. Krebs e eu argumentamos que os sinais evoluem a partir da reciprocidade entre aquilo a que chamamos de leitura da mente e a manipulação. Uma abordagem surpreendentemente diferente de toda a questão dos sinais animais é aquela de Amotz Zahavi. Numa das notas ao capítulo 9, discuto os pontos de vista de Zahavi de um modo muito mais simpático do que na primeira edição deste livro.

5. AGRESSÃO: A ESTABILIDADE E A MÁQUINA EGOÍSTA (PP. 138-71)

1. Atualmente prefiro exprimir a ideia essencial de uma EEE de maneira mais econômica, como segue. Uma EEE é uma estratégia que se sai bem contra cópias de si mesma. O raciocínio é o seguinte. Uma estratégia bem-sucedida é aquela que é dominante na população. Por essa razão, ela tende a encontrar-se com cópias de si mesma. Assim, ela não continuará a ser bem-sucedida a menos que se saia bem contra cópias de si mesma. Essa definição não tem a precisão matemática da definição de J. Maynard Smith e não pode substituí-la, porque, na realidade, é uma definição incompleta. Mas tem a virtude de capturar, intuitivamente, a essência do que é uma EEE.

Essa concepção teórica é muito mais popular entre os biólogos hoje em dia do que quando este capítulo foi escrito. O próprio J. Maynard Smith resumiu seus desenvolvimentos até 1982 no seu livro *Evolution and the theory of games* [Evolução e teoria dos jogos]. Geoffrey Parker, outra das figuras destacadas deste campo, fez uma revisão da literatura que abrange um período um pouco mais recente. Robert Axelrod, em *The evolution of cooperation* [A evolução da cooperação], utiliza a teoria da EEE, mas não pretendo discuti-la aqui, uma vez que um dos novos capítulos acrescentados a este livro — "Os bons rapazes terminam em primeiro" — é amplamente dedicado à explicação do trabalho de Axelrod. Minhas próprias contribuições sobre a teoria da EEE, desde a primeira edição deste livro, encontram-se num artigo intitulado "Good strategy or evolutionarily stable strategy?" [Boa estratégia ou estratégia evolutivamente estável?] e nos artigos conjuntos sobre as vespas-escavadoras discutidos abaixo.

2. Infelizmente, esta afirmação estava errada. Havia um erro no artigo original de J. Maynard Smith e Price e eu o reproduzi neste capítulo, acentuando-o ainda mais ao fazer a afirmação bastante disparatada de que o sondador-retaliador é "quase" uma EEE (se uma estratégia é "quase" uma EEE, então ela não é uma EEE e será, portanto, invadida). Superficialmente, o retaliador se parece com uma EEE porque não há nenhuma estratégia melhor numa população de retaliadores. Mas o pombo se sai igualmente bem, dado que, numa população de retaliadores, o seu comportamento é indistinguível do comportamento do retaliador. O pombo, portanto, pode se disseminar pela população. O problema vem a seguir. J. S. Gale e o reverendo L. J. Eaves fizeram uma simulação de computador dinâmica da evolução de uma população de animais-modelo ao longo de várias gerações. Eles demonstraram que a verdadeira EEE neste jogo é uma mistura estável de falcões e de fanfarrões. O erro mencionado não é o único nos primeiros trabalhos sobre a EEE que foi descoberto pela aplicação de tratamentos dinâmicos desse tipo. Outro bom exemplo é um erro que eu próprio cometi, que discuto nas minhas notas ao capítulo 9.

3. Hoje em dia já dispomos de algumas boas medições de campo dos custos e dos benefícios na natureza, medições associadas a determinados modelos de EEE. Um dos melhores exemplos provém das grandes vespas-escavadoras douradas da América do Norte. As vespas-escavadoras não são as vespas bem conhecidas, de comportamento social, que rondam nossos potes de geleia no outono, que são as fêmeas neutras que trabalham em prol da sua colônia. A fêmea da vespa-escavadora é um animal solitário, que dedica a sua vida a fornecer abrigo e alimento às larvas que dela descendem. Tipicamente, uma fêmea começa por escavar um buraco comprido na terra, no fundo do qual se encontra uma câmara oca. Em seguida, ela parte em busca das suas presas (esperanças, ou gafanhotos-verdes, no caso da grande vespa-escavadora dourada). Quando encontra uma presa, a vespa lhe dá uma picada com seu ferrão, para paralisá-la, e a arrasta até a sua cova. Depois de haver empilhado quatro ou cinco gafanhotos-verdes, a vespa põe um ovo no topo da pilha e sela a cova. O ovo eclode, liberando uma larva que se alimenta dos gafanhotos. O objetivo de paralisar as presas no lugar de matá-las é que elas não entrem em decomposi-

ção e possam ser comidas vivas e, portanto, frescas. Foi esse hábito macabro da espécie aparentada de vespas Ichneumon que levou Darwin a escrever: "Não consigo me convencer de que um Deus onipotente e benévolo tenha deliberadamente criado as *Ichneumonidae* com a intenção expressa de que estas se alimentassem dos corpos vivos das lagartas...". Ele poderia, igualmente, ter usado como exemplo um chef francês cozinhando lagostas vivas para preservar seu sabor. Voltando à fêmea da vespa-escavadora fêmea, sua vida é solitária, exceto pela presença de outras fêmeas trabalhando independentemente na mesma área e pelo fato de que, às vezes, elas ocupam os ninhos umas das outras, sem se dar ao trabalho de escavar um novo buraco.

A dra. Jane Brockmann é uma espécie de equivalente de Jane Goodall no que diz respeito às vespas. Ela veio dos Estados Unidos para trabalhar comigo em Oxford, trazendo consigo seus registros copiosos de quase todos os acontecimentos da vida de duas populações inteiras de vespas fêmeas, identificadas individualmente. Tais registros eram tão completos que eles possibilitavam descrever com precisão o gasto de tempo individual de cada vespa. O tempo pode ser considerado uma mercadoria: quanto mais tempo despendemos numa parte da vida, menos sobra para as demais. Alan Grafen juntou-se a nós e nos ensinou como relacionar corretamente os custos em tempo com os benefícios reprodutivos. Descobrimos indícios de uma verdadeira EEE mista nos jogos entre as vespas fêmeas numa população de New Hampshire, embora não tenhamos conseguido o mesmo em relação a uma outra população, de Michigan. Resumidamente, as abelhas de New Hampshire escavam os próprios ninhos ou penetram num ninho cavado por outra vespa. De acordo com a nossa interpretação, as vespas têm algo a ganhar quando adotam um ninho preexistente, uma vez que alguns ninhos são abandonados por suas escavadoras originais e podem ser reutilizados. Não é vantajoso adotar um ninho ocupado, porém a vespa não tem meios de saber se um ninho está ocupado ou se foi abandonado. Ela corre o risco de compartilhar um ninho com outra vespa por diversos dias e, ao final, voltar para casa e encontrar a cova selada, tornando inútil todo o seu esforço — a outra inquilina pôs seu ovo e colherá todos os benefícios. Se a adoção de covas preexistentes ocorrer com muita frequência numa população, as covas disponíveis se tornarão escassas, a probabilidade de ocupação dupla aumentará e o esforço de escavar voltará a mostrar-se compensador. Inversamente, se muitas vespas escavarem os próprios ninhos, a oferta de covas disponíveis aumentará, favorecendo a adoção de covas já existentes. Há uma frequência crítica na qual escavar ninhos novos e adotar os buracos já escavados se tornam comportamentos igualmente lucrativos. Se a frequência de adoção de ninhos abandonados se encontrar abaixo da frequência crítica, a seleção natural favorecerá esse comportamento, porque haverá um bom estoque de covas disponíveis. Se a frequência de adoção de ninhos estiver acima da frequência crítica, haverá escassez de covas disponíveis e a seleção natural favorecerá a escavação de novos ninhos. Assim, é mantido um equilíbrio na população. Os dados quantitativos detalhados sugerem que esta é uma verdadeira EEE mista, em que cada vespa, individualmente, tem certa probabilidade de escavar ou de adotar buracos já existentes, em vez de tratar-se de uma população com uma mistura de vespas especialistas numa estratégia ou na outra.

4. Uma demonstração ainda mais clara do que a de Tinbergen do fenômeno "o residente ganha sempre" vem da pesquisa de N. B. Davies sobre a borboleta malhadinha (*Pararge aegeria*). O trabalho de Tinbergen foi realizado antes que a teoria das EEEs fosse inventada e a minha interpretação nos termos de estratégia evolutivamente estável na primeira edição deste livro foi feita retrospectivamente. Davies, por sua vez, concebeu o seu estudo sobre as borboletas à luz da teoria da EEE. Ele percebeu que os machos das borboletas em Wytham Wood, nas proximidades de Oxford, defendiam manchas de luz. As fêmeas eram atraídas por essas manchas, de tal maneira que estas constituíam um recurso valioso pelo qual valia a pena lutar. Existiam mais machos do que frestas de luz solar na floresta, e os machos excedentes ficavam espreitando uma oportunidade em meio à vegetação folhosa. Ao capturar os machos e soltá-los uns após os outros, Davies demonstrou que o primeiro de dois indivíduos a pousar numa mancha de luz era sempre tratado por ambos como o "proprietário". O segundo macho a chegar era sempre considerado o "intruso". O intruso então batia em retirada, sem exceção, deixando o proprietário no controle exclusivo da mancha solar. Num experimento final decisivo, Davies conseguiu "enganar" ambas as borboletas, fazendo com que cada uma delas "pensasse" ser o proprietário e a outra, o intruso. Somente nessas condições uma luta realmente séria e prolongada ocorreu. A propósito, em todos os casos nos quais, para simplificar, mencionei um único par de borboletas, havia, obviamente, uma amostragem estatística de pares.

5. Outro incidente que presumivelmente poderia representar uma EEE paradoxal foi registrado numa carta ao *The Times* (de Londres, em 7 de dezembro de 1977) por um senhor chamado James Dawson: "Durante anos observei uma gaivota que, usando um mastro de bandeira como posto de observação, invariavelmente cedia o lugar a uma outra gaivota que quisesse ali pousar, independentemente da relação de tamanho entre as duas aves".

O exemplo mais satisfatório de uma estratégia paradoxal de que tenho conhecimento envolve o porco doméstico numa caixa se Skinner. A estratégia é estável no mesmo sentido que uma EEE, mas podemos descrevê-la mais apropriadamente como uma EED ("estratégia estável de desenvolvimento"), porque ela emerge durante o próprio tempo de vida do animal, e não ao longo do tempo evolutivo. Uma caixa de Skinner é um aparato em que um animal aprende a se alimentar pressionando uma alavanca, o que faz com que a comida seja automaticamente liberada através de um tubo. Os psicólogos experimentais costumam colocar pombas e ratos em pequenas caixas de Skinner, onde eles logo aprendem a pressionar as delicadas alavancas para serem recompensados com alimento. Os porcos podem aprender o mesmo numa caixa de Skinner construída numa escala maior, com uma alavanca de focinho nada delicada (lembro-me bem de quase ter morrido de rir quando assisti a um filme sobre essa pesquisa, há muitos anos). B. A. Baldwin e G. B. Meese treinaram porcos num chiqueiro de Skinner, mas houve uma reviravolta no resultado. A alavanca ficava numa extremidade do chiqueiro e o dispensador de alimento na outra. Portanto, o porco tinha de pressionar a alavanca e correr para o outro lado do chiqueiro para receber a comida, correr novamente para a alavanca, e assim por diante. Até aí tudo soa perfeitamente bem, mas Baldwin e Meese colocaram *pares* de porcos nesse aparato, o que tornou possível que um porco explorasse o outro. O porco "escravo" corria para lá e para cá pressionando a alavanca. O porco "senhor" sentava-se junto à saída do tubo e comia o alimento à medida que este ia caindo. Os pares de porcos realmente estabeleceram um padrão estável "senhor/escravo", um deles trabalhando e correndo e o outro comendo quase todo o alimento.

Agora, o paradoxo. Os rótulos de "senhor" e "escravo" viraram de cabeça para baixo. Sempre que um par de porcos estabelecia um padrão estável, o porco que acabava desempenhando o papel de "senhor" ou "explorador" era aquele que era subordinado em todos os demais aspectos. O porco denominado "escravo", o que fazia todo o trabalho, era normalmente o porco dominante. Qualquer um que conhecesse aqueles porcos teria previsto que, ao contrário, o porco dominante teria sido o senhor, comendo quase todo o alimento, e o porco subordinado teria sido o escravo que fazia o trabalho duro e que mal se alimentava.

Como é possível o surgimento de uma inversão paradoxal? Não é difícil compreendê-lo, uma vez que comecemos a pensar em termos de estratégias estáveis. Tudo o que preciso fazer é reduzir a escala do tempo evolutivo para o tempo do desenvolvimento, a escala de tempo em que se desenvolve o relacionamento entre dois indivíduos. A estratégia "Se dominante, acomode-se junto à calha de comida; se subordinado, pressione a alavanca" parece plausível, no entanto não seria estável. O porco subordinado, após pressionar a alavanca, corre a toda velocidade, apenas para encontrar o porco dominante com suas patas dianteiras firmemente plantadas no cocho, sendo impossível desalojá-lo. O porco subordinado logo desistiria de pressionar a alavanca, pois esse hábito nunca seria recompensado. Mas considere agora a estratégia inversa: "Se dominante, pressione a alavanca; se subordinado, sente-se junto ao cocho". Isso seria estável, mesmo com o resultado paradoxal de que o porco subordinado fica com quase toda a comida. É necessário somente que sobre ao menos *algum* alimento para o porco dominante quando ele disparar para a outra extremidade do chiqueiro. Assim que chega lá, ele não tem dificuldade alguma em expulsar o porco para longe da saída da comida. Desde que haja algumas migalhas para recompensá-lo, seu hábito de apertar a alavanca e de, inadvertidamente, empanturrar o porco subordinado persistirá. E o hábito do porco subordinado de recostar-se preguiçosamente junto à saída do tubo é recompensado também. Assim, a "estratégia" toda "Se dominante, comporte-se como um 'escravo', se subordinado, comporte-se como um 'senhor'", é recompensada e, consequentemente, estável.

6. Ted Burk, na época um dos meus alunos de pós-graduação, encontrou provas adicionais desse tipo de pseudo-hierarquia de dominância nos grilos e mostrou que é mais provável que um grilo macho corteje uma fêmea se ele tiver vencido, recentemente, uma luta contra outro macho. Tal efeito deveria ser chamado de "Efeito do Duque de Marlborough", em referência ao seguinte registro feito pela primeira duquesa de Marlborough no seu diário: "Sua Graça retornou da guerra hoje e me satisfez duas vezes ainda com as botas de cano alto calçadas". Um nome alternativo poderia surgir a partir do seguinte relatório, extraído da revista *New Scientist*, sobre as variações nos níveis do hormônio masculino testosterona: "Os níveis duplicaram nos jogadores de tênis durante as 24 horas que antecediam uma partida importante. Depois do jogo, os níveis permaneceram elevados nos vencedores, mas baixaram nos jogadores que perderam".

7. Essa frase é um pouco exagerada. É provável que eu estivesse reagindo excessivamente ao descaso, então prevalente, em relação ao conceito de EEE na literatura biológica contemporânea, sobretudo nos Estados Unidos. Só para dar um exemplo, esse termo não comparece uma vez sequer na obra maciça de E. O. Wilson, *Sociobiology*. Mas hoje o conceito já não é negligenciado, portanto posso assumir um ponto de vista mais ponderado e menos evangélico. Na realidade, não *temos* de usar a linguagem das EEEs, contanto que raciocinemos de maneira clara o suficiente. Porém ela nos ajuda, e muito, a raciocinar com clareza, em especial naqueles casos — o que, na prática, quer dizer a maioria dos casos — em que não dispomos de conhecimento genético detalhado. Afirma-se, às vezes, que os modelos EEE assumem que a reprodução é assexuada, mas se trata de uma afirmação falsa se tomada no sentido de uma suposição positiva da reprodução assexuada, em oposição à reprodução sexuada. A verdade é que os modelos EEE não se comprometem com os detalhes do sistema genético. Em vez disso, assumem que, em algum sentido vago, semelhante gera

semelhante. Para muitos propósitos, essa premissa é adequada. Com efeito, a sua vagueza pode até mesmo ser benéfica, pois faz com que nos concentremos no que é essencial e nos afasta dos detalhes, tais como a dominância genética, em geral desconhecidos nos casos particulares. O pensamento segundo as EEES é mais útil em sua função negativa; ajuda-nos a evitar erros teóricos que, de outra forma, seriam tentadores.

8. Esse parágrafo resume razoavelmente bem uma maneira de exprimir a hoje bastante conhecida teoria do equilíbrio pontuado. Envergonho-me de dizer que, quando escrevi a minha conjectura, ignorava completamente a existência dessa teoria, assim como muitos biólogos da época, na Inglaterra, muito embora ela tivesse sido publicada três anos antes. Desde então, tornei-me um tanto petulante — talvez em demasia, como em *O relojoeiro cego*, por exemplo — em relação a como a teoria do equilíbrio pontuado foi supervalorizada. Lamento se ofendi a suscetibilidade de algumas pessoas. Talvez elas gostem de saber que, pelo menos em 1976, o meu modo de pensar estava do lado certo.

6. O PARENTESCO DOS GENES (PP. 172-203)

1. Os artigos de Hamilton de 1964 já não são negligenciados. A história de seu esquecimento anterior, e do seu posterior reconhecimento, renderia, em si mesma, um estudo quantitativo interessante, um estudo de caso sobre a incorporação de um "meme" no pool de memes. Delineei o progresso desse meme nas notas ao capítulo 11.

2. O artifício de assumir que estamos falando de genes que são raros na população como um todo foi, até certo ponto, um truque para facilitar a explicação da medição do grau de parentesco. Uma das maiores proezas de Hamilton foi demonstrar que suas conclusões estão corretas *independentemente* de os genes em questão serem raros ou não. Acontece que esse é um aspecto da teoria que as pessoas têm dificuldade de compreender.

O problema da medição do parentesco nos causa tropeços pela razão exposta a seguir. Dois membros quaisquer de uma espécie, pertençam ou não à mesma família, partilham normalmente mais de 90% dos seus genes. De que, então, estamos falando quando dizemos que o parentesco entre os irmãos é meio ou que o parentesco entre primos em primeiro grau é um oitavo? A resposta é que os irmãos partilham metade dos seus genes *acima e além dos* 90% (ou qualquer que seja a porcentagem) que são partilhados por todos os indivíduos em todos os casos. Existe uma espécie de linha-base de parentesco que é partilhada por todos os indivíduos da mesma espécie; a bem da verdade, existe, em menor medida, uma linha-base de parentesco que é partilhada pelos membros de todas as espécies. Devemos esperar que exista altruísmo em relação aos indivíduos cujo grau de parentesco seja superior ao da linha-base, independentemente de qual seja ela.

Na primeira edição, evitei o problema assumindo que estava me referindo aos genes raros. Está correto, até onde se pode ver, mas não se pode ir suficientemente longe com tal suposição. O próprio Hamilton afirmou que os genes são "idênticos por descendência", contudo isso também não está isento de problemas, como mostrou Alan Grafen. Outros autores nem sequer reconheceram que existia aqui um problema e se limitaram a falar em porcentagens absolutas de genes partilhados, o que é definitivamente um erro, e um erro evidente. Esse tipo de afirmação descuidada conduziu a graves mal-entendidos. Por exemplo, numa crítica cáustica à "sociobiologia" publicada em 1978, um consagrado antropólogo tentou argumentar que, se levássemos a sério a seleção de parentesco, deveríamos esperar que todos os humanos fossem altruístas uns com os outros, já que que partilhamos mais de 99% dos nossos genes. Escrevi uma breve resposta a esse mal-entendido no meu artigo "Twelve misunderstandings of kin selection" [Doze mal-entendidos a respeito da seleção de parentesco] (em que este é o Mal-Entendido Número 5). Os outros onze também merecem uma olhadela.

Alan Grafen apresenta aquela que pode ser a solução definitiva para o problema da medição do grau de parentesco em seu "Geometric view of relatedness" [Uma visão geométrica do parentesco], que não tentarei expor aqui. E, em outro artigo, "Natural selection, kin selection and group selection" [Seleção natural, seleção de parentesco e seleção de grupo], Grafen esclarece outro problema importante e comum, a saber, o disseminado uso incorreto do conceito de "aptidão inclusiva", formulado por Hamilton. Nesse artigo, Grafen nos mostra também a maneira correta e a maneira incorreta de calcular os custos e os benefícios para os parentes genéticos.

3. Não há relatos de novidades no que diz respeito aos tatus, mas vieram à luz alguns novos fatos espetaculares em relação a outro grupo de animais "clones" — os afídeos. Há muito que se sabe que os afídeos (o pulgão, por exemplo) se reproduzem sexuada e assexuadamente. Se encontrarmos uma multidão de afídeos numa planta, existe grande probabilidade de que sejam todos clones idênticos, gerados por uma única fêmea, enquanto os afídeos numa planta vizinha serão também clones idênticos gerados a partir de outra fêmea. Teoricamente, essas são as condições ideais para a evolução do altruísmo de seleção de parentesco. No entanto, nenhum exemplo concreto de altruísmo entre os afídeos era conhecido até a descoberta dos "soldados" estéreis numa espécie japonesa, por Shigeyuki Aoki, em 1977, tarde demais, infelizmente, para entrar na primeira edição deste livro. Desde então, Aoki identificou o mesmo fenô-

meno em várias espécies diferentes e reuniu evidências de que este evoluiu pelo menos quatro vezes, independentemente, em diferentes grupos de afídeos.

Resumidamente, a história de Aoki é a seguinte: os "soldados" afídeos são uma casta anatomicamente diferente, tão diferente como são as várias castas dos insetos sociais tradicionais, como as formigas. Os soldados são larvas que não chegam a atingir o estado adulto e, por essa razão, são estéreis. Eles não se parecem com as larvas tradicionais que são suas contemporâneas, nem se comportam como elas, muito embora as duas castas sejam *geneticamente* idênticas. Tipicamente, os soldados são maiores do que os demais afídeos: têm patas frontais bem mais longas, o que faz com que se pareçam com os escorpiões, e na cabeça chifres pontudos projetam-se para a frente. Eles empregam tais armas para combater e para matar predadores potenciais. Os soldados quase sempre morrem nesse processo, mas, mesmo que não morressem, ainda assim seria correto continuar a pensar neles como geneticamente "altruístas", uma vez que são estéreis.

Em termos de genes egoístas, o que ocorre neste caso? Aoki não especifica exatamente o que determina que alguns indivíduos se tornem soldados estéreis e outros se tornem adultos férteis normais, mas podemos afirmar com segurança que deve se tratar de uma diferença ambiental, e não genética — obviamente, porque os soldados estéreis e os afídeos normais de uma dada planta são geneticamente idênticos. No entanto, os afídeos devem ter genes para a capacidade de alternância ambiental entre esses dois caminhos de desenvolvimento diferentes. Por que a seleção natural favoreceu tais genes, levando em conta que alguns irão acabar no corpo dos soldados estéreis e não serão, portanto, transmitidos? Porque, graças aos soldados, cópias dos mesmíssimos genes foram salvaguardadas no corpo dos afídeos que se reproduzem. O raciocínio é exatamente o mesmo que se faz para o caso dos demais insetos sociais (ver capítulo 10), exceto pelo fato de que nos outros insetos sociais, como as formigas ou os cupins, os genes nos "altruístas" estéreis têm apenas uma probabilidade *estatística* de auxiliar as cópias de si mesmos presentes nos indivíduos não estéreis. No caso dos genes altruístas dos afídeos, não se trata apenas de uma probabilidade estatística, e sim de uma certeza, dado que os soldados afídeos são clones das irmãs reprodutoras que eles beneficiam. Em certos aspectos, os afídeos de Aoki proporcionam a melhor ilustração, na vida real, do poder das ideias de Hamilton.

Mas isso significa que os afídeos deveriam então ser admitidos no clube exclusivo dos insetos verdadeiramente sociais, o bastião tradicional das formigas, das abelhas, das vespas e dos cupins? Os entomólogos conservadores votariam contra eles, e por diversos motivos. Eles não têm uma rainha longeva, por exemplo. Mais ainda, como clones verdadeiros, os afídeos não são mais "sociais" do que as células no nosso corpo. Existe apenas um animal se alimentando da planta. Ocorre que o seu corpo se encontra dividido em afídeos fisicamente separados, alguns dos quais desempenham um papel defensivo especializado, da mesma maneira como fazem, por exemplo, os glóbulos brancos do sangue no corpo humano. Os "verdadeiros" insetos sociais cooperam, apesar de não fazerem parte do mesmo organismo, enquanto os afídeos de Aoki cooperam porque pertencem ao mesmo "organismo". Não consigo ficar entusiasmado com questões semânticas desse tipo. Na minha opinião, contanto que possamos compreender o que se passa com as formigas, com os afídeos e com as células humanas, deveríamos ter a liberdade de chamá-los de sociais, ou não, segundo critérios próprios. Quanto a mim, prefiro chamar de organismos sociais aos afídeos de Aoki, e não de partes de um organismo, pois há razões para isso. Um organismo tem propriedades cruciais que um afídeo isoladamente possui, mas que uma colônia de afídeos não possui. Este argumento é apresentado em *The extended phenotype*, no capítulo intitulado "A redescoberta do organismo", e também no novo capítulo "O longo alcance do gene", neste livro.

4. A confusão em torno da diferença entre a seleção de grupo e a seleção de parentesco continua a existir. Talvez tenha até mesmo piorado. Mantenho meus comentários, com ênfase redobrada, exceto por uma falácia de minha autoria que, devido a uma escolha impensada de palavras, acabei por introduzir na p. 102 da primeira edição. No original, fiz a seguinte afirmação (foi uma das poucas coisas que alterei no texto desta edição): "Sabemos simplesmente que os primos em segundo grau tendem a receber 1/16 do altruísmo recebido por filhos ou irmãos". Conforme indicado por S. Altmann, essa afirmação está obviamente errada, e por um motivo que nada tem a ver com o argumento que eu tentava defender naquele momento. Se um animal altruísta dispõe de um bolo para distribuir entre seus parentes, não há nenhuma justificativa pela qual ele tenha de dar uma fatia a cada parente, determinando o tamanho da fatia pela proximidade do parentesco. De fato, isso nos levaria ao absurdo, uma vez que todos os membros da espécie, para não falar dos membros das outras espécies, são pelo menos parentes distantes, que poderiam, portanto, reivindicar para si uma migalha cuidadosamente calculada! Pelo contrário, se houver um parente próximo nas vizinhanças, não há razão alguma para oferecer uma porção do bolo a um parente distante. Embora sujeito a algumas outras complicações, como a lei dos rendimentos decrescentes, o bolo inteiro deveria ser oferecido ao parente mais próximo disponível. Obviamente, o que eu queria dizer era: "Sabemos simplesmente que os primos de segundo grau devem ter 1/16 da probabilidade de receberem o altruísmo recebido por filhos ou irmãos" (p. 182), e é esta a versão que o texto traz agora.

5. Exprimi o meu desejo de que E. O. Wilson mudasse a sua definição de seleção de parentesco em escritos futuros, de modo a incluir os filhos como

"parentes". Fico satisfeito em verificar — sem reivindicar nenhum crédito por isso! — que, no seu livro *On human nature*, a frase transgressora "outros que não os filhos" foi de fato omitida. Wilson acrescenta: "Embora a definição de parentes inclua os filhos, o termo seleção de parentesco é normalmente usado apenas se existirem outros parentes afetados, como irmãos, irmãs ou pais". Infelizmente, essa afirmação é correta no que diz respeito ao modo como comumente os biólogos utilizam a expressão "seleção de parentesco", o que apenas reflete o fato de que muitos biólogos ainda não têm uma compreensão aprofundada dos aspectos fundamentais envolvidos na seleção de parentesco. Eles *continuam* a pensar, incorretamente, que a seleção de parentesco é alguma coisa extraordinária e esotérica que está acima da "seleção individual" ordinária. Mas não é. A seleção de parentesco é consequência dos pressupostos fundamentais do neodarwinismo, assim como o anoitecer é consequência do final do dia.

6. A falácia de que a teoria da seleção de parentesco exige que os animais realizem cálculos prodigiosos tem sido revivida, sem cessar, por gerações sucessivas de estudantes. E isso não se aplica somente aos estudantes novos. *The use and abuse of biology* [O uso e o abuso da biologia], da autoria do famoso antropólogo social Marshall Sahlins, poderia ter sido deixado numa obscuridade decente se não tivesse sido aclamado como um "ataque destruidor" à "sociobiologia". A citação que se segue, no contexto da discussão sobre a possibilidade de a seleção de parentesco funcionar em relação aos seres humanos, é quase boa demais para ser verdade:

> É necessário notar, de passagem, que os problemas epistemológicos que se colocam devido à falta de suporte linguístico para o cálculo de r, os coeficientes de relacionamento, equivalem a um defeito grave na teoria da seleção de parentesco. As frações ocorrem muito raramente nas línguas do mundo, surgindo no indo-europeu e nas civilizações arcaicas do Oriente Próximo e do Extremo Oriente, mas estando normalmente ausentes entre os chamados povos primitivos. Os caçadores e os coletores em geral não têm sistemas de quantificação que ultrapassem um, dois e três. Abstenho-me de comentar o problema, ainda maior, contido na suposição de que os animais possam calcular que r [ego, primos em primeiro grau] = $1/8$.

Não é a primeira vez que cito essa passagem altamente reveladora, e posso também citar a minha própria réplica, pouco indulgente, extraída de "Twelve misunderstandings of kin selection":

> É uma pena que Sahlins tenha sucumbido à tentação de "se abster de comentar" o problema de como se supõe que os animais "calculem" r. O pró-

prio absurdo da ideia que ele tenta ridicularizar deveria ter feito soar as campainhas do alarme mental. A concha de um caracol é uma espiral logarítmica primorosa, mas onde será que o caracol guarda as suas tabelas logarítmicas? Como será que, de fato, ele as lê, dado que às lentes dos seus olhos falta o "suporte linguístico" necessário para calcular m, o coeficiente de refração? Como as plantas verdes "obtêm" a fórmula da clorofila?

A verdade é que, se pensássemos sobre a anatomia, a fisiologia ou sobre quase todos os aspectos da biologia, e não apenas sobre o comportamento, do mesmo modo que Sahlins, logo chegaríamos ao problema inexistente a que ele chegou. O desenvolvimento embriológico de qualquer parte do corpo de um animal ou de uma planta requer cálculos matemáticos complicados para a sua completa descrição, mas isso não implica que o animal ou a planta tenham de ser brilhantes em matemática! As árvores muito altas normalmente têm enormes contrafortes que se projetam como asas da base dos seus troncos para lhes dar sustentação. Dentro de uma dada espécie, quanto mais alta a árvore, maiores serão os contrafortes. É amplamente aceito que a forma e o tamanho dos contrafortes se aproximam do ótimo econômico para manter as árvores eretas, embora um engenheiro necessitasse recorrer a cálculos matemáticos bastante sofisticados para demonstrá-lo. Jamais ocorreria a Sahlins ou a outros pôr em dúvida a teoria subjacente aos contrafortes pelo fato de as árvores não contarem com a habilidade matemática necessária para efetuar seus cálculos. Por que, então, levantar o problema para o caso especial do comportamento na seleção de parentesco? Não pode ser por se tratar de comportamento em oposição à anatomia, uma vez que existem inúmeros outros exemplos de comportamentos (que não o comportamento na seleção de parentesco, quero dizer) que Sahlins não hesitaria em aceitar alegremente, sem levantar qualquer objeção "epistemológica". Pensemos, por exemplo, na minha ilustração dos complicados cálculos matemáticos que, em certa medida, todos temos de fazer quando apanhamos uma bola (p. 185). Não é possível evitar a pergunta: Será que existem cientistas sociais que estão satisfeitos na teoria da seleção natural em geral, mas que, por alguma razão irrelevante, com possíveis raízes na história do seu próprio campo, desejam desesperadamente encontrar alguma coisa — *qualquer coisa* — de errado, *especificamente*, na teoria da *seleção de parentesco*?

7. A questão da identificação do parentesco sofreu grandes evoluções desde o momento em que este livro foi escrito. Os animais, inclusive nós mesmos, parecem demonstrar capacidades de reconhecimento extraordinariamente sutis para discriminar os que são parentes e os que não são, não raro através do cheiro. Um livro recente, intitulado *Kin recognition in animals* [O reconhecimento do parentesco nos animais], faz um apanhado do conhecimento atual a

esse respeito. O capítulo sobre os seres humanos, da autoria de Pamela Wells, mostra que a afirmação acima ("*Nós* sabemos quem são nossos parentes porque isso nos é dito") necessita de um complemento: existem provas, pelo menos circunstanciais, de que somos capazes de utilizar vários sinais não verbais, incluindo o cheiro do suor dos nossos parentes. Toda essa questão é, para mim, substanciada pela citação com que ela inicia esse capítulo:

> *todos os bons camaradas podemos encontrar pelo cheiro altruísta que deixam no ar* *
>
> E. E. Cummings

Os parentes talvez necessitem reconhecer-se uns aos outros por razões que não têm a ver com o altruísmo. Podem também querer estabelecer um equilíbrio entre os cruzamentos consanguíneos e os cruzamentos não consanguíneos, como veremos na próxima nota.

8. Um gene letal é um gene que mata o seu possuidor. Um gene letal recessivo, como qualquer gene recessivo, não exerce seu efeito a menos que exista em dose dupla. Os genes letais recessivos infiltram-se, despercebidos, no pool gênico, porque a maioria dos indivíduos que os possui tem apenas uma cópia deles e, portanto, nunca sofre o seu efeito. Um gene letal, qualquer que seja ele, é sempre raro, uma vez que, se algum dia se tornar comum, as probabilidades de que encontre cópias de si mesmo aumentarão, o que levará seus transportadores à morte. Apesar disso, talvez existam muitos tipos diferentes de genes letais, de maneira que todos nós talvez estejamos crivados deles. As estimativas variam quanto ao número de genes letais que se encontrariam à espreita no pool gênico humano. Alguns livros calculam que sejam dois, em média, por pessoa. Se um homem qualquer se unir a uma mulher, ao acaso, é provável que os genes letais de ambos não se combinem e que seus filhos não sejam afetados por eles. Mas, se um irmão se unir com uma irmã, ou um pai com uma filha, as coisas serão inquietantemente diferentes. Por mais raros que meus genes recessivos letais possam ser na população em geral, e por mais raros que os genes recessivos letais de minha irmã possam ser na população em geral, há uma probabilidade assustadoramente elevada de que partilhemos os mesmos genes letais. Se fizermos as contas, verificaremos que, se eu copular com a minha irmã, um em cada oito dos nossos filhos nascerá morto, ou morrerá jovem, e isso para cada gene letal que eu possuir. A propósito, morrer na adolescência é ainda mais "letal", geneticamente falando, do que morrer ao nascer: um filho natimorto não faz com que os pais desperdicem tanto do seu tempo e energia vi-

---

* No original: "all good kumrads you can tell/ by their altruistic smell". (N. T.)

tais. Mas, seja qual for o ângulo pelo qual se olhe, o incesto entre parentes próximos não é apenas moderadamente nocivo. Ele é potencialmente catastrófico. A seleção para evitar ativamente o incesto poderá ser tão forte quanto qualquer outra pressão seletiva que já foi medida na natureza.

Os antropólogos que levantam objeções às explicações darwinianas da evitação do incesto talvez não se deem conta de que estão se opondo a um argumento darwinista muito forte. As razões apresentadas para suas objeções são às vezes tão frágeis que chegam a parecer uma alegação especial desesperada. Por exemplo, é comum que afirmem o seguinte: "Se a seleção darwiniana tivesse realmente arquitetado em nós uma repulsa instintiva contra o incesto, não precisaríamos proibi-lo. O tabu cresce apenas porque as pessoas têm desejos incestuosos. Assim, a regra contra o incesto não pode ter uma função 'biológica'; ela deve ser puramente 'social'". Essa objeção é mais ou menos como "Os carros não precisam de travas na ignição porque têm fechaduras nas portas. Portanto, as travas na ignição não podem ser consideradas dispositivos antirroubo; elas devem ter alguma significação puramente ritual!". Os antropólogos também são muito dados a enfatizar que culturas diferentes têm tabus diferentes e, na realidade, definições diferentes de parentesco. Eles parecem supor que isso também enfraquece as aspirações darwinianas de explicar o tabu do incesto. Mas alguém poderia igualmente lembrar-se de dizer que o desejo sexual não pode ser uma adaptação darwiniana, porque as diferentes culturas têm preferência por diferentes posições para a cópula. Parece-me bastante plausível que o ato de evitar o incesto nos seres humanos, não menos que nos outros animais, é uma consequência de uma forte seleção darwiniana.

Não é apenas o acasalamento entre aqueles que são geneticamente próximos que é nocivo. Também os cruzamentos não consanguíneos que são distantes demais podem ser ruins, devido às incompatibilidades genéticas entre linhagens diferentes. Não é fácil prever onde se encontra o intermediário ideal. Devemos nos unir com o nosso primo de primeiro grau? E com o nosso primo de segundo ou terceiro grau? Patrick Bateson tentou descobrir onde recaíam as preferências das codornizes japonesas ao longo do espectro do parentesco genético. Num arranjo experimental conhecido como "Amsterdam Apparatus", as aves eram convidadas a escolher entre os membros do sexo oposto, dispostos em vitrines em miniatura. Elas preferiram os primos de primeiro grau, em vez dos irmãos bilaterais ou de aves não aparentadas. Experimentos posteriores sugeriram que as jovens codornizes aprendem quais são os atributos dos seus companheiros de ninhada e, mais tarde, tendem a escolher parceiros sexuais que sejam parecidos com eles, mas não demasiadamente parecidos.

As codornizes, então, parecem evitar o incesto por meio da falta de desejo por aqueles com quem cresceram. Outros animais o fazem respeitando leis sociais, isto é, as regras de dispersão socialmente impostas. Os leões adolescentes machos, por exemplo, são expulsos do grupo dos seus progenitores, onde existem fêmeas aparentadas que poderiam tentá-los, e só se acasalam se conseguirem se introduzir num outro bando. Nas sociedades dos chimpanzés e dos gorilas, é a fêmea jovem que tende a abandonar o grupo à procura de machos de outros bandos. Ambos os padrões de dispersão, assim como o sistema das codornizes, podem ser encontrados entre as várias culturas da nossa própria espécie.

9. Provavelmente isso é verdade em relação à maior parte das espécies de pássaros. Não obstante, não deveríamos ficar surpresos pelo fato de encontrarmos alguns pássaros que parasitam os ninhos da sua própria espécie. E esse fenômeno, na realidade, tem sido observado num número cada vez maior de espécies. Especialmente nos dias de hoje, uma vez que, com o advento das novas técnicas moleculares, tornou-se possível saber quem é aparentado com quem. Com efeito, a teoria do gene egoísta nos levaria a esperar que isso acontecesse num número ainda maior de casos do que aqueles que conhecemos até o momento.

10. A insistência de Bertram na seleção de parentesco como a principal força motriz para a cooperação entre os leões foi desafiada por C. Packer e A. Pusey. Esses autores argumentam que, em muitos bandos, os dois leões machos não são parentes e sugerem que o altruísmo recíproco, como explicação para a cooperação entre os leões, é pelo menos tão provável quanto a seleção de parentesco. Provavelmente os dois lados estão corretos. O capítulo 12 sublinha que a reciprocidade ("olho por olho") só pode se desenvolver se reunirmos inicialmente um quórum crítico de indivíduos que se comportam com reciprocidade, o que assegura a existência de uma probabilidade razoável de um parceiro em potencial apresentar um comportamento recíproco. O parentesco talvez seja o caminho mais óbvio pelo qual isso pode acontecer. Os parentes tendem naturalmente a se parecer uns com os outros, de tal forma que, mesmo que a frequência crítica não seja atingida na população em geral, pode ser atingida no seio da família. Talvez a cooperação entre os leões tenha começado através dos efeitos de parentesco sugeridos por Bertram, fornecendo dessa maneira as condições necessárias para que a reciprocidade fosse favorecida. A discordância em relação aos leões só pode ser resolvida recorrendo-se aos fatos, e os fatos, como sempre, só falam de casos particulares, e não do argumento teórico geral.

11. Hoje em dia compreendemos bastante bem que um gêmeo idêntico seja, em termos teóricos, tão valioso para nós como nós mesmos — contanto que se trate de um gêmeo efetivamente idêntico. O que já não se compreende tão bem é que o mesmo é verdadeiro em relação a uma mãe inequivocamente monogâmica. Se tivermos a certeza de que nossa mãe continuará a ter

filhos apenas do nosso pai, ela se tornará, geneticamente falando, tão valiosa para nós quanto um gêmeo idêntico ou como nós mesmos. Imaginemos que somos uma máquina de produzir filhos. Então, nossa mãe monogâmica é uma máquina de produzir irmãos (bilaterais), e os irmãos bilaterais são geneticamente tão valiosos para nós quanto nossos próprios filhos. É claro que estamos deixando de lado todo sorte de considerações práticas. Por exemplo, a nossa mãe é mais velha do que nós, embora saber se isso faz dela uma aposta melhor ou pior do que nós mesmos, em termos de reprodução futura, seja algo que depende de circunstâncias particulares — não existe uma regra geral.

Este argumento assume que podemos confiar que a nossa mãe continuará a ter filhos apenas do nosso pai, em vez de filhos de algum outro macho. O grau de confiança que podemos depositar nela depende do sistema de acasalamento da espécie. Se formos membros de uma espécie habitualmente promíscua, é óbvio que não podemos esperar que os filhos de nossa mãe sejam nossos irmãos bilaterais. Mesmo sob condições idealmente monogâmicas, há uma consideração, aparentemente inescapável, que tende a fazer com que a nossa mãe seja uma aposta pior para nós do que nós mesmos. O nosso pai pode morrer. E nem a maior boa vontade do mundo pode fazer com que, nesse caso, a nossa mãe continue a ter filhos dele, não é mesmo?

Bem, na realidade pode. As circunstâncias sob as quais isso pode ocorrer são obviamente de grande interesse para a teoria da seleção de parentesco. Como mamíferos que somos, estamos habituados à ideia de que o nascimento se segue à cópula após um intervalo de tempo fixo e relativamente curto. Um macho humano pode ser pai postumamente, mas não depois de ter morrido há mais de nove meses (exceto com a ajuda do processo de ultracongelamento num banco de esperma). Mas existem vários grupos de insetos em que a fêmea armazena o esperma dentro de si durante toda a sua vida, racionando-o de modo a fertilizar os ovos à medida que o tempo vai passando, com frequência durante muitos anos depois da morte do parceiro. Se formos membros de uma espécie desse tipo, podemos de fato nos sentir seguros de que a nossa mãe será uma boa "aposta genética". Uma formiga fêmea acasala apenas uma vez, num único voo nupcial, no início da sua vida adulta. Então, ela perde as asas e nunca mais volta a acasalar. Em muitas espécies de formigas a fêmea acasala, reconhecidamente, com diversos machos durante o seu voo nupcial. Contudo, se pertencermos a uma das espécies cujas fêmeas são sempre monogâmicas, realmente poderemos considerar a nossa mãe uma aposta genética pelo menos tão boa quanto nós mesmos seríamos. A grande vantagem de ser uma formiga jovem, em contraste com um mamífero jovem, é que o fato de o nosso pai estar morto (e é quase certo que ele está!) não têm importância alguma. Podemos estar bastante seguros de que o esperma do nosso pai sobreviveu a ele, e de que a nossa mãe pode continuar a nos dar irmãos bilaterais.

Segue-se que, estando nós interessados nas origens evolutivas dos cuidados fraternais e de fenômenos como o dos insetos guerreiros, deveríamos dedicar especial atenção às espécies em que a fêmea armazena o esperma para toda a vida. No caso das formigas, das abelhas e das vespas, existe uma peculiaridade genética especial, como discute o capítulo 10 — a haplodiploidia —, que pode tê-las predisposto a tornarem-se altamente sociais. O que quero dizer com isso é que a haplodiploidia não é o único fator de predisposição. O hábito do armazenamento de esperma para toda a vida pode ter tido um peso igualmente importante. Em condições ideais, ele pode tornar uma mãe tão valiosa geneticamente e tão merecedora de ajuda "altruísta" quanto um gêmeo idêntico.

12. Hoje, este comentário me faz corar de vergonha. Desde então eu aprendi que os antropólogos sociais não apenas têm coisas a dizer sobre o "efeito do irmão da mãe", como muitos deles praticamente não falaram de outra coisa durante anos! O efeito que eu havia "previsto" é um fato empírico observado num grande número de culturas e bem conhecido dos antropólogos há várias décadas. Além do mais, quando sugeri a hipótese específica de que "numa sociedade com um grau elevado de infidelidade conjugal, os tios maternos deverão ser mais altruístas do que os 'pais', já que contam com bases mais sólidas para confiar no seu parentesco em relação à criança" (p. 200), eu estava, lamentavelmente, negligenciando o fato de Richard Alexander já ter feito a mesma sugestão (introduzi uma nota de rodapé reconhecendo isso nas últimas impressões da primeira edição). A hipótese foi testada pelo próprio Alexander, entre outros, usando descrições quantitativas provenientes da literatura antropológica, com resultados favoráveis.

7. PLANEJAMENTO FAMILIAR (PP. 204-25)

1. Wynne-Edwards é em geral tratado com maior deferência do que os outros acadêmicos hereges. Tendo errado inequivocamente, desfruta da reputação de ter levado as pessoas a pensar com mais clareza sobre a seleção (embora eu considere isso um exagero). Ele próprio se retratou de maneira magnânima, em 1978, quando escreveu:

> Atualmente, existe um consenso generalizado entre os teóricos em biologia de que não é possível formular modelos aceitáveis, através dos quais a vagarosa marcha da seleção de grupo pudesse ultrapassar a propagação, muito mais rápida, dos genes egoístas que conferem vantagens na adaptação biológica individual. Consequentemente, aceito a sua opinião.

Por mais magnânimo que tenha sido em sua retratação, Wynne-Edwards voltou a mudar de ideia: no seu último livro, ele se retrata em relação à sua retratação.

A seleção de grupo, no sentido em que a compreendemos há muito tempo, é ainda mais rejeitada pelos biólogos hoje do que à altura em que a primeira edição deste livro foi publicada. Deve-se perdoar o leitor por pensar exatamente o contrário: especialmente nos Estados Unidos, há uma geração inteira que cresceu espalhando o termo "seleção de grupo" em todas as direções, como confete de Carnaval. Ela infesta toda espécie de casos que costumavam ser (e continuam a ser, para o restante de nós) clara e diretamente compreendidos de outro modo, por exemplo, como casos de seleção de parentesco. Suponho que não valha a pena nos incomodarmos em demasia com esses novos-ricos semânticos. No entanto, toda a questão da seleção de grupo foi resolvida de maneira satisfatória por John Maynard Smith e por outros há uma década, e é irritante descobrir que somos agora duas gerações diferentes, assim como duas nações, divididas apenas por uma língua em comum.* É particularmente lamentável que os filósofos, ao se introduzirem agora, tardiamente, no campo, tenham começado desnorteados por esse capricho terminológico recente. Recomendo a leitura do ensaio de Alan Grafen, "Natural selection, kin selection and group selection" [Seleção natural, seleção de parentesco e seleção de grupo], texto que reordena clara e espero, definitivamente o problema da neosseleção de grupo.

8. O CONFLITO DE GERAÇÕES (PP. 226-51)

1. Robert Trivers, cujos artigos do início da década de 1970 foram uma das fontes de inspiração mais importantes para mim quando escrevi a primeira edição deste livro, e cujas ideias dominavam especialmente o capítulo 8, finalmente produziu o seu próprio livro, *Social evolution* [Evolução social]. Recomendo sua leitura, não apenas pelo conteúdo, mas também pelo estilo: claro, academicamente correto — embora com uma pitada suficiente de irresponsabilidade antropomórfica para importunar os pedantes — e temperado com apartes autobiográficos. Não consigo resistir à tentação de citar um deles, tão característico do seu estilo. Trivers descreve o seu entusiasmo ao observar, no Quênia, o relacionamento entre dois babuínos machos rivais: "Havia outro

---

* Dawkins faz referência à afirmação irreverente de George Bernard Shaw, escritor, jornalista e dramaturgo irlandês, de que "A Inglaterra e os Estados Unidos são dois países divididos por uma língua em comum". (N. T.)

motivo para a minha empolgação, a minha identificação inconsciente com Arthur. Arthur era um macho magnífico, na flor da idade...". O novo capítulo de Trivers sobre o conflito entre pais e filhos traz uma atualização sobre o tema. É verdade que há pouco a acrescentar ao seu artigo de 1974, à exceção de alguns novos exemplos empíricos. A teoria resistiu ao teste do tempo. Os modelos matemáticos e genéticos mais detalhados confirmaram que os argumentos majoritariamente verbais apresentados por Trivers decorrem de fato da teoria darwiniana aceita atualmente.

2. Alexander reconheceu generosamente, no seu livro *Darwinism and human affairs* [Darwinismo e assuntos humanos] (p. 39), publicado em 1980, que ele estava equivocado ao argumentar que a vitória dos progenitores no conflito entre pais e filhos era uma consequência inevitável das premissas fundamentais da teoria darwiniana. Hoje, parece-me que a sua tese de que os progenitores gozam de uma vantagem assimétrica sobre os descendentes no conflito de gerações poderia ser apoiada por um tipo de argumento diferente, que aprendi com Eric Charnov.

Charnov escreveu sobre os insetos sociais e sobre a origem das castas estéreis, mas o seu argumento é passível de generalização, de modo que o descreverei em termos mais gerais. Consideremos uma fêmea jovem de uma espécie monogâmica, não necessariamente um inseto no limiar da vida adulta. O seu dilema será o de deixar o ninho e dar início à sua vida reprodutiva ou permanecer junto dos pais e ajudar a criar os irmãos e irmãs mais novos. Devido aos hábitos de acasalamento de sua espécie, ela pode ter a certeza de que sua mãe continuará, durante muito tempo, a lhe dar irmãos e irmãs bilaterais. Segundo a lógica de Hamilton, esses irmãos são geneticamente tão "valiosos" para ela quanto seus próprios descendentes futuros. No que diz respeito ao parentesco genético, será indiferente se a jovem fêmea tomar um ou outro desses dois cursos de ação; ela não "deseja" ir mais do que "deseja" ficar. Do ponto de vista da sua velha mãe, a escolha é entre filhos e netos. Novos filhos são duas vezes mais valiosos, geneticamente falando, do que novos netos. Se falarmos de um conflito entre os pais e os filhos a respeito da escolha dos filhos entre abandonar o ninho e ficar para ajudar a família, o ponto de vista de Charnov é o de que o conflito seria facilmente vencido pelos pais, pela razão simples de que eles são os únicos a ver nessa situação um conflito!

É um pouco como uma corrida entre dois atletas, em que ofereceram a um deles um prêmio de mil libras em caso de vitória, ao passo que o adversário receberá como prêmio as mesmas mil libras quer ganhe ou perca. É de esperar que o primeiro corredor se esforce muito mais por vencer, e, caso os dois sejam igualmente bons atletas, é muito provável que o primeiro vença. Na verdade, o ponto essencial formulado por Charnov é mais contundente do que o sugerido por esta analogia, já que o custo de correr a toda velocidade não é alto o suficiente para levar as pessoas a hesitar, mesmo que não haja recompensa financeira. Nos jogos darwinianos, porém, ideais olímpicos deste tipo são um luxo não permitido: o esforço numa direção tem sempre um custo na forma de esforço perdido noutra direção. É como se, quanto mais esforço empregássemos numa corrida, menor fosse a probabilidade de vitória nas corridas futuras, em virtude do risco de exaustão.

As condições variarão de uma espécie para outra, de maneira que nem sempre será possível prever os resultados dos jogos darwinianos. Entretanto, se considerarmos apenas a proximidade do parentesco genético e assumirmos que o sistema de acasalamento é monogâmico (de tal modo que a filha possa estar segura de que seus irmãos são irmãos bilaterais), podemos esperar que uma mãe velha seja bem-sucedida na manipulação da sua jovem filha adulta para que esta fique junto à família e ajude a criar os irmãos. A mãe tem tudo a ganhar com isso, enquanto a filha não é induzida a resistir à manipulação da mãe, porque, para ela, do ponto de vista genético, as duas escolhas disponíveis são indiferentes.

Uma vez mais, é importante sublinhar que este é um argumento do tipo "mantendo-se constantes os demais fatores". Muito embora seja provável que os outros fatores não se mantenham constantes, o raciocínio de Charnov poderia ainda assim ser útil a Alexander, ou a outros defensores da teoria da manipulação parental. De todo modo, os argumentos práticos de Alexander para justificar a expectativa de vitória dos progenitores — os pais são maiores, mais fortes etc. — são bem aceitos.

9. A GUERRA DOS SEXOS (PP. 252-90)

1. Como acontece com frequência, esta frase introdutória encerra implicitamente a observação "se todos os demais fatores se mantiverem constantes". É claro que, muito provavelmente, os parceiros terão muito a ganhar com a cooperação. Essa é uma conclusão a que chegamos a todo momento, ao longo do capítulo. Afinal de contas, é provável que os parceiros estarão engajados num jogo de soma não-zero, um jogo em que ambos podem aumentar seus ganhos por meio da cooperação, em vez de o ganho de um implicar necessariamente a perda do outro (ideia explicada no capítulo 12). Esta é uma das passagens do livro em que meu tom foi longe demais em direção à visão egoísta e cínica da vida. Naquela altura, isso me pareceu necessário, porque a visão predominante em relação à corte entre os animais privilegiava com exagero a direção oposta. As pessoas tinham assumido quase universalmente que os par-

ceiros sexuais cooperariam um com o outro, sem restrições. A possibilidade de exploração não era sequer considerada. Neste contexto histórico, o aparente cinismo da minha afirmação introdutória é compreensível, mas, hoje, eu adotaria um tom mais suave. Do mesmo modo, meus comentários sobre os papéis sexuais humanos ao final do capítulo me parecem hoje formulados de maneira muito ingênua. Os dois livros que exploram com mais profundidade a evolução das diferenças sexuais são *Sex, evolution, and behavior* [Sexo, evolução e comportamento], de Martin Daly e Margo Wilson, e *The evolution of human sexuality* [A evolução da sexualidade humana], de Donald Symons.

2. Hoje, enfatizar a disparidade entre o tamanho do espermatozoide e o tamanho do óvulo como a base dos papéis sexuais desempenhados pelo macho e pela fêmea parece uma coisa enganadora. Ainda que um espermatozoide seja pequeno e pouco dispendioso, não é nada barato fabricar milhões de espermatozoides e introduzi-los com sucesso numa fêmea, a despeito de toda a competição. Atualmente, prefiro uma nova abordagem para explicar a assimetria fundamental entre os machos e as fêmeas.

Suponha que comecemos com dois sexos que não têm nenhum dos atributos particulares dos machos e das fêmeas. Vamos chamá-los simplesmente de A e B. Tudo o que temos de especificar é que qualquer acasalamento tem de ocorrer entre A e B. Neste ponto, qualquer animal, seja ele A ou B, defronta-se com uma decisão difícil. O tempo e o esforço dedicados a combater os rivais não podem ser dedicados à criação dos filhos existentes, e vice-versa. É normal esperar que todo animal tente dividir seus esforços, de forma equilibrada, entre essas duas exigências. O ponto aonde quero chegar é que os animais do tipo A podem estabelecer um equilíbrio diferente daquele dos animais do tipo B e que, uma vez que o tenham feito, é provável que haja uma disparidade crescente entre eles.

Para compreender melhor, vamos supor que os dois sexos, A e B, diferem um do outro, desde o início, no fato de exercerem maior influência sobre o seu respectivo sucesso investindo nos filhos ou investindo no combate (utilizarei o termo "combate" para designar todas as formas de competição direta entre os membros do mesmo sexo). Inicialmente, a diferença entre os sexos pode ser muito pequena, dado que o que quero demonstrar é que existe uma tendência inerente para que essa diferença aumente. Digamos que os As começam com o combate contribuindo um pouco mais para o seu sucesso reprodutivo do que o cuidado parental. Os Bs começam com o cuidado parental contribuindo um pouquinho mais do que o combate para a variação do *seu* sucesso reprodutivo. Isso significa, por exemplo, que, embora um A extraia benefícios evidentes dos cuidados parentais, a diferença entre um cuidador bem-sucedido e um malsucedido entre os As é menor do que a diferença entre um lutador bem-sucedido e um malsucedido. E o contrário, exatamente, aplica-se aos Bs. Assim, para uma dada quantidade de esforço, um A pode lucrar envolvendo-se em combates, enquanto é mais provável que um B lucre mais ao deslocar seus esforços do combate, direcionando-os aos cuidados parentais.

Nas gerações subsequentes, portanto, os As tenderão a combater ligeiramente mais do que seus pais e os Bs tenderão a combater um pouco menos e a cuidar um pouco mais dos seus descendentes do que seus pais. Agora a diferença entre o melhor e o pior dos As no que diz respeito à habilidade de combater será ainda maior, enquanto a diferença entre o melhor e o pior dos As em relação aos cuidados parentais será ainda menor. Desse modo, passa a ser ainda mais vantajoso para um A deslocar seus esforços para os combates, e ainda menos vantajoso direcioná-lo para os cuidados com os filhos. E exatamente o oposto aplica-se em relação aos Bs, à medida que as gerações vão se sucedendo. A ideia-chave aqui é que uma ligeira diferença inicial entre os sexos pode tender a aumentar por si mesma: a seleção pode começar com uma diferença inicial muito pequena e fazer com que ela aumente cada vez mais, até o ponto em que os As se tornem aquilo que hoje designamos por machos, e os Bs se tornem aquilo que hoje designamos por fêmeas. A diferença inicial pode ser pequena o bastante para surgir ao acaso. Afinal, é pouco provável que as condições iniciais dos dois sexos tenham sido exatamente idênticas.

O leitor notará, com certeza, que essa teoria é muito semelhante à que foi proposta por Parker, Baker e Smith, e discutida à p. 255, sobre a separação inicial dos gametas primitivos em espermatozoides e óvulos. O argumento que apresentei acima é mais geral. A separação em espermatozoides e óvulos é apenas um dos aspectos da separação mais básica dos papéis sexuais. No lugar de tratarmos a separação entre espermatozoide e óvulo como primária e reportarmos todos os atributos característicos dos machos e das fêmeas a essa separação, temos agora um argumento que explica aquela separação e também os demais aspectos exatamente da mesma maneira. A única coisa que temos de assumir é que existem dois sexos, e que eles têm de acasalar um com o outro; não precisamos saber nada mais sobre eles. Partindo desse pressuposto mínimo, esperamos positivamente que eles venham a divergir, formando dois sexos especializados em técnicas reprodutivas opostas e complementares, por equivalentes que possam ser no início. A separação entre espermatozoides e óvulos é um sintoma dessa separação mais geral, e não a sua causa.

3. A ideia de tentar encontrar uma mistura de estratégias evolutivamente estáveis no seio de um dos sexos, que se mostre em equilíbrio com uma mistura de estratégias evolutivamente estáveis no outro, foi levada adiante pelo próprio J. Maynard Smith e, de forma independente, mas numa direção semelhante, por Alan Grafen e Richard Sibly. O artigo de Grafen e Sibly é tecni-

camente mais avançado, enquanto o de J. Maynard Smith é mais fácil de explicar em palavras, ou seja, sem recorrer a formulações matemáticas. Resumidamente, ele começa por considerar duas estratégias, "tomar conta" e "desertar", que podem ser adotadas por ambos os sexos. Tal como no meu modelo "tímida/rápida" e "fiel/conquistador", o que nos interessa é descobrir quais combinações de estratégias entre os machos serão estáveis contra quais combinações de estratégias entre as fêmeas. A resposta depende dos nossos pressupostos sobre as circunstâncias econômicas particulares da espécie. Curiosamente, porém, por mais que variemos nossos pressupostos econômicos, não se obtém o continuum completo dos resultados estáveis, com variações quantitativas. O modelo tende a convergir somente para quatro resultados estáveis. Os quatro resultados têm o nome da espécie animal que os exemplifica. Temos o Pato (o macho deserta, a fêmea toma conta), o Esgana-gata (a fêmea deserta, o macho toma conta), a Mosca-das-frutas (ambos desertam) e o Gibão (ambos tomam conta).

Mas há algo ainda mais interessante. Recordemos que no capítulo 5 afirmou-se que os modelos das EEES podiam estabelecer-se em qualquer um dos dois resultados estáveis. Bem, isso também é válido para o modelo de J. Maynard Smith. Especialmente interessante é que, ao contrário dos outros pares do capítulo 5, determinados pares desses resultados são conjuntamente estáveis nas mesmas circunstâncias econômicas. Por exemplo, num leque específico de circunstâncias, tanto Pato como Esgana-gata são estáveis. O aparecimento de qualquer um deles depende da sorte, ou, mais precisamente, das contingências da história evolutiva — as condições iniciais. Noutro conjunto de circunstâncias, Gibão e Mosca-das-frutas são estáveis. Novamente, caberá às contingências históricas determinar qual dos dois ocorrerá numa espécie dada. Mas não existe nenhuma circunstância em que Gibão e Pato se mostrem conjuntamente estáveis, nem circunstâncias em que Pato e Mosca-das-frutas sejam conjuntamente estáveis. Esta análise dos "companheiros estáveis" (para fazer um trocadilho duplo) das combinações compatíveis e incompatíveis de EEE apresenta consequências interessantes para as nossas reconstruções da história evolutiva. Por exemplo, ela nos leva a considerar que certos tipos de transições evolutivas entre sistemas de acasalamento são prováveis e outros improváveis. J. Maynard Smith explora as redes históricas num breve estudo dos padrões de acasalamento por todo o reino animal, concluindo com a memorável pergunta retórica: "Por que os machos dos mamíferos não dão leite?".

4. Lamento dizer que esta afirmação está errada. E, no entanto, trata-se de um erro interessante, razão pela qual decidi mantê-lo no texto e dedicar agora um tempo a explicá-lo. Na verdade, é o mesmo tipo de erro que Gale e Eaves detectaram no artigo original de J. Maynard Smith e Price (ver nota à p. 151).

No meu caso, o erro foi apontado por dois biólogos matemáticos que trabalham na Áustria, P. Schuster e K. Sigmund.

Calculei corretamente as proporções entre machos fiéis e conquistadores e entre fêmeas tímidas e rápidas em relação às quais os dois tipos de machos eram igualmente bem-sucedidos e em relação às quais os dois tipos de fêmeas eram também igualmente bem-sucedidos. Isso configura, de fato, um equilíbrio, entretanto me esqueci de verificar se se tratava de um equilíbrio *estável*. Tais proporções poderiam representar um precário fio da navalha, em vez de um vale seguro. Para averiguar a estabilidade, temos de observar o que aconteceria se perturbássemos ligeiramente o equilíbrio (se lançarmos uma bola sobre o fio de uma navalha, ela cairá; se a lançarmos desde o centro de um vale, ela retornará ao centro). No meu exemplo numérico, em particular, a proporção de equilíbrio para os machos era de ⅝ fiéis e ⅜ conquistadores. Mas, e se, por hipótese, a proporção de conquistadores na população aumentasse para um valor ligeiramente superior ao do equilíbrio? Para que o equilíbrio pudesse ser considerado estável e autocorretivo, seria necessário que os conquistadores começassem logo a se sair um pouquinho pior. Infelizmente, como Schuster e Sigmund demonstraram, não é o que acontece. Pelo contrário, os conquistadores começam a se sair melhor! A sua frequência na população, então, longe de se estabilizar por si só, acentua-se. Ela não aumenta indefinidamente, só até certo ponto. Se fizermos uma simulação dinâmica do modelo num computador, como fiz agora, obteremos um ciclo que se repete infinitas vezes. Por ironia, trata-se precisamente do ciclo que descrevi hipoteticamente nas pp. 269-71, imaginando que o estava utilizando apenas como um artifício explicativo, tal como havia feito com os falcões e os pombos. Por analogia com os falcões e os pombos, assumi, num equívoco de minha parte, que o ciclo era meramente hipotético e que o sistema entraria de fato num estado de equilíbrio estável. O comentário final de Schuster e Sigmund não deixa nada a acrescentar:

> Resumidamente, então, podemos chegar a duas conclusões:
> (a) que a guerra dos sexos tem muito em comum com o fenômeno predatório;
> (b) que o comportamento dos amantes oscila como a Lua e é imprevisível como o clima.
> É claro que ninguém precisou de equações diferenciais para perceber isso antes.

5. A hipótese formulada pela estudante universitária Tamsin Carlisle a respeito dos peixes foi testada comparativamente por Mark Ridley, durante uma revisão exaustiva dos cuidados paternos em todo o reino animal. O seu

artigo é um extraordinário tour de force que, tal como a própria hipótese de Carlisle, começou como um ensaio elaborado durante um dos cursos de graduação de que fui o professor. Infelizmente, Ridley não encontrou suporte para aquela hipótese.

6. A teoria da seleção sexual desenfreada, de R. A. Fisher, que foi enunciada por ele muito resumidamente, foi agora descrita em termos matemáticos por R. Lande e outros. A teoria converteu-se num assunto difícil, mas que pode ser explicado em termos não matemáticos, desde que se possa dedicar espaço suficiente à sua explicação. No entanto, isso requereria todo um capítulo. Como dediquei um dos capítulos de *O relojoeiro cego* (capítulo 8) a essa discussão, não a retomarei aqui.

Em vez disso, vou focalizar um problema relativo à seleção sexual a que nunca dediquei atenção suficiente em nenhum dos meus livros. Como se mantém a variação que é necessária? A seleção darwiniana só pode atuar se houver um bom sortimento de variação genética sobre o qual operar. Se tentarmos acasalar coelhos para obter orelhas cada vez mais compridas, por exemplo, teremos sucesso, inicialmente. O coelho médio numa população selvagem apresentará orelhas de tamanho intermediário (pelos padrões aplicados aos coelhos; pelos nossos padrões, é claro, ele terá orelhas muito compridas). Alguns coelhos terão orelhas mais curtas do que a média, e outros, orelhas mais longas do que a média. Se cruzarmos apenas os coelhos com as orelhas mais longas, seremos bem-sucedidos em obter um aumento da média nas gerações seguintes. Porém apenas durante algum tempo. Se *continuarmos* a fazer cruzamentos entre os coelhos com as orelhas mais compridas, chegará um momento em que a variação necessária já não estará disponível. Todos os coelhos terão as orelhas "mais longas", e a evolução se interromperá. Na evolução normal, isso não representa um problema, porque a maior parte do meio ambiente não exerce uma pressão consistente e constante numa só direção. O "melhor" comprimento para determinada parte do corpo de um animal não será, em geral, "um pouquinho mais longo do que a média atual, qualquer que seja ela". É mais provável que o melhor comprimento seja uma quantidade fixa, por exemplo, oito centímetros. Mas a seleção sexual pode de fato ter a propriedade embaraçosa de perseguir um estado "ótimo" que jamais é alcançável. A moda feminina realmente poderia desejar machos com orelhas cada vez mais longas, independentemente do comprimento que as orelhas da população de machos já pudessem ter. Desse modo, a variação poderia mesmo vir a se esgotar. E, no entanto, a seleção sexual parece ter funcionado, pois encontramos ornamentos absurdamente exagerados nos machos. Parece que temos aqui um paradoxo, a que poderemos chamar de "paradoxo do desaparecimento da variação".

A solução de Lande para esse paradoxo é a mutação. Existirão sempre mutações suficientes, acredita ele, para servir de combustível à continuidade da seleção. A razão pela qual as pessoas, antes, tinham dúvidas a respeito se deve ao fato de que elas pensavam apenas num gene de cada vez: os índices de mutação em qualquer lócus de um gene são baixos demais para resolver o paradoxo do desaparecimento da variação. Lande nos lembrou de que as "caudas" e outras coisas sobre as quais a seleção sexual atua são influenciadas por um número indefinidamente grande de genes diferentes — "poligenes" —, cujos pequenos efeitos se somam um ao outro. Mais ainda, à medida que a evolução prossegue, há um deslocamento no conjunto de genes relevantes: novos genes serão recrutados para o conjunto que influencia a variação no "comprimento da cauda", enquanto os velhos se perderão. A mutação pode afetar qualquer um desses vastos conjuntos de genes em movimento, de tal maneira que o paradoxo do desaparecimento da variação se desvanece ele próprio.

A resposta de W. D. Hamilton para o paradoxo é diferente. Sua resposta a esse problema é semelhante à maneira como ele soluciona a maioria das questões hoje em dia: "parasitas". Consideremos novamente as orelhas dos coelhos. O melhor comprimento para as orelhas dos coelhos depende, presume-se, de uma série de fatores acústicos. Não existe nenhuma razão particular que nos faça supor que tais fatores se alterem numa direção consistente e sustentada à medida que as gerações passam. O melhor comprimento para a orelha do coelho talvez não seja absolutamente constante, contudo, ainda assim, é pouco provável que a seleção pressione tanto de modo a levá-la a uma direção particular que acabe por cair do espectro da variação facilmente produzida pelo pool gênico atual. Consequentemente, não existe o paradoxo do desaparecimento da variação.

Mas olhemos agora para o meio violentamente flutuante fornecido pelos parasitas. Num mundo repleto de parasitas, existe uma forte seleção que favorece a capacidade de resistir a eles. A seleção natural favorecerá quaisquer coelhos que se mostrem menos vulneráveis aos parasitas que estiverem nas imediações. O ponto essencial aqui é que nem sempre serão os mesmos parasitas. As pragas vêm e vão. Hoje pode ser a mixomatose, no próximo ano o equivalente da peste negra dos coelhos, no ano seguinte a aids dos coelhos, e assim por diante. Então, após, digamos, um ciclo de dez anos, pode-se voltar à mixomatose, e assim sucessivamente. Ou então o próprio vírus da mixomatose pode ter evoluído para se opor às contra-adaptações que porventura os coelhos possam ter desenvolvido. Hamilton fala de ciclos intermináveis de contra-adaptações e de contra-contra-adaptações, desenrolando-se indefinidamente e atualizando sempre perversamente a definição do "melhor" coelho.

O desfecho de tudo isso é que existe algo de fundamentalmente diferente entre as adaptações de resistência às doenças e as adaptações ao meio ambiente. Enquanto pode existir um "melhor" comprimento, mais ou menos fixo, para as pernas de um coelho, não existe um coelho "melhor" no que diz respeito à resistência às doenças. À medida que a doença mais perigosa do presente vai mudando, muda também a definição corrente do "melhor" coelho. Será que os parasitas são as únicas forças seletivas que funcionam dessa maneira? E quanto à relação entre predadores e presas, por exemplo? Hamilton reconhece que eles atuam basicamente como parasitas, mas não evoluem tão depressa quanto muitos parasitas. E é mais provável que os parasitas desenvolvam detalhadas contra-adaptações gene a gene do que os predadores ou as presas.

Hamilton faz dos desafios cíclicos oferecidos pelos parasitas a base para uma teoria muito mais grandiosa, a sua teoria sobre a razão da existência do sexo. Mas aqui só estamos interessados no uso que ele faz dos parasitas para solucionar o paradoxo do desaparecimento da variação na seleção sexual. Hamilton acredita que a resistência hereditária à doença é o critério mais importante pelo qual as fêmeas escolhem os machos. A doença é um flagelo tão poderoso que as fêmeas podem extrair grandes benefícios de qualquer capacidade que tenham para diagnosticá-la nos parceiros sexuais potenciais. Uma fêmea que se comporta como uma boa médica em seu diagnóstico e escolhe apenas o macho mais saudável para acasalar tenderá a ganhar genes saudáveis para seus filhos. Entretanto, levando em conta que a definição do "melhor" coelho muda o tempo todo, haverá sempre algo de importante que as fêmeas deverão escolher quando examinarem cuidadosamente os machos. Existirão alguns machos "de boa qualidade" e alguns outros "de má qualidade". Eles não se tornam todos "de boa qualidade" após gerações de seleção, porque, a essa altura, os parasitas terão mudado e, em decorrência, a definição de um coelho "de boa qualidade" também. Os genes para a resistência a uma cepa do vírus do mixoma já não são bons para resistir à próxima cepa mutante do vírus do mixoma que aparecer. E assim por diante, ao longo de ciclos indefinidos da pestilência em evolução. Os parasitas nunca diminuem, de modo que as fêmeas não podem relaxar na sua busca implacável por parceiros saudáveis.

Como responderão os machos ao escrutínio médico das fêmeas? Os genes para simular uma boa saúde serão favorecidos? No início talvez, mas depois a seleção atuará sobre as fêmeas de modo que elas possam aguçar suas habilidades diagnósticas e reconhecer as simulações de boa saúde. No final, acredita Hamilton, as fêmeas terão se tornado médicas tão competentes que os machos, se fizerem alguma propaganda, serão forçados a fazê-la honestamente. Se alguma propaganda sexual se tornar exagerada nos machos, será porque constitui um indicador genuíno de saúde. Os machos evoluirão com vistas a facilitar para as fêmeas a constatação de que eles são saudáveis — se forem. Os machos genuinamente saudáveis ficarão satisfeitos em anunciá-lo. Os doentes, é claro, não ficarão, mas o que lhes resta fazer? Se não *tentarem*, ao menos, apresentar um atestado de boa saúde, as fêmeas tirarão as piores conclusões. A propósito, toda essa conversa de médicos seria enganadora se sugeríssemos que as fêmeas estão interessadas em curar os machos. Seu único interesse é o diagnóstico, e não se trata de um interesse altruísta. Também assumo que já não é necessário pedir desculpas pela utilização de metáforas como "honestidade" e "tirar conclusões".

Voltando à questão da publicidade, as coisas se passam como se os machos fossem forçados pelas fêmeas a desenvolver termômetros clínicos que ficassem permanentemente colocados em sua boca, de forma a poderem ser lidos com facilidade por elas. Mas o que poderia desempenhar esse papel de "termômetros"? Bem, pensem na cauda espetacular de um macho da ave-do-paraíso. Já vimos a elegante explicação de Fisher para esse adorno suntuoso. A explicação de Hamilton é muito mais terra a terra. A diarreia é um sintoma comum de doença nas aves. Se a ave tiver uma cauda longa, é provável que esta fique emporcalhada pela diarreia. Se ela quiser dissimular o fato de ter diarreia, o melhor modo de fazê-lo seria evitar ter uma cauda longa. Pela mesma razão, a melhor maneira de anunciar que *não* sofre de diarreia é ostentar uma cauda muito longa. Assim, o fato de que a sua cauda está limpa ficará ainda mais visível. Se tiver uma cauda muito pequena, as fêmeas não conseguirão ver se ela está limpa ou não e concluirão o pior. Hamilton não se comprometeria com essa explicação *particular* para o caso da cauda da ave-do-paraíso, mas ela é um bom exemplo do *tipo* de explicação que ele defende.

Usei a alegoria das fêmeas fazendo diagnóstico médico e dos machos facilitando a sua tarefa, apresentando "termômetros" por todo lado. Ao pensar noutros instrumentos que o médico utiliza em seus diagnósticos, como o aparelho de medir a pressão e o estetoscópio, fiz algumas especulações sobre a seleção sexual nos humanos. Vou apresentá-las resumidamente, embora reconheça que as considero mais interessantes do que propriamente plausíveis. Primeiro, uma teoria que explica por que os homens perderam o osso do pênis. Um pênis humano ereto pode ser tão duro e rígido que as pessoas, de brincadeira, exprimem o seu ceticismo de que não haja lá dentro nenhum osso. O fato é que muitos mamíferos apresentam um osso de reforço, o báculo ou osso do pênis, para auxiliar a ereção. E mais, ele é comum entre nossos parentes primatas; até mesmo o chimpanzé, nosso primo mais próximo, tem um osso do pênis, não obstante seja reconhecidamente muito pequeno, possivelmente em vias de extinção evolutiva. Parece haver uma tendência entre os primatas para a redução do osso do pênis. A nossa espécie, assim como algumas espécies de macacos, já o perdeu por completo. Portanto, nós nos livramos do osso que, presume-se, tornava mais fácil aos nossos ancestrais ostentar um belo pênis ereto. No lugar disso, passamos a contar inteiramente com um sistema de bombeamento hidráulico, que não podemos deixar de considerar um modo dispendioso e indireto de fazer as coisas. E, como é notório, a ereção pode falhar — uma ocorrência no mínimo infeliz para o sucesso genético de um macho na natureza. Qual é a solução óbvia? Um osso no pênis, é claro. Então, por que não desenvolvemos um? Pelo menos desta vez, a brigada de biólogos das "restrições genéticas" não pode sair-se com um "Claro que não, pois a variação genética necessária simplesmente não poderia surgir". Até bem pouco tempo atrás, nossos antepassados tinham um osso como esse e nós nos demos ao trabalho de perdê-lo! Por quê?

Nos seres humanos, a ereção é obtida unicamente através da pressão do sangue. Infelizmente, não é plausível sugerir que a rigidez de uma ereção seja o equivalente de um medidor de pressão utilizado pelas fêmeas para aferir a saúde do macho. Mas não precisamos ficar presos à metáfora do aparelho de medir pressão. Se, por uma razão *qualquer*, a impotência for um sintoma precoce sensível para certos tipos de problemas na saúde, física ou mental, uma versão da teoria poderá funcionar. Tudo o que as fêmeas precisam é de um instrumento seguro para o diagnóstico. Os médicos não utilizam um teste de ereção nos checkups de rotina — preferem pedir ao paciente que coloque a língua para fora. No entanto, é sabido que a impotência é um dos sintomas precoces de diabetes e de algumas doenças neurológicas. É ainda muito mais comum que ela possa resultar de fatores psicológicos — depressão, ansiedade, estresse, excesso de trabalho, perda de confiança e tudo o mais. (Na natureza, podemos imaginar os machos que ocupam uma posição inferior na hierarquia das bicadas sofrendo dessa maneira. Alguns macacos usam o pênis ereto como sinal de ameaça.) Não é improvável que, com o refinamento das suas habilidades diagnósticas ocasionado pela seleção natural, as fêmeas possam reunir, aqui e ali, toda sorte de pistas em relação à saúde do macho e à sua capacidade de suportar o estresse, a partir do tônus e do comportamento do seu pênis. Mas um osso atrapalharia isso! Qualquer um pode desenvolver um osso no pênis; não é preciso ser particularmente saudável ou robusto para fazê-lo. Assim, a pressão seletiva por parte das fêmeas forçou os machos a perder o osso do pênis, porque, a partir daí, só os machos genuinamente saudáveis e fortes poderiam apresentar uma ereção rígida, e as fêmeas poderiam fazer o seu diagnóstico sem obstáculos.

Há aqui um possível ponto de controvérsia. Pode-se perguntar como é que as fêmeas saberiam se a rigidez experimentada era devida a um osso ou à pressão hidráulica. Afinal, afirmamos no início desta discussão que o pênis humano ereto pode dar a impressão de que existe um osso em seu interior. Mas eu duvido que as fêmeas fossem enganadas tão facilmente, pois elas também estão sujeitas à pressão da seleção, não para perder o osso, e sim para aumentar sua capacidade de discernimento. E não podemos nos esquecer de que a fêmea também está exposta ao mesmo pênis quando este não se encontra ereto, e o contraste é extremamente flagrante. Os ossos não podem desintumescer (embora, reconhecidamente, possam ser retráteis). Pode ser que seja a impressionante dupla personalidade do pênis que garante a autenticidade da publicidade hidráulica.

Agora, o "estetoscópio". Considere outro problema notório que ocorre no quarto de dormir: o ronco. Hoje em dia ele pode não passar de uma inconveniência do ponto de vista social. Mas houve um tempo em que pode ter representado a diferença entre a vida e a morte. Nas profundezas de uma noite silenciosa, o ronco pode atingir um volume extraordinariamente alto. Pode atrair a atenção dos predadores a uma grande distância, tanto para o indivíduo que produz o ronco como para o grupo em que ele se encontra. Por que, então, tantas pessoas roncam? Imagine um bando de antepassados nossos dormindo em alguma caverna do Plistoceno, com os machos roncando, cada um num tom diferente, e com as fêmeas acordadas, nada podendo fazer exceto escutar os roncos (supondo que seja verdade que os homens roncam mais). Será que os machos estarão fornecendo às fêmeas informações estetoscópicas amplificadas e deliberadamente apregoadas? Será que a qualidade e o timbre precisos do nosso ronco dão um diagnóstico do estado de saúde do nosso aparelho respiratório? Não pretendo dizer com isso que as pessoas só roncam quando estão doentes. Em vez disso, o ronco funciona mais como um transmissor de frequências de rádio, que segue zunindo, de todo modo. O seu sinal é *modulado* pelas condições do nariz e da garganta, de uma forma sensível ao diagnóstico. A ideia de que as fêmeas preferem o ressonar claro do trompete, típico dos brônquios desobstruídos, a um resfolegar carregado de vírus, me parece bastante encantadora, mas confesso que tenho dificuldade em imaginar as fêmeas escolhendo um macho que ronca. Ainda assim, a intuição pessoal é sempre altamente discutível. Talvez isso inspire um projeto de pesquisa a alguma médica que sofra de insônia. Pensando bem, ela estaria também em posição igualmente boa para testar a outra teoria.

Estas duas especulações não devem ser levadas muito a sério. Elas terão cumprido sua finalidade se conseguirem demonstrar o princípio da teoria de Hamilton segundo o qual as fêmeas escolhem como parceiros os machos saudáveis. Talvez o mais interessante nelas seja o fato de enfatizarem a ligação entre a teoria dos parasitas de Hamilton e a teoria da "desvantagem" de Amotz Zahavi. Se seguirmos a lógica da minha hipótese sobre o pênis, os machos ficam em desvantagem devido à perda do osso, e essa desvantagem não é apenas incidental. Se o funcionamento hidráulico atua como uma propaganda eficaz é precisamente *porque* a ereção falha de vez em quando. Os leitores darwinistas certamente terão compreendido a implicação dessa "desvantagem", que pode ter despertado neles graves suspeitas. Peço-lhes que suspendam o seu julgamento até terem lido a próxima nota sobre uma nova maneira de olhar o próprio princípio da desvantagem.

7. Na primeira edição, escrevi: "Eu não acredito nessa teoria, embora já não esteja tão certo do meu ceticismo hoje em dia quanto estava quando a ouvi pela primeira vez". Ainda bem que acrescentei aquele "embora", porque a teoria de Zahavi me parece hoje muito mais plausível do que na época em que escrevi essa passagem. Muitos autores respeitáveis começaram recentemente a levá-la a sério. O que mais me preocupa é que isso inclui o meu colega Alan Grafen, que, como já foi dito antes, "tem o hábito irritante de sempre ter razão". Ele traduziu as ideias de Zahavi num modelo matemático e afirma que ele funciona. E não se trata de uma imitação esotérica e extravagante desse modelo, como outros têm brincado de fazer, mas de uma tradução matemática direta do próprio princípio formulado por Zahavi. Vou discutir a versão EEE original do modelo de Grafen, não obstante ele próprio esteja trabalhando numa versão genética completa que irá, em alguns aspectos, substituir o modelo EEE. Isso não significa que o modelo EEE esteja errado. Ele continua a ser uma boa aproximação. Na verdade, todos os modelos EEE, incluindo aqueles apresentados neste livro, são aproximações no mesmo sentido.

O princípio da desvantagem é potencialmente relevante para todas as situações em que os indivíduos tentam julgar a qualidade de outros indivíduos, mas falaremos dos machos anunciando suas qualidades para atrair as fêmeas. Faremos isso em nome da clareza; aliás, esse é um dos casos em que o sexismo dos pronomes se mostra verdadeiramente útil. Grafen menciona que existem pelo menos quatro maneiras de abordar o princípio da desvantagem, as quais podem ser designadas por "Desvantagem Qualificadora" (qualquer macho que tenha sobrevivido, apesar da sua desvantagem, deve necessariamente ser bastante bom em outros aspectos, e, portanto, é escolhido pelas fêmeas), a "Desvantagem Reveladora" (os machos desempenham uma tarefa onerosa com o objetivo de expor suas habilidades que, de outro modo, permaneceriam escondidas), a "Desvantagem Condicional" (somente os machos de elevada qualidade podem desenvolver uma desvantagem) e, finalmente, a interpretação preferida de Grafen, que ele designa por "Desvantagem da Escolha Estratégica" (os machos dispõem de informações confidenciais sobre a sua própria qualidade, desconhecidas das fêmeas, e as utilizam para "decidir" se irão desenvolver uma desvantagem e qual será a sua amplitude). A interpretação da Desvantagem da Escolha Estratégica feita por Grafen adapta-se bem à análise de EEE. Nessa interpretação, não existe nenhum pressuposto inicial de que os anúncios que os machos adotam impliquem algum ônus ou desvantagem. Pelo contrário, os machos têm a liberdade de desenvolver qualquer tipo de anúncio, honesto ou desonesto, dispendioso ou barato. Mas Grafen mostra que, dada a liberdade de escolha inicial, é provável que surja um sistema de desvantagem evolutivamente estável.

As premissas de Grafen são as seguintes:

(1) A qualidade real dos machos varia. A qualidade não é uma ideia vagamente esnobe como o orgulho irracional de pertencer a uma faculdade ou irmandade (uma vez recebi uma carta de um leitor que dizia, ao final: "Espero que você não considere esta carta arrogante, mas, afinal de contas, sou um homem de Balliol"). Qualidade, para Grafen, pressupõe a existência de algo como machos bons e machos ruins, no sentido em que as fêmeas se beneficiariam geneticamente se acasalassem com os machos bons e evitassem os ruins. Significa algo como a força muscular, a velocidade da corrida, a capacidade de encontrar presas, a habilidade na construção de um bom ninho. Não estamos nos referindo ao sucesso reprodutivo final de um macho, uma vez que isso dependerá do fato de as fêmeas o escolherem ou não. Falar de tal coisa, a esta altura, seria assumir de antemão que a qualidade resultará em sucesso reprodutivo, e isso poderá ou não emergir do modelo.

(2) As fêmeas não se apercebem diretamente da qualidade dos machos, mas têm de se basear nos anúncios que estes fazem dela. Neste estágio não fazemos nenhuma pressuposição sobre a honestidade da propaganda. A honestidade é algo que pode emergir ou não a partir do modelo. Uma vez mais, é para isso que ele serve. Um macho poderia desenvolver ombros almofadados, por exemplo, para dar a ilusão de tamanho e força. Cabe ao modelo nos mostrar se uma simulação desse tipo será evolutivamente estável ou se a seleção natural irá impor padrões de propaganda decentes, honestos e verdadeiros.

(3) Ao contrário das fêmeas que os observam, os machos "conhecem", num certo sentido, a sua qualidade e adotam uma "estratégia" para anunciar-se, uma regra para anunciar-se condicionalmente, em vista das qualidades que possui. Como sempre, quando digo "conhecem", não é em termos cognitivos. Mas assumimos que os machos tenham genes condicionalmente ligados às próprias qualidades (e o acesso privilegiado a essa informação não é uma suposição despropositada; afinal, os genes de um macho encontram-se imersos na sua bioquí-

mica interna e, portanto, numa posição muito melhor do que os genes das fêmeas para responder às suas qualidades). Machos diferentes adotam regras diferentes. Por exemplo, um macho poderia seguir a regra "Apresente uma cauda com um tamanho proporcional à sua qualidade real", enquanto outro poderia seguir a regra oposta. Isso dá à seleção natural a oportunidade de ajustar as regras ao selecionar entre os machos que são geneticamente programados para adotar regras diferentes. A intensidade da publicidade não tem de ser diretamente proporcional à qualidade verdadeira; na realidade, um macho poderia adotar uma regra inversa. Tudo o que é necessário é que os machos sejam programados para adotar *algum* tipo de regra para "contemplar" a sua qualidade real e, com base nela, escolher a intensidade do anúncio — o tamanho da cauda, por exemplo, ou dos chifres. Quanto às possíveis regras que se mostrarão evolutivamente estáveis, uma vez mais, trata-se de algo que compete ao modelo descobrir.

(4) As fêmeas têm uma liberdade paralela semelhante para desenvolver suas próprias regras. No caso delas, as regras dizem respeito à escolha dos machos com base na propaganda feita por eles (lembre-se de que elas, ou melhor, os genes delas, não contam com a perspectiva privilegiada que os machos têm a respeito da própria qualidade). Por exemplo, uma fêmea poderia adotar a regra "Acredite piamente nos machos". Outra fêmea poderia adotar a regra "Ignore totalmente a propaganda feita pelos machos". Uma terceira poderia ainda adotar a regra seguinte: "Assuma o contrário do que a propaganda disser".

Assim, ficamos com a ideia de que os machos variam em suas regras para estabelecer relações entre a qualidade e a intensidade do anúncio, e as fêmeas variam em suas regras para estabelecer relações entre a escolha do parceiro sexual e a intensidade da propaganda. Em ambos os casos, as regras variam continuamente e estão sob a influência genética. Até aqui, os machos podem escolher qualquer regra de relação entre a qualidade e a propaganda e as fêmeas podem escolher qualquer regra de relação entre a propaganda e a escolha feita por elas. Dentre esse espectro de regras possíveis dos machos e das fêmeas, o que procuramos é um par de regras evolutivamente estáveis. Isso se parece um pouco com o modelo "fiel/conquistador" e "tímida /rápida", no sentido de que estamos à procura de uma regra evolutivamente estável para os machos e de uma regra evolutivamente estável para as fêmeas em que a estabilidade significa uma estabilidade mútua, em que cada regra só se mostra estável na presença dela própria e da outra. Se conseguirmos encontrar esse par de regras evolutivamente estáveis, poderemos então examiná-las para ver como seria a vida numa sociedade em que os machos e as fêmeas se guiassem por elas. Especificamente, seria esse um mundo de desvantagem zahaviana?

Grafen atribuiu a si próprio a tarefa de encontrar esse par de regras mutuamente estáveis. Se estivesse no seu lugar, eu provavelmente trabalharia numa laboriosa simulação de computador. Introduziria no computador uma gama de machos cujas regras de relação entre a qualidade e a intensidade da propaganda variassem. E introduziria também uma gama de fêmeas cujas regras de escolha com base na propaganda dos machos também variassem. Então, eu deixaria os machos e as fêmeas correndo para lá e para cá no computador, colidindo uns com os outros, acasalando, se o critério de escolha das fêmeas fosse preenchido, e transmitindo as suas regras de macho e de fêmea aos descendentes. E, é claro, os indivíduos sobreviveriam ou morreriam como resultado da sua "qualidade" herdada. À medida que as gerações fossem passando, os destinos variáveis de cada uma das regras masculinas e de cada uma das regras das femininas se manifestariam sob a forma de mudanças das frequências na população. De vez em quando eu daria uma olhada dentro do computador para ver se algum tipo de mistura estável estava se formando.

Esse método, em princípio, funcionaria, mas traria dificuldades práticas. Felizmente, os matemáticos conseguem chegar ao mesmo resultado formulando e resolvendo um punhado de equações. Foi isso o que fez Grafen. Não vou reproduzir aqui o seu raciocínio matemático, nem vou desenvolver suas suposições posteriores, mais detalhadas. Irei direto à conclusão. Grafen encontrou de fato um par de regras evolutivamente estáveis.

Agora, a grande questão. Será que a EEE de Grafen constitui o tipo de mundo que seria reconhecido por Zahavi como um mundo de desvantagens e de honestidade? A resposta é afirmativa. Grafen descobriu que pode realmente existir um mundo evolutivamente estável, que combina as seguintes propriedades zahavianas:

(1) Apesar de terem uma liberdade de escolha estratégica da intensidade da propaganda, os machos escolhem um nível que representa corretamente a sua qualidade real, mesmo que isso signifique revelar que a sua qualidade é baixa. Em outras palavras, na EEE os machos são honestos.

(2) Apesar de terem uma liberdade de escolha estratégica na resposta ao anúncio dos machos, as fêmeas acabam por escolher a estratégia "Acredite nos machos". Na EEE, as fêmeas são justificadamente "confiantes".

(3) A propaganda tem um custo elevado. Em outras palavras, se fosse possível ignorar os efeitos da qualidade e da atração, seria mais vantajoso para um macho não fazer propaganda (poupando energia, desse modo, ou sendo menos chamativo para os predadores). E não apenas a publicidade é dispendiosa como também é devido ao seu alto custo que um determinado sistema de propaganda é escolhido. Um sistema de propaganda é escolhido precisamente por-

que tem o efeito de reduzir o sucesso do anunciante — mantendo-se todos os demais fatores constantes.

(4) A propaganda é mais onerosa para os piores machos. A mesma intensidade de propaganda eleva mais os riscos para um macho fraco do que para um macho forte. Os machos de menor qualidade incorrem em riscos mais sérios com a publicidade dispendiosa do que os de maior qualidade.

Tais propriedades, sobretudo a do ponto 3, são puramente zahavianas. A demonstração de Grafen de que são evolutivamente estáveis em condições plausíveis parece bastante convincente. Mas o mesmo se podia dizer do raciocínio dos críticos de Zahavi, que influenciaram a primeira edição deste livro e concluíram que as ideias daquele autor não poderiam funcionar na evolução. Não devemos nos contentar com as conclusões de Grafen enquanto não nos assegurarmos de haver compreendido onde foi que erraram — se é que erraram — esses primeiros críticos. Quais foram as premissas que os levaram a uma conclusão diferente? Parte da resposta a essa pergunta parece residir no fato de não terem permitido que seus animais hipotéticos tivessem liberdade de escolha dentro de um leque contínuo de estratégias, o que os levou, quase sempre, a interpretar as ideias verbais de Zahavi segundo um ou outro dos três primeiros tipos de interpretação descritos por Grafen — a Desvantagem Qualificadora, a Desvantagem Reveladora ou a Desvantagem Condicional. Eles não consideraram nenhuma versão da quarta interpretação, a Desvantagem da Escolha Estratégica. Consequentemente, não conseguiram fazer com que o princípio da desvantagem funcionasse, ou conseguiram que ele funcionasse apenas sob condições especiais, matematicamente abstratas, que não reproduziam toda a qualidade paradoxal zahaviana. Mais ainda, uma das características essenciais da interpretação da Escolha Estratégica do princípio da desvantagem é que, na EEE, todos os indivíduos, sejam de alta ou de baixa qualidade, jogam segundo a mesma estratégia: "Faça propaganda honesta". Os primeiros modeladores assumiram que os machos de elevada qualidade adotavam estratégias diferentes dos machos de baixa qualidade, desenvolvendo, por essa razão, anúncios diferentes. Grafen, pelo contrário, assume que, na EEE, as diferenças entre os sinalizadores de alta ou de baixa qualidade emergem porque jogam todos de acordo com a mesma estratégia — e as diferenças nos seus anúncios surgem porque as diferenças em qualidade são fielmente reproduzidas pela regra de sinalização.

Sempre admitimos que os sinais podem, sem dúvida alguma, constituir desvantagens. Compreendemos que as desvantagens extremas podiam desenvolver-se, especialmente como resultado da seleção sexual, *apesar* do fato de serem desvantagens. O aspecto da teoria de Zahavi a que todos fazíamos objeção era a ideia de que os sinais poderiam ser favorecidos pela seleção precisamente *porque* constituíam desvantagens para os sinalizadores. Foi o que Grafen, aparentemente, demonstrou.

Se Grafen estiver correto — e penso que está —, este é um resultado de importância considerável para todo o estudo dos sinais animais. Ele poderá exigir uma mudança radical em toda a nossa abordagem sobre a evolução do comportamento, uma mudança radical dos pontos de vista sobre muitas das questões discutidas neste livro. A propaganda sexual é apenas um tipo de propaganda. Se for verdadeira, a teoria de Zahavi-Grafen, virará do avesso o modo como os biólogos entendem as relações entre os rivais do mesmo sexo, as relações entre os progenitores e os descendentes e as relações entre os inimigos de diferentes espécies. Penso que esse panorama é bastante preocupante, pois significa que já não podemos descartar com base em fundamentos do senso comum as teorias mais loucas que se puderem imaginar. Se observarmos um animal fazendo alguma coisa realmente idiota, como plantar bananeira diante de um leão, em vez de fugir dele, pode ser que ele o esteja fazendo para se mostrar à fêmea. Ele pode até mesmo estar se mostrando para o leão: "Sou um animal de qualidade tão elevada que você perderia o seu tempo tentando me apanhar" (ver p. 298).

Mas, por mais louca que me pareça uma ideia, a seleção natural pode pensar diferente. Um animal dará saltos mortais diante de um bando de predadores salivantes se os riscos realçarem mais o seu anúncio do que colocarem em perigo a vida do anunciante. É a própria situação de perigo que confere ao gesto a sua dimensão de exibição. É claro que a seleção natural não irá favorecer o perigo sem limites. No ponto em que o exibicionismo se torna absolutamente temerário, ele é penalizado. Um desempenho arriscado ou dispendioso pode nos parecer uma loucura. Porém isso não é da nossa conta. Só à seleção natural caberá julgá-lo.

10. UMA MÃO LAVA A OUTRA? (PP. 291-324)

1. Isso era o que todo mundo pensava. Não contávamos com os ratos-toupeiros. Os ratos-toupeiros são uma espécie de pequenos roedores sem pelos, quase cegos, que vivem em enormes colônias subterrâneas nas áreas secas do Quênia, da Somália e da Etiópia. Parecem ser verdadeiros "insetos sociais" do mundo dos mamíferos. Os estudos pioneiros de colônias em cativeiro feitos por Jennifer Jarvis, na Universidade da Cidade do Cabo, foram ampliados pelas observações de campo realizadas por Robert Brett no Quênia. Outros estudos de colônias em cativeiro estão em curso nos Estados Unidos, conduzi-

dos por Richard Alexander e Paul Sherman. Esses quatro pesquisadores prometeram um livro conjunto, pelo qual aguardo ansiosamente. Enquanto isso, minha explicação baseia-se na leitura dos poucos artigos publicados sobre o assunto e nas conferências de Paul Sherman e Robert Brett a que tive a oportunidade de assistir. Tive também o privilégio de visitar a colônia de ratos-toupeiros do Zoológico de Londres, acompanhado por Brian Bertram, que, àquela altura, era o seu curador para os mamíferos.

Os ratos-toupeiros vivem em extensas redes de túneis escavados no subsolo. Tipicamente, as colônias são formadas por setenta ou oitenta indivíduos, mas podem chegar às centenas. A rede de túneis ocupada por uma colônia pode atingir de três a cinco quilômetros de comprimento total e três a quatro toneladas de solo podem ser escavadas por ano. A abertura de túneis é uma atividade comunitária. O trabalhador situado à frente escava a terra com os dentes, passando a terra para trás por meio de uma esteira transportadora viva, uma fila efervescente de meia dúzia de pequenos animais cor-de-rosa. De tempos em tempos, o trabalhador à frente da fila é rendido por um dos que se encontram atrás dele.

Apenas uma das fêmeas da colônia procria, durante um período de vários anos. Jarvis adota, legitimamente, a terminologia usada para os insetos sociais e a chama de "rainha". A rainha acasala apenas com dois ou três machos. Todos os indivíduos restantes, de ambos os sexos, não procriam, tal como se observa nos insetos operários. E, da mesma forma como ocorre em muitas espécies de insetos sociais, se a rainha for removida, várias fêmeas anteriormente estéreis ficam em condições de procriar e lutam entre si por essa posição.

Os indivíduos estéreis são chamados de "operários", o que, mais uma vez, se justifica. Há operários de ambos os sexos, assim como ocorre entre os cupins (mas não entre as formigas, as abelhas e as vespas, em que apenas as fêmeas são operárias). As funções dos operários dependem do tamanho dos ratos-toupeiros. Os menores, que Jarvis chama de "operários assíduos", cavam e transportam a terra, alimentam os filhotes e, presumivelmente, liberam a rainha para que esta se concentre em produzir filhos. A rainha tem ninhadas maiores do que é normal para roedores do tamanho dos toupeiros, lembrando, uma vez mais, as rainhas dos insetos sociais. Os não-reprodutores maiores parecem não fazer muito mais do que comer e dormir, enquanto os de tamanho médio se comportam de modo intermediário: tal como ocorre entre as abelhas, há um continuum entre as várias castas, em vez de castas descontínuas, como acontece em muitas espécies de formigas.

Originalmente, Jarvis chamou de "não-operários" aos não-reprodutores maiores. Mas será que eles realmente não fazem nada? Existem agora sugestões, provenientes tanto das observações em laboratório como das observações de campo, de que eles sejam soldados, defendendo a colônia em caso de ameaça. As cobras são os principais predadores dos ratos-toupeiros. Também existe a possibilidade de que eles atuem como "tonéis de alimento", como fazem as formigas "potes-de-mel" (ver p. 299). Os ratos-toupeiros são homocoprofágicos, o que é simplesmente uma maneira educada de dizer que comem as fezes uns dos outros (não exclusivamente: isso violaria as leis do universo). Talvez os indivíduos maiores desempenhem um papel valioso ao armazenarem as suas fezes no corpo quando há abundância de alimento, de modo a poderem atuar como despensas de emergência nos momentos em que o alimento se torna escasso — uma espécie de serviço de abastecimento por constipação intestinal.

Para mim, a característica mais instigante dos ratos-toupeiros é que, embora sejam semelhantes aos insetos sociais em tantos aspectos, parecem não ter uma casta equivalente à das jovens reprodutoras aladas, como ocorre entre as formigas e os cupins. Eles têm reprodutores, é claro, mas estes não iniciam suas carreiras levantando voo e disseminando seus genes por novas paragens. Até onde se sabe, as colônias de ratos-toupeiros crescem apenas nas suas margens, através da expansão do sistema de túneis subterrâneo. Ao que tudo indica, eles não lançam reprodutores de longa distância equivalentes aos reprodutores alados, fato tão surpreendente para a minha intuição darwinista que não consigo resistir à tentação de especular sobre ele. O meu palpite é que um dia iremos descobrir uma fase de dispersão que, até agora, por alguma razão, passou despercebida. É um exagero esperar que essa fase de dispersão exija literalmente que os indivíduos ganhem asas! Pode ser, contudo, que eles estejam equipados de diversas maneiras para a vida na superfície, e não para a vida subterrânea. Poderiam ser peludos, ao invés de desprovidos de pelos, por exemplo. Os ratos-toupeiros não regulam a sua temperatura corporal como normalmente fazem os mamíferos. Eles são mais como os répteis de "sangue-frio". Talvez a temperatura seja controlada socialmente — mais uma semelhança com os cupins e as abelhas. Ou poderiam, simplesmente, explorar a bem conhecida constância de temperatura de uma boa *cave*. Em todo caso, meus hipotéticos indivíduos disseminadores poderiam perfeitamente ser animais de "sangue-quente", ao contrário dos operários subterrâneos. É concebível que algum roedor guarnecido de pelos, já conhecido, até agora classificado como uma espécie completamente diferente, possa ser a casta perdida dos ratos-toupeiros?

Afinal, existem precedentes. As locustas, por exemplo. As locustas são gafanhotos modificados que em geral levam a vida solitária, críptica e reservada que é típica dos gafanhotos. Mas, sob certas circunstâncias especiais, elas mudam completamente — e terrivelmente. Perdem a sua camuflagem e ganham um listrado vívido. Poderíamos quase pensar que se trata de um aviso. Nesse caso, não seria um aviso à toa, pois o comportamento delas também se altera. Elas abandonam a vida solitária e se juntam em bandos, com resultados ameaçadores. Desde as lendárias pragas bíblicas até os dias de hoje, não há outro animal tão temido pela sua capacidade de destruir a prosperidade humana. As locustas se juntam aos milhões, como uma debulhadora capaz de varrer um caminho de dezenas de quilômetros de largura, viajando às vezes centenas de quilômetros por dia, engolindo 2 mil toneladas de plantações a cada um deles e deixando atrás de si um gigantesco rastro de fome e de ruína. É agora que chegamos à possível analogia com os ratos-toupeiros. A diferença entre um indivíduo solitário e sua encarnação gregária é tão grande quanto a diferença entre duas castas de formigas. Mais importante ainda, tal como postulamos para a "casta perdida" dos ratos-toupeiros, os gafanhotos "Jekyll" e as locustas "Hyde" * foram, até 1921, classificados como pertencentes a espécies diferentes.

Infelizmente, não parece nada provável que os especialistas em mamíferos se deixassem enganar dessa maneira até os dias de hoje. Devo dizer, a propósito, que os ratos-toupeiros comuns às vezes são vistos à superfície e talvez viajem distâncias mais longas do que se costuma pensar. Mas, antes de abandonar por completo a especulação sobre os "reprodutores transformados", a analogia com a locusta sugere ainda outra possibilidade. Talvez os ratos-toupeiros produzam realmente reprodutores transformados, porém apenas sob determinadas condições — condições que não têm se reunido nas últimas décadas. Na África e no Oriente Médio, as pragas de locustas continuam a ser uma ameaça, tal como eram nos tempos bíblicos. Entretanto, aparentemente devido a não se terem reunido as condições certas, não foram registradas pragas de locustas na América do Norte neste século (embora as cigarras, uma praga de insetos totalmente diferente, continuem a surgir com alguma regularidade e, para aumentar a confusão, sejam chamadas de "locustas" na linguagem coloquial americana). Apesar disso, não seria particularmente surpreendente se ocorresse uma praga de locustas verdadeiras na América nos dias de hoje: o vulcão encontra-se adormecido, mas não extinto. Contudo, se não possuíssemos registros escritos e informações de outras partes do mundo, *seria* uma surpresa bastante desagradável, já que os animais seriam vistos como gafanhotos comuns, solitários e inofensivos. E se os ratos-toupeiros forem, como os gafanhotos americanos, instruídos para produzir uma casta distinta, disseminadora, mas apenas

---

* Referência ao clássico da literatura de suspense *Dr. Jekyll and Mr. Hyde* [O médico e o monstro], do escritor escocês Robert Louis Stevenson. (N. T.)

em condições que, por alguma razão, ainda não se apresentaram durante este século? A África Oriental do século XIX pode ter sido devastada por pragas de ratos-toupeiros peludos, migrando à superfície como os lemingues, sem que registros disso tenham sobrevivido e chegado até nós. Ou talvez tais registros estejam *presentes* nas lendas e sagas das tribos locais.

2. A engenhosidade memorável da hipótese de Hamilton dos "três quartos de parentesco" para o caso especial dos *Hymenoptera* revelou-se, paradoxalmente, um embaraço para a reputação da sua teoria mais geral e fundamental. A história dos três quartos de parentesco haplodiploide é suficientemente acessível para ser apreendida por qualquer pessoa, com um pouco de esforço, mas é também suficientemente difícil para que alguém se sinta radiante por havê-la compreendido e ansiosa por passá-la adiante. Ela é um bom "meme". Se você ouvir falar de Hamilton numa conversa num pub, em vez de ter lido seus livros, é muito provável que só ouça falar de haplodiploidia. Hoje em dia, qualquer livro introdutório de biologia, por mais resumidamente que aborde o tema da seleção de parentesco, está fadado a dedicar um parágrafo aos "três quartos de parentesco". Um colega meu, considerado hoje um dos maiores especialistas mundiais em comportamento social dos grandes mamíferos, confessou-me que, durante anos, pensou que a teoria de Hamilton sobre a seleção de parentesco *era* a hipótese dos três quartos de parentesco e nada mais! O resultado disso é que, se surgirem fatos novos que nos levem a colocar em dúvida a importância dessa hipótese, as pessoas tenderão a pensar que se trata de uma prova contra toda a teoria da seleção de parentesco. É como se um grande compositor tivesse escrito uma sinfonia longa e profundamente original em que uma melodia particular, brevemente interpolada ali pelo meio, se mostrasse tão imediatamente arrebatadora que qualquer vendedor de miudezas a assobiasse pela rua afora. A sinfonia passa a identificar-se com essa única melodia. Se, depois, as pessoas ficarem desencantadas com a melodia, pensarão que não gostam de toda a sinfonia.

Vejamos, por exemplo, um artigo de Linda Gamlin sobre os ratos-toupeiros, bastante útil em outros aspectos, publicado recentemente na revista *New Scientist*. O artigo fica seriamente comprometido pela insinuação de que os ratos-toupeiros e os cupins constituem, de algum modo, um embaraço para a hipótese de Hamilton, simplesmente pelo fato de não serem haplodiploides! É difícil acreditar que a autora não tenha sequer passado os olhos sobre os dois artigos clássicos de Hamilton, visto que a haplodiploidia ocupa meras quatro páginas de um conjunto de cinquenta. Ela deve ter se baseado em fontes secundárias — e espero que não tenha se baseado em *O gene egoísta*.

Outro exemplo revelador tem a ver com os soldados afídeos que descrevi nas notas ao capítulo 6. Como expliquei àquela altura, uma vez que os afídeos formam clones de gêmeos idênticos, é de esperar que o autossacrifício altruísta seja comum entre eles. No seu artigo de 1964, Hamilton notou isso e deu-se ao trabalho de fornecer uma explicação satisfatória do estranho fato de que — tanto quanto se sabia naquele momento — os animais clones não apresentavam nenhuma tendência para o comportamento altruísta. Quando se deu a descoberta dos soldados afídeos, esta não poderia estar em sintonia mais perfeita com a teoria de Hamilton. E, no entanto, o artigo original no qual se anunciava a descoberta trata os soldados afídeos como se eles constituíssem uma dificuldade para a teoria de Hamilton, porque os afídeos não são haplodiploides! Uma ironia do destino.

Quando voltamos a nossa atenção para os cupins — também com frequência considerados embaraçosos para a teoria de Hamilton —, a ironia persiste, pois foi o próprio Hamilton quem sugeriu, em 1972, uma das mais engenhosas teorias para explicar como eles se tornaram sociais, a qual pode ser vista como uma analogia inteligente da hipótese da haplodiploidia. Denominada teoria da consanguinidade cíclica, é comumente atribuída a S. Bartz, que a desenvolveu sete anos depois da publicação original de Hamilton. Hamilton, como era tão característico dele, esqueceu-se de que fora ele próprio o primeiro a pensar na "teoria de Bartz", e tive de esfregar o artigo de sua autoria debaixo de seu nariz para que ele acreditasse nisso! Deixando de lado a questão da prioridade, a teoria em si é tão interessante que hoje eu lamento não tê-la discutido na primeira edição. Tratarei de corrigir essa omissão agora.

Afirmei que a teoria era uma analogia inteligente da hipótese da haplodiploidia. Eis o que eu queria dizer. Do ponto de vista da evolução social, a característica essencial dos animais haplodiploides é que um indivíduo pode ser geneticamente mais próximo da sua irmã do que dos seus próprios descendentes, o que predispõe esse indivíduo a permanecer no ninho parental, ajudando a criar os irmãos, ao invés de abandoná-lo para gerar e criar os próprios filhos. Hamilton pensou numa razão pela qual, também entre os cupins, os irmãos poderiam ser geneticamente mais próximos uns dos outros do que os pais em relação aos seus descendentes. A chave está no cruzamento consanguíneo. Quando os animais acasalam com seus irmãos, os descendentes que produzem tornam-se mais uniformes geneticamente. Os ratos-brancos, em qualquer linhagem de laboratório, quase equivalem, do ponto de vista genético, a gêmeos idênticos. Isso acontece porque eles nascem de uma longa linhagem de acasalamentos entre irmãos e irmãs. Seus genomas se tornam altamente homozigóticos, para usar o termo técnico: em quase todos os seus *loci* genéticos os dois genes são idênticos, e também idênticos aos genes no mesmo lócus de todos os outros indivíduos na linhagem. Não é frequente encontrarmos longas linhagens de acasalamentos incestuosos na natureza, com uma única exceção significativa — os cupins!

Um ninho típico de cupins é fundado por um casal real, o rei e a rainha, que acasalam exclusivamente um com o outro até que um deles morra. O lugar dele ou dela é então preenchido por um dos seus descendentes, que acasala incestuosamente com o pai ou a mãe sobrevivente. Se ambos os membros do casal real morrerem, eles são substituídos por um casal incestuoso de irmãos. E assim sucessivamente. É provável que uma colônia madura já tenha perdido vários reis e rainhas e que a sua descendência tenha se tornado de fato altamente consanguínea, depois de vários anos, tal como acontece com os ratos de laboratório. A homozigotia e o coeficiente de parentesco médios, num ninho de cupins, tendem a subir continuamente à medida que os anos vão passando e que os reprodutores reais são sucessivamente substituídos pelos seus descendentes ou pelos seus irmãos. Mas esse é só o primeiro passo da teoria de Hamilton. A parte engenhosa vem a seguir.

O produto final de qualquer colônia de insetos sociais consiste em reprodutores novos, alados, que voam para longe da colônia parental, acasalam e fundam uma nova colônia. Quando os jovens reis e rainhas acasalam, é bem provável que os acasalamentos *não* sejam incestuosos. Na verdade, é como se houvesse convenções especiais de sincronização destinadas a assegurar que os diferentes ninhos de cupins de uma dada área produzam os reprodutores alados no mesmo dia, presumivelmente para promover os cruzamentos não consanguíneos. Considere, então, as consequências de um acasalamento entre um jovem rei da colônia A e uma jovem rainha da colônia B. Ambos são altamente consanguíneos em relação aos ninhos de origem. Ambos são equivalentes aos ratos de laboratório. Mas, como são o produto de programas *independentes* diferentes de cruzamento consanguíneo, serão geneticamente diferentes um do outro. Serão como os ratos-brancos consanguíneos pertencentes a duas linhagens de laboratório distintas. Quando se acasalarem, seus descendentes serão altamente heterozigóticos, mas *uniformemente*. Ser heterozigótico significa que, em muitos dos *loci* genéticos, os dois genes são diferentes um do outro. Ser uniformemente heterozigóticos significa que quase todos os descendentes serão heterozigóticos exatamente do mesmo modo. Eles serão, geneticamente, quase idênticos aos seus irmãos, só que ao mesmo tempo serão altamente heterozigóticos.

Agora, avancemos no tempo. A nova colônia com seu casal real fundador cresceu. Está agora povoada por um grande número de jovens cupins identicamente heterozigóticos. Pensemos no que ocorrerá quando morrer um ou ambos os membros do casal real fundador. O velho ciclo do incesto recomeçará, com consequências notáveis. A primeira geração produzida incestuosamente apresentará uma variação dramaticamente superior à da geração precedente. Não importa se estamos examinando um acasalamento entre irmão e irmã, entre pai e filha ou entre mãe e filho. O princípio é o mesmo para todos, embora seja mais simples considerar o acasalamento entre irmão e irmã. Se ambos são identicamente heterozigóticos, a sua descendência será uma mixórdia altamente variável de recombinações genéticas. Trata-se de uma consequência da genética mendeliana elementar, que seria válida, em princípio, para todos os animais e plantas, e não apenas para os cupins. Se tomarmos dois indivíduos uniformemente heterozigóticos e os cruzarmos entre si ou com uma das linhagens homozigotas parentais, teremos uma confusão dos diabos, geneticamente falando. A razão disso pode ser encontrada em qualquer manual de introdução à genética, e não a apresentarei aqui. Do nosso ponto de vista atual, a consequência importante é que, durante o estágio do desenvolvimento de uma colônia de cupins, um indivíduo encontra-se tipicamente mais próximo dos seus irmãos, geneticamente, do que da sua descendência potencial. E essa é uma precondição provável para a evolução de castas de operárias estéreis altruístas, tal como vimos no caso dos *Hymenoptera* haplodiploides.

No entanto, mesmo quando não existe uma razão especial para esperar que os indivíduos sejam *mais próximos* dos seus irmãos do que dos seus descendentes, há quase sempre uma boa razão para esperar que os indivíduos sejam *tão próximos* dos seus irmãos quanto da sua descendência. A única condição necessária para que isso seja verdade é algum grau de monogamia. De certa forma, o que surpreende, do ponto de vista de Hamilton, é que não existam mais espécies nas quais os operários estéreis tomem conta dos seus irmãos e irmãs mais novos. O que é amplamente observado, como nos damos conta cada vez mais, é uma espécie de versão diluída do fenômeno do operário estéril, conhecido como "ajuda no ninho". Em muitas espécies de aves e de mamíferos, os jovens adultos, antes de partir e fundar as próprias famílias, permanecem com os pais durante uma temporada ou duas e ajudam a criar os irmãos e irmãs mais novos. As cópias dos genes para agir dessa forma são transmitidas para o corpo dos irmãos e irmãs. Assumindo que os beneficiários são irmãos e irmãs bilaterais (e não meios-irmãos), cada grama de alimento investido num irmão tem exatamente o mesmo retorno, geneticamente falando, que teria se fosse investido num filho. Porém, isso só acontece se todos os demais fatores forem constantes. Temos de olhar para as desigualdades se quisermos explicar por que esse fenômeno ocorre em algumas espécies e não em outras.

Pensemos, por exemplo, numa espécie de pássaros que nidifica em árvores ocas. Tais árvores são um recurso precioso, pois há apenas um número limitado delas. Se formos um jovem adulto cujos pais ainda estão vivos, eles habitam provavelmente uma das poucas árvores ocas disponíveis (pelo menos, devem ter habitado uma delas até recentemente, caso contrário não existiríamos). Assim, é provável que moremos numa árvore oca que constitui um "negócio em plena atividade", e os novos bebês ocupantes dessa produtiva incubadora sejam nossos irmãos e irmãs bilaterais, geneticamente tão próximos de nós quanto seriam nossos filhos. Se partirmos a fim de tentar conseguir uma árvore oca própria, as nossas chances de lograr êxito são pequenas. Mesmo que sejamos bem-sucedidos, os descendentes que criarmos não estarão geneticamente mais próximos de nós do que nossos irmãos e irmãs. Uma determinada quantidade de esforço investida na árvore oca dos nossos pais é um investimento melhor do que a mesma quantidade de esforço investida na tentativa de estabelecer a nossa. Assim, essas condições favorecem o cuidado com os irmãos — a "ajuda no ninho".

Apesar de tudo isso, continua a ser verdade que alguns indivíduos — ou todos os indivíduos, numa dada altura — têm de partir e procurar novas árvores ocas, ou o equivalente disso para suas espécies. Para usar a terminologia "produção e criação" do capítulo 7, *alguém* tem de produzir filhos, senão não haverá filhos de quem cuidar! O ponto essencial aqui não é que, "caso contrário, as espécies seriam extintas". Em qualquer população dominada por genes para a criação, os genes para a produção tenderiam a estar em vantagem. Nos insetos sociais, o papel do reprodutor é desempenhado pelas rainhas e pelos machos. São os reprodutores que partem, à procura de novas "árvores ocas", e é por isso que eles são alados, mesmo entre as formigas, cujas operárias não têm asas. As castas reprodutoras são especializadas durante toda a sua vida. As aves e os mamíferos que ajudam no ninho o fazem de outro modo. Cada indivíduo passa parte da sua vida (geralmente a primeira ou as duas primeiras temporadas de sua vida adulta) como "operário", ajudando a criar os irmãos mais novos, e durante o restante dela aspira a ser um "reprodutor".

E quanto aos ratos-toupeiros descritos na nota anterior? Eles são um exemplo perfeito do princípio do "negócio em plena atividade", ou da "árvore oca", embora o negócio em plena atividade não envolva literalmente uma árvore oca. A chave para este caso está provavelmente na distribuição desigual da sua fonte de alimento nos subterrâneos da savana. Esses roedores se alimentam sobretudo de tubérculos subterrâneos, que podem ser muito grandes e podem também se encontrar enterrados a grande profundidade. Um único tubérculo, de uma dessas espécies, pode ultrapassar o peso de mil ratos-toupeiros e, uma vez descoberto, pode alimentar a colônia durante meses ou até mesmo por anos. O problema, entretanto, consiste em encontrar os tubérculos, pois estes se encontram espalhados a esmo e isoladamente por toda a savana. Para os ratos-toupeiros, é difícil encontrar uma fonte de alimento, mas, quando descoberta, ela é muito valiosa. Robert Brett calculou que um único rato-toupeiro, trabalhando por sua conta, teria de escavar por tanto tempo para encontrar um único tubérculo que seus dentes se gastariam. Uma grande colônia social, com seus quilômetros de túneis ativamente patrulhados, é uma mina de tubérculos eficiente. Cada indivíduo estará em melhor situação, do ponto de vista econômico, se fizer parte de um sindicato de companheiros mineiros.

Então, um grande sistema de túneis, aparelhado com dúzias de operários trabalhando em cooperação, é um negócio em plena atividade, tal como a nossa hipotética "árvore oca", só que amplificado! Desde que vivamos num labirinto comunal em florescimento, e que a nossa mãe continue a produzir irmãos e irmãs bilaterais no interior desse labirinto, o incentivo para partir e fundar a nossa própria família torna-se realmente bastante baixo. Mesmo que alguns dos irmãos produzidos sejam apenas meios-irmãos, o argumento do "negócio em plena atividade" pode, ainda assim, ser suficientemente poderoso para manter os jovens adultos em casa.

3. Richard Alexander e Paul Sherman escreveram um artigo criticando os métodos e a conclusão de Trivers e Hare. Concordaram em que as proporções entre os sexos com predominância para as fêmeas são comuns nos insetos sociais, mas questionaram a afirmação de que o resultado é algo bem próximo três para um. Optaram por uma explicação alternativa para a predominância das fêmeas, uma explicação que, tal como no caso de Trivers e Hare, foi sugerida pela primeira vez por Hamilton. O raciocínio de Alexander e Sherman é bastante convincente, mas tenho o pressentimento de que um trabalho tão belo quanto o de Trivers e Hare não pode estar completamente errado.

Alan Grafen chamou a minha atenção para outro problema, mais preocupante, relacionado com a explicação das proporções sexuais entre os himenópteros, na primeira edição deste livro. Abordei o problema em *The extended phenotype* (pp. 75-6). Eis uma breve passagem:

> Para a operária potencial, *continua* a ser indiferente criar os irmãos ou criar seus próprios descendentes, qualquer que seja a proporção entre os sexos. Assim, suponhamos que a proporção entre os sexos mostre um desvio na direção das fêmeas, ou mesmo que ela esteja em conformidade com a proporção de 3:1 prevista por Trivers e Hare. Uma vez que a operária tem um parentesco mais próximo com sua irmã do que com seu irmão ou com seus descendentes de ambos os sexos, poderíamos pensar que ela iria "preferir" criar os irmãos em detrimento da sua própria descendência, dada uma pre-

dominância tão grande de fêmeas na proporção entre os sexos: ao optar pelos irmãos, ela não está ganhando as tão valiosas irmãs (junto com alguns poucos irmãos relativamente pouco valiosos)? Mas esse raciocínio deixa de levar em conta o valor relativamente grande dos machos como reprodutores numa população, em consequência da sua raridade. A operária pode não ter um parentesco tão próximo com cada um dos seus irmãos, no entanto, se os machos são raros na população como um todo, cada um dos irmãos tem uma probabilidade correspondentemente alta de vir a tornar-se um ancestral das gerações futuras.

4. O ilustre e já falecido filósofo J. L. Mackie chamou a minha atenção para uma consequência interessante do fato de as minhas populações de "trapaceiros" e "rancorosos" serem simultaneamente estáveis. Pode ser realmente que, se uma população chegar a uma EEE que a conduza à extinção, "será uma pena", mas Mackie nota ainda que alguns tipos de EEE têm maior probabilidade de levar uma população à extinção do que outros. Neste exemplo em particular, tanto o "trapaceiro" como o "rancoroso" são evolutivamente estáveis: uma população pode se estabilizar no ponto de equilíbrio para "trapaceiro" ou no ponto de equilíbrio para "rancoroso". O argumento de Mackie é de que as populações que se estabilizem no ponto de equilíbrio para "trapaceiro" têm mais probabilidade de vir a se extinguir. É possível, portanto, que exista um tipo de seleção de nível superior "entre EEEs" que favoreça o altruísmo recíproco. Podemos desenvolver isso como um argumento a favor de um tipo de seleção de grupo que, ao contrário da maior parte das teorias da seleção de grupo, possa realmente funcionar. Delineei esse argumento no meu artigo "In defense of selfish genes".

11. MEMES: OS NOVOS REPLICADORES (PP. 325-43)

1. A minha aposta de que toda a vida, em todo o universo, teria evoluído por meios darwinianos foi agora delineada e justificada em maior profundidade no meu artigo "Universal darwinism" e no último capítulo de *O relojoeiro cego*. Demonstro que todas as alternativas ao darwinismo que foram alguma vez sugeridas são incapazes, em princípio, de dar conta da tarefa de explicar a complexidade organizada da vida. O meu argumento é um argumento geral e não se baseia em fatos particulares a respeito da vida como a conhecemos. Como tal, foi criticado por cientistas suficientemente prosaicos para pensar que a única maneira de fazer descobertas em ciência é trabalhar de sol a sol em cima

de um tubo de ensaio quente (ou de uma fria bota enlameada). Um dos críticos queixou-se de que o meu argumento era "filosófico", como se isso, por si só, fosse uma condenação suficiente. Filosófico ou não, o fato é que nem ele nem ninguém encontrou um erro no que afirmei. E argumentos "em princípio" como o meu, longe de serem irrelevantes em relação ao mundo real, podem ser *mais* poderosos do que os argumentos baseados em fatos particulares. Se estiver correto, o meu raciocínio nos diz algo de importante sobre a vida em todo o universo. A pesquisa de campo e a de laboratório só podem nos dizer algo sobre a vida tal como a presenciamos aqui.

2. Ao que parece, a palavra "meme" está se mostrando, ela própria, um bom meme. É bastante usada hoje em dia e entrou, em 1988, na lista oficial de palavras a serem consideradas para as edições futuras do *Oxford English dictionary*. Isso aumenta ainda mais a minha preocupação em reafirmar que as minhas pretensões de discutir a cultura humana eram quase inexistentes, de tão modestas. As minhas verdadeiras pretensões — e elas são reconhecidamente grandes — vão numa direção completamente diferente. Quero reivindicar um poder quase ilimitado para as entidades autorreplicadoras ligeiramente imperfeitas que surgirem em qualquer parte do universo. Isso porque elas tendem a tornar-se a base da seleção darwiniana, a qual, após um número de gerações suficiente, constrói, de modo cumulativo, sistemas de grande complexidade. Acredito que, nas condições apropriadas, os replicadores se juntam automaticamente para criar sistemas, ou máquinas, que os transportem e que trabalhem para favorecer a sua replicação contínua. Os primeiros dez capítulos de *O gene egoísta* concentraram-se em um só tipo de replicador, o gene. Ao discutir os memes, no capítulo final, eu estava tentando defender o argumento dos replicadores em geral e mostrar que os genes não eram os únicos membros dessa importante classe. Não tenho certeza se o meio da cultura humana reúne de fato as condições necessárias para manter em funcionamento uma forma de darwinismo. Mas, em todo caso, trata-se de uma questão secundária para mim. Considerarei que o capítulo 11 alcançou seu objetivo se o leitor fechar este livro com a sensação de que as moléculas de DNA não são as únicas entidades que podem constituir a base da evolução darwiniana. O meu propósito era reduzir o gene à sua própria medida, e não esculpir uma teoria grandiosa sobre a cultura humana.

3. O DNA é um pedaço de hardware autorreplicador. Cada pedaço tem uma estrutura particular, que difere da estrutura dos pedaços de DNA rivais. Se os memes nos nossos cérebros são análogos aos genes, eles devem ser estruturas cerebrais autorreplicadoras, padrões reais da rede neuronal que se reconstituem sucessivamente a cada cérebro. Sempre me senti muito pouco à vontade

para falar desse assunto em voz alta, porque sabemos muito menos sobre os cérebros do que sobre os genes e temos de ser, necessariamente, bastante vagos a respeito de como seria, na realidade, uma estrutura cerebral como essa. Por isso, fiquei aliviado ao receber recentemente um artigo muito interessante da autoria de Juan Delius, da Universidade de Konstanz, na Alemanha. Ao contrário de mim, Delius não precisa se sentir constrangido, uma vez que é um destacado estudioso do cérebro, enquanto eu não o sou de modo algum. Fiquei encantado ao verificar que ele foi ousado o suficiente para abordar frontalmente esse ponto ao publicar uma figura detalhada de como deve ser o hardware neuronal de um meme. Entre as muitas outras coisas interessantes que faz, Delius explora, com muito mais profundidade do que eu havia feito, a analogia dos memes com os parasitas, ou, mais precisamente, com o espectro que inclui os parasitas malignos num dos extremos e os "simbiontes" no outro. Sinto-me particularmente entusiasmado com essa abordagem, em face do meu interesse pelos efeitos "fenotípicos estendidos" dos genes dos parasitas sobre o comportamento do hospedeiro (ver o capítulo 13 deste livro e especialmente o capítulo 12 de *The extended phenotype*). Delius, a propósito, enfatiza a separação clara entre os memes e seus efeitos ("fenotípicos"). E reitera a importância dos complexos coadaptados de memes, em que os memes são selecionados em função da sua compatibilidade mútua.

4. "Auld Lang Syne" foi, involuntariamente, uma escolha muito feliz, pois se trata de um exemplo esclarecedor. Isso porque, quase universalmente, essa canção é apresentada com um erro, uma mutação. O refrão, hoje em dia, é quase sempre cantado como "For the sake of auld lang syne", quando, na realidade, Burns escreveu "For auld lang syne". Um darwinista interessado nos memes imediatamente se pergunta o que terá produzido a "capacidade de sobrevivência" da frase interpolada, "the sake of". Não devemos esquecer que não estamos à procura de maneiras pelas quais *pessoas* possam ter sobrevivido melhor pelo fato de cantarem a canção na sua forma alterada. Estamos à procura de maneiras pelas quais a *própria* alteração possa ter se mostrado capaz de sobreviver no pool de memes. Todo mundo aprende a canção na infância, não porque leu Burns, mas porque a ouviu ser cantada na véspera de Ano-Novo. Houve um tempo, presumivelmente, em que todo mundo a cantava do jeito certo. "For the sake of" deve ter surgido como uma mutação rara. A nossa questão é: por que essa mutação de início rara se espalhou tão insidiosamente a ponto de ter se tornado a norma no pool de memes?

Penso que não precisamos ir muito longe para encontrar a resposta. A consoante sibilante "s" é notoriamente inoportuna. Os coros das igrejas são treinados a pronunciar os sons "s" com a maior leveza possível, pois, caso contrário, o som ecoa por toda a igreja. Numa grande catedral, um padre murmurando no altar pode às vezes ser ouvido do fundo da nave, apenas como um sussurro esporádico de "s". A outra consoante em "sake", o "k", é quase tão penetrante como a primeira. Imagine que dezenove pessoas estão cantando corretamente "For auld lang syne" e alguém, num ponto qualquer da sala, canta a frase errada "For the sake of auld lang syne". Uma criança, ao ouvir a canção pela primeira vez, deseja juntar-se imediatamente ao coro, mas não sabe bem a letra. Embora quase todo mundo esteja cantando "For auld lang syne", o sibilar de um "s" e o golpe de um "k" abrem caminho até os ouvidos da criança e, quando o refrão retorna, ela também canta "For the sake of auld lang syne". O meme mutante tomou posse de outro veículo. Se houver na sala outras crianças ou adultos que não saibam bem a letra da canção, é mais provável que mudem para a forma mutante quando o refrão retornar. Isso não significa que eles "preferem" a forma mutante. Eles realmente não sabem a letra e estão sinceramente ansiosos por aprendê-la. E, mesmo que aqueles que conhecem a letra levantem a voz com indignação, cantando "For auld lang syne" (como eu mesmo faço!), as palavras corretas não têm consoantes salientes, e a forma mutante é muito mais fácil de ouvir, ainda que cantada baixa e acanhadamente.

Um caso semelhante é o da canção "Rule Britannia". O segundo verso do estribilho é "Britannia, rule the waves". No entanto, ele é com frequência cantado, embora não tão universalmente, como "Britannia rules the waves." Aqui, o "s" insistentemente sibilante do meme é auxiliado por um fator adicional. O sentido pretendido pelo poeta (James Thompson) era presumivelmente imperativo (Grã-Bretanha, vai e governa as ondas!) ou possivelmente subjuntivo (Que a Grã-Bretanha governe as ondas!). Mas é superficialmente mais fácil entender a frase como se ela fosse indicativa (A Grã-Bretanha, na realidade, governa as ondas). Portanto, esse meme mutante tem, por duas razões diferentes, uma capacidade de sobrevivência maior que a forma original substituída: ele é mais saliente do ponto de vista sonoro e é mais fácil de compreender.

O teste final de uma hipótese deve ser experimental. Deve ser possível injetar deliberadamente o meme sibilante no pool de memes, a uma frequência muito baixa, e observar como ele se dissemina graças à sua própria capacidade de sobrevivência. Que tal se alguns de nós começássemos a cantar "God save*s* our gracious Queen"?*

---

* A letra correta é "God *save* our gracious Queen", isto é, "Que Deus proteja a nossa graciosa Rainha". No meme sugerido, o acréscimo da sibilante "s" alteraria o significado para "Deus guarda a nossa graciosa Rainha". (N. T.)

5. Eu detestaria que isso fosse interpretado como uma afirmação de que a "atração" exercida por uma ideia seja o único critério para a sua aceitação pela comunidade científica. Afinal de contas, há realmente algumas ideias científicas que estão certas e outras que estão erradas! A sua validade pode ser testada, e a sua lógica, dissecada. Elas não são, de modo algum, comparáveis à música pop, às religiões ou aos penteados punk. Apesar de tudo, as ideias científicas estão sujeitas a uma sociologia, além de a uma lógica. Algumas ideias científicas de má qualidade podem chegar a se difundir muito largamente, pelo menos durante algum tempo. E algumas boas ideias podem permanecer adormecidas durante anos antes de atrair a atenção e colonizar a imaginação científica.

Um caso exemplar dessa dormência, seguida por uma propagação fulgurante, pode ser encontrado numa das principais ideias deste livro, a teoria da seleção de parentesco de Hamilton. Considerei que este seria um caso apropriado para testar a ideia de medir a difusão de um meme pela contagem do número de citações em revistas científicas. Na primeira edição, comentei que "Os dois artigos de Hamilton publicados em 1964 encontram-se entre as contribuições mais importantes para a etologia social e eu nunca pude entender por que eles são tão negligenciados pelos etólogos (o nome de Hamilton nem sequer figura no índice dos dois principais livros de introdução à etologia, ambos publicados em 1970). Felizmente, há sinais recentes de uma renovação do interesse pelas suas ideias" (p. 175). Escrevi isso em 1976. Agora vamos traçar o percurso desse renascimento mêmico ao longo da década seguinte.

O *Science Citation Index* é uma publicação bastante curiosa, na qual se pode encontrar referência a qualquer artigo publicado e verificar o número de publicações subsequentes que o citaram num determinado ano. Seu objetivo é ajudar o leitor a rastrear a literatura sobre um tópico específico. As comissões de seleção das universidades adotaram o costume de utilizá-lo como uma maneira aproximada e fácil (aproximada demais e fácil demais) de comparar o sucesso científico dos candidatos a um posto acadêmico. Contabilizando as citações dos artigos de Hamilton em cada ano, desde 1964, podemos traçar o progresso aproximado das suas ideias na consciência dos biólogos (Figura 1). A dormência inicial é perfeitamente evidente. Depois, parece que ocorre uma reviravolta dramática do interesse na seleção de parentesco durante a década de 1970. Essa tendência ascendente começa exatamente entre 1973 e 1974. A subida, então, ganha ritmo e atinge um pico em 1981, e, depois desse ano, a taxa anual de citações passa a flutuar irregularmente em torno de um patamar.

Surgiu um mito mêmico de que o surto de interesse pela seleção de parentesco teria sido deflagrado por livros publicados em 1975 e 1976. O gráfico, com o ponto de viragem em 1974, parece desmentir essa ideia. Pelo contrário, os dados poderiam ser usados para apoiar uma hipótese muito diferente, a saber, a de que estamos diante de uma daquelas ideias que "estavam no ar", "cuja hora tinha chegado". Nessa perspectiva, esses livros do meio da década de 1970 seriam sintomas do efeito "seguir a caravana", e não as causas principais da popularidade da ideia em questão.

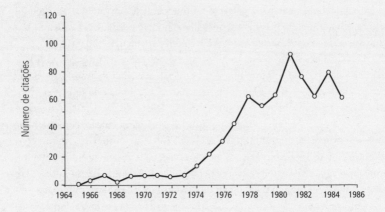

Figura 1. Citações anuais de Hamilton (1964) no Science Citation Index.

Talvez, na realidade, estejamos lidando com um efeito "seguir a caravana" de longa duração, de arranque lento e aceleração exponencial, que já tenha iniciado a sua marcha muito antes. Uma maneira de testar essa hipótese exponencial simples é representar o número de citações cumulativamente numa escala *logarítmica*. Qualquer processo de crescimento em que a velocidade em que ele se dá é proporcional ao tamanho já atingido é chamado de crescimento exponencial. Uma epidemia é um exemplo de processo exponencial típico: cada pessoa transmite o vírus para diversas outras pessoas, cada uma das quais, por sua vez, o transmite a um igual número de pessoas novamente, de modo que o número de vítimas aumenta a uma velocidade sempre crescente. Sabemos que estamos na presença de uma curva exponencial quando esta se transforma numa linha reta ao ser representada em escala logarítmica. Não é necessário, mas é conveniente e é também uma convenção, representar os gráficos logarítmicos cumulativamente. Se a difusão do meme de Hamilton fosse mesmo como uma epidemia em propagação, os pontos de um gráfico logarítmico cumulativo deveriam formar uma linha reta única. É isso o que se passa?

A linha desenhada na Figura 2 é a linha reta que, estatisticamente falando, une da melhor maneira todos os pontos. O aumento aparentemente abrupto entre 1966 e 1967 deve ser ignorado, provavelmente como um efeito dos números pequenos, pouco confiáveis, que a representação logarítmica tende a exagerar. Depois disso, o gráfico não constitui uma aproximação ruim de uma única linha reta, embora pequenos padrões de sobreposição possam ser percebidos. Se a minha interpretação exponencial for aceita, estamos lidando com uma única explosão de interesse de combustão lenta, que se inicia em 1967 e vai até o final da década de 1980. Os livros e artigos individuais devem ser encarados simultaneamente como sintomas e como causas dessa tendência de longo prazo.

A propósito, não se deve pensar que esse padrão de aumento seja de algum modo trivial, no sentido de ser inevitável. É claro que qualquer curva cumulativa deveria aumentar, mesmo que o número de citações anuais se mantivesse constante. Mas, na escala logarítmica, a curva aumentaria a uma taxa consistentemente mais lenta e acabaria por diminuir paulatinamente. A linha mais cheia no topo da Figura 3 mostra a curva *teórica* que obteríamos se houvesse uma taxa de citações constante (igual ao número médio real de citações de Hamilton, cerca de 37 por ano). Essa *curva* que perde força pode ser comparada diretamente com a linha *reta* observada na Figura 2, que indica uma taxa de aumento exponencial. Estamos realmente diante de um caso de aumento sobre aumento, e não de uma taxa estacionária de citação.

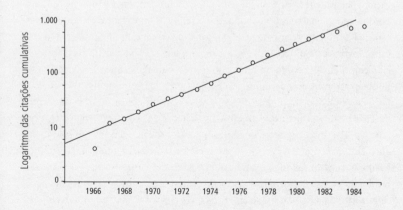

Figura 2. Logaritmo das citações cumulativas de Hamilton (1964).

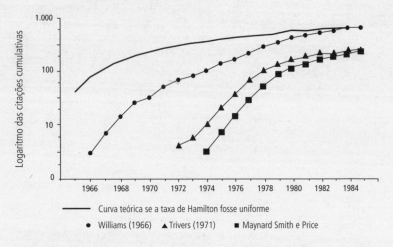

Figura 3. Logaritmo das citações cumulativas para três trabalhos que não são da autoria de Hamilton, comparados com a curva "teórica" para Hamilton (os detalhes encontram-se explicados no texto).

Em segundo lugar, poderíamos nos sentir tentados a pensar que existe algo, se não de inevitável, ao menos de trivialmente esperado num crescimento exponencial. Afinal, não é verdade que a própria taxa de publicação de artigos científicos e, em decorrência, a oportunidade para citar outros artigos estão a subir exponencialmente? Talvez o tamanho da comunidade científica esteja aumentando exponencialmente. O modo mais fácil de demonstrar que existe algo de especial a respeito do meme de Hamilton é fazer o mesmo tipo de gráfico para outros artigos científicos. A Figura 3 mostra também o logaritmo das frequências cumulativas de citação para outros três trabalhos (que, incidentalmente, também tiveram grande influência na primeira edição deste livro). São eles o livro de Williams, *Adaptation and natural selection,* publicado em 1966, o artigo de Trivers sobre o altruísmo recíproco, publicado em 1971, e o artigo de J. Maynard Smith e Price, de 1973, que introduz a ideia de EEE. Todos eles claramente apresentam curvas que não são exponenciais em todo o intervalo de tempo analisado. No entanto, também para esses trabalhos, as taxas de citações anuais estão longe de ser uniformes e podem inclusive ser consideradas exponenciais durante uma parte do período em questão. A curva de Williams, por exemplo, é aproximadamente uma linha reta na escala logarítmica a partir de 1970, o que sugere que entrou também numa fase explosiva de sua influência.

Até agora, venho minimizando a influência de determinados livros na difusão do meme de Hamilton. Porém, este pequeno fragmento de análise mêmica tem um pós-escrito aparentemente sugestivo. Tal como nos casos de "Auld Lang Syne" e de "Rule Britannia", há um erro mutante bastante esclarecedor. O título original do par de artigos de 1964 de Hamilton era "The genetical evolution of social behaviour" [A evolução gênica do comportamento social]. Entre a metade e o final da década de 1970, uma avalanche de publicações, inclusive *Sociobiology* e *O gene egoísta*, o citou incorretamente como "The genetical theory of social behaviour" [A teoria gênica do comportamento social]. Jon Seger e Paul Harvey procuraram a primeira ocorrência desse meme mutante, julgando que seria um bom marcador para a sua influência científica, quase como um marcador radioativo. Verificaram que esse meme mutante remonta ao influente livro de E. O. Wilson, *Sociobiology*, publicado em 1975, e até encontraram algumas evidências indiretas dessa sugerida genealogia.

Por mais que eu admire o tour de force de Wilson — gostaria que as pessoas o lessem mais e lessem menos sobre ele —, sempre fiquei enfurecido com a sugestão, inteiramente falsa, de que o meu livro foi influenciado pelo dele. Contudo, tendo em vista que o meu livro também continha a citação mutante — o "marcador radioativo" —, comecei a me sentir alarmado com o fato de que, aparentemente, pelo menos um meme tinha viajado de Wilson até mim! Tal fato não deveria ser particularmente surpreendente, uma vez que *Sociobiology* chegou à Grã-Bretanha no momento em que eu estava concluindo *O gene egoísta*, na altura exata em que eu devia estar completando a bibliografia do livro. A bibliografia maciça de Wilson deve ter parecido uma dádiva dos céus, poupando-me de horas e horas na biblioteca. O meu desgosto transformou-se, portanto, em contentamento, quando encontrei, por acaso, uma antiga bibliografia mimeografada que eu havia entregado aos alunos numa palestra que dera em Oxford, em 1970. Em letras bem grandes, estava lá "The genetical *theory* of social behaviour", mais de cinco anos antes da publicação de Wilson. Não restava dúvida sobre o assunto: Wilson e eu introduzimos independentemente o mesmo meme mutante!

Como pode ter acontecido essa coincidência? Uma vez mais, como no caso de "Auld Lang Syne", não é preciso ir muito longe para encontrar uma explicação plausível. O livro mais famoso de R. A. Fisher chama-se *The genetical theory of natural selection* [A teoria gênica da seleção natural]. Esse título tornou-se tão familiar no mundo dos biólogos evolucionistas que é difícil ouvir as primeiras duas palavras sem adicionar automaticamente a terceira. Suspeito que tanto eu como Wilson tenhamos feito isso. Temos aqui uma conclusão feliz para todos os envolvidos, dado que ninguém se incomoda de admitir que foi influenciado por Fisher!

6. Era perfeitamente previsível que também os computadores eletrônicos viessem, por fim, a servir de hospedeiros para padrões autorreplicadores de informação — os memes. Os computadores estão cada vez mais interligados em redes complexas de informação compartilhada. Muitos deles estão literalmente ligados uns aos outros em trocas de correio eletrônico. Outros partilham a informação quando seus usuários passam disquetes adiante. É um meio perfeito para o florescimento e a disseminação de programas autorreplicadores. Quando escrevi a primeira edição deste livro, fui suficientemente ingênuo para supor que um indesejável meme de computador teria de surgir por um erro espontâneo na cópia de um programa autêntico, o que me parecia um evento improvável. Mas, ai de mim, essa era a idade da inocência! Hoje, as epidemias de "vírus" e de "vermes" lançados deliberadamente por programadores mal-intencionados são riscos com os quais os usuários de computadores no mundo todo estão bem familiarizados. Até onde sei, o meu próprio disco rígido foi infectado por duas epidemias virais durante o ano passado, e essa é uma experiência razoavelmente típica entre aqueles que fazem uso maciço do computador. Não vou mencionar os nomes de vírus específicos para não conceder nenhuma parcela de satisfação mesquinha aos seus pequenos e execráveis perpetradores. Digo "execráveis" porque seu comportamento é moralmente indiscernível daquele de um técnico de um laboratório de microbiologia que infecta a água de propósito e lança uma epidemia apenas pelo prazer de rir dissimuladamente das pessoas que adoecem. Digo "pequenos" porque são pessoas de mente pequena. Não é preciso um grande talento para desenvolver um vírus de computador. Qualquer programador mais ou menos competente é capaz de fazê-lo, e programadores mais ou menos competentes são encontrados em qualquer esquina no mundo de hoje. Eu próprio me considero um. Não vou sequer me dar ao trabalho de explicar como os vírus de computador funcionam. É óbvio demais.

O que já não é tão fácil é saber como combatê-los. Infelizmente, foi necessário que alguns programadores altamente competentes gastassem o seu precioso tempo escrevendo programas para a detecção de vírus, para imunizar os computadores contra eles etc. (a propósito, a analogia com a vacinação médica é espantosa, chegando mesmo à injeção de uma "cepa enfraquecida" do vírus). O perigo é que uma corrida armamentista será desencadeada, na qual cada novo avanço na prevenção de vírus terá como contrapartida avanços equivalentes nos novos programas virais. Até agora, a maior parte dos programas antivírus é escrita por indivíduos altruístas e oferecidos gratuitamente como um serviço. Mas eu prevejo o crescimento de uma nova profissão — que se dividirá em especializações lucrativas, tal como em qualquer outra profissão —, os "médicos de softwares" de plantão, com suas maletas pretas repletas de disquetes para diagnóstico e tratamento. Utilizo a palavra "médicos", porém os médicos de verdade resolvem problemas naturais que não são engendrados deliberadamente pela má-fé humana. Os médicos de software, ao contrário, serão como os advogados, que resolvem problemas causados pelo homem, problemas que, para começar, nem sequer deveriam ter ocorrido. Se os fabricantes de vírus têm alguma motivação discernível, deve ser o fato de se sentirem, presumivelmente, um pouco anarquistas. Faço-lhes um apelo: a sua intenção é realmente preparar o caminho para o aparecimento de uma nova e próspera profissão? Se não for o caso, então parem de brincar com memes idiotas e encontrem um uso melhor para seus modestos talentos como programadores.

7. Como era de prever, recebi uma enxurrada de cartas, da parte de vítimas da fé, protestando contra as minhas críticas. A lavagem cerebral que a fé produz em seu próprio favor é tão bem-sucedida, especialmente a lavagem cerebral das crianças, que é difícil abalar seu domínio. Mas, afinal de contas, o que é a fé? É um estado mental que leva as pessoas a acreditar em algo — não importa o quê — na ausência completa de evidências que possam confirmá-lo. Se essas evidências existissem, então a fé seria desnecessária, pois as evidências nos levariam, de todo modo, a acreditar naquilo. É isso que torna tão tola a alegação, papagueada com frequência, de que "a própria evolução é uma questão de fé". As pessoas acreditam na evolução não por desejarem arbitrariamente acreditar nela, mas sim pela existência de evidências esmagadoras publicamente disponíveis.

Afirmei que o crente acredita em "não importa o quê", o que sugere que as pessoas têm fé em coisas inteiramente arbitrárias e insensatas, como o monge elétrico no delicioso livro de Douglas Adams, *Dirk Gently's holistic detective agency* [A agência de detetives holística de Dirk Gently]. Ele foi projetado e construído para assumir todas as crenças em nosso lugar, e se sai muito bem nessa tarefa. No dia em que nos é apresentado, ele demonstra uma crença inabalável de que todas as coisas no mundo são cor-de-rosa. Não quero afirmar que as coisas em que uma determinada pessoa acredita são necessariamente insensatas. Elas podem ser ou não. A questão essencial é que não podemos decidir se são ou não, e também não há meios de chegarmos a dar preferência a um artigo de fé em relação a outro, se toda evidência é explicitamente evitada. Na verdade, o fato de que a verdadeira fé não necessita de evidências é algo apregoado como a sua maior virtude. Esse era o ponto central por trás da minha menção à história de são Tomé, o único dos doze apóstolos realmente admirável.

A fé não move montanhas (embora gerações de crianças aprendam solenemente o contrário e acreditem nisso). Contudo é capaz de levar as pessoas a uma loucura tão perigosa que me parece justificável qualificá-la como um tipo de distúrbio mental. A fé leva as pessoas a acreditar em não importa o quê com uma força tão grande que, em casos extremos, elas se dispõem a matar e a morrer por ela, sem precisar de maiores justificativas. Keith Henson cunhou o termo "memoides" para as "vítimas que foram dominadas por um meme a tal ponto que a sua própria sobrevivência se torna uma questão menor... Vemos punhados dessas pessoas no jornal da noite, nas notícias de Belfast ou de Beirute". A fé é poderosa o bastante para imunizar as pessoas contra todos os apelos à piedade, ao perdão e a toda a decência humana. Imuniza-as até mesmo contra o medo, se elas acreditarem honestamente que a morte de um mártir o levará diretamente ao paraíso. Que arma impressionante! A fé religiosa merece um capítulo próprio nos anais da tecnologia de guerra, em pé de igualdade com armas como o arco e flecha, o cavalo, o tanque de guerra e a bomba de hidrogênio.

8. O tom otimista da minha conclusão provocou ceticismo entre os críticos, que sentiram que ela era incompatível com o restante do livro. Em alguns casos, as críticas vieram dos sociobiólogos doutrinários, ciosos protetores da importância da influência genética. Em outros casos, paradoxalmente, a crítica proveio dos quadrantes opostos, os sumos sacerdotes da esquerda, ciosos protetores do seu ícone demonológico favorito! Rose, Kamim e Lewontin, em *Not in our genes* [Não nos nossos genes], têm um bicho-papão particular chamado "reducionismo", e presume-se que todos os bons reducionistas sejam também "deterministas" e, de preferência, "deterministas genéticos".

> Para os reducionistas, os cérebros são objetos biológicos determinados, cujas propriedades produzem os comportamentos que observamos e os estados de pensamento ou de intenção que inferimos a partir desses comportamentos... Essa posição está, ou deveria estar, em concordância total com os princípios da sociobiologia apresentados por Wilson e Dawkins. Ao adotar essa posição, entretanto, tais autores se veriam envolvidos no dilema de defender, em primeiro lugar, o caráter inato de muitos dos comportamentos humanos que, como homens liberais, eles certamente consideram pouco atraentes (o ódio, a doutrinação etc.) e, em segundo lugar, de ficarem enredados em preocupações éticas liberais sobre a responsabilidade pelos atos criminosos, se estes forem biologicamente determinados, tal como todos os outros atos. Para evitar esse problema, Wilson e Dawkins invocam um livre-arbítrio que nos permite agir contra os ditames dos nossos genes, se assim quisermos... Isso é, essencialmente, um retorno a um cartesianismo imperturbável, a um deus ex machina dualista.

Penso que Rose e seus colegas estão nos acusando de pretender fazer omeletes sem quebrar os ovos. Temos de optar entre o "determinismo genético" e o "livre-arbítrio". Não podemos ter as duas coisas. Mas — e aqui presumo que possa falar também em nome do professor Wilson — é somente aos olhos de Rose e dos seus colegas que somos "deterministas genéticos". O que eles não compreendem (aparentemente, embora seja difícil de acreditar) é que é perfeitamente possível sustentar que os genes exercem uma influência estatística no comportamento humano e acreditar, ao mesmo tempo, que essa influência pode ser modificada, dominada ou revertida por outras influências. Os genes exercem necessariamente uma influência estatística em qualquer padrão de comportamento que evolua por seleção natural. Rose e seus colegas concordam, presumivelmente, que o desejo sexual humano evoluiu por seleção natural, no mesmo sentido em que tudo evolui por seleção natural. Devem, portanto, concordar também que os genes influenciam o desejo sexual — no mesmo sentido em que os genes influenciam sempre tudo. No entanto, eles não têm, presumivelmente, problema algum em refrear seus desejos sexuais quando é socialmente necessário fazê-lo. O que há de dualista nisso? Obviamente, nada. Da mesma maneira, não há, do meu ponto de vista, dualismo algum em advogar a rebelião "contra a tirania dos replicadores egoístas". Nós, isto é, nossos cérebros, somos suficientemente independentes e estamos suficientemente separados dos nossos genes para sermos capazes de nos rebelar contra eles. Conforme assinalei antes, nós o fazemos em pequena escala a cada vez que recorremos aos métodos de contracepção. Não há nenhuma razão que nos impeça de nos rebelarmos também em maior escala.

Bibliografia atualizada

Nem todos os trabalhos aqui mencionados foram citados no livro, mas há referência a cada um deles, por número, no índice.

1. ALEXANDER, R. D. (1961) Aggressiveness, territoriality, and sexual behavior in field crickets. *Behaviour* 17, 130-223.
2. ALEXANDER, R. D. (1974) The evolution of social behavior. *Annual Review of Ecology and Systematic* 5, 325-83.
3. ALEXANDER, R. D. (1980) *Darwinism and human affairs*. Londres: Pitman.
4. ALEXANDER, R. D. (1987) *The biology of moral systems*. Nova York: Aldine de Gruyter.
5. ALEXANDER, R. D.; SHERMAN, P. W. (1977) Local mate competition and parental investment in social insects. *Science* 96, 494-500.
6. ALLEE, W. C. (1938) *The social life of animals*. Londres: Heinemann.
7. ALTMANN, S. A. (1979) Altruistic behaviour: the fallacy of kin deployment. *Animal Behaviour* 27, 958-9.
8. ALVAREZ, F., DE REYNA, A., SEGURA, H. (1976) Experimental brood-parasitism of the magpie (*Pica pica*). *Animal Behaviour* 24, 907-16.
9. ANON. (1989) Hormones and brain structure explain behaviour. *New Scientist* 121 (1649), 35.
10. AOKI, S. (1987) Evolution of sterile soldiers in aphids. In *Animal Societies: Theories and facts* (eds. Y. Ito, J. L. Brown e J. Kikkawa). Tóquio: Japan Scientific Societies Press, pp. 53-65.
11. ARDREY, R. (1970) *The social contract*. Londres: Collins.

12. AXELROD, R. (1984) *The evolution of cooperation*. Nova York: Basic Books.
13. AXELROD, R.; HAMILTON, W. D. (1981) The evolution of cooperation. *Science* 211, 1390-6.
14. BALDWIN, B. A.; MEESE, G. B. (1979) Social behaviour in pigs studied by means of operant conditioning. *Animal Behaviour* 27, 947-57.
15. BARTZ, S. H. (1979) Evolution of eusociality in termites. *Proceedings of the National Academy of Sciences, USA* 76 (n), 5764-8.
16. BASTOCK, M. (1967) *Courtship: A zoological study*. Londres: Heinemann.
17. BATESON, P. (1983) Optimal outbreeding. In *Mate Choice* (ed. P. Bateson). Cambridge: Cambridge University Press, pp. 257-77.
18. BELL, G. (1982) *The masterpiece of nature*. Londres: Croom Helm.
19. BERTRAM, B. C. R. (1976) Kin selection in lions and in evolution. In *Growing points in ethology* (eds. P. P. G. Bateson e R. A. Hinde). Cambridge: Cambridge University Press, pp. 281-301.
20. BONNER, J. T. (1980) *The evolution of culture in animals*. Princeton: Princeton University Press.
21. BOYD, R.; LORBERBAUM, J. P. (1987) No pure strategy is evolutionarily stable in the repeated Prisoner's Dilemma game. *Nature* 327, 58-9.
22. BRETT, R. A. (1986) The ecology and behaviour of the naked mole rat (*Heterocephalus glaber*). Tese de Ph.D., University of London.
23. BROADBENT, D. E. (1961) *Behaviour*. Londres: Eyre and Spottis-woode.
24. BROCKMANN, H. J.; DAWKINS, R. (1979) Joint nesting in a digger wasp as an evolutionarily stable preadaptation to social life. *Behaviour* 71, 203-45.
25. BROCKMANN, H. J., GRAFEN, A. e DAWKINS, R. (1979) Evolutionarily stable nesting strategy in a digger wasp. *Journal of Theoretical Biology* 77, 473-96.
26. BROOKE, M. de L. e DAVIES, N. B. (1988) Egg mimicry by cuckoos *Cuculus canorus* in relation to discrimination by hosts. *Nature* 335, 630-2.
27. BURGESS, J. W. (1976) Social spiders. *Scientific American* 234 (3), 101-6.
28. BURK, T. E. (1980) An analysis of social behaviour in crickets. D.Phil tese, University of Oxford.
29. CAIRNS-SMITH, A. G. (1971) *The life puzzle*. Edimburgo: Oliver and Boyd.
30. CAIRNS-SMITH, A. G. (1982) *Genetic takeover*. Cambridge: Cambridge University Press.
31. CAIRNS-SMITH, A. G. (1985) *Seven clues to the origin of life*. Cambridge: Cambridge University Press.
32. CAVALLI-SFORZA, L. L. (1971) Similarities and dissimilarities of sociocultural and biological evolution. In *Mathematics in the archaeological and historical sciences* (eds. F. R. Hodson, D.G. Kendall e P. Tautu). Edimburgo: Edinburgh University Press, pp. 535-41.

33. CAVALLI-SFORZA, L. L. e FELDMAN, M. W. (1981) *Cultural transmission and evolution: A quantitative approach*. Princeton: Princeton University Press.
34. CHARNOV, E. L. (1978) Evolution of eusocial behavior: offspring choice or parental parasitism? *Journal of Theoretical Biology* 75, 451-65.
35. CHARNOV, E. L. e KREBS, J. R. (1975) The evolution of alarm calls: altruism or manipulation? *American Naturalist* 109, 107-12.
36. CHERFAS, J. e GRIBBIN, J. (1985) *The redundant male*. Londres: Bodley Head.
37. CLOAK, F. T. (1975) Is a cultural ethology possible? *Human Ecology* 3, 161-82.
38. CROW, J. F. (1979) Genes that violate Mendel's rules. *Scientific American* 240 (2), 104-13.
39. CULLEN, J. M. (1972) Some principles of animal communication. In *Non-verbal communication* (ed. R. A. Hinde). Cambridge: Cambridge University Press, pp. 101-22.
40. DALY, M. e WILSON, M. (1982) *Sex, evolution and behavior*. 2ª edição. Boston: Willard Grant.
41. DARWIN, C. R. (1859) *The origin of species*. Londres: John Murray.
42. DAVIES, N. B. (1978) Territorial defence in the speckled wood butterfly *(Pararge aegeria)*: the resident always wins. *Animal Behaviour* 26, 138-47.
43. DAWKINS, M. S. (1986) *Unravelling animal behaviour*. Harlow: Longman.
44. DAWKINS, R. (1979) In defence of selfish genes. *Philosophy* 56, 556-73.
45. DAWKINS, R. (1979) Twelve misunderstandings of kin selection. *Zeitschrift-für Tierpsychologie* 51, 184-200.
46. DAWKINS, R. (1980) Good strategy or evolutionarily stable strategy? In *Sociobiology: Beyond nature/nurture* (eds. G. W. Barlow e J. Silverberg). Boulder, Colorado: Westview Press, pp. 331-67.
47. DAWKINS, R. (1982) *The extended phenotype*. Oxford: W. H. Freeman.
48. DAWKINS, R. (1982) Replicators and vehicles. In *Current problems in sociobiology* (eds. King's College Sociobiology Group). Cambridge: Cambridge University Press, pp. 45-64.
49. DAWKINS, R. (1983) Universal Darwinism. In *Evolution from molecules to men* (ed. D. S. Bendall). Cambridge: Cambridge University Press. pp. 403-25.
50. DAWKINS, R. (1986) *The blind watchmaker*. Harlow: Longman.
51. DAWKINS, R. (1986) Sociobiology: the new storm in a teacup. In *Science and beyond* (eds. S. Rose e L. Appignanesi). Oxford: Basil Blackwell. pp. 61-78.
52. DAWKINS, R. (1989) The evolution of evolvability. In *Artificial life* (ed. C. Langton). Santa Fe: Addison-Wesley. pp. 201-20.
53. DAWKINS, R. (forthcoming) Worlds in microcosm. In *Man, environment and God* (ed. N. Spurway). Oxford: Basil Blackwell.
54. DAWKINS, R. e CARLISLE, T. R. (1976) Parental investment, mate desertion and a fallacy. *Nature* 262, 131-2.

55. DAWKINS, R. e KREBS, J. R. (1978) Animal signals: information or manipulation? In *Behavioural ecology: An evolutionary approach* (eds. J. R. Krebs e N. B. Davies). Oxford: Blackwell Scientific Publications, pp. 282-309.
56. DAWKINS R. e KREBS, J. R. (1979) Arms races between and within species. *Proc. Roy. Soc. Land. B.* 205, 489-511.
57. DE VRIES, P. J. (1988) The larval ant-organs of *Thisbe irenea* (Lepidoptera: Riodinidae) and their effects upon attending ants. *Zoological Journal of the Linnean Society* 94, 379-93.
58. DELIUS, J. D. (in press) Of mind memes and brain bugs: a natural history of culture. In *The Nature of Culture* (ed. W. A. Koch). Bochum: Studienlag Brockmeyer.
59. DENNETT, D. C. (1989) The evolution of consciousness. In *Reality Club* 3 (ed. J. Brockman). Nova York: Lynx Publications.
60. DEWSBURY, D. A. (1982) Ejaculate cost and male choice. *American Naturalist* 119, 601-10.
61. DIXSON, A. F. (1987) Baculum length and copulatory behavior in primates. *American Journal of Primatology* 13, 51-60.
62. DOBZHANSKY, T. (1962) *Mankind evoking*. New Haven: Yale University Press.
63. DOOLITTLE, W. F. e SAPIENZA, C. (1980) Selfish genes, the phenotype paradigm and genome evolution. *Nature* 284, 601-3.
64. EHRLICH, P. R., EHRLICH, A. H. e HOLDREN, J. P. (1973) *Human ecology*. San Francisco: Freeman.
65. EIBL-EIBESFELDT, I. (1971) *Love and hate*. Londres: Methuen.
66. EIGEN, M, GARDINER, W., SCHUSTER, P. e WINKLER-OSWATITSCH, R. (1981) The origin of genetic information. *Scientific American* 244 (4), 88-118.
67. ELDREDGE, N. e GOULD, S. J. (1972) Punctuated equilibrium: an alternative to phyletic gradualism. In *Models in paleobiology* (ed. J. M. Schopf). San Francisco: Freeman Cooper, pp. 82-115.
68. FISCHER, E. A. (1980) The relationship between mating system and simultaneous hermaphroditism in the coral reef fish, *Hypoplectrus nigricans* (Serranidae). *Animal Behaviour 28*, 620-33.
69. FISHER, R. A. (1930) *The genetical theory of natural selection*. Oxford: Clarendon Press.
70. FLETCHER, D. J. C. e MICHENER, C. D. (1987) *Kin recognition in humans*. Nova York: Wiley.
71. FOX, R. (1980) *The red lamp of incest*. Londres: Hutchinson.
72. GALE, J. S. e EAVES, L. J. (1975) Logic of animal conflict. *Nature* 254, 463-4.
73. GAMLIN, L. (1987) Rodents join the commune. *New Scientist* 115 (1571), 40-7.

74. GARDNER, B. T. e GARDNER, R. A. (1971) Two-way communication with an infant chimpanzee. In *Behavior of non-human primates* 4 (eds. A. M. Schrier e F. Stollnitz). Nova York: Academic Press, pp. 117-84.
75. GHISELIN, M. T. (1974) *The economy of nature and the evolution of sex*. Berkeley: University of California Press.
76. GOULD, S. J. (1980) *The panda's thumb*. Nova York: W. W. Norton.
77. GOULD, S. J. (1983) *Hen's teeth and horse's toes*. Nova York: W. W. Norton.
78. GRAFEN, A. (1984) Natural selection, kin selection and group selection. In *Behavioural ecology: An evolutionary approach* (eds. J. R. Krebs e N. B. Davies). Oxford: Blackwell Scientific Publications, pp. 62-84.
79. GRAFEN, A. (1985) A geometric view of relatedness. In *Oxford surveys in evolutionary biology* (eds. R. Dawkins e M. Ridley), 2, pp. 28-89.
80. GRAFEN, A. (forthcoming). Sexual selection unhandicapped by the Fisher process. Manuscript in preparation.
81. GRAFEN, A. e SIBLY, R. M. (1978) A model of mate desertion. *Animal Behaviour* 26, 645-52.
82. HALDANE, J. B. S. (1955) Population genetics. *New Biology* 18, 34-51.
83. HAMILTON, W. D. (1964) The genetical evolution of social behaviour (I and II). *Journal of Theoretical Biology* 7, 1-16; 17-52.
84. HAMILTON, W. D. (1966) The moulding of senescence by natural selection. *Journal of Theoretical Biology* 12, 12-45.
85. HAMILTON, W. D. (1967) Extraordinary sex ratios. *Science* 156, 477-88.
86. HAMILTON, W. D. (1971) Geometry for the selfish herd. *Journal of Theoretical Biology* 31, 295-311.
87. HAMILTON, W. D. (1972) Altruism and related phenomena, mainly in social insects. *Annual Review of Ecology and Systematic!* 3, 193-232.
88. HAMILTON, W. D. (1975) Gamblers since life began: barnacles, aphids, elms. *Quarterly Review of Biology* 50, 175-80.
89. HAMILTON, W. D. (1980) Sex versus non-sex versus parasite. *Oikos* 35, 282-90.
90. HAMILTON, W. D. e ZUK, M. (1982) Heritable true fitness and bright birds: a role for parasites? *Science* 218, 384-7.
91. HAMPE, M. e MORGAN, S. R. (1987) Two consequences of Richard Dawkins' view of genes and organisms. *Studies in the History and Philosophy of Science* 19, 119-38.
92. HANSELL, M. H. (1984) *Animal architecture and building behaviour*. Harlow: Longman.
93. HARDIN, G. (1978) Nice guys finish last. In *Sociobiology and human nature* (eds. M. S. Gregory, A. Silvers e D. Sutch). San Francisco: Jossey Bass. pp. 183-94.
94. HENSON, H. K. (1985) Memes, ls and the religion of the space colonies. *L5 News,* September 1985, pp. 5-8.

95. HINDE, R. A. (1974) *Biological bases of human social behaviour*. Nova York: McGraw-Hill.
96. HOYLE, F. e ELLIOT. J. (1962) *A for Andromeda*. Londres: Souvenir Press.
97. HULL, D. L. (1980) Individuality and selection. *Annual Review of Ecology and Systematic* 11, 311-32.
98. HULL, D. L. (1981) Units of evolution: a metaphysical essay. In *The philosophy of evolution* (eds. U. L. Jensen e R. Harre). Brighton: Harvester, pp. 23-44.
99. HUMPHREY, N. (1986) *The inner eye*. Londres: Faber and Faber.
100. JARVIS, J. U. M. (1981) Eusociality in a mammal: cooperative breeding in naked mole-rat colonies. *Science* 212, 571-3.
101. JENKINS, P. F. (1978) Cultural transmission of song patterns and dialect development in a free-living bird population. *Animal Behaviour 26,* 50-78.
102. KALMUS, H. (1969) Animal behaviour and theories of games and of language. *Animal Behaviour* 17, 607-17.
103. KREBS, J. R. (1977) The significance of song repertoires — the Beau Geste hypothesis. *Animal Behaviour* 25, 475-8.
104. KREBS, J. R. e DAWKINS, R. (1984) Animal signals: mind-reading and manipulation. In *Behavioural ecology: An evolutionary approach* (eds. J. R. Krebs e N. B. Davies), 2ª edição. Oxford: Blackwell Scientific Publications, pp. 380-402.
105. KRUUK, H. (1972) *The spotted hyena: A study of predation and social behavior*. Chicago: Chicago University Press.
106. LACK, D. (1954) *The natural regulation of animal numbers*. Oxford: Clarendon Press.
107. LACK, D. (1966) *Population studies of birds*. Oxford: Clarendon Press.
108. LE BOEUF, B. J. (1974) Male-male competition and reproductive success in elephant seals. *American Zoologist* 14, 163-76.
109. LEWIN, B. (1974) *Gene expression,* volume 2. Londres: Wiley.
110. LEWONTIN, R. C. (1983) The organism as the subject and object of evolution. *Scientia* 118, 65-82.
111. LIDICKER, W. Z. (1965) Comparative study of density regulation in confined populations of four species of rodents. *Researches on Population Ecology* 7 (27), 57-72.
112. LOMBARDO, M. P. (1985) Mutual restraint in tree swallows: a test of the Tit for Tat model of reciprocity. *Science* 227, 1363-5.
113. LORENZ, K. Z. (1966) *Evolution and modification of behavior*. Londres: Methuen.
114. LORENZ, K. Z. (1966) *On aggression*. Londres: Methuen.

115. LURIA, S. E. (1973) *Life — the unfinished experiment*. Londres: Souvenir Press.
116. MACARTHUR, R. H. (1965) Ecological consequences of natural selection. In *Theoretical and mathematical biology* (eds. T. H. Water man e H. J. Morowitz). Nova York: Blaisdell, pp. 388-97.
117. MACKIE, J. L. (1978) The law of the jungle: moral alternatives and principles of evolution. *Philosophy* 53, 455-64. Reprinted in *Persons and values* (eds. J. Mackie e P. Mackie, 1985). Oxford: Oxford University Press, pp. 120-31.
118. MARGULIS, L. (1981) *Symbiosis in cell evolution*. San Francisco: W. H. Freeman.
119. MARLER, P. R. (1959) Developments in the study of animal communication. In *Darwin's biological work* (ed. P. R. Bell). Cambridge: Cambridge University Press, pp. 150-206.
120. MAYNARD SMITH, J. (1972) Game theory and the evolution of fighting. In J. Maynard Smith, *On evolution*. Edimburgo: Edinburgh University Press, pp. 8-28.
121. MAYNARD SMITH, J. (1974) The theory of games and the evolution of animal conflict. *Journal of Theoretical Biology* 47, 209-21.
122. MAYNARD SMITH, J. (1976) Group selection. *Quarterly Review of Biology* 51, 277-83.
123. MAYNARD SMITH, J. (1976) Evolution and the theory of games. *American Scientist* 64, 41-5.
124. MAYNARD SMITH, J. (1976) Sexual selection and the handicap principle. *Journal of Theoretical Biology* 57, 239-42.
125. MAYNARD SMITH, J. (1977) Parental investment: a prospective analysis. *Animal Behaviour* 25, 1-9.
126. MAYNARD SMITH, J. (1978) *The evolution of sex*. Cambridge: Cambridge University Press.
127. MAYNARD SMITH, J. (1982) *Evolution and the theory of games*. Cambridge: Cambridge University Press.
128. MAYNARD SMITH, J. (1988) *Games, sex and evolution*. Nova York: Harvester Wheatsheaf.
129. MAYNARD SMITH, J. (1989) *Evolutionary genetics*. Oxford: Oxford University Press.
130. MAYNARD SMITH, J. e PARKER, G. A. (1976) The logic of asymmetric contests. *Animal Behaviour* 24, 159-75.
131. MAYNARD SMITH, J. e PRICE, G. R. (1973) The logic of animal conflicts. *Nature* 246, 15-18.
132. MCFARLAND, D. J. (1971) *Feedback mechanisms in animal behaviour*. Londres: Academic Press.

133. MEAD, M. (1950) *Male and female.* Londres: Gollancz.
134. MEDAWAR, P. B. (1952) *An unsolved problem in biology.* Londres: H. K. Lewis.
135. MEDAWAR, P. B. (1957) *The uniqueness of the individual.* Londres: Methuen.
136. MEDAWAR, P. B. (1961) Review of P. Teilhard de Chardin, *The phenomenon of man.* Reprinted in P. B. Medawar (1982) *Pluto's Republic.* Oxford: Oxford University Press.
137. MICHOD, R. E. e LEVIN, B. R. (1988) *The evolution of sex.* Sunderland, Massachusetts: Sinauer.
138. MIDGLEY, M. (1979) Gene-juggling. *Philosophy* 54, 439-58.
139. MONOD, J. L. (1974) On the molecular theory of evolution. In *Problems of scientific revolution* (ed. R. Harre). Oxford: Clarendon Press, pp. 11-24.
140. MONTAGU, A. (1976) *The nature of human aggression.* Nova York: Oxford University Press.
141. MORAVEC, H. (1988) *Mind children.* Cambridge, Massachusetts: Harvard University Press.
142. MORRIS, D. (1957) 'Typical Intensity' and its relation to the problem of ritualization. *Behaviour* 11, 1-21.
143. *Nuffield biology teachers guide IV* (1966) Londres: Longmans, p. 96.
144. ORGEL, L. E. (1973) *The origins of life.* Londres: Chapman and Hall.
145. ORGEL, L. E. e CRICK, F. H. C. (1980) Selfish DNA: the ultimate parasite. *Nature* 284, 604-7.
146. PACKER, C. e PUSEY, A. E. (1982) Cooperation and competition within coalitions of male lions: kin-selection or game theory? *Nature* 296, 740-2.
147. PARKER, G. A. (7984) Evolutionarily stable strategies. In *Behavioural ecology: An evolutionary approach* (eds. J. R. Krebs e N. B. dames), 2ª edição. Oxford: Black-well Scientific Publications, pp. 62-84.
148. PARKER, G. A., BAKER, R. R. e SMITH, V. G. F. (1972) The origin and evolution of gametic dimorphism and the male-female phenomenon. *Journal of Theoretical Biology* 36, 529-53.
149. PAYNE, R. S. e McVAY, S. (1971) Songs of humpback whales. *Science* 173, 583-97.
150. POPPER, K. (1974) The rationality of scientific revolutions. In *Problems of scientific revolution* (ed. R. Harre). Oxford: Clarendon Press, pp. 72-101.
151. POPPER, K. (1978) Natural selection and the emergence of mind. *Dialectica* 32, 339-55.
152. RIDLEY, M. (1978) Paternal care. *Animal Behaviour* 26, 904-32.
153. RIDLEY, M. (1985) *The problems of evolution.* Oxford: Oxford University Press.
154. ROSE, S., KAMIN, L. J. e LEWONTIN, R. C. (1984) *Not in our genes.* Londres: Penguin.

155. ROTHENBUHLER, W. C. (1964) Behavior genetics of nest cleaning in honey bees. IV. Responses of F_1, and backcross generations to disease-killed brood. *American Zoologist* 4, 111-23.
156. RYDER, R. (1975) *Victims of science.* Londres: Davis-Poynter.
157. SAGAN, L. (1967) On the origin of mitosing cells. *Journal of Theoretical Biology* 14, 225-74.
158. SAHLINS, M. (1977) *The use and abuse of biology.* Ann Arbor: University of Michigan Press.
159. SCHUSTER, P. e SIGMUND, K. (1981) Coyness, philandering and stable strategies. *Animal Behaviour* 29, 186-92.
160. SEGER, J. e HAMILTON, W. D. (1988) Parasites and sex. In *The evolution of sex* (eds. R. E. Michod e B. R. Levin). Sunderland, Massachusetts: Sinauer. pp. 176-93.
161. SEGER, J. e HARVEY, P. (1980) The evolution of the genetical theory of social behaviour. *New Scientist* 87 (1208), 50-1.
162. SHEPPARD, P. M. (1958) *Natural selection and heredity.* Londres: Hutchinson.
163. SIMPSON, G. G. (1966) The biological nature of man. *Science* 152, 472-8.
164. SINGER, P. *(1976) Animal liberation.* Londres: Jonathan Cape.
165. SMYTHE, N. (1970) On the existence of 'pursuit invitation' signals in mammals. *American Naturalist* 104, 491-4.
166. STERELNY, K. e KITCHER, P. (1988) The return of the gene. *Journal of Philosophy* 85, 339-61.
167. SYMONS, D. (1979) *The evolution of human sexuality.* Nova York: Oxford University Press.
168. TINBERGEN, N. (1953) *Social behaviour in animals.* Londres: Methuen.
169. TREISMAN, M. e DAWKINS, R. (1976) The cost of meiosis — Is there any? *Journal of Theoretical Biology* 63, 479-84.
170. TRIVERS, R. L. (1971) The evolution of reciprocal altruism. *Quarterly Review of Biology* 46, 35-57.
171. TRIVERS, R. L. (1972) Parental investment and sexual selection. In *Sexual selection and the descent of man* (ed. B. Campbell). Chicago: Aldine. pp. 136-79.
172. TRIVERS, R. L. (1974) Parent-offspring conflict. *American Zoologist* 14, 249-64.
173. TRIVERS, R. L. (1985) *Social evolution.* Menlo Park: Benjamin/Cummings.
174. TRIVERS, R. L. e HARE, H. (1976) Haplodiploidy and the evolution of the social insects. *Science* 191, 249-63.
175. TURNBULL, C. (1972) *The mountain people.* Londres: Jonathan Cape.
176. WASHBURN, S. L. (1978) Human behavior and the behavior of other animals. *American Psychologist* 33, 405-18.

177. WELLS, P. A. (1987) Kin recognition in humans. In *Kin recognition in animals* (eds. D. J. C. Fletcher e C. D. Michener). Nova York: Wiley, pp. 395-415.
178. WICKLER, W. (1968) *Mimicry*. Londres: World University Library.
179. WILKINSON, G. S. (1984) Reciprocal food-sharing in the vampire bat. *Nature* 308, 181-4.
180. WILLIAMS, G. C. (1957) Pleiotropy, natural selection, and the evolution of senescence. *Evolution* n, 398-411.
181. WILLIAMS, G. C. (1966) *Adaptation and natural selection*. Princeton: Princeton University Press.
182. WILLIAMS, G. C. (1975) *Sex and evolution*. Princeton: Princeton University Press.
183. WILLIAMS, G. C. (1985) A defense of reductionism in evolutionary biology. In *Oxford surveys in evolutionary biology* (eds. R. Dawkins e M. Ridley), 2, pp. 1-27.
184. WILSON, E. O. (1971) *The insect societies*. Cambridge, Massachusetts: Harvard University Press.
185. WILSON, E. O. (1975) *Sociobiology: The new synthesis*. Cambridge, Massachusetts: Harvard University Press.
186. WILSON, E. O. (1978) *On human nature*. Cambridge, Massachusetts: Harvard University Press.
187. WRIGHT, S. (1980) Genic and organismic selection. *Evolution* 34, 825-43.
188. WYNNE-EDWARDS, V. C. (1962) *Animal dispersion in relation to social behaviour*. Edimburgo: Oliver and Boyd.
189. WYNNE-EDWARDS, V. C. (1978) Intrinsic population control: an introduction. In *Population control by social behaviour* (eds. F. J. Ebling e D. M. Stoddart). Londres: Institute of Biology, pp. 1-22.
190. WYNNE-EDWARDS, V. C. (1986) *Evolution through group selection*. Oxford: Blackwell Scientific Publications.
191. YOM-TOV, Y. (1980) Intraspecific nest parasitism in birds. *Biological Reviews* 55, 93-108.
192. YOUNG, J. Z. (1975) *The life of mammals*. 2ª edição. Oxford: Clarendon Press.
193. ZAHAVI, A. (1975) Mate selection — a selection for a handicap. *Journal of Theoretical Biology* 53, 205-14.
194. ZAHAVI, A. (1977) Reliability in communication systems and the evolution of altruism. In *Evolutionary ecology* (ed. B. Stonehouse e C. M. Pen-ins). Londres: Macmillan. pp. 253-9.
195. ZAHAVI, A. (1978) Decorative patterns and the evolution of art. *New Scientist* 80 (1125), 182-4.

196. ZAHAVI, A. (1987) The theory of signal selection and some of its implications. In *International Symposium on Biological Evolution, Bari, 9-14 April 1985* (ed. V. P. Delfino). Bari: Adriatici Editrici. pp. 305-27.
197. ZAHAVI, A. Personal communication, entrada por permissão.

PROGRAMA DE COMPUTADOR
198. DAWKINS, R. (1987) Blind Watchmaker: an application for the Apple Macintosh computer. Nova York e Londres: W. W. Norton.

Índice remissivo

abelhas: camicase, 44, 299; cria pútrida, 129, 459; linguagem das, 133; proporção entre o sexo nas, 310
Adams, D. (Deep Thought), 454, 515
adaptação, 231, 243, 246, 247, 400, 401, 405, 473, 476
adoção, 193, 196, 309, 462
advogados, 372, 373, 374, 515
afídeos, 313, 314, 316, 421, 467, 468, 499
agressão, 138, 140, 144, 152, 163, 170, 258, 271, 342, 379, 383
águas passadas, 359
aias, 311
ajuda no ninho, 502, 503
albinos, 173, 176
alelo, 75, 84, 90, 92, 128, 132, 215, 262, 395, 396, 448
Alexander, R. D.: grilos, 162; insetos sociais, 504; irmão da mãe, 476; manipulação parental, 245, 247, 248, 250, 478; ratos-toupeiros, 496
alga-espalhafatosa, 431, 432, 435, 436, 437, 438
alga-garrafa, 431, 432, 435, 436, 437, 438
algas, 408, 409, 431
Altmann, S., 469
altruísmo, 38, 40, 41, 91, 342; recíproco, 292, 317, 322, 323, 324, 328, 345, 387, 474, 505, 512
Alvarez, F., 242, 243
amas-secas, 195
amável, estratégia, 358
aminoácidos, 56, 58, 68, 71
andorinhas, 242, 243, 244, 245, 435
Andrômeda, analogia da civilização de, 117, 118, 120, 355, 454
aprendizagem, 124, 128, 130, 131, 188

aptidão inclusiva, 467
aranhas, estratégia paradoxal das, 162
Arapesh, tribo, 328
araus, 194, 199, 214
Ardrey, R., 38, 47, 49, 52, 209, 263, 298
argumentos "filosóficos", 506
Arias de Reyna, L., 242
arrendamento, 305, 307, 312
artilharia, 382, 383
"árvore oca", 503, 504
Ashworth, T., 379
atomismo, 447, 449
atração sexual, 279, 280, 289
Auld Lang Syne, 333, 507, 513
ave-do-paraíso, 280, 487
Axelrod, R., 345, 353, 354, 355, 356, 358, 359, 360, 361, 362, 363, 366, 367, 371, 377, 379, 382, 383, 384, 385, 386, 387, 461

babuínos, 41, 191, 477
bactérias: e besouros, 407; retaliando, 384
Baker, R. R., 481
baleias, 50, 118, 191, 291, 429
"banca", 346, 371
Barba Verde, Efeito, 174
Bartz, S., 500
Bateson, P., 473, 520
beijo, 411
Bell, G., 451, 525
Bertram, B. C. R., 197, 198, 474, 496
besouros, 135, 405, 406, 407, 408, 410
bicho-pau, 450
Bodmer, W. F., 102
bomba atômica, 382

borboletas: com formigas guarda-costas, 421; mimetismo das, 83, 85; o residente ganha sempre, 463
Bothriomyrmex regicidus e *B. decapitans*, 419
Boyd, R., 366, 520, 528
Brett, R. A., 495, 496, 504
Brockmann, H. J., 462
Burgess, J. W., 161
Burk, T. E., 465

Cairns-Smith, A. G., 68, 446
calendário biológico, 434, 435
camundongo: comportamento de lamber, 322; efeito Bruce, 263; experimento da superpopulação, 220; gene t, 396
canibalismo, 43, 44, 140, 165
cantaridina, 412
características adquiridas, 71
caranguejo, 399, 406
Carlisle, T. R., 275, 483, 484
carrapatos, 316, 318, 319
castração parasítica, 406
Cavalli-Sforza, L. L., 328
celibato, 339, 340
células: colônia de, 107, 429; núcleo, 69; origem, 66; uniformidade genética, 436, 438
cérebro, 111, 120
chantagem, 239, 240, 241
Charnov, E. L.: conflito entre pais e filhos, 478; gritos de alarme, 297
Cherfas, J., 451
chimpanzé, linguagem do, 51, 134
cístron, 78, 79, 80, 84, 85, 86, 89, 90
Cloak, F. T., 328

codornizes, 473
colônia de *genes*, 66, 107
competição, 48, 64, 65, 107, 139, 164, 211, 236, 292, 299, 313, 337, 350, 353, 355, 356, 358, 359, 454, 480
comportamento, 108; abordagem não subjetiva, 41
comportamento epideítico, 213, 214
computador: Apple Macintosh, 456; cérebro, 111, 453; de Andrômeda, 119; meme, 337, 514; Programa Relojoeiro Cego, 445; serial e paralelo, 457; simulação, 125, 126, 456; Supercomputador de Edimburgo, 457; vírus, 514; xadrez, 115, 124, 453, 454
comunicação, 117, 132, 133, 136, 167, 460
concha do caracol, 405
confiança e previsiblidade, 382, 383
conflito entre pais e filhos, 238, 247, 478
conjunto evolutivamente estável, 169, 170, 338, 340
consciência, 113, 127, 456; Dennett sobre a, 456, 457; Popper sobre a, 456
conspiração, 148, 149, 153, 268, 272, 342, 343
contracepção, 217, 447, 517
controle populacional, 210, 263
cooperadores, agrupamentos de, 369
cooperar ou trair, 348
corrida armamentista, 196, 417, 418, 514
corte, 253; alimentação, 266, 273

crescimento versus reprodução, 431, 432
cria pútrida, 129
crias mal desenvolvidas, 230
Crick, F. H. C., 451, 452
cromossomos, 69, 73, 74, 75, 76, 77, 80, 88, 96, 100, 110, 258, 287, 303, 337, 386, 395, 410, 411
crossing-over, 77
Crow, J., 396
cucos, 194, 196, 240, 241, 242, 243, 244, 250, 414, 416, 417, 418, 419
cuidado parental, 180, 182, 202, 204, 459, 480
cuidado paternal, 275, 276
Cullen, J. M., 328
cultura, 289, 325
Cummings, E. E., 472
cupins, 299, 301, 302, 305, 312, 313, 468, 496, 497, 499, 500, 501, 502

Daly, M., 480
Darwin, C. R., 37, 38, 47, 54, 57, 64, 87, 166, 202, 279, 280, 317, 335, 336, 455, 456, 462, 525
darwinismo universal, 505
Davies, N. B., 463, 522, 523, 524
"de uma espada a uma relha de arado", 433
Delius, J. D., 507
Dennett, D. C., 456, 457, 458
deserção do macho, 263, 265, 266, 268, 269, 271, 274
desmame, 231, 235, 236, 245
destino genético compartilhado, 408, 409, 426
determinismo, 444, 447, 517
"dilema cruel", 265, 275, 276

Dilema do Prisioneiro, 317, 347, 352, 371, 372, 378, 379, 380, 381, 384, 387, 388, 389; indefinidamente longo, 377; iterativo, 350
dinheiro, 227, 324
dique do castor, 413
distorção da segregação, 395, 396, 397
divórcio, 372
DNA, 58, 67, 68, 70, 89; "egoísta", 103, 315, 452, 453; paradoxo do DNA excedente, 103, 315, 451; parasita, 315
doador de sangue, 387
domínio de perigo, 293, 294, 297
Duque de Marlborough, Efeito do, 465

Eaves, L. J., 461, 482
ecologia, 125, 166
economia do caracol, 403
EED (estratégia estável de desenvolvimento), 463
EEE, 144, 145, 147, 148, 149, 152, 153, 155, 156, 157, 158, 159, 160, 161, 164, 165, 166, 167, 258, 271, 321, 342, 361, 362, 363, 365, 366, 367, 370, 460, 461, 462, 463, 465, 482, 490, 491, 493, 494, 505, 512; adoção, 196; altruísmo recíproco, 317, 319, 320; borboleta materialista, 463; definição, 143, 460; deserção do macho, 263, 265, 266, 268, 269, 271, 273; escolha do sexo, 258, 259; estratégia sexual, 267, 268, 269, 271; vespa escavadora, 461, 462
Efeito Beau Geste, 224
efeito Bruce, 264

egoísmo, 42, 91, 443
Eibl-Eibesfeldt, I., 38
Eigen, M., 446
elefante-marinho, 142, 219, 284
eletrônica, 110, 447
Elliot, J., 117
encadeamento, 83
envelhecimento, 99, 231, 451
enzimas, 427, 428, 429
equilíbrio pontuado, 466
ereção, 415, 487, 488, 490
escravos, 308, 309, 310
esgana-gatas, 159, 482
"especiecismo", 51
espermatozoide, 480
espirros, 412
estetoscópio, 487, 489
estorninhos, 213, 222, 223
estratégia coletivamente estável, 367
estratégia condicional, 157, 160
estratégia do idílio doméstico, 266, 267, 272, 274, 284, 285, 288
estratégia do macho viril, 266, 277, 284, 288
estratégia do pombo, 144
estratégia evolutivamente estável *ver* EEE
estratégia paradoxal, 159, 160, 161, 463
evolução cultural, 327
evolução da evolutibilidade, 445
exploração da fêmea, 255, 262
explosão populacional, 220, 321
expressão dos jogadores de pôquer, 155

Falácia do Concorde, 267
fanfarrão, 151, 152

favoritismo, 233
fé, 339, 515, 516
fecundidade, 62, 64, 72, 89, 333
feedback negativo, 113, 114
fenótipo, 394, 398, 411, 414, 421, 426, 439, 452, 460
fenótipo estendido, 398, 399, 401, 403, 404, 406, 407, 409, 410, 412, 413, 415, 416, 418, 420, 421; teorema central do, 422
fertilizante, 92, 448
fidelidade de cópia, 64, 72, 89, 333, 334, 335
figueiras e vespas-do-figo, 385
fio da navalha, 367, 369, 370, 371, 483
Fisher, R. A.: dispêndio parental, 227; parentes, 175; proporção entre os sexos, 257, 258, 306, 307; seleção gênica, 449; seleção sexual, 279, 280, 484; *The genetical theory of natural selection*, 513
fixação de preços, 149
formiga: parasitas, 419, 420
formigas, 202, 299, 301, 302, 307, 308, 309, 312, 313, 314, 316, 345, 408, 419, 420, 421, 468, 475, 476, 496, 497, 498, 503
fratricídio, 244, 245
futebol, 362, 375, 377

gaivota-tridáctila, 262
Gale, J. S., 461, 482
gametas, 254, 255, 256, 276, 481
Gamlin, L., 499
gângster de Chicago, analogia do, 41
Gardner, B. T. & R. A., 134
gargalo, 427, 430, 432, 434, 435, 436, 438, 440, 456

gazela, 298
gêmeo idêntico, 199; mãe, tão valiosa quanto um gêmeo idêntico, 474
gene: "para" o altruísmo, 128, 458; cístron, 78; complexo de genes, 73, 337; definição, 78, 83, 85, 448; e meme, 332, 334, 335, 505, 506; excedente, 103, 315, 451; imortal, 87, 88, 90; não é o único replicador, 505, 506; origens, 54, 55, 57, 58, 60, 61, 63, 65, 66; pool, 75, 104, 168; raro, 466; unidade de seleção, 46, 52, 84, 85, 86, 88, 90
gene de distorção da segregação, 395, 397
gene dominante, 74
gene letal, 94, 97, 472
gene mutante, 258, 395, 397, 436, 459
gene recessivo, 74, 173, 472
Ghiselin, M. T., 451
Goodall, J., 400, 462
Gould, S. J., 448, 449, 452
Grafen, A.: aptidão inclusiva, 467; deserção do macho, 481; desvantagem, 490, 491, 492, 493, 494; grau de parentesco, 467; hábito irritante, 490; insetos sociais, 504; seleção de grupo, 477; vespas escavadoras, 462
Gribbin, J., 451
grilos, 133, 162, 163, 465
gritos de alarme, 294, 295, 298
guerra, 345, 379, 381, 383
guerra de atrito, 153, 154, 155, 156
guinchos, 43, 133, 165, 214, 215

Haldane, J. B. S., 175, 184, 445, 449
Hamilton, W. D.: citação, 509, 511; citação incorreta, 512, 513; cooperação, 345, 361; cupins, 499, 500, 502; EEE e proporção entre os sexos, 143; envelhecimento, 451; insetos sociais, 302, 304; proporção entre os sexos, 504; proporção entre os sexos nas abelhas, 311; rebanho egoísta, 292, 294; seleção de parentesco, 175, 176, 178, 179, 181, 182, 184, 185, 187, 189, 190, 192, 193, 195, 196, 198, 199, 201, 202, 466, 467, 499; seleção sexual e parasitas, 485, 486; sexo e parasitas, 451
Hampe, M., 450
Hardin, G., 344
Hare, H., 302, 306, 307, 308, 310, 504
Harvey, P., 513
hemoglobina, 56, 70
Henson, H. K., 516
herança particulada, 87, 334
herança por mistura, 87, 334
hibridização, 136, 287
hidra, 408, 409
hienas, 292, 316
hierarquia de dominância, 162, 163, 166, 212, 284, 465
himenópteros, 303, 305, 504
Hogben, L., 445
hortas de fungos, 312
Hoyle, F., 117, 455
Hull, D. L., 450
Humphrey, N. K., 330, 458

Ik, tribo, 328
imitação, 330, 332

incesto, 178, 189, 473; cupins, 499, 501, 502
índice de certeza, 198
indulgente, estratégia, 359
insetos sociais, 202, 292, 299, 300, 302, 308, 310, 312, 339, 468, 469, 478, 495, 496, 497, 501, 503, 504
Interface com o usuário da Macintosh, 456
inveja, 323, 371, 374
inversão, 83
investimento parental, 227, 228, 229, 230, 233, 234, 235, 237, 244, 248, 250, 259, 286, 288
irmão da mãe, efeito do, 476
isogamia, 254

Jarvis, J. U. M., 495, 496
Jenkins, P. F., 326, 327
jogo de azar, 121, 122

Kamin, L. J., 447
Keene, R., 453, 454
Kissinger, H., 358
Kitcher, P., 450
Krebs, J. R.: "princípio vida versus jantar", 417; Efeito Beau Geste, 224; gritos de alarme, 297

Lack, D., 214, 215, 216, 218, 221, 224, 229, 238, 244
lagópode-escocês, 211, 218
lamarckiana, teoria, 451
Lande, R., 484, 485
leão, 164, 424, 495
leitura da mente, 458, 460
lemingues, 209, 219, 499
Levin, B., 451

Lewontin, R. C., 447, 516
linguagem, 133, 326
locustas, 497, 498
longevidade dos genes, 62, 72, 79, 80, 82, 89
Lorberbaum, J., 366
Lorenz, K. Z.: agressão, 38, 48, 140; desenvolvimento e evolução, 132
louva-a-deus, 43, 273

MacArthur, R. H., 143
Mackie, J. L., 505, 525
maldosa, estratégia, 358
manipulação, 297, 417, 418, 422, 460, 479
manipulação parental, 245, 302, 479
máquina de sobrevivência, 66, 72
máquina virtual, 456, 457
marca de referência, 356, 359, 360
Maria, "virgem", 61, 446
Marler, P. R., 295
matriz de ganhos, 347, 348, 388
May, R., 419
Maynard Smith, J.: citação, 512; deserção do macho, 481; desvantagem, 283; EEE, 143, 144, 145, 147, 148, 150, 151, 153, 155, 156, 158, 159, 161, 162, 164, 165, 167, 168, 170, 196, 268, 317, 352; estratégia magnânima, 361; retaliador, 461; seleção de grupo, 477; sexo, 451
Mead, M., 328
Medawar, P. B.: envelhecimento, 96, 97, 99, 231, 451; ficção filosófica, 455
medidor de pressão arterial, 487

meiose, 76, 80, 85, 287, 395, 397, 410, 424, 426, 438, 450, 451
meme: bom, 506; científico, 509; complexo de memes, 337, 338, 340; computador, 514; crescimento exponencial, 510, 511, 512; definição, 330; hardware, 506; pool de memes, 331
Mendel, G., 86, 87, 521
menopausa, 231, 232
mentirosos, 136, 156, 199
Michod, R., 451, 527
Midgley, M., 455
mimetismo: borboletas, 83; cuco, 196; vaga-lume, 135
mitocôndria, teoria da simbiose, 314
mitose, 76
modelo, 150, 283
Monod, J. L., 63
Monomorium santschii, 420
Montagu, M. F. A., 38, 39
moralidade, 40, 251
morcegos-vampiros, 374, 387, 388, 389, 390
Morgan, S. R., 450
Moriarty, Professor, 349, 350
mutação, 82, 485
mutação cultural, 327

natureza ou cultura, 40
neurônios, 110, 111
ninhada, tamanho da, 209, 214, 236, 238, 244
Nosema, 405, 406
nucleotídeos, 68, 69, 70, 78
Nuffield Biology teacher's guide, 48
"nunca abandone as fileiras", teoria, 296, 298

Olho por Dois Olhos, estratégia, 359
Olho por Olho Desconfiado, estratégia, 366
Olho por Olho, estratégia, 356
orelhas de abano, 369
organismo, 393, 397, 422, 469
organismo assexuado, não replicador, 450
organização social, 166
Orgel, L. E., 451, 452
origem da vida, 53, 57, 445
oscilação instável, 483
osso do pênis, 487
Oxford English dictionary, 452, 453, 506

Packer, C., 474
parasitas, 136, 139, 194, 200, 241, 257, 315, 316, 318, 319, 322, 351, 352, 384, 403, 405, 406, 407, 408, 409, 411, 413, 414, 418, 419, 420, 421, 424, 438, 451, 485, 486, 490, 507
parentesco, 177, 368, 466, 467
Parker, G. A.: disputa assimétrica, 143, 156; origem das diferenças sexuais, 255, 481; revisão da literatura sobre a EEE, 460
Payne, R. S., 118
peixe: cuidado paterno, 275, 276; formação de cardumes, 291; hermafrodita, 386
peixe-limpador, 345
peixe-pescador, 135
Peterson, Carl, 349, 350
Philesturnus carunculatus carunculatus, 326
pinguins, 44, 292

pintinhos, 133, 192
plantas, 106, 107, 108
plasmídeos, 410
polimorfismo, 149, 152
Popper, K., 327, 456
porcos, 230, 464
prancheta, retorno à, 433
predição, 120, 121, 123, 124, 126
pressão da seleção, 256, 489
previsão, 48, 72, 149, 208, 342
previsibilidade e confiança, 382, 383
Price, G. R., 143, 150, 461, 482, 512
Primeira Guerra Mundial, 379
princípio da desvantagem, 281, 283, 490, 494
"princípio vida versus jantar", 417
produção e criação, 204, 215, 300, 301, 503
promiscuidade, 284, 289
proporção entre os sexos, 257, 258; insetos sociais, 308, 310, 503
propósito, 56, 113, 114, 336
proteínas, 56, 58, 66, 68, 70, 71, 78, 103, 120, 315, 393, 402, 427, 459
psicologia natural, 458
Pusey, A., 474

racismo, 50, 51
raiva, 412
rancorosos, 319, 320, 321, 344, 364, 367, 505
Rapoport, A., 356, 361
ratos-toupeiros, 495, 496, 497, 498, 499, 503
"rebanho egoísta", 292, 293, 294
reconhecimento dos parentes, 471
recriminação, 359, 366, 382
reducionismo, 450, 452, 516

regulador de vapor de Watt, 113
relação custo-benefício, análise da, 142, 188
religião, 328, 341
remadores, analogia dos, 94, 166, 167, 168, 169, 277, 428, 440, 449
replicador: e veículo, 423, 450; noção geral de, 329, 331; origem, 59, 60, 61, 63, 65, 66
retaliador, 151, 152, 461
Ridley, M., 483, 484, 523, 528
robôs, 66, 397, 429, 447
robusta, estratégia, 362
ronco, 489
Rose, S., 447, 516, 517, 521
Rothenbuhler, W. C., 129, 130, 459, 460
Ryder, R., 51

Sacculina, 406
Sahlins, S.: sua falácia, 470
Sapienza, C., 452
Schuster, P., 483
Science Citation Index, 509, 510
Seger, J., 513
Segura, H., 242
seguro de vida, 184, 229
seleção de grupo, 47, 48, 49, 51, 52, 97, 102, 147, 166, 181, 195, 206, 210, 212, 220, 224, 257, 298, 328, 423, 437, 445, 467, 469, 476, 477, 505
seleção de parentesco, 172, 173, 175, 176, 178, 179, 181, 182, 184, 185, 187, 189, 190, 192, 193, 195, 196, 198, 199, 201; compreensão equivocada, 466, 467, 468, 469, 470; consequência necessária do darwinismo, 201, 202; inclui cuidado parental, 193, 469; não é o mesmo que seleção de grupo, 181, 469
seleção individual, 47, 48, 181, 423, 470
seleção sexual, 281, 484, 485, 486, 487, 494
sexo: consequência do, 73; diferenças entre os sexos, 252, 253, 255, 256, 284, 285, 286, 288, 289, 479, 480; paradoxo, 101, 102, 451
Sherman, P.: insetos sociais, 504; ratos-toupeiros, 496
Sibly, R., 481
Sigmund, K., 483
simbiose, 314, 316, 322
Simpson, G. G., 37, 443
simulação, 124, 126, 151, 186, 320
sinal, 134, 460, 494
sistema "todos contra todos", 362, 363
Smith, V. G. F., 481
Smythe, N., 298
soma não-zero, 372, 373, 374, 375, 376, 377, 384, 479
soma zero, 371, 372, 373, 374, 375, 376, 377
sombra do futuro, 377, 379, 384, 385
sondador: ingênuo e arrependido, 356, 357; retaliador, 151
sopa primordial, 58, 62, 64, 68, 71, 89, 104, 172, 332, 427
Sterelny, K., 450
suicida, 45, 180, 297, 298, 300
Symons, D., 480

tatus, 180, 467
teoria *cave*, 296, 298

teoria dos jogos, 95, 143, 317, 353, 371, 374, 378, 379, 460
termômetro clínico, 487
território, 159, 164, 211
testosterona, 465
Thisbe irenea, 421, 522
"tia", 193
timidez da fêmea, 267, 271
Tinbergen, N., 159, 160, 463
Tomé, são, 339, 515
torneio no computador, 354, 360, 363
trair ou cooperar, 346
trapaceiros, 317, 318, 320, 323, 505
trematódeos, 403, 404, 405, 418
tricópteros, 398, 399, 400, 401, 402, 404, 445
Trivers, R. L.: altruísmo recíproco, 317, 319, 320, 322, 323, 345; citação, 512; conflito entre pais e filhos, 233, 234, 236, 238, 248; gritos de alarme, 295; insetos sociais, 302, 304, 305, 307, 308, 310, 504; investimento parental, 227, 263; sexo, 253, 263, 275, 276, 277; *Social evolution*, 477
trouxas, 318, 319, 320, 321, 345, 364
Turnbull, C., 328

unidade genética, 79, 80, 81, 82, 83, 85, 87, 90

vaga-lumes, 135
veículo, 423, 450
vespa-escavadora, 461, 462
viciados em droga, 416

vingança, 264
vírus, 315, 330, 410, 412; de computador, 514
viscosidade, 369, 370
"viva-e-deixe-viver", 379, 381, 383

Weismann, A., 52
Wells, P., 472
Wilkinson, G. S., 387, 388, 389, 390
Williams, G. C.: altruísmo recíproco, 317; citação, 512; definição de gene, 79, 449; envelhecimento, 451; seleção do gene, 52, 79, 341, 449; sexo, 451
Wilson, E. O.: menospreza a EEE, 465; *On human nature*, 470; seleção de parentesco, 181, 202, 469; *Sociobiology*, 181, 513; *The insect societies*, 420
Wilson, M., 480
Wright, S., 449
Wynne-Edwards, V. C., 47, 206, 208, 209, 210, 211, 212, 213, 214, 215, 218, 219, 220, 221, 224, 476, 477

xadrez, 115, 116, 119, 120, 124, 125, 355, 372, 453, 454, 457
xerox, replicador, 450
Xyleborus ferrugineus, 407

Young, J. Z., 120

Zahavi, A.: "raposa, raposa", 239; comunicação, 460; desvantagem, 281, 282, 283, 490, 491, 492, 493, 494; *stotting*, 298

1ª EDIÇÃO [2007] 22 reimpressões

ESTA OBRA FOI COMPOSTA PELA PÁGINA VIVA EM MINION E IMPRESSA
PELA GRÁFICA BARTIRA EM OFSETE SOBRE PAPEL PÓLEN DA
SUZANO S.A. PARA A EDITORA SCHWARCZ EM AGOSTO DE 2024

A marca FSC® é a garantia de que a madeira utilizada na fabricação do papel deste livro provém de florestas que foram gerenciadas de maneira ambientalmente correta, socialmente justa e economicamente viável, além de outras fontes de origem controlada.